国家出版基金项目
NATIONAL PUBLICATION FOUNDATION

现代农业高新技术成果丛书

内蒙古草地生态系统维持机理

Mechanisms for Maintaining Inner Mongolian Grassland Ecosystems

韩兴国　李凌浩　主编

中国农业大学出版社
·北京·

内 容 简 介

本专著以内蒙古草地生态系统维持机理为核心命题，系统阐述了草地生物多样性的生态系统功能、养分元素生物地球化学过程、生态系统对人类活动和全球变化的响应及适应等重大机理；对生态系统物质与能量平衡、水分养分利用效率、生态化学计量特征以及地下生态学过程等最新研究成果进行了系统集成与整合。旨在为从事内蒙古草原生态学研究的学者、学生与管理技术人员提供参考和借鉴。

图书在版编目(CIP)数据

内蒙古草地生态系统维持机理/韩兴国，李凌浩主编.—北京：中国农业大学出版社，2012.7
ISBN 978-7-5655-0555-3

Ⅰ.①内… Ⅱ.①韩… ②李… Ⅲ.①草地－草原生态系统－研究－内蒙古 Ⅳ.①S812

中国版本图书馆 CIP 数据核字(2012)第 121636 号

书　　名 内蒙古草地生态系统维持机理
作　　者 韩兴国　李凌浩　主编

责任编辑 梁爱荣　　**责任校对** 王晓凤　陈　莹
封面设计 郑　川
出版发行 中国农业大学出版社
社　　址 北京市海淀区圆明园西路 2 号　　**邮政编码** 100193
电　　话 发行部 010-62818525,8625　　读者服务部 010-62732336
编辑部 010-62732617,2618　　出　版　部 010-62733440
网　　址 http://www.cau.edu.cn/caup　　**e-mail** cbsszs @ cau.edu.cn
经　　销 新华书店
印　　刷 涿州市星河印刷有限公司
版　　次 2012 年 7 月第 1 版　　2012 年 7 月第 1 次印刷
规　　格 787×1092　16 开本　20.5 印张　500 千字
定　　价 88.00 元

图书如有质量问题本社发行部负责调换

现代农业高新技术成果丛书
编审指导委员会

编 写 人 员

主　编　韩兴国　李凌浩

副主编　陈世苹　袁志友

编写人员　（以姓氏拼音为序）

白文明（中国科学院植物研究所）

白永飞（中国科学院植物研究所）

陈吉泉（美国托莱多大学）

陈世苹（中国科学院植物研究所）

程维信（美国加州大学圣克鲁兹分校）

韩兴国（中国科学院植物研究所）

黄建辉（中国科学院植物研究所）

黄菊莹（宁夏大学）

李凌浩（中国科学院植物研究所）

吕晓涛（中国科学院沈阳应用生态研究所）

苗海霞（中国科学院生命科学与生物技术局）

苗　原（中国科学院植物研究所）

牛书丽（中国科学院植物研究所）

潘庆民（中国科学院植物研究所）

邵长亮（中国科学院植物研究所）

田大栓（中国科学院植物研究所）

万师强（河南大学）
王常慧（中国科学院植物研究所）
邬建国（School of Life Science, Global of Sustainable, Arizona State University）
吴冬秀（中国科学院植物研究所）
夏建阳（美国俄克拉何马大学）
邢雪荣（中国科学院广州生物医药与健康研究院）
徐柱文（中国科学院沈阳应用生态研究所）
晏黎明（复旦大学）
杨高文（中国农业大学动物科技学院）
杨海军（中国科学院地理科学与资源研究所）
杨　浩（中国科学院地理科学与资源研究所）
庾　强（中国科学院沈阳应用生态研究所）
袁志友（加拿大湖首大学）
张光明（中国科学院植物研究所）
张丽霞（中国科学院植物研究所）
张　琳（中国科学院植物研究所）
张乃莉（中国科学院植物研究所）
张文浩（中国科学院植物研究所）
周立石（中国科学院植物研究所）

出版说明

瞄准世界农业科技前沿，围绕我国农业发展需求，努力突破关键核心技术，提升我国农业科研实力，加快现代农业发展，是胡锦涛总书记在2009年五四青年节视察中国农业大学时向广大农业科技工作者提出的要求。党和国家一贯高度重视农业领域科技创新和基础理论研究，特别是863计划和973计划实施以来，农业科技投入大幅增长。国家科技支撑计划、863计划和973计划等主体科技计划向农业领域倾斜，极大地促进了农业科技创新发展和现代农业科技进步。

中国农业大学出版社以973计划、863计划和科技支撑计划中农业领域重大研究项目成果为主体，以服务我国农业产业提升的重大需求为目标，在"国家重大出版工程"项目基础上，筛选确定了农业生物技术、良种培育、丰产栽培、疫病防治、防灾减灾、农业资源利用和农业信息化等领域50个重大科技创新成果，作为"现代农业高新技术成果丛书"项目申报了2009年度国家出版基金项目，经国家出版基金管理委员会审批立项。

国家出版基金是我国继自然科学基金、哲学社会科学基金之后设立的第三大基金项目。国家出版基金由国家设立、国家主导，资助体现国家意志、传承中华文明、促进文化繁荣、提高文化软实力的国家级重大项目；受助项目应能够发挥示范引导作用，为国家、为当代、为子孙后代创造先进文化；受助项目应能够成为站在时代前沿、弘扬民族文化、体现国家水准、传之久远的国家级精品力作。

为确保"现代农业高新技术成果丛书"编写出版质量，在教育部、农业部和中国农业大学的指导和支持下，成立了以石元春院士为主任的编审指导委员会；出版社成立了以社长为组长的项目协调组并专门设立了项目运行管理办公室。

"现代农业高新技术成果丛书"始于"十一五"，跨入"十二五"，是中国农业大学出版社"十二五"开局的献礼之作，她的立项和出版标志着我社学术出版进入了一个新的高度，各项工作迈上了新的台阶。出版社将以此为新的起点，为我国现代农业的发展，为出版文化事业的繁荣作出新的更大贡献。

中国农业大学出版社

2010年12月

前　言

随着全球人口增加，人类对自然生态系统所提供产品和生态服务功能的需求日益增大，导致土地退化、环境污染乃至全球气候变化。如何在这种形势下维持自然生态系统的可持续性，是人类当前面临的巨大挑战。在全球变化和人为干扰的背景下，维持生物多样性和生态系统服务功能，也是现代生态学研究的重大命题。国际上生态系统维持机理重点研究三个方面的内容：①全球变化背景下，生态系统对人类活动与环境胁迫的响应、适应和维持机理；②重要生命元素的生物地球化学循环；③生物多样性与生态系统功能关系。

内蒙古草地是欧亚草原重要的组成部分，总面积 78.80 万 km^2，占自治区国土面积的 68.81%，包含有草甸草原、典型草原与荒漠草原等主体类型。内蒙古草地具有高的初级生产力、丰富的生物多样性与景观类型，是我国重要的草地畜牧业生产基地和华北地区重要的生态屏障。因此，开展内蒙古草地生态系统维持机理研究在理论上与实践中的重要意义是不言而喻的。

中国科学院内蒙古草原生态系统定位研究站与植物研究所多伦恢复生态学研究站紧密围绕上述内容，在内蒙古草原开展了 10 多年的控制实验研究，取得了一系列国际领先的研究成果，也为国内外培养了一大批优秀人才。本书正是以这些年轻学者为主撰写的一部学术专著，对内蒙古草地生态系统维持机理相关研究成果进行了深入分析和系统整合。本书共分 11 章，各章设置与主要撰写人员如下：第 1 章：草地生产力及其稳定性维持机制（潘庆民等）；第 2 章：草地生物多样性与生态系统功能（黄建辉等）；第 3 章：草地生物多样性对全球变化的响应（杨海军等）；第 4 章：草地生态系统能量平衡（邵长亮等）；第 5 章：草地生态系统水循环（牛书丽等）；第 6 章：草地生态系统碳循环（夏建阳等）；第 7 章：草地生态系统氮循环（王常慧等）；第 8 章：草地植物养分利用策略（袁志友等）；第 9 章：草地生态系统化学计量学（张光明等）；第 10 章：草原群落根系动态与气候变化（白文明等）；第 11 章：稳定性同位素技术在草原生态系统研究中的应用（陈世苹等）。全书由韩兴国提出专著内容设计，由李凌浩统稿，黄建辉、陈世苹、袁志友等对各章节进行了认真审校、修改和补正。

本书是国家重点基础研究发展计划（973）项目“北方草地与农牧交错带生态系统维持与适应性管理的科学基础”（2007CB106800，2006—2010 年）、中国科学院知识创新工程重大项目

(1期)“浑善达克沙地与京北农牧交错区生态环境综合治理试验示范研究”(KSCX1-08,2000—2005)和项目(2期)“锡林郭勒草地适应性管理与可持续发展试验示范研究”(KZCX2-XB2-01,2006—2010)三个项目研究成果的概述。希望本专著能够为在内蒙古草原从事生态学研究的学者、学生与管理技术人员提供参考与借鉴。

鉴于编写本书的时间较短,加之编者的水平所限,书中难免有错误和纰漏,敬请读者予以指正。

编者

2012年5月于北京香山

目　　录

第 1 章

草地生产力及其稳定性维持机制

1.1 中国草地概况

草地(grassland)是以草本植物为主要植被成分的生态系统类型的总称(Coupland,1979)。它包含生物气候上的草原、有地下水或地表径流汇集的隐域地段的草甸和人工草地。据估算,全球草地总面积约为 32 亿 hm^2,占陆地总面积的 20%,约比耕地面积大 1 倍。在全球范围内,地区性、生物气候上的草原植被因所处的位置不同,其英文称谓有所不同,如欧亚大陆的温带(干)草原(Steppe),非洲热带、亚热带的稀树草原(Savanna),非洲南部不长树的 Veld 草原,南美阿根廷的 Pampa 草原,北美的 Prairie 草原以及我国南方的亚热带山地草丛、灌草丛等(图 1.1,姜恕等,1986)。

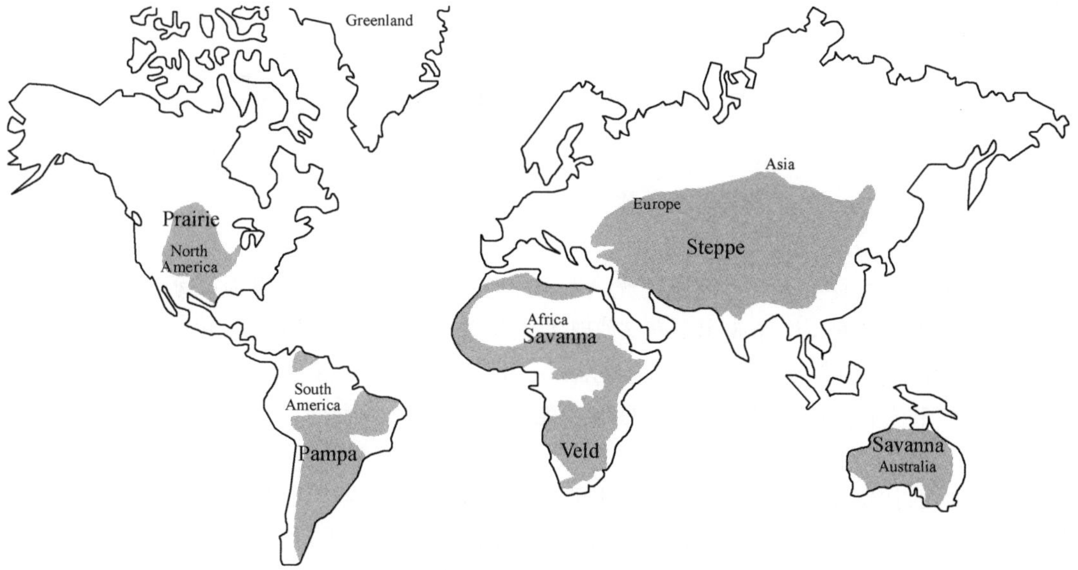

图 1.1 世界草原分布略图

我国是草地资源大国。根据1980—1990年全国草地资源普查数据，我国天然草地和改良草地的总面积为3.928 3亿hm^2，约占国土面积的41%，仅次于澳大利亚，居世界第二位（原中国科学院自然综合考察委员会，1987）。其中，我国北方温带草原是欧亚大陆草原的重要组成部分，东起大兴安岭以东的松辽平原，向西延伸到整个内蒙古高原和黄土高原西北部，构成了我国草原的主体。它的形成与我国西北地区干旱、半干旱气候密切相关。从大兴安岭北麓向西和西南，随着太平洋季风水势影响的减弱，降水量由500 mm左右逐渐降低到50 mm以下，同时蒸发量增加，干旱程度加重，产草量由4 000～5 000 kg/hm^2下降到150 kg/hm^2，草地类型依次呈现出草甸草原—典型草原—荒漠草原—草原化荒漠—荒漠的分异（章祖同，1990）。

草甸草原以大兴安岭以东的内蒙古东部的呼伦贝尔草原最具代表性（姜恕等，1986）。在肥沃的黑钙土上，羊草（*Leymus chinensis*）、贝加尔针茅（*Stipa baicalensis*）、线叶菊（*Filifolium sibiricum*）等构成了草甸草原的优势植物。草甸草原物种丰富，外貌华丽，生产力高，是我国少有的高草草原。

典型草原以大兴安岭以西、内蒙古集二线以东、大青山以北的锡林郭勒草原最具代表性（姜恕等，1986）。土壤类型以栗钙土为主。大针茅（*Stipa grandis*）、克氏针茅（*Stipa krylovii*）、羊草、溚草（*Koeleria cristata*）、冰草（*Agropyron cristaum*）等禾草和冷蒿（*Artemisia frigida*）等蒿类植物成了草原的优势种。虽然外貌的华丽程度和产草量都不及草甸草原，典型草原却是我国北方温带草原中最具代表性的类型。

荒漠草原主要分布在内蒙古集二线以西、鄂尔多斯和黄土高原西北部、贺兰山和乌鞘岭以东的地区（姜恕等，1986）。淡栗钙土是荒漠草原的主要土壤类型。小针茅（*Stipa klemenzii*）、短花针茅（*Stipa breviflora*）、冷蒿和蓍状亚菊（*Ajania achilleoides*）成为优势植物。荒漠草原的草丛低矮稀疏，植被外貌愈加平淡，产草量一般在1 000 kg/hm^2以下，它与北美的矮禾草草原相似。

荒漠草原再向西，就进入新疆和青海柴达木地区的中亚腹地荒漠带，草地类型主要受气候垂直分异的影响，形成山地草原和高寒草甸。此外，在我国东南地区的森林地带，特别是南方山地还有部分草丛和灌草丛分布。

1.2 内蒙古草地净初级生产力

1.2.1 初级生产力的概念与测定方法

在一个生态系统中，绿色植物通过光合作用，把二氧化碳和水合成为碳水化合物，同时把太阳光能转化为化学能，并释放出氧气，实现了无机物质向有机物质的转化、太阳能向化学能的转化，为生态系统的其他生物组分（消费者和分解者）提供了食物和能量来源。因此，绿色植物被称为生态系统的生产者，绿色植物的生产能力被称为初级生产力或第一性生产力（primary production）。

绿色植物的初级生产力通常用单位时间单位面积上植物生产的干物质量来表征。由于植物在合成有机物质的同时，还要通过呼吸作用消耗部分有机物质，用于自身维持。因此，植物的初级生产力包括两个概念，即总初级生产力（gross primary production）和净初级生产力

(net primary production)。前者是指在单位时间单位面积上植物所生产的有机物质总量,后者是指总初级生产力减去呼吸消耗后剩余的有机物质的量。换言之,净初级生产力是单位时间内单位面积上,以有机物质形式[根、茎、叶、花、果实、种子、立枯(standing dead)和凋落物(litter)等]表现出来的植物生产的物质的量(Sims 和 Coupland,1979;姜恕等,1986)。

因为净初级生产力反映了生态系统最主要的功能——生产功能,因此净初级生产力是草原生态系统研究中最重要的测度指标。由于植物的地上和地下部分是一个密不可分的有机整体,净初级生产力应该包括单位时间单位面积上植物群落地上与地下部分增加的有机物质的总和。但由于地下净初级生产力在测定上的困难,很多研究把地上净初级生产力(aboveground net primary production,ANPP)作为表征草原生态系统净初级生产力的指标。

关于草原生态系统净初级生产力的测定主要有两种方法:①植物与环境之间气体交换测定法。该方法能够很好地反映生态系统的瞬时生产能力,但是很容易受到外界条件(如光照、温度、水分状况、植物组成等)的影响,因此在区域尺度上的相关测定较少。②收获法(harvest method)或生物量法(biomass method)。顾名思义,就是通过收割单位面积的植物来测定。由于植物的生长发育是一个动态过程,在不同的生长阶段,一方面新物质不断地生成,另一方面,有些物质随着器官的衰老和死亡而不断损失。死亡的物质还会腐烂、分解,以致消亡。同时,由于草食性动物和昆虫的存在,有些光合产物为动物或昆虫所采食,有的被人们所利用。考虑到这些影响净初级生产力的因素,通过收获法对净初级生产力进行测定也是一项非常复杂的工作,需要动态地对植物进行收获测定。

用收获法测定净初级生产力时,要明确生物量、现存量和生长量 3 个不同的概念。生物量(biomass)是一个相对广义的概念,指单位面积内植物有机物质的总量。现存量(standing crop)是一个相对狭义的概念,指某一时间点单位面积上所存在的生物量。生长量(growth weight)是指某一时间段内(两个时间点之间)现存量的变化(姜恕等,1986)。在草原生态系统中,净初级生产力的测定可以采用极大现存量法和增重累积法来估算。对于没有放牧扰动的草原群落(如围封样地),通常用极大现存量法来估算,即用一年中最大生物量时期的现存量代表该群落的年净初级生产力。例如,在内蒙古典型草原,通常以 8 月中、下旬的群落生物量代表年净初级生产力。对于存在放牧干扰的草原群落,通常用增重累积法来估算,即通过双小区法测定群落的净初级生产力。

草原群落的地上现存量主要包括 3 部分:①活体(live)或绿色冠层组分(green canopy components);②立枯物(dead standing)或死亡的冠层组分(dead canopy components);③凋落物(litter,fallen leaves 和 stems)。立枯物是指由于衰老、机械损伤或干枯而死亡的植物组分,由于死亡时间短,仍然附着在母体上。凋落物是指自然脱落或由于牲畜践踏和风力等作用而脱离母体,散落于土壤表面的死物质。

草原群落的地下现存量主要包括 3 部分:①植物的根颈(茎基部);②根茎、鳞茎或块根;③根系。根据 Dahlman 和 Kucera(1965)的经验,可以采用一年内地下生物量最高值和最低值来测定草原群落地下年净初级生产力。

1.2.2 内蒙古典型草原物种组成与初级生产力

内蒙古典型草原生态系统初级生产力的系统监测和研究,始于 1979 年中国科学院内蒙古草原生态系统定位研究站(以下简称:内蒙古草原站)的建立。该站位于内蒙古自治区锡林郭勒盟锡林浩特市白音锡勒牧场境内。由于羊草草原和大针茅草原是我国典型草原区两个最重要的地带性草原群落类型(姜恕,1985),以姜恕先生为代表的内蒙古草原站老一代科学家最先建立了羊草样地(500 m×500 m)和大针茅样地(500 m×500 m),开创了我国典型草原生态系统结构与功能研究的先河。

1. 羊草草原的物种组成与生物量

中国科学院内蒙古草原生态系统定位研究站的羊草样地设在锡林河南岸、白音锡勒牧场六分场以东、葛根萨拉以南、益和都贵北面的低丘宽谷地带(43°33′11.6″N;116°40′34.2″E)。海拔高度1 200～1 250 m,丘陵相对高度 20～30 m,顶部浑圆,向东的缓坡漫长,坡度小于 5°。坡下是平坦的谷地。该样地土壤属于暗栗钙土,土层一般深达 1 m 以上,在 70 cm 以下经常遇到钙积层。

1979 年,姜恕等(1985)对羊草样地的物种组成和生产结构进行了第一次测定。根据 6 个 1 m^2 的样方统计,羊草样地约有 86 种,分属 28 科 67 属。其中,广旱生根茎禾草羊草(*L. chinensis*)占显著优势,占群落生物量的 33.5%;其次为大针茅(*S. grandis*)、溚草(*K. cristata*)和冰草(*A. cristaum*)等旱生密丛型禾草。禾草的干重占群落总重量的 60%以上。羊草样地的草层高度 50～60 cm,盖度为 30%～40%。羊草群落的总生物量为 758.1 g/m^2,其中,地上生物量为 142.0 g/m^2,地下生物量为 616.1 g/m^2,地下/地上生物量之比为 4.34(姜恕等,1985)。

2011 年,潘庆民等(2012)对该样地的物种组成进行了测定。根据 3 条 500 m×5 m 的样带统计,该样地目前有植物种 105 个,分属 30 科 75 属。根据 10 个 1 m^2 的样方统计,根茎禾草羊草的优势度显著下降,仅为 8.9%;密丛禾草大针茅(*S. grandis*)和西伯利亚羽茅(*Achnatherum sibiricum*)的优势度显著增加,分别为 38.4%和 26.0%,禾草的比重显著升高到 84.1%。优势种草层高度为 55.3 cm,草丛盖度为 42%。羊草群落的总生物量为 1 601.0 g/m^2,其中,地上生物量为 317.8 g/m^2,地下生物量为1 283.2 g/m^2,地下/地上生物量之比为 4.04。

由表 1.1 可以看出,与 1979 年样地建立时相比较,2011 年羊草样地总生物量、地上生物量和地下生物量均显著增加。但群落水平生物量在地下和地上之间的分配没有显著变化,尽管羊草的优势度显著降低,但禾草的优势度依然显著,对群落生物量的贡献显著增加。

表 1.1　1979 年和 2011 年羊草样地生物量比较

年份	总生物量 /(g/m^2)	地上生物量 /(g/m^2)	地下生物量 /(g/m^2)	地下部/地上部	羊草生物量比	禾草生物量比
1979	758.1	142.0	616.1	4.34	0.33	0.60
2011	1 601.0	317.8	1 283.2	4.04	0.09	0.84

注:羊草生物量比=羊草生物量/群落生物量;禾草生物量比=禾草总生物量/群落生物量;1979 年为 6 个 1 m^2 的样方,2011 年为 10 个 1 m^2 的样方。

2. 大针茅草原的物种组成与生物量

内蒙古草原站大针茅样地位于羊草样地以西约 10 km 处,即额尔根陶勒盖以西、巴嘎乌拉以东的一级玄武岩台地上(43°32′20.8″N;116°33′18.9″E),海拔高度为1 130 m,地势平坦,局部有火山喷出物堆积的小丘。该样地土壤属于栗钙土,质地为沙壤至壤沙。区域土层厚度

40～50 cm，部分区域可达 1 m 或更深，在 50 cm 以下有明显的钙积层。

1979 年，姜恕等(1985)对大针茅样地的物种组成和生产力水平进行了第一次测定。根据 6 个 1 m^2 的样方统计，大针茅样地约有 40 种，分属 18 科 30 属。以大针茅(*S. grandis*)为主的旱生密丛禾草占显著优势，禾草占群落生物量的比例为 60.2%，其中，大针茅生物量占群落生物量的 52.9%，其次为蒿属植物，如：冷蒿(*A. frigida*)、柔毛蒿(*Artimisia pubescens*)等，其干重占群落生物量的 12.1%。大针茅样地的叶层高度约 35 cm，盖度为 25%左右。大针茅群落的总生物量为 471.3 g/m^2，其中，地上生物量为 125.5 g/m^2，地下生物量为 345.8 g/m^2，地下/地上生物量之比为 2.76(姜恕等，1985)。

2011 年，潘庆民等(2012)对大针茅样地的物种组成和生物量进行了测定。根据 3 条 500 m×5 m 的样带统计，该样地目前有植物种 61 个，分属 24 科 51 属。根据 10 个 1 m^2 的样方统计，密丛禾草大针茅的生物量占显著优势，其生物量占群落总生物量的 63.9%，根茎禾草羊草的优势度显著增加，其生物量占群落生物量的 24.8%，禾草的比重显著升高到 93.3%。优势种草层高度为 55.3 cm，草丛盖度为 42%。大针茅群落的总生物量显著提高，为 1 663.6 g/m^2，其中，地上生物量为 313.2 g/m^2，地下生物量为1 350.5 g/m^2，地下/地上生物量之比为 4.31。

由表 1.2 可以看出，与 1979 年大针茅样地建立时相比较，2011 年大针茅群落总生物量、地上生物量、地下生物量均显著增加。群落水平生物量向地下器官分配的比例增加，而向地上器官分配的比例降低，导致地下部与地上部生物量之比例显著增加。优势植物种大针茅的优势度显著增加，禾草对群落生物量的贡献超过了 90%。

表 1.2　1979 年和 2011 年大针茅样地生物量比较

年份	总生物量 /(g/m^2)	地上生物量 /(g/m^2)	地下生物量 /(g/m^2)	地下部/地上部	大针茅生物量比	禾草生物量比
1979	471.3	125.5	345.8	2.76	0.53	0.60
2011	1 663.6	313.2	1 350.5	4.31	0.64	0.93

注：大针茅生物量比＝大针茅生物量/群落生物量；禾草生物量比＝禾草总生物量/群落生物量；1979 年为 6 个 1 m^2 的样方，2011 年为 10 个 1 m^2 的样方。

1.2.3　内蒙古典型草原生物量的年度动态

1. 羊草草原地上生物量年度(1981—2010 年)动态

由图 1.2 可以看出，羊草草原 1981—2010 年的地上生物量因环境变化而呈现出明显的波动。30 年平均地上生物量为 186.3 g/m^2。最大地上生物量出现在 2002 年，为 286.1 g/m^2，最小地上生物量出现在 2009 年，为 104.3 g/m^2，前者是后者的 2.7 倍。

羊草草原群落水平的最高生物量出现的时期因气候变化而存在明显的波动，最早和最晚出现的时间可以相差 1.5 个月。其中，群落最高生物量出现在 7 月底(最早出现时间)的有 9 年，出现在 8 月中旬的有 10 年(最多出现时间)，出现在 8 月底有 4 年，出现在 9 月上旬(最晚出现时间)的有 7 年。

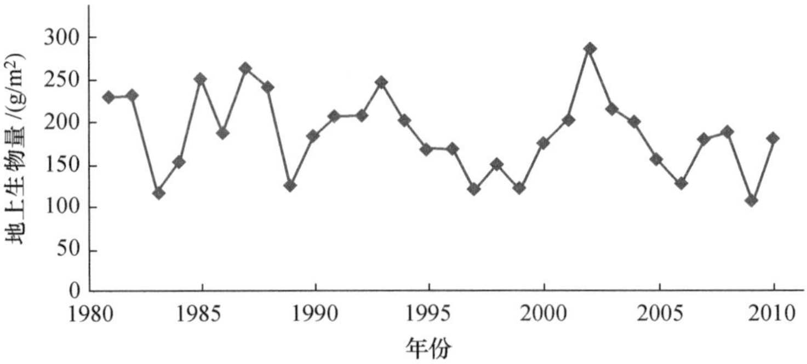

图 1.2 羊草草原地上生物量年度动态(1981—2010 年)

2. 羊草草原地下生物量年度(1981—1992 年)动态

根据陈佐忠等(2000)和李博等(1988)的长期监测研究,羊草草原 0～30 cm 土层范围内的地下生物量 12 年的平均值为1 294.6 g/m^2,最高值为1 974.56 g/m^2,出现在 1982 年,最低值为 936.0 g/m^2,出现在 1990 年。最大值是最小值的 2.1 倍(图 1.3)。

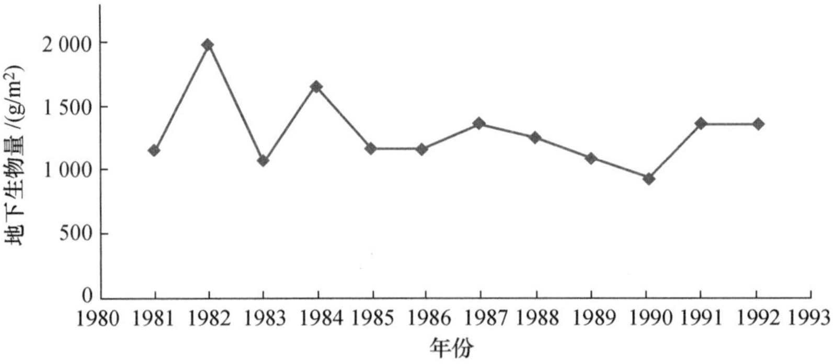

图 1.3 羊草草原地下生物量年度动态(1981—1992 年)

3. 大针茅草原地上生物量年度(1981—2010 年)动态

由图 1.4 可以看出,大针茅草原 30 年(1981—2010 年)的地上生物量因环境变化而呈现出明显的波动。在 2000 年以前变化相对平缓,2000 年以后波动幅度显著增加。30 年平均地上生物量为 138.3 g/m^2。最大地上生物量出现在 2003 年,为 271.2 g/m^2,最小地上生物量出现在 1999 年,为 72.8 g/m^2,前者是后者的 3.7 倍(图 1.4)。

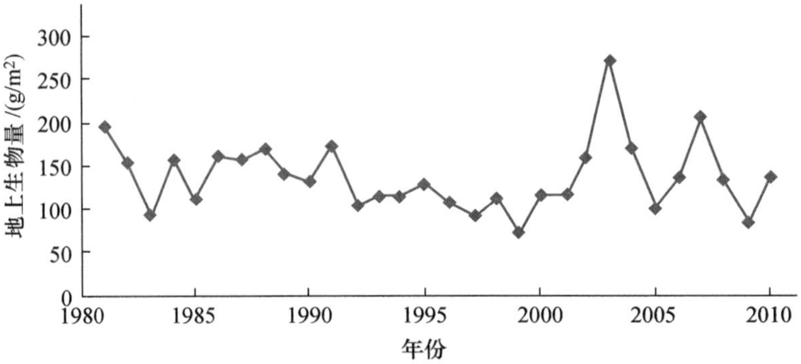

图 1.4 大针茅草原地上生物量年度动态(1981—2010 年)

大针茅草原的最高生物量出现的时期也因气候变化而存在明显的波动，最早和最晚出现的时间可以相差 2 个月。30 年中，群落最高生物量出现在 7 月中旬（最早出现时间）的有 4 年，出现在 7 月底的有 4 年，出现在 8 月中旬的有 11 年（最多出现时间），出现在 8 月底有 7 年，出现在 9 月上旬（最晚出现时间）的有 4 年。

4. 大针茅草原地下生物量年度（1981—1992 年）动态

根据陈佐忠等（2000）和李博等（1988）等的长期监测研究，大针茅草原 0～30 cm 土层范围内的地下生物量 12 年（1981—1992 年）的平均值为 989.9 g/m^2，最高值为 1 314.9 g/m^2，出现在 1982 年，最低值为 588.0 g/m^2，出现在 1981 年。最大值是最小值的 2.2 倍（图 1.5）。

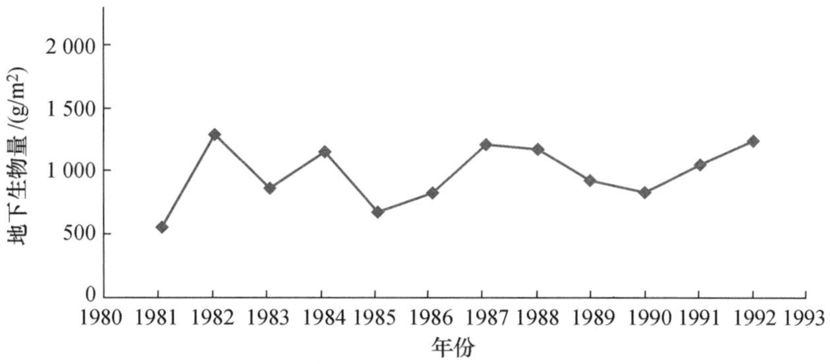

图 1.5 大针茅草原地下生物量年度动态(1981—1992 年)

1.2.4 内蒙古典型草原生物量季节动态

内蒙古草原站所在的锡林河流域属于中温带亚干旱大区，其气候类型属于大陆性气候中的温带半干旱草原气候。该区域四季分明：春季常伴有大风天气，夏季温暖湿润，而秋冬季寒冷干燥。根据内蒙古草原站 1982—2009 年间的人工气象观测数据，该地区年平均降水量为 333.5 mm、年平均温度 0.96℃、年均蒸发量 1 664.6 mm、日照时数 2 676.2 h。月际间降水量变异较大，主要集中在 6—9 月份，约占全年降水量 74.4%。随着气候的季节变化，内蒙古典型草原的生物量变化呈现出明显的季节特征。

1. 羊草草原地上生物量季节动态

在内蒙古典型草原，牧草一般在 4 月中、下旬开始返青，地上生物量一般自 5 月中旬开始测定。如图 1.6 所示，羊草草原的地上生物量的季节变化动态一般表现为单峰曲线。峰值大多出现在 8 月中旬到 9 月中旬。9 月中旬后生物量开始下降。由于受年际间气候变化的影响，峰值出现的时间不尽相同，1991 年出现在 8 月底，1993 年和 1997 年出现在 8 月中旬，1995 年出现在 9 月中旬，1999 年 7 月底就出现了高峰，这可能与后期的持续干旱有关。该年度 7 月份降水 107 mm，8 月份仅有 41 mm，9 月份不足 30 mm。

由图 1.6 还可以看出，不同年际之间羊草草原的地上生物量的变化趋势及其最大生物量的高低存在很大差异。根据陈佐忠等（2000）的研究，羊草草原地上生物量的这种变化与环境条件高度相关，特别是与降水的变化最为密切。水分是该区域初级生产力的最主要限制因素，制约着群落生物量的消长。降雨比较丰沛的年份，羊草草原的生物量就高，反之，生物量就低。

降水的季节分配格局对生物量的季节动态也有显著影响。例如，1999 年羊草草原 7 月底就达到了峰值。

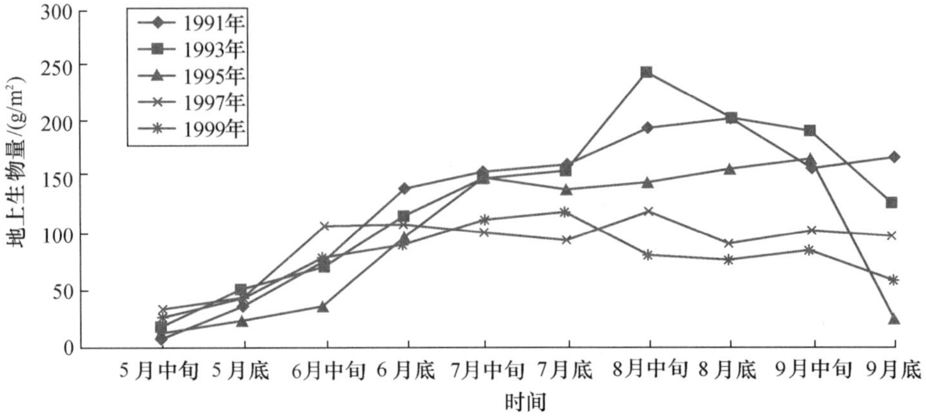

图 1.6　羊草草原地上生物量季节动态

草原群落的生长速率反映了单位时间内单位面积上生物量的变化。根据内蒙古草原站 10 年(2001—2010 年)的监测数据(图 1.7)，随着牧草的返青，羊草草原生物量群落水平的生长速率，在 5 月份和 6 月上旬一直维持较高的水平，6 月下旬出现一个低谷，7 月上旬，植物进入快速生长期，生长速率达到了最大值，为 3.5 g/(m^2 · d)。之后生长速率降低，8 月下旬以后，生长速率迅速下降，进入 9 月份，羊草草原的地上生物量一般表现为负增长。

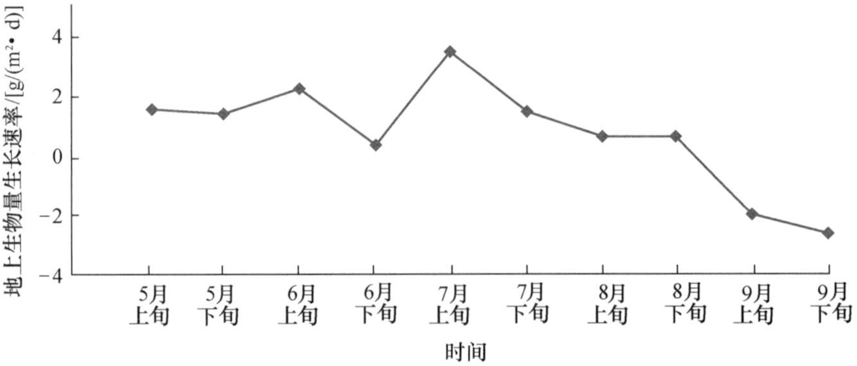

图 1.7　羊草草原地上生物量生长速率季节动态

生物量的相对生长速率反映了单位时间内单位干物质所生产的新的生物量，一般以每天每克干物质的生长量来计算。由图 1.8 可以看出，羊草草原地上生物量的相对生长速率表现为逐渐降低的趋势。5 月上旬的相对生长速率最高，可达 0.12 g/(g · d)。此时的草原植物开始返青，借助于较好的土壤湿度和适宜的气温，植物地下器官贮存的营养物质向地上部转移，因此地上部器官迅速生长。在 6 月下旬，由于降水量少，气温较高，土壤表面蒸发量大，由于水分匮缺，不能满足植物快速生长的需要，羊草群落的相对生长速率呈现出一个低谷。之后随着草原植物进入快速生长期，在 7 月上旬，出现一个峰值。然后，随着植物营养生长的变缓，羊草草原的相对生长速率平缓降低。进入 9 月份以后，随着秋季的到来，一方面地上生物量向地下转移，另一方面部分枯枝落叶离开植物体，导致地上生物量的相对生长速率表现为负增长。

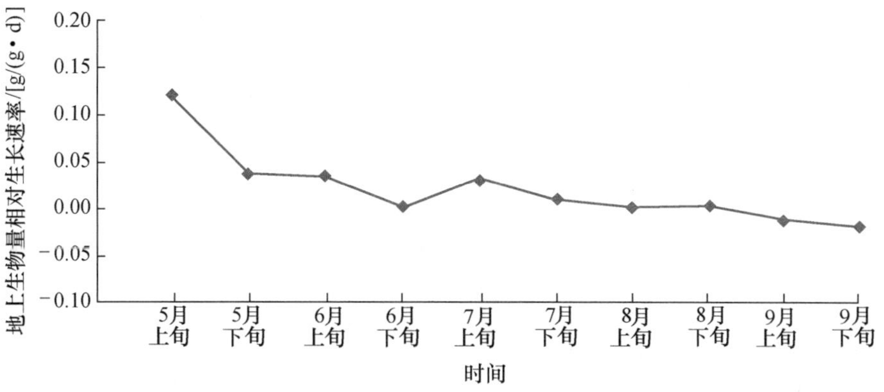

图 1.8 羊草草原地上生物量相对生长速率季节动态

李博等(1988)的研究表明,羊草草原群落生物量的差异源于不同草原植物种对水分响应的不同。在偏干旱的年份,旱生性强的植物,如大针茅、苔草等占优势;在偏湿润的年份,中生性强的植物,如羊草、冷蒿等显示出优势。

2. 大针茅草原地上生物量季节动态

大针茅草原是以旱生密丛禾草占优势的地带性分布的草原群落类型。根据王义凤(1989)的研究,大针茅草原的地上生物量随季节的进展,气温的上升,雨水的增加而逐步增长。一般于 4 月中旬返青,生长 120～150 d 后,于 8—9 月间达到高峰期;之后随着秋季的来临,气温降低,地上生物量逐渐减少。大针茅草原地上生物量的这一季节变化规律与所在区域的气候类型的干湿季明显、水热同期的特点相吻合。相关分析表明,大针茅草原的地上生物量的变化与气温的变化($R=0.6346^{*}$)、降水的变化($R=0.8449^{**}$)和土壤贮水量的变化($r_{0.01}=0.798$)均呈现显著的正相关关系。

如图 1.9 所示,大针茅草原的地上生物量的季节变化动态一般表现为单峰曲线。由于受年际间气候变化的影响,峰值出现的时间不尽相同,1992 年、1993 年、1994 年和 1995 年,地上生物量的峰值分别出现在 7 月底、8 月底、8 月中旬和 9 月中旬。大针茅草原地上生物量峰值的高低年际间也存在很大差异。总的来说,偏干旱的年份峰值偏低,多雨的年份峰值偏高。

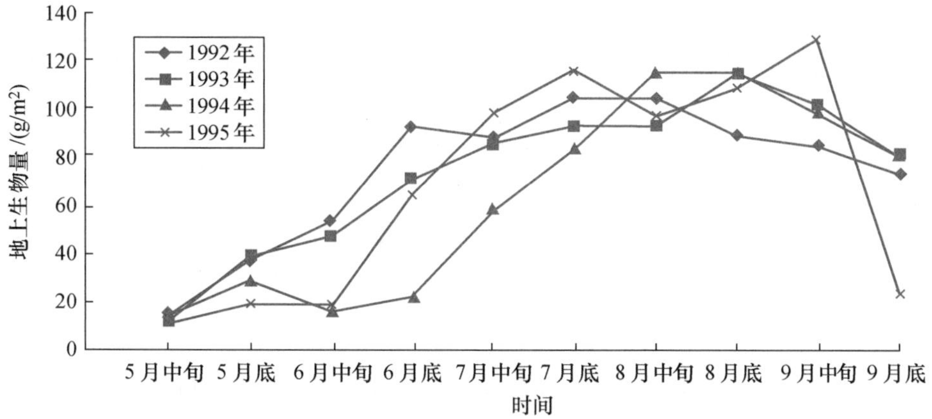

图 1.9 大针茅草原地上生物量季节动态

根据长期的监测资料(王义凤,1989),大针茅草原生物量的季节动态与其生长速率密切相关。一般大针茅草原地上生物量峰值到来之前,地上生物量的生长速率最高。7 月份前后,雨量充沛,气温较高,植物生长发育迅速。大针茅草原生物量的生长速率可达 1.5 g/(m^2 · d),最高年份可达 5.0 g/(m^2 · d)以上。8 月中旬以后,生长速率开始下降,进入 9 月份,大针茅草原地上生物量的生长速率一般表现为负增长(图 1.10)。

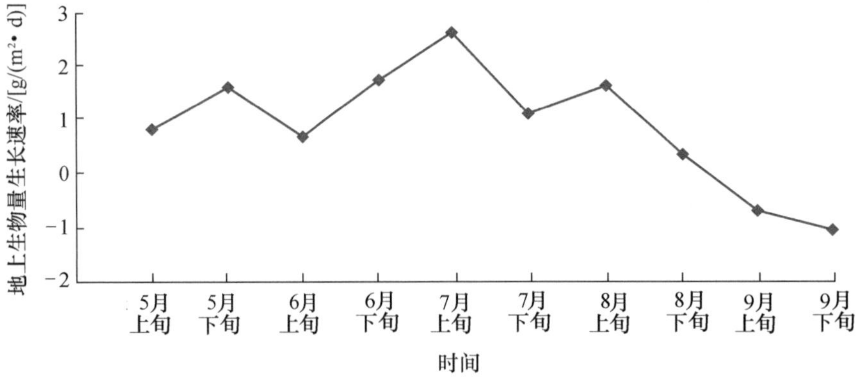

图 1.10　大针茅草原地上生物量生长速率季节动态

由图 1.11 可以看出,大针茅草原地上生物量的相对生长速率以早春最高,植物萌发后的 1 个月内可达 0.05～0.10 g/(g · d)。此时的草原植物开始返青,借助于较好的土壤湿度和适宜的气温,植物地下器官贮存的营养物质向地上部转移,促进地上部器官迅速生长。在土壤墒情特别好的年份,其相对生长速率可达 0.2 g/(g · d)。在 7 月份,当地上部分生长速率最高时,由于群落已经具有了较大的生物量基数,相对生长速率反而较低。一般最低的相对生长速率出现在春旱尚未解除的 6 月份和高峰持续期的 8 月份。前者是由于降水量少,气温较高,土壤表面蒸发量大,水分匮缺不能满足植物快速生长的需要;后者正值建群种大针茅的灌浆期和优势种菊科植物的盛花期,植物营养生长基本停止,生殖过程旺盛,生物量处于相对稳定的时期(王义凤,1989)。

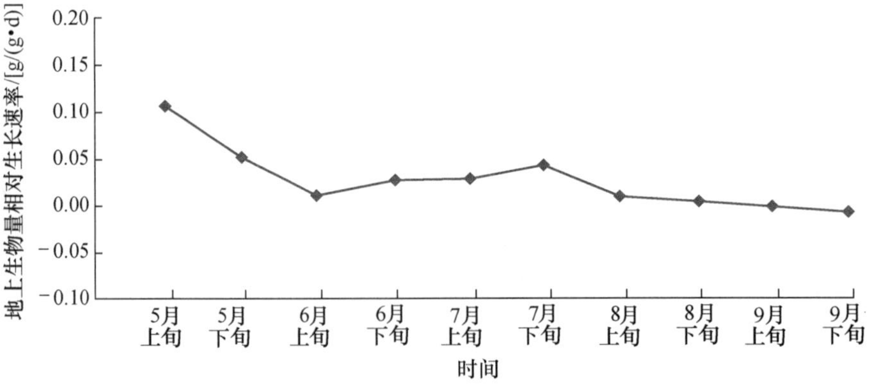

图 1.11　大针茅草原地上生物量相对生长速率季节动态

根据王义凤(1989)的研究,大针茅草原地上生物量的季节变化动态与植物群落高度的季节进程密切相关($R = 0.959$)。二者的最高值均出现在 8 月份,二者生长速率的最高值也均出现在7月份。8月下旬,由于建群种大针茅的芒针开始干枯,群落高度明显降低。但是由于此时多数植物处于结果期,籽粒在不断灌浆,生物量仍在增加。到9月下旬,群落生物量的递减速率明显高于群落高度的下降速率。这主要是因为天气转凉植物停止生长后,其营养物质向地下器官转移,同时地上部枝叶大量枯萎的缘故。

3. 羊草草原地下生物量季节动态

根据陈佐忠和黄德华(1988)的研究,羊草草原地下生物量的变化呈现出鲜明的季节特征。如图1.12所示,羊草草原地下生物量随季节的变化呈现出双峰曲线的特征。从0～30 cm土层总的地下生物量看,4月份牧草返青后,随着草原植物的快速增长,羊草草原的地下生物量在5月份达到第1个峰值,在6月份,由于此阶段经常有持续的干旱,影响了草原植物的生长,因此羊草草原地下生物量呈现出明显的降低。之后的7月份,随着牧草进入快速生长期和雨季的来临,草原植物进入快速生长期,羊草草原地下生物量迅速增加,之后增速放缓,在9月份逐渐达到最大生物量。

羊草草原的地下生物量还表现出明显的层次性。不同土层之间比较,0～5 cm土层的地下生物量最高,5～10 cm土层和10～20 cm土层的地下生物量居中,且二者差异不显著;20～30 cm的地下生物量显著减少。各层土壤中的地下生物量变化趋势与总地下生物量的变化趋势一致(陈佐忠和黄德华,1988)。

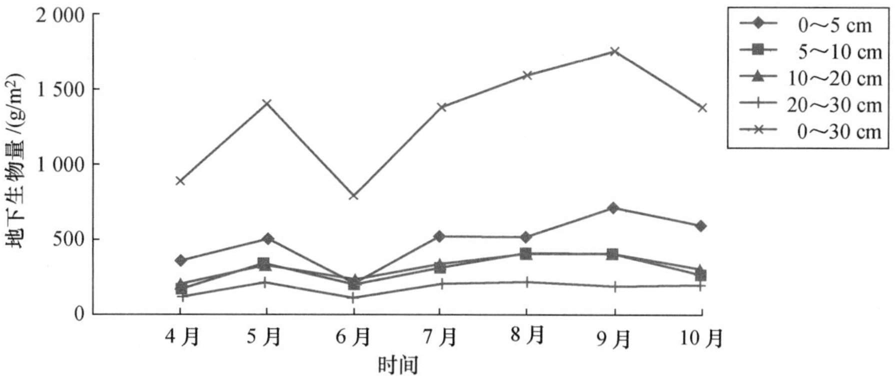

图1.12 羊草草原地下生物量季节动态

导致羊草草原地下生物量双峰特征的原因,陈佐忠等(1988)认为与土壤水分的阶段性和土壤微生物数量的季节变化有密切关系。羊草草原的水分变化可以分为四个不同的时期。①土壤返润期:4月份开始,随着土壤解冻和雪水的融化,羊草草原的土壤水分状况较好,随着气温的回升,植物很快返青和生长,这是导致第一峰值产生的重要原因。②土壤干旱期:5月下旬至6月初,由于降水稀少,而气温迅速回升,地面蒸发显著增加,导致土壤水分迅速减少,影响了植物的生长发育,导致6月份地下生物量出现1个谷值。③雨季水分改善期:进入7、8月份,随着雨季的来临,大量降水补给土壤,植物生长迅速,地下生物量迅速增加。对于多年生植物而言,许多植物把养分贮藏在地下器官中,因此逐渐出现了第二个峰值。④土壤二次干旱期:进入9月份,随着秋季的到来,一方面植物的生长基本停止,另一方面雨季结束后,土壤水分逐渐降低,从而导致了地下生物量的第二次降低。羊草草原土壤微生物的变化也具有明显的季节性,5月份和9月份分别出现两个峰值,这与地下生物量的变化趋势一致(廖仰南和张桂芝,1985)。

4. 大针茅草原地下生物量季节动态

由图 1.13 可以看出，大针茅草原地下生物量的季节变化与羊草草原相类似，也呈现为双峰曲线的特征。0～30 cm 土层总的地下生物量看，4 月份牧草返青后，大针茅草原的地下生物量在 5 月份达到第一个峰值，在 6 月份，呈现出一个明显的谷值。7 月份开始，随着牧草进入快速生长期和雨季的来临，大针茅草原地下生物量开始增加，在 9 月份逐渐达到最大生物量，之后又逐渐降低。

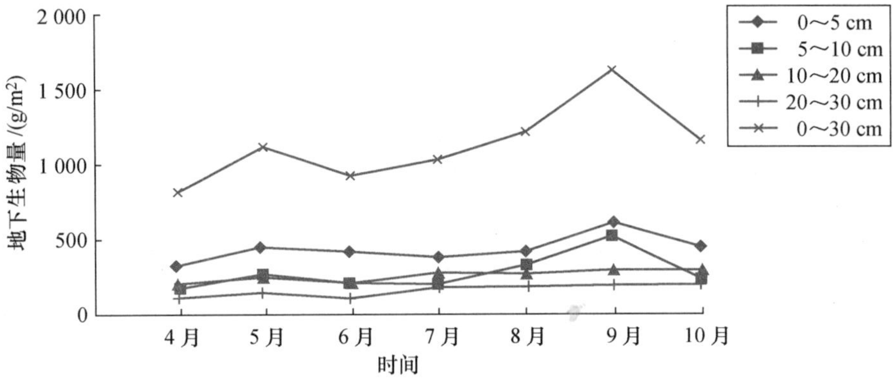

图 1.13 大针茅草原地下生物量季节动态

不同土层之间比较，0～5 cm 土层的地下生物量最高，5～10 cm 土层和 10～20 cm 土层的地下生物量居中，随着土层加深，20～30 cm 的地下生物量显著减少。各层土壤中的地下生物量变化趋势与总地下生物量的变化趋势一致(陈佐忠和黄德华，1988)。

1.2.5 典型草原地下生物量与地上生物量的关系

绿色植物为了完成自身的生活史循环，一方面需要从地上吸收二氧化碳和太阳光能进行光合作用、吸收氧气进行呼吸作用；另一方面需要从地下吸收水和矿质营养元素以维持各种代谢活动。由于地下资源和地上资源在空间上的分隔，为了保持植物生命系统有序高效运转，陆地植物始终面临着在吸收地下资源和获取地上资源之间的权衡(trade-offs)。换言之，植物的生物量在向地上器官和地下器官的分配之间存在权衡。根据 Bloom 等(1985)的最优分配理论，对于某一功能的资源投入的增加是以对其他功能投入的减少为代价的，因此，植物在各功能的资源分配上遵循回报(return)最大化的规律。例如，在光合作用中，光反应过程经常受控于叶绿素的含量，而暗反应过程经常受控于 RUBP 羧化酶含量，在光是限制性资源的时候，植物投入羧化酶的生物量减少，转而投入叶绿素中(Amthor，1995)。在变化的环境中，植物资源分配格局的改变被证明是最大化地促进植物的生长(Robinson 和 Rorison，1988；Mooney 等，1988；Hirose，1987)。当某种资源限制(或充裕)时，对其需求的降低(或增加)会减少(或促进)对这种资源的获取(Chapin，1991)。

与上述观点相反，也有一些不同的研究结果，发现植物在资源分配上并不遵守最优分配理论。例如，Schulze(1991)发现，植物会超过生长需求而过度地吸收某些养分，这种现象被称为奢侈吸收(luxury uptake)。植物为什么会在不需要的时候过多地吸收某种养分？其机制迄今尚不清晰。

在内蒙古典型草原，水分是第一位的限制性资源，如果水分匮乏，植物对土壤养分的吸收也会受到制约。因此，为了获取水分和养分，这里的草原群落大都具有较高的地下/地上生物量比。根据陈佐忠等(2000)的研究，以0～10 cm地下器官的生物量计算，羊草草原和大针茅草原地下/地上生物量比分别是4.53和5.40；若以0～20 cm地下器官的生物量计算，这个比例分别为6.42和7.33；若以0～30 cm的地下生物量计算，这个比例分别高达7.54和8.70。以0～100 cm的地下生物量计算，贝加尔针茅草原、克氏针茅草原和线叶菊草原的地下/地上生物量比分别达到12.61、12.54和13.76。由此可见，内蒙古地区典型草原植物更多地把生物量分配到了地下器官中。当然，这与许多多年生植物地下器官具有贮藏功能也密不可分(图1.14)。

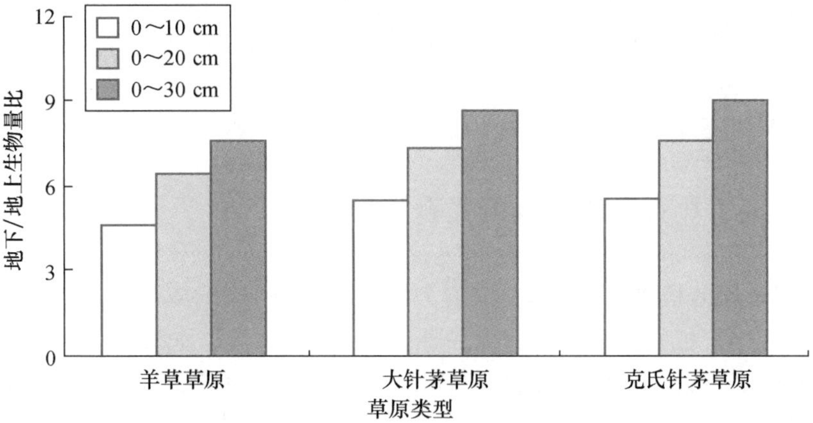

图1.14 不同类型草原群落地下/地上生物量比(陈佐忠等，2000)

由图1.14还可以看出，不同类型的典型草原群落相比较，大针茅草原的地下/地上生物量比显著高于羊草草原，但低于克氏针茅草原(陈佐忠等，2000)。这可能是由于相比较而言，克氏针茅草原更干旱而羊草草原更湿润的缘故。此外，这与不同草原群落的植物组成也密切相关。克氏针茅草原以浅根系植物为主，而羊草草原的建群种羊草有地下根茎。

即使同一草原群落，由于年际之间地下和地上生物量的波动，地下/地上生物量比也存在显著差异。如图1.15所示，以0～30 cm地下生物量计算，羊草草原在1980—1984年，地下/地上和生物量比最高为1983年的10.22，最低为1981年的5.19，前者是后者的近2倍。这与年际间降水的波动，特别是夏季降水的波动有关(陈佐忠等，2000)。

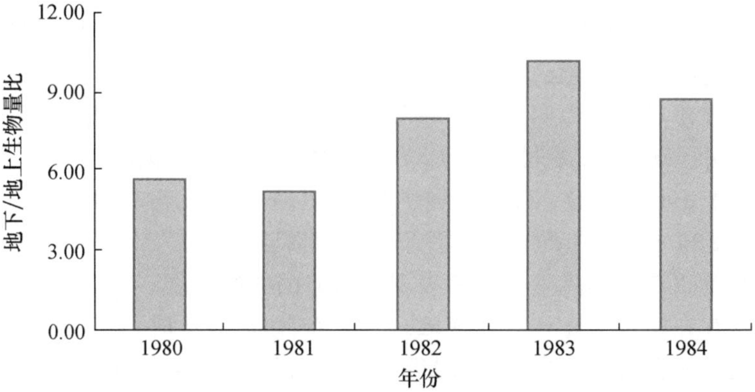

图1.15 羊草草原地下/地上生物量比(陈佐忠，黄德华，1988)

1.3 内蒙古草原植物的光合物质生产

光合作用是绿色植物把二氧化碳和水合成为碳水化合物，同时把太阳光能转化为化学能的过程。草原植物的光合作用是草原生态系统初级生产力形成的生理基础。一方面，草原植物通过光合作用合成了最基本的有机物质——碳水化合物，为其他有机物质的合成提供了底物；另一方面，贮存的能量为植物生命活动的各种代谢过程提供了能量来源。从生态系统的角度看，光合作用开启了生命系统的物质循环和能量流动，为生态系统的其他生命组分（消费者和分解者）提供了物质基础和能量驱动。由于不同植物的起源和进化历程不同，它们在各自的进化过程中形成了各具特色的光合作用途径。根据固碳途径的差异，草原植物主要分为 C_3 植物、C_4 植物、CAM 植物和一些中间类型的植物。

1.3.1 内蒙古典型草原植物的光合途径

内蒙古典型草原的植物主要以 C_3 植物为主，可以占到该区域高等植物种的 87%。主要的群落类型大多以 C_3 植物为建群种和优势种。例如，在羊草草原和大针茅草原，建群种羊草和大针茅，优势种冰草、苔草、豆科植物、菊科植物等都是 C_3 植物。该区域 C_4 植物较少，目前确认的仅有 9 科 51 种植物（陈佐忠等，2000）。在放牧退化演替过程中的糙隐子草群落和盐渍化草甸上的芨芨草群落则是 C_4 植物为建群种。

由于 C_4 植物的分布受到温度的显著影响，C_3/C_4 植物的比例可以反映草地生产力的高低和生产力的季节分布（Bird 和 Pousai，1997）。Wittmer 等（2010）通过比较土壤有机质和植被中 $\delta^{13}C$ 的值，研究了内蒙古草原 C_3/C_4 植物的分布格局，发现 C_4 植物向高纬度地区扩展了约 1°。这主要是由于该区域温度升高造成的。

1.3.2 内蒙古典型草原的群落光合速率

1. 羊草草原的群落光合速率

关于群落水平草原植物的光合作用，内蒙古草原站在 20 世纪 80 年代开展了较多研究。发现群落组成、冠层高度、群落结构和发育阶段均对群落水平的光合作用有显著影响。根据戚秋慧等（1989）的研究，羊草草原的群落光合作用具有明显的季节变化和日变化。从季节变化看，羊草群落的光合作用表现为明显的单峰曲线。自 6 月中旬测定开始，羊草群落的光合速率为 12.49 $g/(m^2 \cdot d)$（以 CO_2，下同）。之后羊草草原的群落光合速率迅速提高，到 7 月上旬达到最大值，为 31.68 $g/(m^2 \cdot d)$。随后开始下降，到 8 月中旬降至 7.51 $g/(m^2 \cdot d)$。在 9 月上旬稍有回升，为 10.80 $g/(m^2 \cdot d)$。在 9 月下旬逐渐降至最低。

从日变化看，羊草草原群落光合速率表现为明显的双峰曲线。上午出现一个峰值，下午出现一个峰值，中午存在明显的光合午休现象。一般而言，清晨 5 时，随着太阳的升起，群落光合速率开始升高，到 8 时左右达到最大值，之后随着气温的进一步升高，空气相对湿度进一步降低，群落光合速率显著降低，到 14 时，随着气温升到最大值，羊草群落光合速率降至最低值。

之后随着气温的回落，空气相对湿度升高，羊草群落光合速率又逐步回升，在 16 时左右达到下午的峰值；之后，随着光照强度的降低，羊草群落光合速率逐渐降低。一般上午的峰值大于下午的峰值，在下雨天可能表现出相反的趋势，即下午的可能更高。

2. 大针茅草原的群落光合速率

大针茅草原的群落光合速率也呈现出明显的季节变化和日变化（戚秋慧等，1989）。从季节变化看，大针茅群落的光合速率表现为明显的单峰曲线。自 6 月下旬开始大针茅草原的群落光合速率不断升高，到 7 月下旬达到最大值，为 11.5 g /(m^2 · d)。之后逐渐降低，在 9 月下旬达到最小值。从日变化看，大针茅群落光合速率也表现为明显的双峰曲线。上午出现一个峰值，下午出现一个峰值，中午存在明显的光合午休现象。

1.3.3 内蒙古典型草原优势植物种的光合特征

1. 羊草的光合作用特征

羊草是内蒙古典型草原最重要的优势植物种之一。根据杜占池和杨宗贵(1988)的研究，生长在良好水分条件下的羊草的光-光合曲线为近似双曲线，光合作用光饱和点一般在 920 μmol /(m^2 · s)。对应的光合速率为 31 mg/(dm^2 · h)。光合作用光补偿点为 10～18 μmol/(m^2 · s)。温度-光合曲线为抛物线，光合作用最适温度为 26～29℃。CO_2-光合响应为直线关系，CO_2 补偿点为 55 μL/L。

羊草光合作用的季节特征表现为单峰曲线。自 6 月上旬的测定开始，羊草的光合速率随季节的进展，逐步升高，在 7 月下旬达到最大值，之后逐渐降低（杜占池和杨宗贵，1992）。

羊草光合作用的日进程特征表现为双峰曲线。日出后，随着光强的增强，羊草的光合速率迅速升高，到 8 时，羊草的光合速率达到第一个峰值，之后，随着气温的升高，光合速率逐渐降低，到 14 时，出现光合速率的谷值，之后，随着气温的降低，光合速率再次升高，在 16 时，达到第二个光合速率峰值（杜占池和杨宗贵，1988）。

羊草的光合速率因器官、叶位、生态型和生态条件的不同而存在显著差异。其营养枝功能叶片的光合速率最大值为 51.2 mg/(g · h)，最小值为 18.7 mg/(g · h)，平均值为 34.1 mg/(g · h)（杜占池和杨宗贵，1992）。

2. 大针茅的光合作用特征

大针茅是内蒙古典型草原地带性分布的优势植物种。根据杜占池和杨宗贵(1988)的研究，大针茅的光-光合曲线为近似双曲线，光合作用光饱和点一般在1 000 μmol/(m^2 · s)。对应的光合速率为 25 mg/(dm^2 · h)。光合作用光补偿点为 10 μmol/(m^2 · s)左右。温度-光合曲线为抛物线，光合最适温度为 27～31℃。CO_2-光合响应为直线关系，CO_2 补偿点为 65 μL/L。

大针茅光合作用的日进程特征表现为双峰曲线。日出后，随着光强的增强，大针茅的光合速率迅速升高，到 8 时，达到第一个峰值，之后，随着气温的升高，光合速率逐渐降低，到 14 时，出现光合速率的谷值，之后，随着气温的降低，光合速率再次升高，在 16 时达到第二个光合速率峰值（杜占池和杨宗贵，1988）。

1.4 内蒙古草原植物的营养物质贮存

一年内，内蒙古典型草原牧草的生长季只有半年(4月中旬至10月中旬)，另外的半年植物要经历漫长的非生长季。因此，多年生草原植物在越冬前要贮存大量的营养物质，以度过漫长的非生长季，并在新的生长季开始时提供植物萌发所需要养分。由此可见，草原植物贮存的营养物质一方面是当年初级生产力的重要组分，另一方面是翌年生产力发展的物质基础。前人的研究表明，碳水化合物是草原植物最主要的贮藏物质，不管刈割或家畜采食后牧草的恢复生长还是越冬后牧草的萌发生长都与植株贮藏碳水化合物的水平密切相关(Donaghy 和 Fulkerson，1998；Cairns 等，1988，1999)。

1.4.1 草原植物贮藏碳水化合物的组分及其含量

植物组织中的碳水化合物按其在水中的溶解性可以分为可溶性碳水化合物和非可溶性碳水化合物两部分。由表1.3可以看出，羊草和大针茅地下器官中的可溶性碳水化合物主要包括果聚糖、蔗糖、葡萄糖、果糖和甘露醇，非可溶性碳水化合物主要指淀粉。其中，可溶性碳水化合物和非可溶性碳水化合物，在羊草地下器官中分别占51.17%和48.83%，在大针茅地下器官中分别占72.24%和27.76%。羊草在地下器官中贮藏的碳水化合物占前三位的分别是淀粉(48.83%)、甘露醇(25.22%)和果聚糖(16.34%)，而大针茅的地下器官中分别是甘露醇(54.18%)、淀粉(27.76%)和果聚糖(9.20%)。羊草地下器官中贮藏碳水化合物的总量显著高于大针茅，羊草地下器官果聚糖和淀粉含量分别是大针茅的3.2倍和3.6倍，而两种牧草的甘露醇含量差异不显著。

表1.3 羊草和大针茅地下器官贮藏的碳水化合物

贮藏物质种类	羊草			大针茅		
	含量/(mg/g)	占可溶性碳水化合物比例/%	占碳水化合物总量的比例/%	含量/(mg/g)	占可溶性碳水化合物比例/%	占碳水化合物总量的比例/%
果聚糖	36.89	31.94	16.34	10.14	12.73	9.20
蔗糖	16.76	14.51	7.42	8.76	11.00	7.95
葡萄糖	1.42	1.23	0.63	0.43	0.54	0.39
果糖	3.50	3.03	1.55	0.58	0.73	0.53
甘露醇	56.92	49.29	25.22	59.71	74.99	54.18
可溶性碳水化合物	115.50		51.17	79.61		72.24
淀粉	110.21		48.83	30.59		27.76
碳水化合物总量	225.71			110.20		

1.4.2 草原植物贮藏碳水化合物的季节动态

1. 果聚糖

果聚糖是温带牧草碳水化合物的主要贮藏形式之一。图 1.16 显示出，羊草地下器官中果聚糖含量明显高于大针茅。从果聚糖的季节性变化看，羊草地下器官中果聚糖含量表现出“降低—升高—再降低—再升高”的趋势。自 5 月 20 日开始，羊草地下器官果聚糖的含量逐渐降低，至 6 月 21 日下降至最低点，然后上升，7 月 8 日上升至最高点后，随着羊草进入快速生长期，地下器官果聚糖的含量又逐渐降低，至 7 月 30 降低至最低点，之后再次升高，至 8 月 27 日达本年度的最大峰值；之后至 10 月 15 日，果聚糖的含量一直维持在 40 mg/g 左右。大针茅地下器官中果聚糖的含量在生长过程中一直处于一个相对稳定的状态。

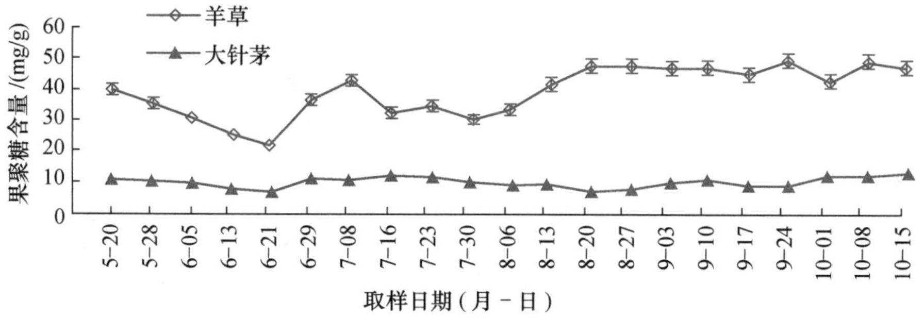

图 1.16 羊草和大针茅地下器官中果聚糖含量的季节动态

2. 蔗糖

蔗糖不仅是牧草的贮藏性碳水化合物，也是碳水化合物在植物体内运输的主要形式。在牧草生长季节，羊草地下器官中蔗糖含量显著高于大针茅(图 1.17)。两种牧草地下器官蔗糖的含量表现出一致的季节性变化趋势。5 月 20 日后，两种牧草地下器官蔗糖的含量逐渐增加，6 月 5 日后又显著降低，至 6 月 29 日达最低点，之后表现为逐渐增加的趋势，7 月 16 日之后蔗糖含量逐渐降低，7 月 23 日后，又逐渐升高。大针茅和羊草分别于自 9 月 3 日和 9 月 10 日达到最高值，之后至 10 月 1 日，两种牧草的地下器官一直维持较高的蔗糖水平。10 月 1 日以后，蔗糖的含量表现出明显的下降趋势。

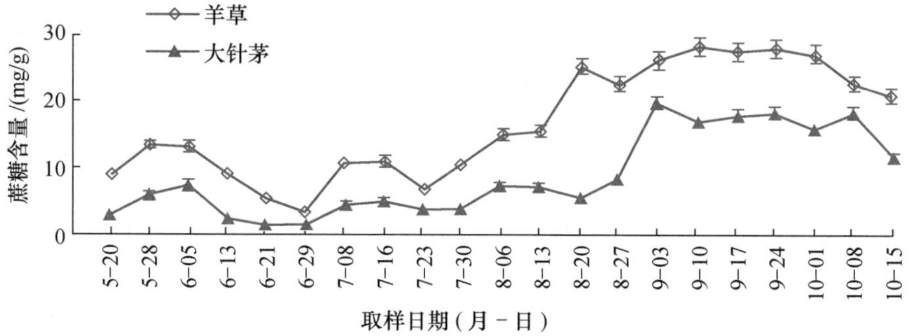

图 1.17 羊草和大针茅地下器官中蔗糖含量的季节动态

3. 甘露醇

甘露醇是植物体内重要的糖醇类物质，是植物适应干旱、寒冷等逆境条件重要的渗透调节物质之一(Belesky 等，1991；Conway 等，1999)。由图 1.18 可以看出，羊草和大针茅贮藏的甘露醇含量和季节性动态变化趋势基本一致，表现为“降低—升高—再降低—再升高”的特征。5 月 20 日至 6 月 13 日，随着牧草的返青，地下器官中甘露醇的含量逐渐降低，至 6 月 13 日，甘露醇的含量下降至最低点，之后甘露醇的含量逐渐增加，至 6 月 29 日，甘露醇含量达到最高，进入 7 月份后，随着牧草进入快速生长期，地下器官中甘露醇的含量又显著降低。至 8 月 6 日，下降至最低，之后维持在较低水平，自 8 月 20 日至 10 月 15 日，甘露醇含量又逐渐增加。至 10 月 15 日，大针茅地下器官中的甘露醇含量显著高于羊草。

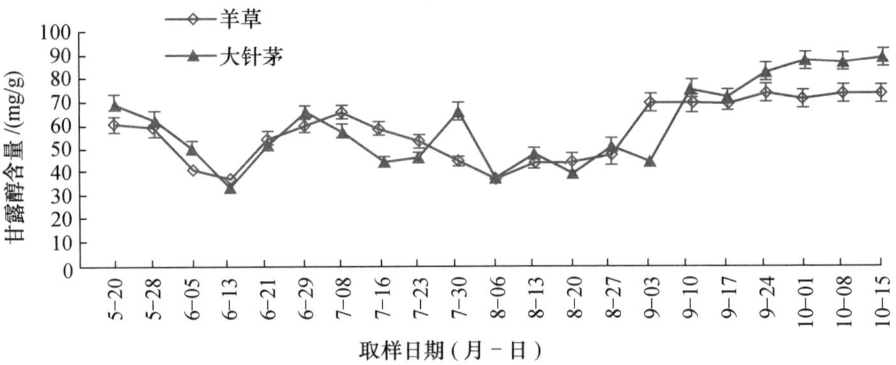

图 1.18　羊草和大针茅地下器官中甘露醇含量的季节动态

4. 淀粉

淀粉是植物贮藏的最主要的非可溶性碳水化合物。羊草地下器官淀粉含量显著高于大针茅(图 1.19)。从季节性变化动态看，羊草地下器官淀粉含量呈现显著的“降低—升高—再降低—再升高”的特点。自 5 月 20 日，羊草地下器官淀粉的含量显著降低，至 6 月 21 日降至最低点，之后显著增加，至 7 月 16 日达最大值后，又逐渐降低，8 月 6 日至 8 月 20 日，羊草地下器官淀粉含量迅速增加，8 月 20 日之后，其淀粉含量基本趋于稳定。大针茅地下器官淀粉含量，随时间的推移虽表现出先降低后升高的趋势，但变幅较小。

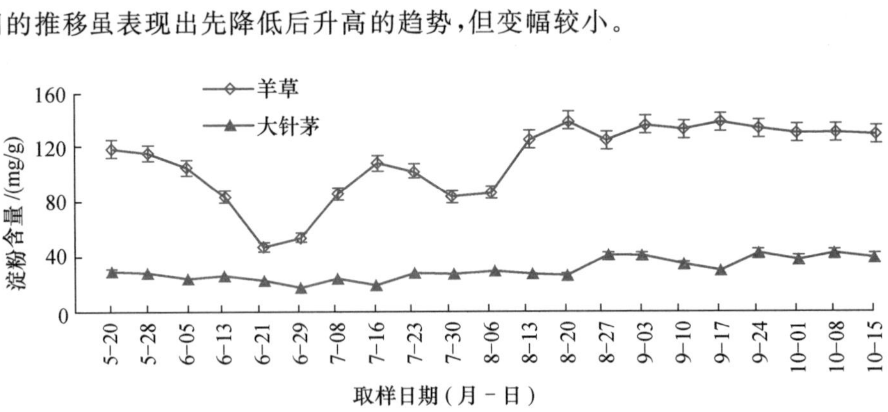

图 1.19　羊草和大针茅地下器官中淀粉含量的季节动态

1.5 环境因素和人类活动对内蒙古草原初级生产力的影响

生态系统的初级生产力是生态系统最主要的功能之一，初级生产力的改变将对所有的生态系统过程产生影响(Knapp 和 Smith，2001)。因此，研究环境因素和人类活动对内蒙古草原初级生产力的影响对于我们认识生态系统结构和功能的关系至关重要。在内蒙古典型草原，影响生态系统初级生产力的因素主要包括水分、温度、太阳辐射、土壤养分、土地利用和放牧干扰等。由于水分是第一位的限制因子，氮素是第二位的限制因子(白永飞等，2008)，而放牧是草原生态系统最主要的人类活动，本节主要就水分、氮素和放牧对内蒙古草原生态系统初级生产力的影响进行介绍。

1.5.1 水分对内蒙古草原初级生产力的影响

目前，全球气候变化不仅导致温度的显著升高，而且导致全球大气环流的改变，进而使全球降水格局发生显著改变(Adams 等，2009；Sugiyama 等，2010)。大气环流模型(general circulation models，GCMs)预测高纬度地区的降水量增加，大部分地区的单次强降水的极端事件的频次增加，降水间隔将延长(Easterling 等，2000；Knapp 和 Smith，2001；Meehl 等，2005；IPCC，2012)。这将对草地生态系统的生产力(Noy-Meir，1973)产生深远的影响。

Knapp 和 Smith (2001)根据北美大陆的 11 个野外台站的平均 12 年的长期监测数据，发现草原生态系统是陆地生态系统中对降水波动最为敏感的系统，其年地上初级生产力的变异幅度不仅大于年降水量波动最小的森林生态系统，而且显著高于年降水量波动最大的荒漠生态系统。在大陆尺度上，地上初级生产力与年平均降水量呈显著的正相关关系，但是地上初级生产力年际间的变异与降水量年度间的变异无显著关系。方精云等(2001)利用年度平均的 NDVI 数据计算了中国 5 种植被类型的净初级生产力的变异与降水量变异的关系，结果与 Knapp 和 Smith(2001)的结果相反，发现 NDVI 数据计算的净初级生产力的年度变异与年度降水量的变异呈显著的正相关关系。由此可见，水分的变化对生态系统初级生产力的影响是十分复杂的。

1. 水分对草原群落生物量的影响

在内蒙古典型草原生态系统，水分是对初级生产力起主导作用的环境因子。李博等(1988)的研究发现，羊草草原的地上生物量与年降水量的大小密切相关。陈佐忠等(2000)的研究表明，羊草草原的地上生物量的年度动态变化与年降水量的变化基本趋势相似，但是并不完全一致。许多降水多的年份，羊草草原的初级生产力并不高，甚至低于多年的平均值。这可能与草原植物生长的限制因子的转换有关。当生长季降水量超过植物的需求时，水分不再是第一位的限制因子，而温度和光照成为最主要的限制因子(李镇清和任继周，1997)。白永飞等(2004)分析了内蒙古草原站 24 年的长期监测数据，发现地上生物量主要与 1—7 月份的降水显著相关。陈佐忠等(2000)的研究发现，羊草草原和大针茅草原的地下生物量与年降水量和前一年 8 月至翌年 4 月的降水量显著相关。从空间尺度看，内蒙古草原的地上初级生产力与年平均降水量呈显著正相关关系(白永飞等，2008)。

2. 水分对植物种群生物量的影响

草原群落生物量是由群落中各植物种的生物量组成的。深入研究物种水平生物量对水分的响应可以很好地揭示群落水平生物量的变化。杨持等(1985)研究了羊草草原几个主要植物种种群的地上生物量与降水的关系,发现种群地上生物量与其生长期的降水量密切相关。

刘艳书等(2012)通过防雨棚实验研究了羊草和大针茅生物量变化与降水量和降水格局变化的关系。发现在植物生长季增加50%的降水量显著增加了羊草的生物量,以地下器官生物量的增加尤为显著。大针茅的生物量也显著增加,但主要是增加了地上器官的生物量。这可能是由于羊草有地下根茎,在生长季结束时贮藏营养物质,而大针茅没有根茎且大量结实有关。随着降水时间间隔从3 d延长到15 d,羊草总生物量显著降低,但大针茅没有显著变化。说明内蒙古典型草原的两种优势植物生物量对降水量和降水水格局的改变响应不同(图1.20)。

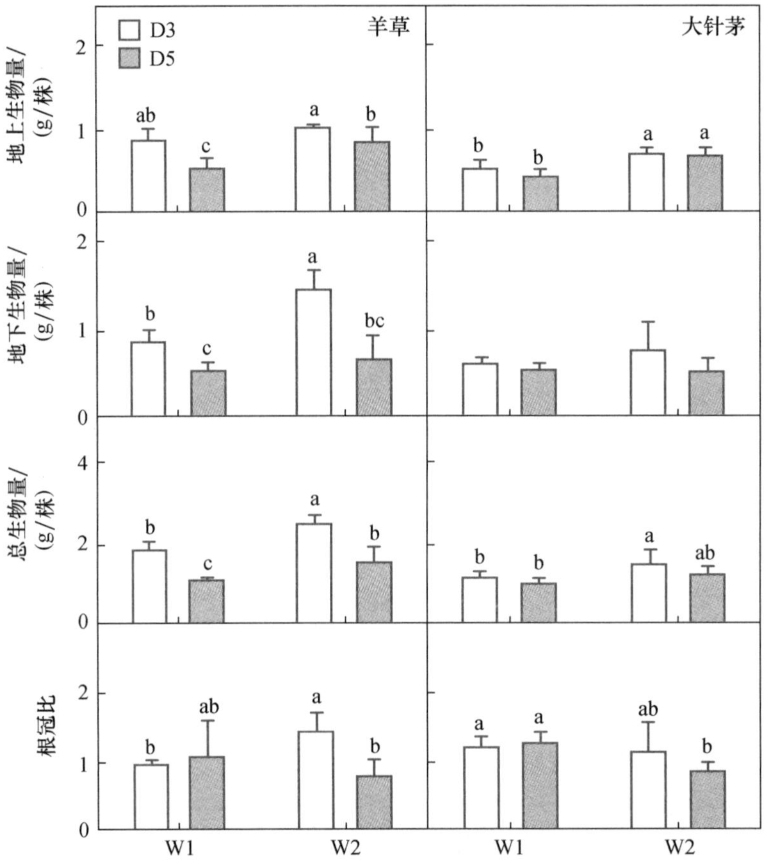

图1.20 降水量和格局改变对羊草和大针茅生物量的影响

(W1、W2分别表示20年平均降水量和平均值增加50%降水量;D3和D5分别表示降水间隔为3 d和5 d)

1.5.2 氮素对内蒙古草原初级生产力的影响

氮素是植物生长所需要的最重要的元素之一,氮素的供应状况是影响草地生态系统的生产力主要因素(Burke等,1997)。近年来,随着工业革命后氮肥的大量使用,全球范围的氮素循环正在加速，氮沉降已经成为全球变化的重要驱动因子之一。但是，在草地生态系统生态系统中，由于长年的放牧和刈割，大量的氮素被带出了生态系统，近年来日益肆虐的沙尘暴更是将大量的土壤养分带走，加剧了土壤养分的损失，尤其是植物生长必需的氮素，使土壤肥力下降，氮素流失直接威胁到草原生态系统的生产力和可持续性，养分失衡引起的草原生态系统的退化开始受到广泛的关注。

生态系统中氮素的循环可以分为内循环和外循环两个过程。外循环的过程指氮素向系统输入和由生态系统输出的过程。其中氮素的输入过程主要包括生物固氮、干湿沉降、施肥等；而输出过程主要包括淋溶、径流、反硝化和氨挥发等。内循环过程是指氮素从系统中的一个库转移到另一个库的过程。内循环过程主要包括植物对氮素的吸收，氮素在植物体内的分配和再分配，植物残体、动物排泄物归还土壤，以及氮素的矿化、硝化和固定过程。由于草原生态系统内循环过程的通量远远大于外循环，而且内循环过程直接控制着土壤的无机氮库而显著影响着草原生态系统的生产力的高低（Clark，1977；Burke 等，1997），对于投入较少的草原生态系统，氮素的内循环过程显得尤为重要。

通过干湿沉降输入草原生态系统的氮素因地域不同而存在较大差异。据 Stevenson（1982）估算为 0.8～22 kg/hm^2，其中以热带或靠近工业区的地方较高。Holland 等（1999）的研究表明，通过湿沉降输入美国中部草原生态系统的氮素因降水量的差异，每年变幅为 1.5～8 kg/hm^2，而且干沉降与之相近。其中牲畜饲养场附近，氨挥发较重的地方相对更高些。

草原生态系统氮素的损失主要通过如下途径：① 氨挥发；②反硝化作用；③淋溶；④动物和动物产品的存留；⑤动物排泄物的转移；⑥风蚀和水蚀；⑦火（Steele，1987）。其中，牲畜是影响氮素损失量和损失途径的决定性因素。每年的氮素损失量可能因放牧类型、放牧强度、土地类型、草场生产力和气候的变化而有所差异。但是，迄今为止，对我国典型草原生态系统氮素循环的研究很不深入，很多方面还是空白（陈佐忠等，2000）。为了研究氮素对草原生态系统生产力的影响，内蒙古草原站自 1999 年开始，设计并实施了长期氮素添加实验，本节主要介绍相关研究结果。

1. 氮素添加对草原群落生物量的影响

根据白永飞等（2001）的研究，对于成熟的羊草群落，连续四年的氮素添加显著提高了群落生产力，但是物种多样性显著降低，优势种组成发生了改变。对于退化的羊草群落，连续四年的氮素添加显著提高了群落生产力，物种多样性稍有下降，但优势种羊草得到了促进。表明不同演替阶段的草原群落对氮素的响应不同。内蒙古典型草原生物量对氮素添加作出响应的阈值低于 1.75 $g/(m^2 \cdot 年)$，而生产力增加的饱和点为 10.5 $g/(m^2 \cdot 年)$（图 1.21）。

2. 氮素添加对植物功能群生物量的影响

为了探讨草原植物群落对氮素添加响应的内在机制，白永飞等（2010）把草原植物分成了 5 个功能群，分别是：多年生根茎禾草（PR）、多年生丛生禾草（PB）、多年生杂类草（PF）、一二年生植物（AS）和灌木半灌木（SS）。结果显示，在成熟群落，前两年的氮素添加对各功能群的生物量均无显著影响，但是，从第三年开始，一年生植物生物量随着氮素添加量的增加显著增加，并在第四年成为优势种。与此同时，多年生根茎禾草、多年生丛生禾草和多年生杂类草的生物量显著降低。灌木和半灌木无显著变化。与对照相比较，两个较低添加量的处理，一年生植物的生物量增加了 20 倍，3 个高添加量的处理增加了 50 倍。到第四年，多年生根茎禾草、多年生丛生禾草和多年生杂类草的地上生物量，在 2 个低量的处理中，比对照分别降低了

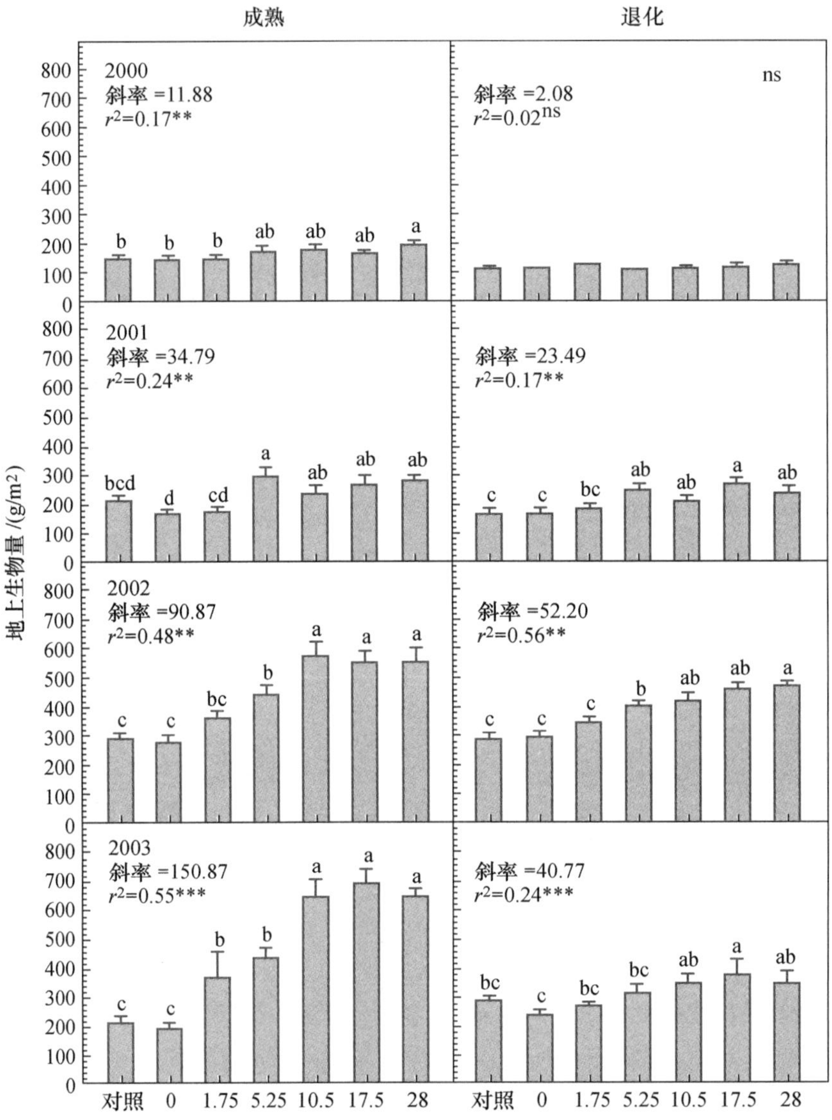

图 1.21 氮素添加对羊草草原不同演替阶段群落地上生物量的影响

(ns,处理间差异不显著)

53%、44%和 54%,而在 3 个高量的处理中分别减少了 95%、94%和 92%(图 1.22)。

在退化群落,第一年氮素添加对各功能群生物量无显著影响。自第二年开始,多年生根茎禾草和多年生丛生禾草生物量显著增加,与此同时,多年生杂类草生物量显著降低。第 2～3 年,多年生根茎禾草持续增加,而多年生丛生禾草显著降低。4 年内,一二年生植物、灌木和半灌木的生物量均无显著变化(图 1.23)。

3. 氮素添加对植物种生物量的影响

为了进一步揭示草原群落生物量的响应与物种响应的内在关系,潘庆民等(2011)对 10 个氮素添加实验中 10 个植物种的生物量进行了分析。结果显示,10 个植物种的生物量对氮素的响应阈值不同。其中,4 个植物种(糙隐子草、黄囊苔草、冷蒿和灰绿藜)生物量的响应阈值

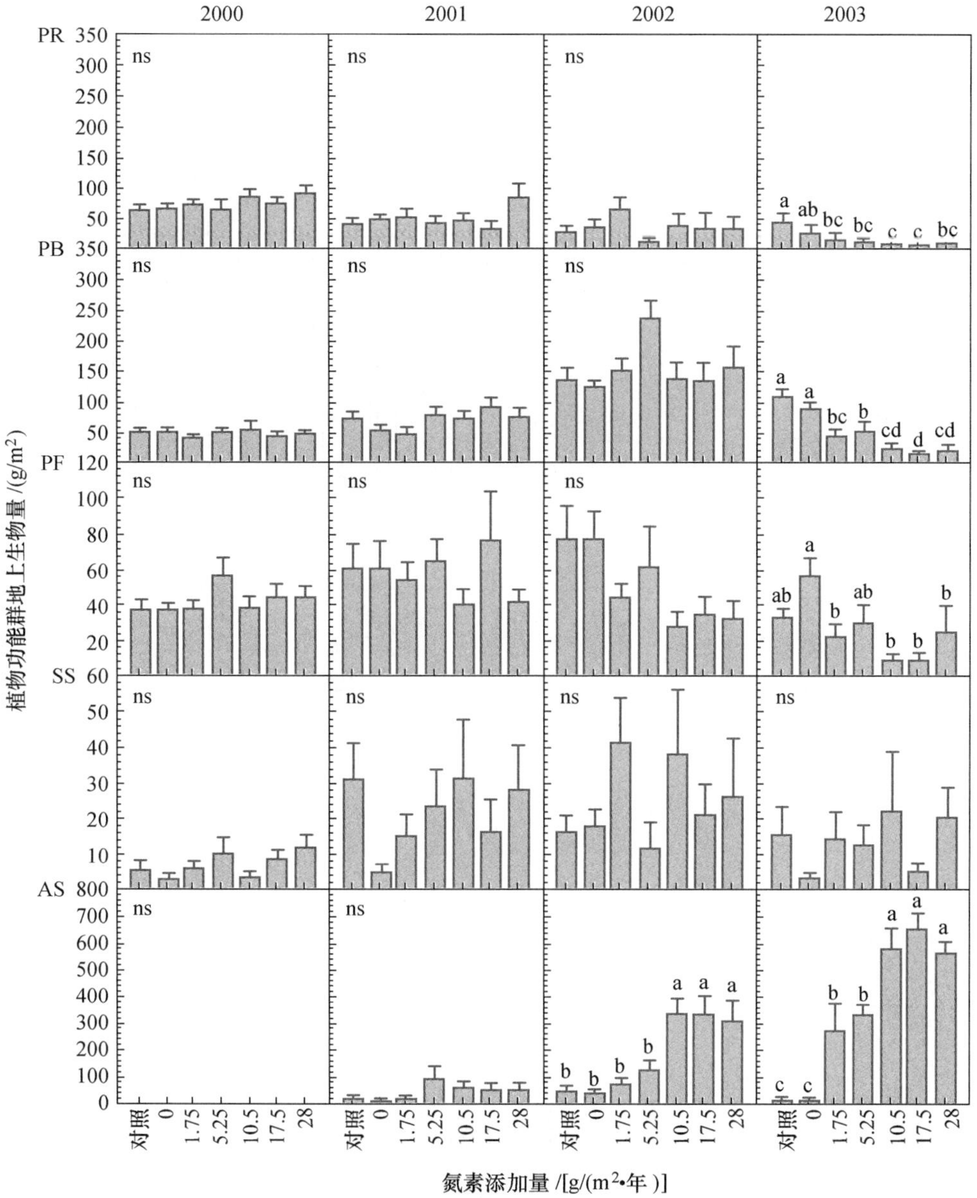

图 1.22 氮素添加对羊草草原成熟群落植物功能群地上生物量的影响

（PR，多年生根茎禾草；PB，多年生丛生禾草；PF，多年生杂类草；AS，一二年生植物；SS，灌木半灌木。每一幅图中，具有相同字母的处理间差异不显著，ns 表示所有处理间差异不显著）

在 1.75 g/(m^2·年)左右；3 个植物种（西伯利亚羽茅、冰草和木地肤）生物量的响应阈值在 5.25 g/(m^2·年)左右；轴藜在 10.5 g/(m^2·年)左右；大针茅在 17.5 g/(m^2·年)左右；而羊草没有明显的变化。随着氮素添加梯度的增加，4 种丛生禾草（大针茅、糙隐子草、冰草和西伯利亚羽茅）和黄囊苔草的生物量呈单峰曲线变化，2 个半灌木植物种（冷蒿和木地肤）和灰绿藜表现为线性增加（图 1.24）。

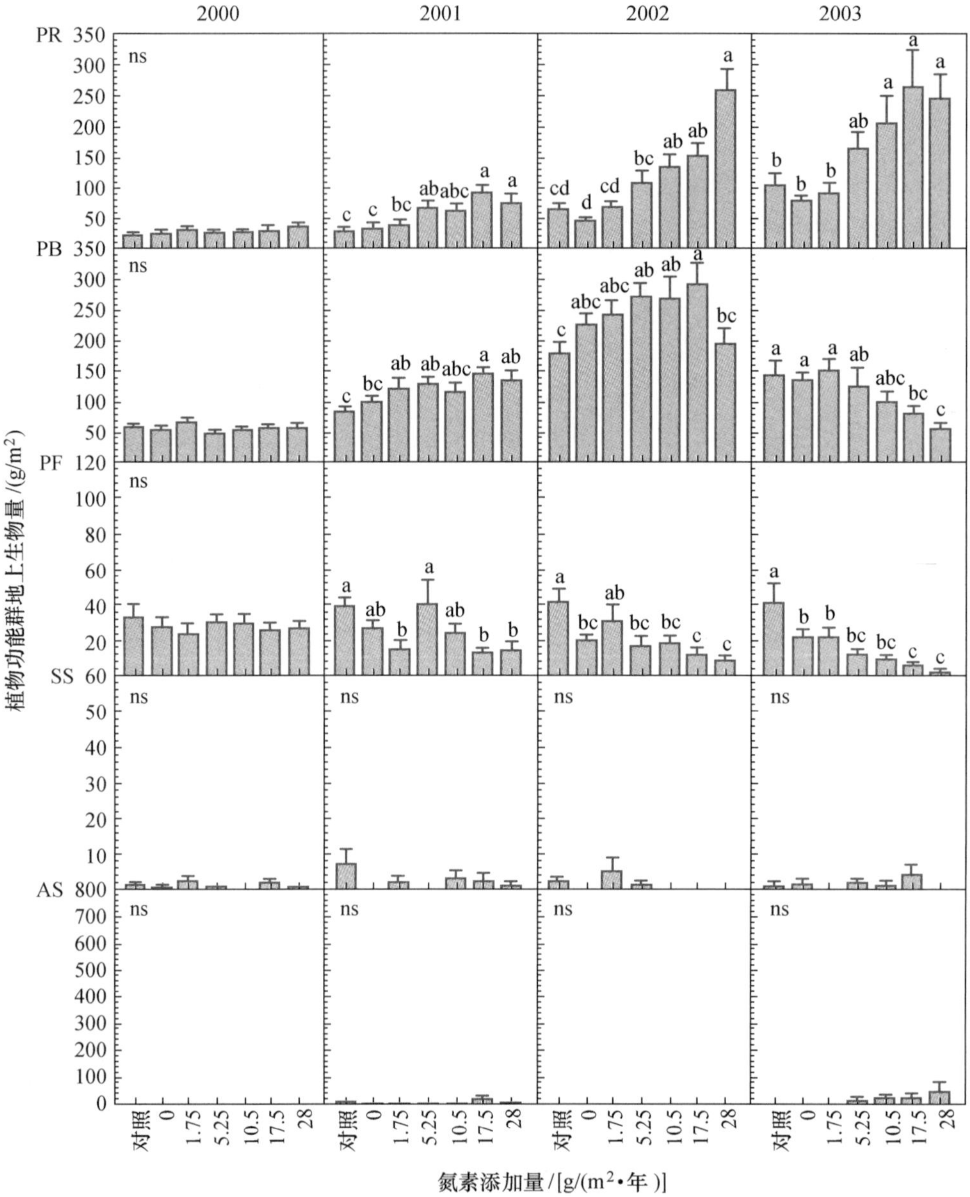

图 1.23　氮素添加对羊草草原退化群落植物功能群地上生物量的影响

(PR,多年生根茎禾草;PB,多年生丛生禾草;PF,多年生杂类草;AS,一二年生植物;SS,灌木半灌木。每一幅图中,具有相同字母的处理间差异不显著,ns 表示所有处理间差异不显著)

4. 氮素添加对植物种生物量分配的影响

氮素添加后,改变了原来地下/地上资源的比例,因而会引起草原植物生物量分配格局的改变。由图 1.25 可以看出,氮素添加后,所有的植物种增加了地上器官生物量的分配,降低了地下器官生物量的分配。但是,不同的植物种改变的幅度不同。

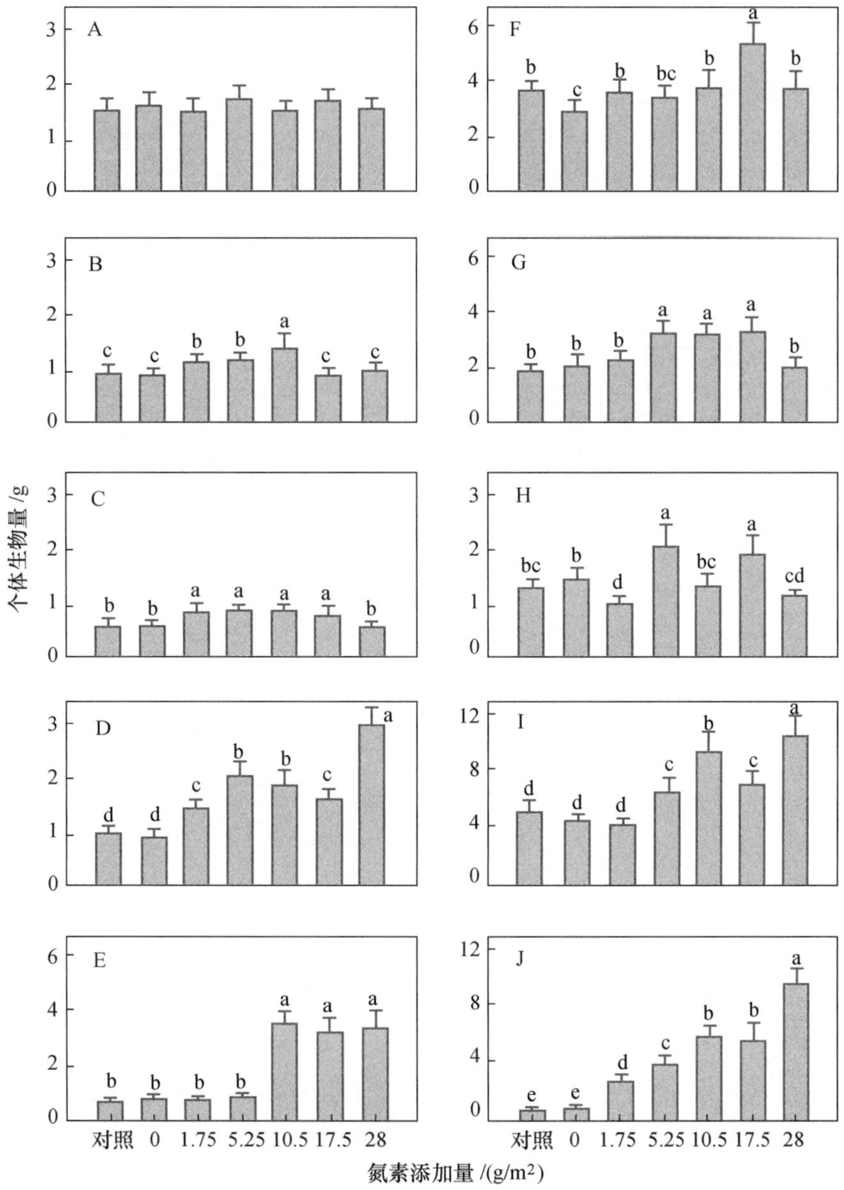

图 1.24　氮素添加对羊草草原植物种个体生物量的影响

（A,羊草;B,黄囊苔草;C,糙隐子草;D,冷蒿;E,轴藜;F,大针茅;G,羽茅;H,冰草;I,木地肤;J,灰绿藜）

1.5.3　放牧对内蒙古草原初级生产力的影响

放牧是草原生态系统历史最悠久的利用方式之一。事实上,我们今天看到的草原是植物与有蹄类动物长期以来协同进化的结果。因此,研究放牧对草原生态系统结构和功能的影响,一直受到生态学家和草原管理学家的高度重视。许多生态学演替的理论如状态-过度理论、演替多稳态理论等均是草地生态系统放牧生态学研究的成果。中度干扰假说和放牧优化假说为

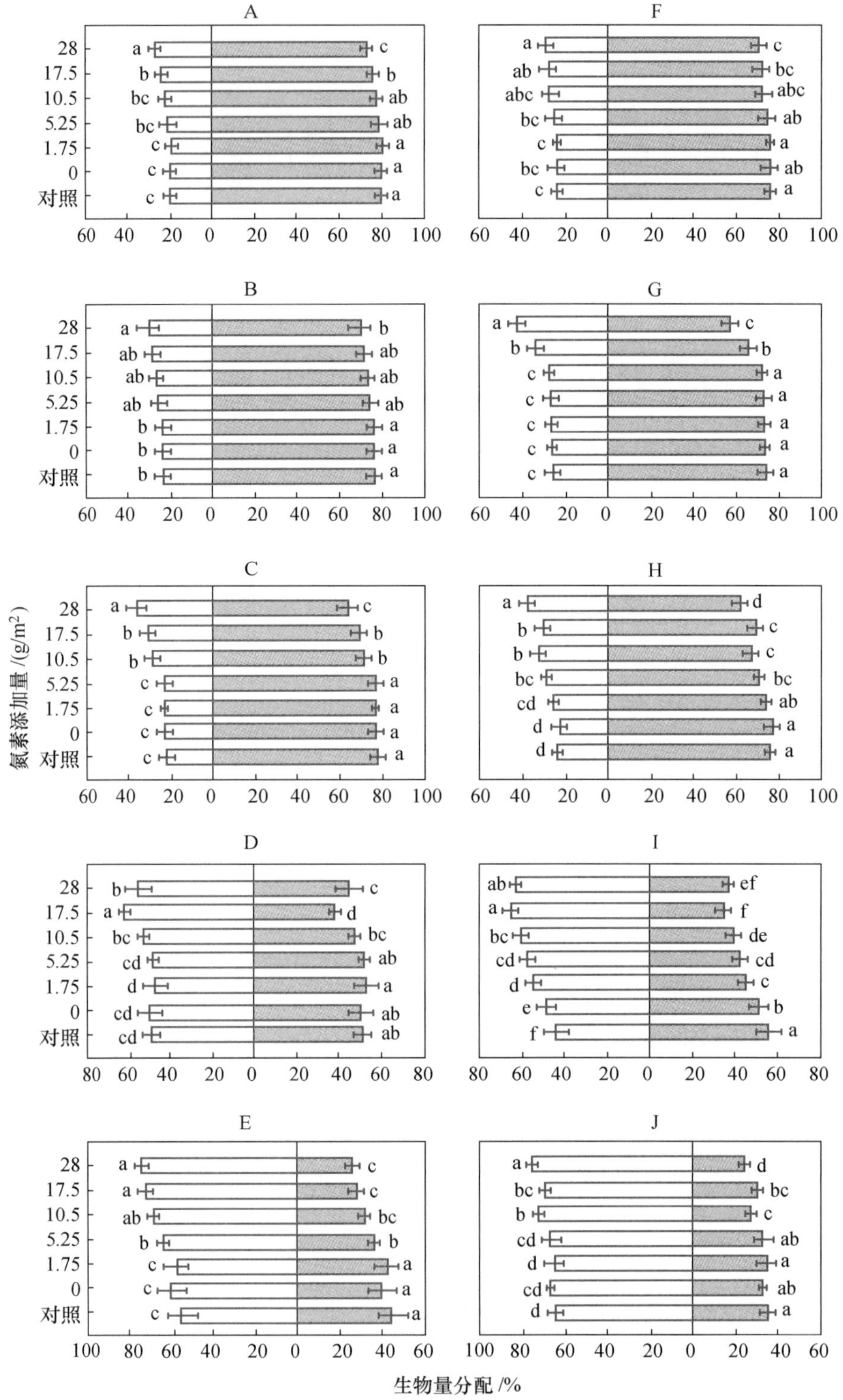

图 1.25 氮素添加对羊草草原植物种生物量分配的影响

（A，羊草；B，黄囊苔草；C，糙隐子草；D，冷蒿；E，轴藜；F，大针茅；G，羽茅；H，冰草；I，木地肤；J，灰绿藜）

放牧生态学的发展奠定了理论基础。早在 1989 年，内蒙古草原站在站区以西，锡林河北岸建立了一个放牧实验样地，设置的放牧强度为每公顷 1.33、2.67、4、5.33、6.67 羊单位。

近年来，过度放牧导致我国的天然草原发生了大面积的退化，物种多样性丧失，生产力水平显著降低，部分区域出现了荒漠化的趋势。因此，研究放牧对草原生态系统结构和功能的影响，建立合理的放牧制度，已经成为当前草原生态系统管理中迫切需要解决的问题。为此，在 2004 年，内蒙古草原站在羊草样地以北设立了总面积 3 000 多亩（1 亩＝1/15 hm^2，以下同）的大型放牧实验平台。该平台包括不同立地类型、不同放牧强度和不同利用方式的放牧处理组合。

放牧强度梯度为每公顷 0、1.5、3、4.5、6、7.5、9 羊单位。立地类型分坡地和平地两类。利用方式分连年放牧、连年刈割、一年放牧翌年刈割 3 种。实验处理每年自 6 月 1 日开始至 9 月 30 日结束。

1. 放牧对羊草群落生产力的影响

根据 1989 年建立的放牧实验的研究结果，汪诗平等（1998）发现，放牧导致内蒙古典型草原地上现存量显著降低。这种趋势在 1990 年、1993 年和 1997 年表现一致，均随着放牧强度的增加而增加。地上现存量在每公顷 1.33 羊单位的处理下为 84.7 g/m^2；而在每公顷 6.67 羊单位的处理下仅为 21.9 g/m^2，相差近 4 倍。随着放牧强度的增加，地上净初级生产力的变化与地上现存量的变化趋势一致。

根据 2004 年建立的放牧实验，研究发现，随着放牧强度的增加，羊草群落的地上净初级生产力显著降低，在 2005 年、2006 年、2007 年和 2008 年趋势一致。在 2006 年、2007 年和 2008 年，最高强度的放牧处理使地上净初级生产力分别降低了 37%、30%和 55%。与传统的连年放牧相比较，一年放牧翌年刈割的草原利用方式下，地上净初级生产力的降低没有达到显著水平，说明放牧与刈割相轮替的方式有利于草原保持较高的地上净初级生产力（Schönbach 等，2011）。

2. 放牧对功能群和植物种生物量影响

Wan 等（2011）就放牧对不同功能群和植物种生物量的影响进行了研究，结果显示，在连年放牧的处理下，多年生丛生禾草、多年生根茎禾草、灌木半灌木 3 个功能群的生物量随着放牧强度的增加而线性降低。而多年生杂类草和一二年生植物 2 个功能群的生物量无显著变化。在放牧和刈割相轮替的利用方式下，一二年生植物功能群的生物有所增加，而其他的功能群无显著变化。从物种水平看，在连年放牧的处理下，两个优势植物种羊草和糙隐子草的生物量随着放牧强度的增加而显著降低，而另外两个优势植物种大针茅和冰草的生物没有受到显著影响。在放牧和刈割相轮替利用方式下，四个优势植物种的生物量无显著变化。

3. 去除放牧对羊草草原生产力的影响

围栏封育是目前内蒙古草原生态系统管理中退化草地恢复的重要措施。但是，由于放牧强度不同，草场需要的围栏封育年限和草场恢复的质量也不尽相同。为此，在 2004 年设计的放牧实验中，我们增加了不同放牧强度和不同放牧年限后的去除放牧处理，探讨羊草草原群落在不同组织水平上生产力的恢复情况。刘艳书等(2011)的研究结果显示，不同的放牧强度下，围封后羊草草原地上净初级生产力的变化存在显著差异。在较低（$SR=3$）和中等（$SR=6$）的放牧强度下，围封后前两年，群落地上净初级生产力表现为超补偿生长，第 3 年开始与对照（$SR=0$）无显著差异。而在较高的放牧强度（$SR = 9$）下，前两年不仅没有发现超补偿生长，而且显著低于对照，第 3 年才能逐渐恢复到对照的生产力水平（图 1.26）。

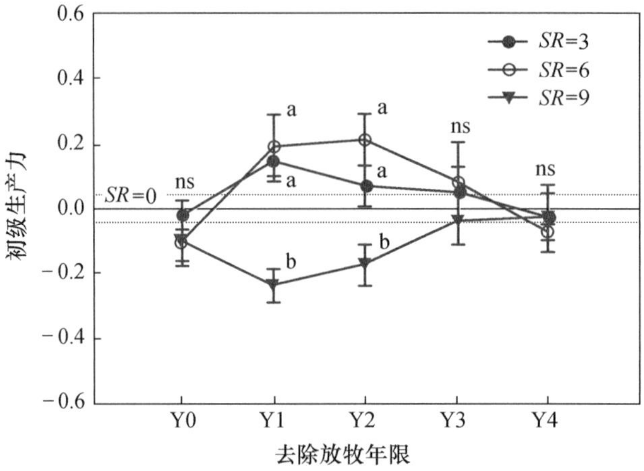

图 1.26　去除放牧对羊草草原初级生产力的影响

1.6　内蒙古草原生态系统生产力稳定性维持机制

草原生态系统生产力的稳定性及其维持机制是当前生态学的热点问题之一。前人关于生态系统生产力稳定性的维持机制归纳为物种之间的互补效应和选择效应，而互补效应又包括生态位分化和互利效应（Hector 等，1999；Loreau 等，2001）。但是这些结论受到一些生态学家的质疑（Grime，1997；Huston，1997，2000；McCann，2000；Mooney，2002）。

关于生产力与多样性关系一直以驼峰型（hump-shaped）假说占主导地位，即在初级生产力中等水平时，物种多样性最高。但由于缺乏跨越不同空间尺度和群落类型的系统调查数据的支持，使该问题的争论多数仍然停留在相关假说和机制的讨论上。为此，内蒙古草原站就草原生态系统生产力稳定性维持的机制进行了深入研究，获得了两个重要成果：①补偿效应是内蒙古草原生态系统生产力稳定性维持的重要机制。②化学计量内稳性是内蒙古草原生态系统生产力稳定性维持的内在基础。针对这两个重要成果分述如下。

1.6.1　草原生态系统生产力稳定性维持的补偿效应

2001 年，白永飞等分析了内蒙古草原沿水分梯度分布的 4 类地带性草原群落（贝加尔针茅群落、大针茅群落、克氏针茅群落和小针茅群落）连续 12 年初级生产力的变异。研究结果表明：①从贝加尔针茅群落到小针茅群落，植物多样性显著下降，群落中起重要作用的植物功能群的数量逐渐减少，群落初级生产力及其稳定性也逐渐降低。②多年生丛生禾草、多年生根茎禾草与苔草和多年生杂类草功能群多样性与群落初级生产力稳定性呈极显著正相关关系。③旱生植物和中旱生植物功能群多样性也与群落初级生产力稳定性极显著地呈正相关。据此我们初步认为，生态位互补效应可能是内蒙古草原生产力稳定性维持的重要机制，而植物多样性对初级生产力稳定性的影响可能是通过不同功能群间的补偿作用来实现的(白永飞等,2001)。

2004 年,为了进一步验证补偿效应在草原生态系统初级生产力稳定维持中的作用,白永飞等(2004)根据内蒙古草原站 24 年的长期监测数据,从自然生态系统的不同组织层次入手,对生态系统沿时间维度的稳定性维持机制进行了深入剖析。结果表明:①物种的多样性导致草原生态系统生产力的稳定性,从物种到功能群再到群落水平,草原生态系统的生产力稳定性呈现增加的趋势。②不同之物种和功能群之间的补偿效应是草原群落生产力在时间维度上稳定性维持的重要机制(图 1.27)。

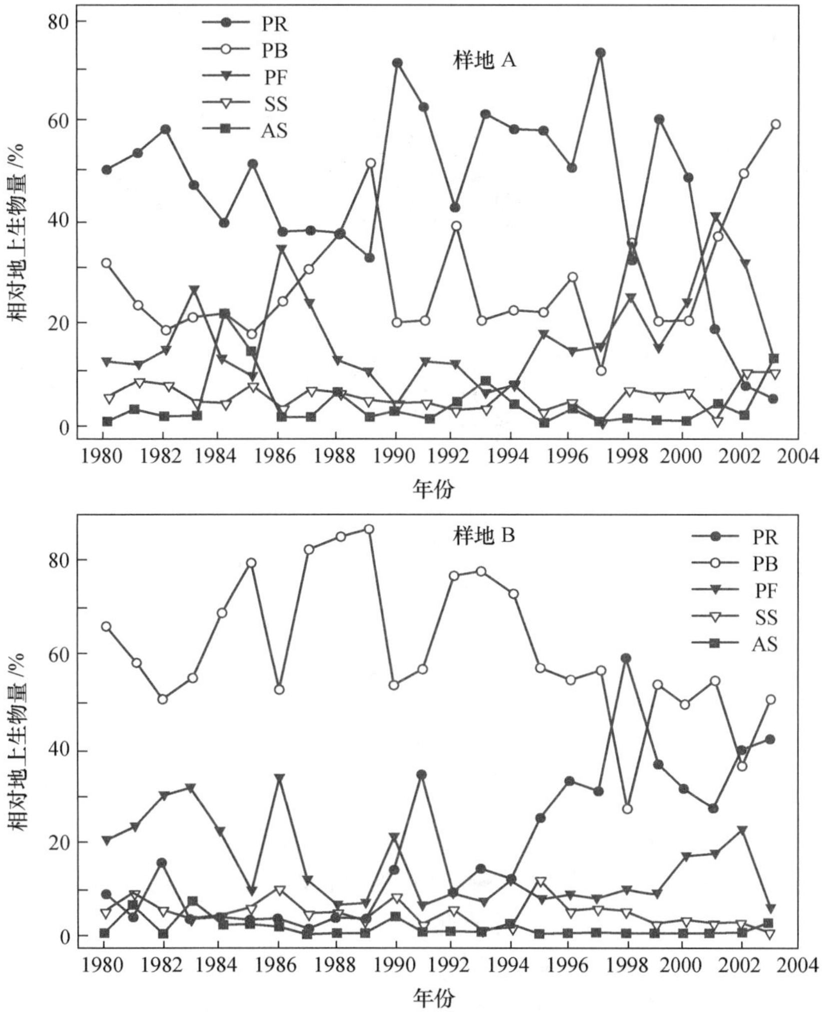

图 1.27 内蒙古草原生态系统初级生产力的稳定性维持机制

(PR,多年生根茎禾草;PB,多年生丛生禾草;PF,多年生杂类草;AS,一二年生植物;SS,灌木半灌木)

2007 年,为了解草原生态系统生产力在空间尺度上的变异与多样性的关系,白永飞等(2007)对内蒙古草原 854 个样地的野外调查数据进行系统研究,发现:①在所有的组织层次和空间尺度上,内蒙古草原生产力与多样性均呈显著的线性正相关关系,而不是驼峰型;②放牧降低了草原群落的初级生产力和物种多样性，但并没有改变二者的关系；③在区域尺度上，年平均降水量和土壤氮含量是影响草原生态系统初级生产力和物种多样性关系的主要环境因子（图 1.28）。

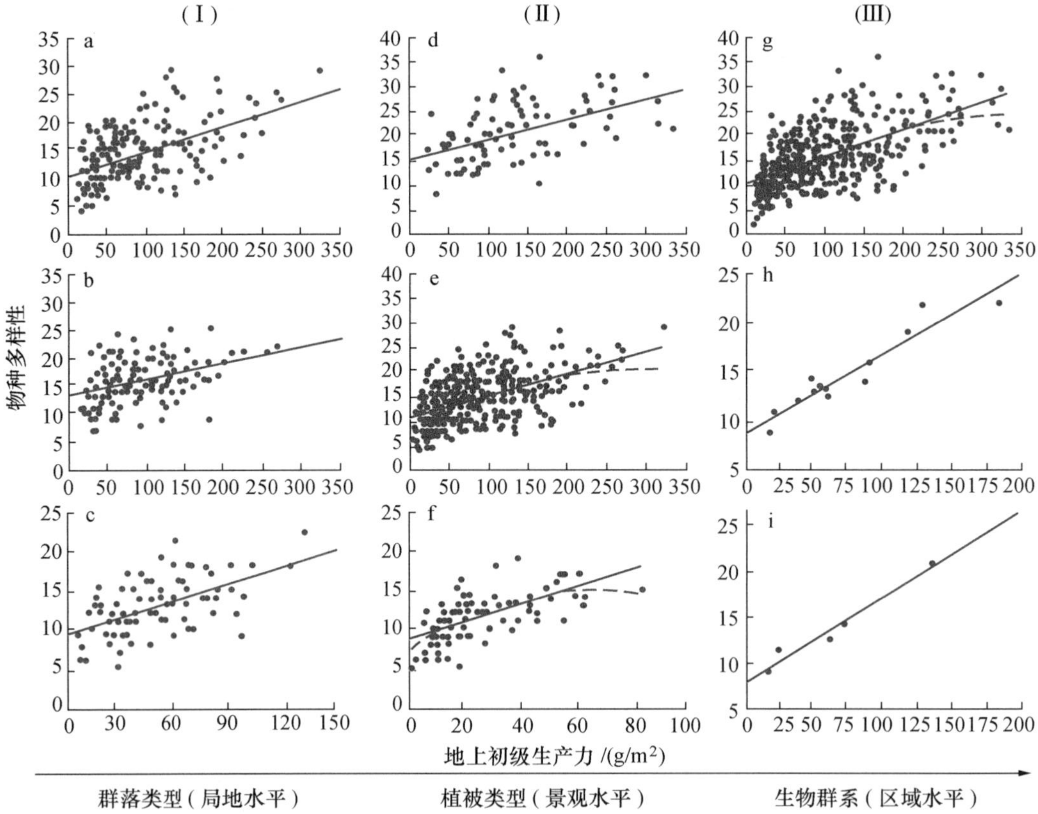

图 1.28　不同组织水平生产力与多样性的关系

（局地尺度：a，羊草群落；b，大针茅群落；c，克氏针茅群落；景观尺度：d，草甸草原；e，典型草原；f，荒漠草原；区域尺度：g，根据点的统计；h，根据群丛统计；i，根据植被类型统计）

2008 年，白永飞等（2008）采用长期定位研究和野外控制实验相结合的方法，对内蒙古高原 21 个代表性生态系统类型（草甸草原、典型草原、荒漠草原和荒漠）的初级生产力（ANPP）和降水利用效率（RUE）及其关键驱动因子进行了深入研究。进一步研究了草原生态系统生产力的稳定性与降水利用效率的关系。结果表明：①在区域尺度上，内蒙古草原地上净初级生产力随着年平均降水量的增加而增加，且稳定性逐渐增加。②内蒙古草原生态系统初级生产力和降水利用效率均具有尺度依赖性。③氮素添加可以显著地提高植物群落的地上净初级生产力和降水利用效率（图 1.29）。

1.6.2　草地生产力稳定性维持的化学计量学基础

化学计量内稳性是指生物在环境（包括食物）中的元素组成发生变化时，维持自身相应的化学组成相对稳定的一种能力。这一指标反映了生物在长期的进化过程中形成的适应环境变化的生理和生化调节机制。通常条件下,由于植物自身的可塑性调节作用,植物在一定程度上能够抵御由于水分和养分等环境因子的改变而对其生长产生影响。由于不同植物的生长特性的差异,其稳定性也有可能存在明显的种间差异。但是,化学计量内稳性与生态系统生产力稳定性的关系研究尚少。为此,Yu 等(2010)根据内蒙古草原站 27 年的长期监测数据,结合1 200 km的样带调查和氮磷添加控制实验研究,从时间和空间尺度证明:①内稳性高的物种具有较高的优势度和稳定性。②内稳性高的生态系统具有较高的生产力和稳定性。这些结果说明,化学计量内稳性是生态系统生产力稳定性维持的重要基础(图 1.30)。

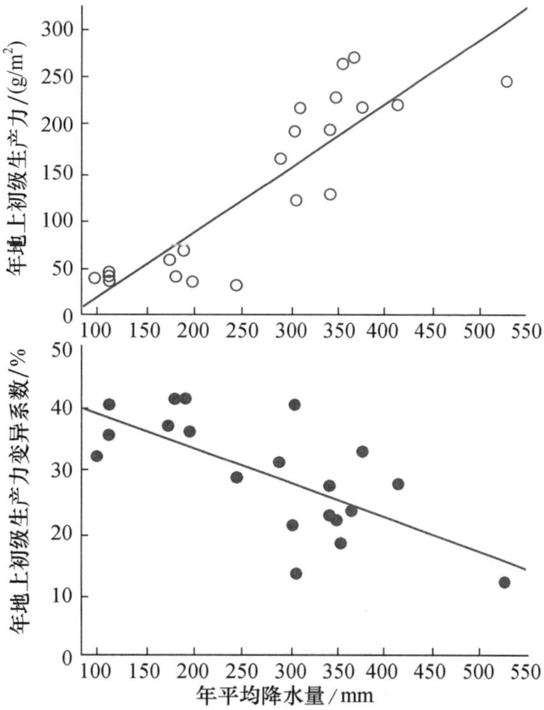

图 1.29 内蒙古草原生态系统初级生产力稳定性与降水量的关系

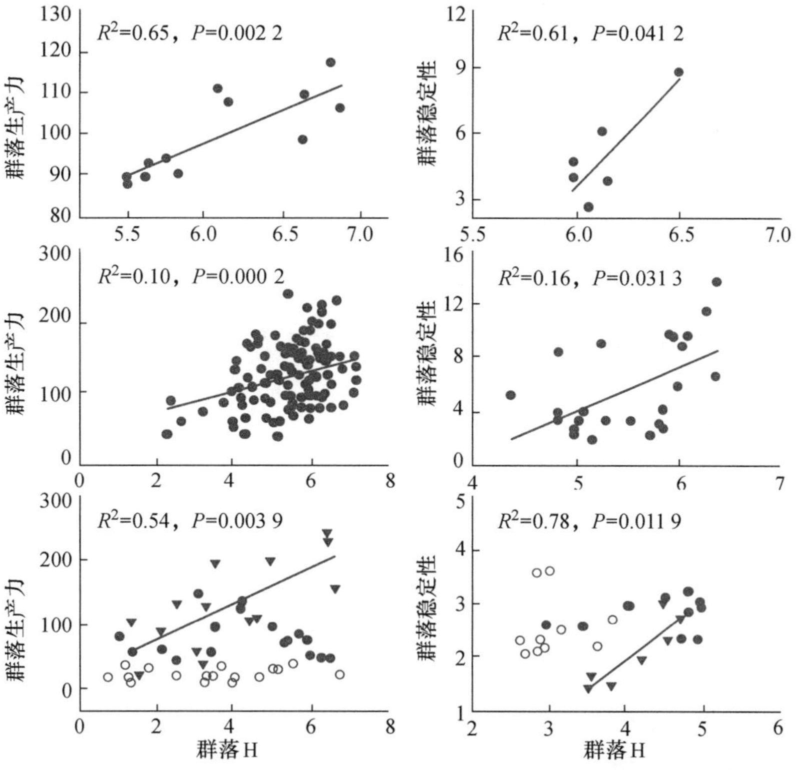

图 1.30 化学计量内稳性指数与群落生产力、稳定性的关系

1.7 结语与展望

初级生产力作为草原生态系统最主要的服务功能，是草原生态学研究的永恒主题。内蒙古草原生态系统初级生产力的基本特征是由该区域的气候特征、土壤特征和植被特征共同作用的结果。本章首先根据30年的监测数据，分析了内蒙古典型草原两个最主要的群落类型(羊草草原和大针茅草原)地上和地下生产力的特征、年度变化动态和季节变化动态；之后，在群落水平和植物种水平，阐述了与初级生产力密切相关的光合物质生产特性和营养物质贮存特性。然后，我们选择影响草原生态系统初级生产力的三个最主要的驱动因子——水分、氮素和放牧干扰，就它们对草原生态系统生产力的影响进行了汇总。最后，讨论了内蒙古典型草原生产力稳定性维持的内在机制和生态化学计量学基础。这些结果是内蒙古草原站建站以来在草地生态系统生产力研究方面取得的成果，凝聚了几代科学家付出的心血和汗水，为我们今后草原生态系统的研究奠定了良好的基础。

当前，全球变化已经成为全人类必须共同面对的生态问题。在全球变化的背景下，占地球陆地面积1/5的草地生态系统生产力还能否稳定维持？是否会发生改变？如果发生变化，其变化的方向和规模无疑将对全世界的生态安全和食物安全产生深远的影响。因此，草地生态系统生产力的稳定性、变异性及其对全球变化主要驱动因子的响应机理将是今后草地生态学研究的重点和热点问题。此方面的研究主要包括：

(1)温度变化对草地生态系统的初级生产力的影响机制；

(2)极端气候事件对草地生态系统的初级生产力的影响机制；

(3)降水格局改变对草地生态系统的初级生产力的影响机制；

(4)氮沉降对草地生态系统的初级生产力的影响机制；

(5)放牧管理对草地生态系统的初级生产力的影响机制。

生物是生态系统中最具活力的组分。今天，我们看到的每一个物种都经历了漫长的进化历程，书写着一个个生命的传奇。繁花似锦的草原蕴含着丰富的物种多样性和遗传多样性资源，是上苍赐予人类最宝贵的自然资源。但是，生物多样性丧失的悲剧每天都在草原上上演。因此，保护草原生态系统的生物多样性，提高草原生态系统的生产力，实现草地生态系统的可持续发展无疑是草地管理科学要解决的重大国家需求。此方面的工作主要包括：

(1)草原生态系统生物多样性维持机制的研究；

(2)草原生态系统生产力与生物多样性关系的研究；

(3)草原生态系统可持续发展的限制瓶颈及创新模式研究。

生命元素的地球化学循环是草原生态系统初级生产力形成和维持的重要过程。我们对于内蒙古草原生态系统元素循环的研究还非常有限，但这些过程对于我们认知草原生态系统的结构、功能和变化轨迹无疑具有重要意义。此方面的工作建议开展：

(1)草原生态系统碳素循环的实时动态监测与研究；

(2)草原生态系统氮素循环的实时动态监测与研究；

(3)草原生态系统磷素循环的研究；

(4)草原生态系统硫素循环的研究；

(5)草地生态系统生命元素耦合机理的研究。

当前,国内草原生态系统生产力的研究,多以单个站点的研究为主,区域和全国尺度的联网研究尚少,在全国尺度、欧亚大陆尺度乃至全球尺度的联网研究将是未来工作的一个重要方向。

本章编写人:潘庆民,白永飞,田大栓,韩兴国

参考文献

白永飞,李凌浩,黄建辉,等.2001.内蒙古高原针茅草原植物多样性与植物功能群组成对群落初级生产力稳定性的影响.植物学报,43(3):280-287.

陈佐忠,黄德华,张鸿芳.1988.内蒙古锡林河流域羊草草原与大针茅草原地下生物量与降水关系模型.//草原生态系统研究,第2集.北京:科学出版社,20-25.

陈佐忠,黄德华.1988.内蒙古锡林河流域羊草草原与大针茅草原地下部分生产力与周转值的测定.//草原生态系统研究,第2集.北京:科学出版社,132-138.

陈佐忠,王诗平,等.2000.中国典型草原生态系统.北京:科学出版社.

杜占池,杨宗贵.1992.羊草光合能力的研究.//草原生态系统研究,第4集.北京.科学出版社,15-23.

杜占池,杨宗贵.1988.三十烷醇对栽培羊草某些生物学特性的影响.中国草地,5(1):64-67.

姜恕,李博,王义凤,等.1986.草地生态研究方法.北京:农业出版社.

姜恕,戚秋慧,孔德珍.1985.羊草草原群落和大针茅草原群落生物量的初步比较.//草原生态系统研究,第1集.北京:科学出版社,12-22.

李博,雍世鹏,李忠厚.1988.锡林河流域植被及其利用.见草原生态系统研究,第3集.北京:科学出版社.84-183.

李镇清,任继周.1997.草原生物适宜度模型及其应用.生态学杂志,13(2):71-75.

廖仰南,张桂芝.1985.内蒙古草原土壤微生物生态学研究Ⅰ,锡林河流域土壤微生物量及其季节动态的研究.//草原生态系统研究,第1集.北京.科学出版社,166-180.

潘庆民,白永飞,韩兴国.2012.内蒙古草原初级生产力比较研究(未发表资料).

戚秋慧,盛修武,姜恕,等.1989.羊草和大针茅群落光合速率的比较研究.植物生态学与地植物学学报,13(4):332-340.

汪诗平,李永宏,王艳芬.1998.不同放牧率对草原牧草再生性能和地上初级生产力的影响.草地学报,4:275-281.

王义凤.1989.大针茅草原地上生物量形成的规律与特点.植物生态学与地植物学学报,13(4):297-308.

杨持,李永宏,燕玲.1985.羊草草原主要种群地上生物量与水热条件定量关系初探.//草原生态系统研究,第1集.北京:科学出版社,24-37.

章祖同.1990.内蒙古草地资源.呼和浩特:内蒙古人民出版社.

中国科学院内蒙宁夏综合考察队.1974.内蒙古自治区及其东西毗邻地区天然草场资源.北京:

科学出版社.
Adams H D, Guardiola-Claramonte M, Barron G A, et al. 2009. Temperature sensitivity of drought-induced tree mortality portends increased regional die-off under global-change-type drought. Proceedings of the National Academy of Sciences (USA), 106:7063-7066.
Amthor J S. 1995. Higher plant respiration and its relationships to photosynthesis. In: Schulze E D, Galdwell M M, eds. Ecophysiology of Photosynthesis. Berlin: Springer-Verlag. pp71-101.
Bai Y, Wu J, Clark C M, et al. 2010. Tradeoffs and thresholds in the effects of nitrogen addition on biodiversity and ecosystem functioning: evidence from Inner Mongolia grasslands. Global Change Biology, 16: 358-372.
Bai Y, Wu J, Pan Q, et al. 2007. Positive linear relationship between productivity and diversity: evidence from the Eurasian Steppe. Journal of Applied Ecology, 44: 1023-1034.
Bai Y, Wu J Q, et al. 2008. Primary production and rain use efficiency across a precipitation gradient on the Mongolia Plateau. Ecology, 89: 2140-2153.
Bai Y F, Han X G, Wu J G, et al. 2004. Ecosystem stability and compensatory effects in the Inner Mongolia grassland. Nature, 431:181-184.
Belesky D P, Wilkinson S R, Stuedemann J A. 1991. The influence of nitrogen fertilizer and Acremonium coenophialum on the soluble carbohydrate of grazed and non-grazed Festuca arundinacea. Grass and Forage Science, 46:159-166.
Bird M I, Pousai P, 1997. Variations of $\delta^{13}C$ in the surface soil organic carbon pool. Global Biogeochemical Cycles, 11: 313-322.
Bloom A J, Chapin F S, Mooney H A. 1985. Resource limitation in plants-an economic analogy. Annual Reviews of Ecology and Systematics, 16: 363-392.
Burke I C, Lauenroth W K , Parton W J. 1997. Regional and temporal variation in net primary production and nitrogen mineralization in grasslands. Ecology, 78: 1330-1340.
Cairns A J, Pollock C J. 1988. Fructan biosynthesis in excised Lolium temulentum L. Ⅰ Chromatographic characterization of oligofructans and their labeling patterns following $^{14}CO_2$ feeding. New Phytologist, 109: 399-405.
Chapin F S. 1991. Effects of multiple environmental stresses on nutrient availability and use. In: Mooney H A, Winner W E, Pell E J, eds. Response of Plants to Multiple Stresses. San Diego: Academic press, pp67-88.
Clark F E. 1977. Internal cycling of ^{15}Nitrogen in shortgrass prairie. Ecology, 58:1322-1333.
Conway W C, Smith L M, Sosebee R E, et al. 1999. Total nonstructural carbohydrate trends in Chinese tallowroots. Journal of Range Management, 52:539-542.
Coupland R T. 1979. The nature of grassland. In: Coupland R. T. , eds. Grassland ecosystems of the world: analysis of grasslands and their uses. New York: Cambridge University press. pp 23-29.
Dahlman R C, Kucera C L. 1965. Root productivity and turnover in native prairie. Ecology, 46 (2):84-89.

Donaghy D J, Fulkerson W J. 1998. Priority for allocation of water-souble carbohydrate reserves during regrowth of Lolium perenne. Grass and Forage Science, 53:211-218.

Easterling D R, Meehl G A, Parmesan C, et al. 2000. Climate Extremes: Observations, Modeling, and Impacts. Science, 289: 2068-2074.

Fang J Y, Piao S L, Tang Z Y, et al. 2001. Interannual variability in net primary production and precipation. Science, 293: 1723.

Grime J P. 1997. Biodiversity and ecosystem function: the debate deepens. Science, 277:1260-1261.

Hector A, Schmid B, Beierkuhnlein C, et al. 1999. Plant diversity and productivity experiments in European grasslands. Science, 286:1123-1127.

Hirose T. 1987. A vegetative plant growth model: Adaptive significance of phenotypic plasticity in matter partioning. Functional Ecology, 1: 195-202.

Holland E A, Dentener F J, Braswell B H, et al. 1999. Contemporaryandper-industrial global reactive nitrogen budgets. Biogeochemistry, 46(1): 7-43.

Huston M A. 1997. Hidden treatments in ecological experiments: re-evaluating the ecosystem function of biodiversity. Oecologia, 110:449-460.

Huston M A, Aarssen L W, Austin M P, et al. 2000. No consistent effect of plant diversity on productivity. Science, 289:1255-1255.

IPCC. 2012. Summary for policymakers. In: Managing the risks of extreme events and disasters to advance climate change adaptation [Field C B, Barros V, Stocker T F(eds.)]. A special report of working groups Ⅰ and Ⅱ of the intergovernmental panel on climate change. Cambridge University Press, Cambridge, UK, and New York, NY, USA, pp1-19.

Knapp A K, Smith M D. 2001. Variation among biomes in temporal dynamics of aboveground primary production. Science, 291, 481-484.

Liu Y S, Pan Q M, Liu H D, et al. 2011. Plant responses following grazing removal at different stocking rates in an Inner Mongolia grassland ecosystem. Plant Soil, 340: 199-213.

Liu Y S, Pan Q M, Zheng S X, et al. 2012. Intra-seasonal precipitation amount and pattern differentially affect primary production of two dominant species of Inner Mongolia grassland. Acta Oecologica, 1-9.

Loreau M, Naeem S, Inchausti P, et al. 2001. Biodiversity and ecosystem functioning: current knowledge and future challenges. Science, 294:804-808.

McCann K S. 2000. The diversity-stability debate. Nature, 405:228-233.

Mooney H A, Kupper M, Koch G W, et al. 1988. Compensating effects to growth of carbon partioning changes in response to SO_2-induced photosynthetic reduction in radish. Oecologia, 75:502-506.

Mooney H A. 2002. The debate on the role of biodiversity on ecosystem functioning. Pages 12-17. In: Loreau M, Naeem S, Inchausti P, eds. Biodiversity and Ecosystem Functioning: Synthesis and Perspectives. Oxford University Press, Oxford.

Noy-Meir I. 1973. Desert ecosystems: environment and producers. Annual Reviews of

Ecology and Systematics, 4, 25-52.

Pan Q M, Bai Y F, Wu J G, et al. 2011. Hierarchical Plant Responses and Diversity Loss after Nitrogen Addition: Testing Three Functionally-Based Hypotheses in the Inner Mongolia Grassland. PLoS One, 6(5): e20078.

Robinson D, Rorison I. 1988. Plasticity in grass species in relation to nitrogen supply. Functional Ecology, 2: 249-257.

Schönbach P, Wan H, Gierus M, et al. 2010. Grassland responses to grazing: Effects of grazing intensity and management system in an Inner Mongolian steppe ecosystem. Plant Soil (special issue).

Schulze E D. 1991. Water and nutrient interactions with plant water stress. In: Mooney H A, Winner W E, Pell E J, eds. Response of Plants to Multiple Stresses. San Diego: Academic press, 89-101.

Sims P L, Coupland R T. 1979. Producer. In: Coupland R T, eds. Grassland ecosystems of the world: analysis of grasslands and their uses. New York: Cambridge University press, pp 49-72.

Steele K W. 1987. Nitrogen loss. In: Snsydon Rw (eds) Managed grassland. Elsevier Amsterdam, pp 197-204.

Stevenson F J. 1982. Origin and distribution of nitrogen in soil. In: Stevenson FJ (eds), Nitrogen in agricultural soil. Agronomy No 22, pp 1-42.

Sugiyama M, Shiogama H, Emori S. 2010. Precipitation extreme changes exceeding moisture content increases in MIROC and IPCC climate models. Proceedings of the National Academy of Sciences (USA), 107: 571-575.

Wan, H W, Bai Y F, Schönbach P, et al. 2011. Effects of grazing management system on plant community structure and functioning in a semiarid steppe: scaling from species to community. Plant and Soil, 340, 215e226.

Wittmer MHOM, Auerswald K, Bai Y F, et al. 2010. Changes in the abundance of C_3/C_4 species of Inner Mongolia grassland: Evidence from isotopic composition of soil and vegetation. Global Change Biology, 16: 605-616.

Yu Q, Chen Q, Elser J J, et al. 2010. Linking stoichiometric homoeostasis with ecosystem structure, functioning and stability. Ecology Letters, 13: 1390-1399.

第2章

草地生物多样性与生态系统功能

自20世纪以来，人类活动的强烈干扰已经引发了有史以来第六次生物大灭绝，从而导致了全球范围内物种分布的改变(Chapin 等，2000)。这种由人类活动引起的生物多样性变化(物种丧失或外来种侵入)，极大地改变了生态系统的结构和功能以及生态系统对环境变化响应的范围，并对其服务功能产生了深刻影响(Chapin 等，1997，2000；Hooper 等，2005)。由于人类自身生存与发展的需要，生物多样性与生态系统功能关系已成为当今全球范围内备受关注的重要研究领域（Tilman，1996，1999，2000；Hector 等，1999，2001；Schläpfer 和 Schmid，1999，Sax 和 Gaines，2003；Schulze 和 Mooney，1993；Kinzig 等，2001；Loreau 等，2002；Diaz 和 Cabido，2001；Diaz 等，2003，2004；Hooper 等，2005)。

2.1 基本概念

2.1.1 生物多样性

生物多样性是生物与环境形成的生态复合体以及与此相关的各种生态过程的总和，包括数以百万计的动物、植物、微生物和它们所拥有的基因，以及它们与其生存环境形成的复杂的生态系统，是生命系统的基本特征(Wilson，1988，1993；马克平，1993；Gaston，1996；Purvis 和 Hector，2000；Mooney，2002)。生物多样性可以通过所研究实体(基因、物种或生态系统)的数目及其在分布上的均匀性、功能特性等方面的差异以及它们之间的相互作用来描述。尽管生物多样性又通常被视为物种丰富度(species richness)的同义语，但不同的生物多样性度量(如丰富度、均匀度、组成以及关键种存在与否)可能会对生态系统功能具有不同的影响(Hooper 等，2005)。

自然生境向农业或工业景观的转变并最后造成土地退化，是人类对自然环境的主要影响，并使得生物多样性受到了极大的威胁。人类已经清醒地意识到生物多样性的丢失对人类生存来说是一场灾难。一个重要的原因是在丢失生物多样性的同时，也改变了生态系统功能过程及其整体性。由于受生态系统过程的影响，生态系统服务功能也进一步受到改变。令人倍感不安的是，物种灭绝的速率还在不断地增加，一些物种可能在人类认识它们之前就已消失殆尽（Hunter，1996）。

在论及生物多样性时，无论是生命的类型，还是组织层次，都侧重于生物多样性的结构方面（黄建辉和马克平，2001）。生态学家们主张生物多样性的进化功能和过程应是其另一个方面的研究内容。根据生物多样性的定义，生物多样性应包括所有植物、动物和微生物物种与其所组成生态系统及其生态过程，而生态系统过程正体现了生物多样性的功能特征。

2.1.2 生态系统功能

生态系统功能是指生态系统进行其基本生态系统过程的能力，包括水分生理过程、生物生产力形成、生物地球化学循环和生物多样性维持等（Jermy，1997；Woodward，1993；Stork，1997；Christensen 和 Franklin，1997；Costanza 等，1997）。广义的生态系统功能包括生态系统属性、生态系统产品和生态系统服务（Christensen 等，1996）。而狭义的生态系统功能只属于生态系统属性的范畴，它同时包括生态系统组分的大小（如碳或有机质库）和过程速率（如物质的通量和不同组分中的能量）等表征参量。

生态系统功能过程是极其多样而又纷繁复杂的，主要体现在：地球上的每一个物种一方面通过竞争、捕食、寄生、互惠共生等过程与其他物种相互作用；另一方面又通过养分和能量交换过程与其生存的环境发生相互作用。生物的功能多样性无疑是极为重要的。然而，保护生物学家还是将重点放在生物的结构多样性保持上，而非生物的功能多样性。主要是由于结构多样性的直观性以及所谓的结构多样性与功能多样性的相关性，即如果能够成功地保护结构多样性，同时也就保护了功能多样性。例如，如果我们保持了一种蓝花和参与授粉的一种昆虫，那么两个种之间的传粉关系就能够得以维持。遗憾的是，自然界从来不存在如此简单的一一对应关系。生物的结构多样性和功能多样性都极为重要。如果遗传、物种和生态系统多样性都能够得以维持的话，那么生态和进化过程也将有可能得以继续进行（Meffe 和 Carroll，1997）。

2.1.3 生态系统的功能多样性

除前面所述一些总的生态系统过程外，生态系统功能还有内在的许多种群和群落水平上的过程，这些过程可保证生态系统进一步发挥其功能，因而也被称为“内生特征”（Woodward，1993）。如此一来，生态系统功能同样具有等级化的特征，其中一些取决于植物群落对外界干扰的响应、草食动物取食、氮固定共生作用、植物与传粉者之间的相互作用等。生态系统的弹性和对干扰的抵抗力也是生态系统功能作用的重要内容。

生态系统功能对于不同的人而言可能有不同的含义，而生态系统本身并没有什么专一的自然功能（目的），是人类将功能赋予生态系统或者其组成成分，结果所有生态系统功能以及有机体功能群的分类由于研究的问题不同而有所变化。生态系统的这种多功能性已经在生物多样性与生态系统功能关系研究中得到充分的重视（Maestre 等，2012）。生态系统功能的多样性可被看做是一个生态系统过程的集合，这些过程能维持物质和能量在生态系统功能中的正常流动。生态系统功能可以分成基本功能和衍生功能。基本功能包括能量传输、养分运输与转移以及 CO_2 的固定与释放;在基本功能基础上的衍生功能(或过程)则包括土壤形成与转化、养分吸收与释放、水分吸收与蒸腾蒸发、光合作用、牧食、传粉、繁殖、传播和贮存、捕食/寄生/致病、物种间的相互作用以及对干扰的响应等。

既然组成生态系统的物种中有关键种的存在,那么在生态系统诸多的功能过程中,是否存在关键的功能过程对生态系统起主要的支持作用? 如果有,那么对这些过程的识别将是研究复杂的物种多样性对生态系统功能贡献的最为有效的策略;其次才是寻求了解生物多样性与这些功能过程之间的普遍联系。

生物多样性对生态系统功能的影响在于:①使物种特性发生变化,并通过生物控制直接影响生态系统过程;②改变对水分、养分和光能的利用效率;③影响群落内的食物关系(营养结构);④影响干扰发生的频率、强度与范围(Chapin 等,1997,2000)。许多理论和实验研究均表明,生物多样性影响生态系统的结构、过程和功能,是控制生态系统稳定性、生产力、养分循环和外来种侵入的重要因素之一(Tilman,1996,1999,2000;Hooper 等,2005;Isbell 等,2011)。而生态系统功能的维持是生态系统产品和生态系统服务的重要基础和保障。

2.1.4 功能群和功能类型

生命世界的生物可以明确地分成三类,即植物、动物和微生物。每一类生物在全球生物圈功能及其维持过程中都起着至关重要的作用(Gitay 和 Noble,1997)。植物的组成物质首先在太阳辐射的驱动下由 CO_2 合成而来,然后为动物所消耗,最后被微生物分解。因此,植物和动物构成生态系统生产力的一部分,而那些异养微生物对全球物质循环的关键作用是分解植物和动物的生物量残体。

从全球角度来看,由于植物、动物和微生物的巨大多样性,使得即使是一个精心选择的、已知植物种类并具有一定程度结构和功能复杂性的生态系统,要想完全了解其对环境变化的响应也是不可能的(Chapin,1992),因为其最小程度的复杂性还是超出了我们目前的处理和理解能力。现实需要我们对自然的生态系统进行一定程度的简化。于是,功能群的概念应需而生。

功能群的划分可以随研究者的兴趣以及研究内容和目标而异。并且,功能群的划分还具有生态学中“合(holistic)”和“分(reductive)”的特点。功能群的划分方法从普遍到特殊可以依次分为自然发生的组合(反映生物特性自然联系的种类组合)、策略组合(物种具有适应特殊资源利用格局的相似特征)、功能组合(物种通过对各种不同环境因子有相似的反应方式,在生态系统过程中具有相似的作用)、特殊响应组合(对特殊环境因子具有相似的反应方式)。如研究以蒸发模拟为目的时,那么功能群划分可能以结构为基础;但要模拟不同的土地利用方式下 CO_2 的排放,那么功能群的划分可能建立在群落类型的基础上。对一个区域内植物功能群的划分还可能有许多原则,如根据植物群落的连续性、生活型、形态学、林冠中的位置、物候节律、叶和根等植物器官的结构以及植物的生理学特征等。

2.2 国外研究进展

国外系统地开展陆地生态系统生物多样性与生态系统功能关系的实验研究工作始于 20

世纪 90 年代初，其中，最具影响的两个研究项目是：①美国明尼苏达大学以 David Tilman 为首的一批生态学家，于 1994 年在 Cedar Creek 长期生态学研究站开始的草地生产力、生物多样性与生态系统功能(Productivity, Biodiversity 和 Ecosystem Functioning)长期实验；②欧洲 7 国(德国、希腊、爱尔兰、葡萄牙、瑞典、瑞士和英国)几十位科学家联合开展的 BIODEPTH 项目(Biodiversity 和 Ecosystem Processes in Terrestrial Herbaceous Ecosystems)，始于 1996 年。上述两个研究项目分别得到了美国 NSF 和欧盟(EC Framework IV)的长期资助，取得了大量实验研究成果，共发表相关研究论文 200 余篇，其中 50 余篇发表在 *Science*, *Nature* 和 *PNAS* 上。他们将生物多样性对生态系统生产力具有正效应的机制归纳为：互补效应(complementarity)和选择效应(selection effect)，而互补效应又包括生态位分化(niche differentiation)和互利效应(facilitation)(Hector 等，1999；Loreau 等，2001)。多样性导致稳定性机制，平均效应(averaging effect)、负协方差效应(negative-covariance effect)和保险效应(insurance effect)(Timan，1999；Loreau，1998a，1998b，2000；Loreau 等，2001)均可以视为选择效应和互补效应的结果。尽管其中某些结论受到一些生态学家的质疑，并由此引发了新一轮多样性、生产力与稳定性关系的争论(Grime，1997；Huston，1997，2000；Doak 等，1998；McCann，2000；Mooney，2002)，例如，生物多样性与生态系统功能关系可能超越了通常的互补关系和选择效应(蒋林，2009)，而生物多样性与生产力的关系可能受群落所处演替阶段的影响(郭勤峰，2009)但这些成果代表了当今国际上最新的研究进展。此外，还有两个有关陆地生态系统生物多样性与生态系统功能的实验研究项目在国际上也具有较大的影响，包括英国 Imperial College 在 Silwood Park 开展的 ECOTRON 项目(1991—1997 年)，以及英国环境委员会(NERC)开展的土壤生物多样性对关键生态学过程作用的研究(Soil Biodiversity Thematic Program, U. K.)。

2.2.1 主要研究结论

根据美国生态学会关于生物多样性与生态系统功能关系研究的进展报告(Hooper 等，2005)，在该领域已经得到肯定的结论主要有以下五个方面：

(1) 物种的功能特性对生态系统功能具有强烈的影响，包括建群种、优势种、关键种、生态系统工程师(ecosystem engineers)和物种间的相互作用(竞争、互利、共生、疾病、捕食)等的影响。单靠相对多度本身并不能够很好地预测一个物种在生态系统水平上的重要性。

(2)由于人类活动引起的物种灭绝和外来种入侵，改变了生态系统生产与生态系统服务功能，而这些变化在很多情况下是难以或根本不可能通过技术手段来逆转的。

(3)物种丧失或物种组成改变对生态系统功能的影响及其机制，会因生态系统属性、类型和潜在的群落变化途径的不同而异。

(4)一些生态系统属性对物种丧失最初是不敏感的，这是因为：①生态系统中可能有多个物种在执行相似的功能；②一些物种对某些生态系统属性的贡献可能相对较小；③生态系统属性可能主要受非生物因素的控制。

(5)随着空间和时间变异性的增加，从更大的空间尺度和更长的时间考虑，需要有更多的物种来维持生态系统的生产和服务功能。

目前，得到人们高度认可的观点主要有以下三个：

(1)某些物种组合在资源利用方面具有互补性，从而增加了平均生产力和养分保持能力。同时，环境条件也能够通过影响群落的构建对互补性的重要程度产生影响。在复杂群落中，确认哪些或者多少物种具有互补性的工作则刚刚开始。

(2)生态系统对外来种入侵的敏感性强烈地受物种组成的影响。在环境条件相似的情况下，生态系统对外来种入侵的敏感性一般随物种丰富度的增加而降低。然而，其他因素，如繁殖体的压力、干扰和资源有效性等也强烈地影响侵入的成功，而这些因素在跨越不同地点或生态系统类型中的作用常常会掩盖物种丰富度的影响。

(3)对不同环境扰动具有不同响应的多个物种，可以通过对干扰和环境变化的响应来稳定生态系统过程的速率。

2.2.2　研究特点

(1)欧美开展的大多数生物多样性与生态系统功能关系实验研究，均以弃耕地和人工草地为研究对象，非真正自然生态系统。由于受生态系统类型和地理区域的限制，其实验结果难以外推到其他生态系统类型。

(2)目前开展的实验多为单因子实验，未考虑多个因子间的交互作用，如多样性、水分和养分等环境因子之间的交互作用。

(3)大部分实验研究只考虑一个营养级水平，而且生态系统功能的评价指标多局限于植物多样性及其地上生物量，而忽视了植物的地下部分、食草动物和土壤微生物等对生态系统过程的调控作用。

(4)开展实验的多数地区受工业化氮沉降影响较为严重，从而难以完全真实地反映多样性本身的效应。

2.3　国内相关内容的研究进展

国内有关生物多样性与生态系统功能关系的研究工作，主要集中在草地、森林等典型生态系统生物多样性以及生态系统功能关系的调查研究，相继完成了“中国生物多样性保护生态学基础研究”、“中国主要濒危植物保护生物学研究”、“生物多样性保护与持续利用的生物学基础”和“中国关键地区生物多样性保育的研究”等，初步明确了草原、森林等典型生态系统的受损现状及其原因。然而，我国的生物多样性与生态系统功能的实验研究相当薄弱，特别是以控制实验为手段和平台的系统研究刚刚起步，同国际发达国家相比存在着很大的差距，亟待加强。

欧亚大陆草原是全球面积最大的陆地生态系统，我国温带典型草原对欧亚大陆草原具有广泛的代表性。长期以来，由于人类活动和全球气候变化的共同影响，我国温带典型草原发生了不同程度的退化和沙化，鼠虫害和沙尘暴连年大面积暴发，生物多样性资源受到了前所未有的威胁。草原生态系统的退化和功能失调问题非常突出，严重地影响和制约了其生态服务功能，对我国的生态环境安全构成重大威胁，并可能危及我国社会和经济的可持续发展。因此，以具有代表性的，特别是半干旱区分布的典型草原生态系统为模式生态系统，深入开展生物多样性与生态系统功能关系的研究，对于加强生物多样性资源的保护，遏制草地的大面积退化、恢复其生态服务功能及实现区域经济的可持续发展，具有十分重要的理论和实践意义。有研究表明，生物多样性与生态系统功能关系在干旱区或半干旱区表现得更为紧密（Midgley，2012）。

对内蒙古草地有关生物多样性与生态系统功能关系的研究，国内开展不到10年。到目前为止，取得了一些初步的进展。本章的余下部分将主要针对上述科学问题，以我国温带典型草原作为模式生态系统，从物种、植物功能群和群落三个层次，探讨物种多样性和功能群组成与生态系统生产力和稳定性的关系与机制，以及它们对资源水平、气候波动和干扰的响应。

2.3.1 生物多样性对食物网结构的影响

食物网物种间的作用关系及其对限制性营养元素的影响机制是生物多样性与生态系统功能关系研究中的一个重要内容。在内蒙古典型草原生态系统通过改变亚洲小车蝗（*Oedaleus asiaticus*）的密度观察蝗虫对植物和土壤中的C、N、P间的化学计量关系。结果发现随着蝗虫密度的增加，植物生物量降低了75%，而植物凋落物量增加了30%。植物群落的种类成分也发生了变化，群落逐渐变为蝗虫非喜食植物种类占优势。因此，植物C、N、P间化学计量关系的变化取决于植物是否是蝗虫喜食的种类。植物C:N和C:P在蝗虫喜食种随着蝗虫密度增加而增加，但在非蝗虫喜食种则降低，表明蝗虫引起其喜食植物到非喜食植物的直接养分转移，非喜食植物可能在蝗虫的影响下增加了在群落中的竞争力，导致群落的演替，并进一步改变生态系统功能（Zhang 等，2011）。

在针茅样地中设置了放牧和围栏保护两种处理，通过在三个物候时间段中（6月15日、7月20日、8月25日）进行系统取样，测定了10种蝗虫和7种植物的C、N、P化学计量组成特征，分析蝗虫的C、N、P化学计量组成与其RNA、DNA和蛋白质含量的关系。结果表明，植物样品在种类间、处理间和季节间C、N、P含量和比例都有显著差异。羊草、冰草和冷蒿具较高的N含量，冷蒿有较高的P含量。围栏内植物有较高的N、P含量。与全球陆地植物相比，该区域的植物具有相似的C:N，但C:P和N:P较高，预示当地植物处于P缺乏的状态。

内蒙古典型草原生长的蝗虫与世界其他昆虫相比具有较高的N，较低的P含量，造成N:P较高。而DNA和RNA含量与体重的关系符合1/4幂定律，这与其他昆虫相似。RNA对虫体P含量的贡献在7%～10%。放牧降低蝗虫体内的P含量，但增加N含量，同时降低虫体中RNA、DNA和蛋白质的含量。回归分析表明，植物营养元素与蝗虫营养元素之间并没有紧密的联系，只有在N元素上有弱的负相关关系。植物与蝗虫在种间和物候上表现出明显的差异，但蝗虫具有更强的内稳性。从总体上看，蝗虫体内生物化学组成的变化程度大于元素组成的变化。化学计量组成受蝗虫种类、大小、发育阶段和生态条件的影响。与其他昆虫相比，处于整体的变化范围内，但蝗虫有其自己的规律。

有关植物和昆虫间氮素含量的相关性上，过去的研究认为，植物N含量的增加可能引起蝗虫的取食，以减小蛋白质对蝗虫的限制性，从而可能导致蝗虫的暴发。最新的研究成果表明，亚洲小车蝗喜食低N或者低蛋白质高碳水化合物含量的植物或者人工喂养的食物。调查研究发现，亚洲小车蝗通常在重度放牧的草地上暴发，而由于土壤中水分和养分的流失，通常植物N含量在重度放牧区域最低。该结果表明了由于重度放牧以及进一步的草地退化引起的植物N含量降低是引起亚洲小车蝗暴发的主要原因（Cease 等，2012）。

2.3.2 生物多样性对草原植物养分利用效率的影响

生物多样性究竟是通过何种机制对生态系统功能产生影响，一直是生态学界探讨的热点。植物养分利用效率的变化是否能够成为解释生产力随着物种多样性变化的机理之一？或者进一步，养分利用效率的变化，能够从多大程度上解释生产力随物种多样性的变化？通过内蒙古草原物种剔除实验(Inner Mongolia Grassland Remove Experiment，IMGRE)研究平台，我们对模拟生物多样性减少条件下，剩余植物养分利用效率的变化开展了研究，初步结果如下：

2.3.2.1 物种水平上绝大多数植物的氮素含量随着植物功能群多样性的增加而降低

羊草(*Leymus chinensis*)是多年生根茎禾草功能群中唯一的物种，当群落组成物种为单一PR功能群时，其氮素含量为(27.41±4.54) mg(Mean±SD)；而当五种功能群(PR，PB，PF，AB，SS)共存时，其氮素含量为(17.83±3.56) mg；氮素含量平均降低了34.59%(图2.1A)。多年生丛生禾草(PB)是内蒙古典型草原的优势物种，在本研究所选择的四种禾草中，三种禾草[大针茅(*Stipa grandis*)、冰草(*Agropyron cristatum*)、羽茅(*Achnatherum sibiricum*)]的氮素含量随着功能群多样性的增加而显著降低(图2.1B，C，D)，而 C_4 植物糙隐子草(*Cleistogenes squarrosa*)氮素含量的变化趋势没有达到显著水平(P=0.07，图2.1E)。三种多年生非禾本科草本植物[(黄囊苔草 *Carex korshinskyi*)、细叶葱(*Allium tenuissimum*)、瓣蕊唐松草(*Thalictrum petaloideum*)]的氮素含量均随着植物功能群多样性的增加而显著降低(图2.1F，G，H)，其中瓣蕊唐松草的氮素含量降低幅度达到了26%。对于一年生或者两年生植物(AB)，灰绿藜(*Chenopodium glaucum*)的氮素含量不呈现随植物功能群多样性增加而降低的趋势(P=0.391 4)；而猪毛菜(*Salsola collina*)和刺穗藜(*Chenopodium aristatum*)的氮含量均随植物功能群多样性的增加而显著降低(图2.1I，J)。由以上分析可知，群落中植物功能群多样性的丢失，将会导致植物体中氮素含量的增加。

2.3.2.2 大多数植物的氮素利用效率随功能群多样性的降低而降低

随着植物功能群多样性的增加，禾草的氮素利用效率随之增加(图2.2)。五种禾草中，只有糙隐子草氮素利用效率的变化没有达到显著水平(P = 0.058)。随着从单个功能群到五个功能群的变化，羊草的氮素利用效率平均增加了51.87%，冰草增加了19.66%，羽茅为46.54%。非禾本科的草本植物氮素利用效率均低于同一功能群多样性水平上禾本科植物(图2.2，图2.3)。三种多年生非禾本科草本植物的氮素利用效率均随着植物功能群多样性的增加而增加(图2.3A，B，C)。群落中仅有一个功能群时，黄囊苔草的氮素利用效率为(42.25±3.65) g/g，而当五个功能群共存时，其利用效率为(56.76±5.85) g/g，增加幅度平均为34.36%；细叶葱的氮素利用效率平均增加了37.92%。所选三种一年生或两年生草本植物中，刺穗藜和猪毛菜的氮素利用效率均随植物多样性的增加而显著增加(图2.3D，E)。灰绿藜的氮素利用效率并不随植物功能群多样性的变化而变化(图2.3F)。以上结果说明，随着群落中植物功能群多样性的降低，在物种水平上，植物的氮素利用效率将会明显降低。

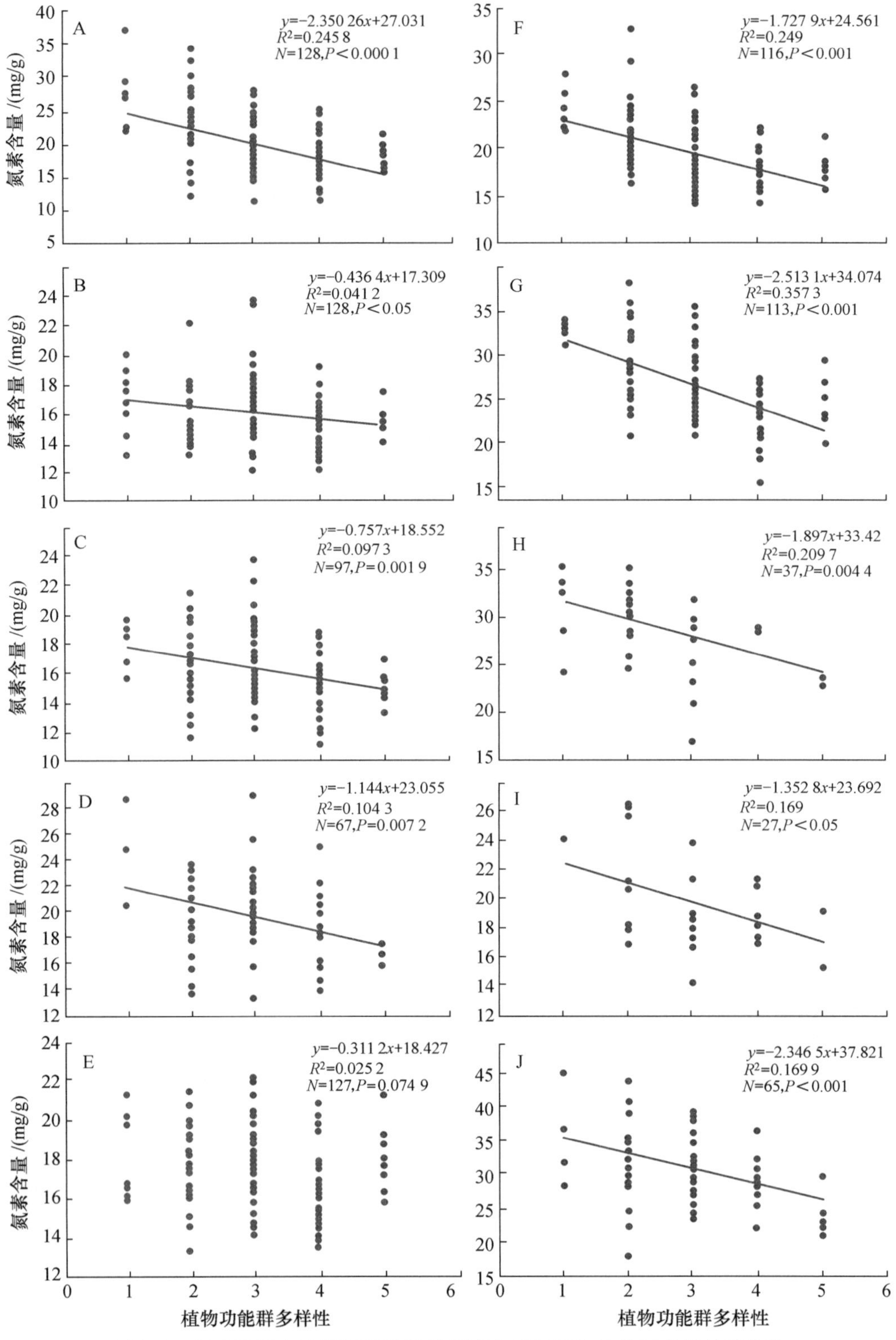

图 2.1　各功能群中优势物种的组织氮素含量随植物功能群多样性的变化

（A,羊草；B,大针茅；C,冰草；D,羽茅；E,糙隐子草；F,黄囊苔草；G,细叶葱；H,瓣蕊唐松草；I,猪毛菜；J,刺穗藜）

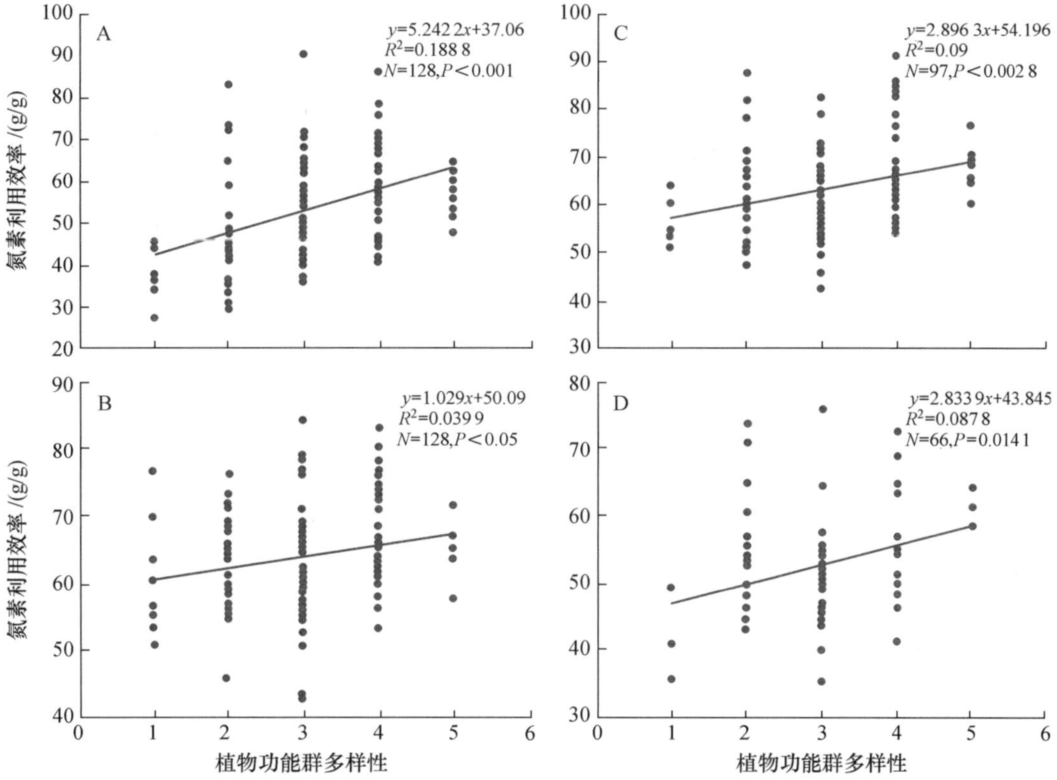

图 2.2 禾草的氮素利用效率随植物功能群多样性的变化趋势

(A,羊草;B,大针茅;C,冰草;D,羽茅)

结合其他相关研究,我们推测植物功能群多样性降低所引发的物种水平上氮素利用效率的降低,将会导致生态系统生产力变化。

2.3.3 物种多样性与初级生产力关系

水分是内蒙古干旱、半干旱生态系统初级生产力的关键限制因子,探明干旱、半干旱生态系统是如何对降水量的变化作出响应的,对于深入研究气候变化对北方草地生态系统中生物多样性对生态系统功能的影响机制具有十分重要的理论和现实意义。采用长期定位研究和野外控制实验相结合的方法,对内蒙古高原 21 个代表性生态系统类型(草甸草原、典型草原、荒漠草原和荒漠)的初级地上生产力(*ANPP*)和降水利用效率(*RUE*)及其关键驱动因子进行了深入研究。该研究回答了 4 个关键科学问题:①内蒙古高原干旱和半干旱生态系统生物多样性与初级生产力及其变异性是如何对降水梯度作出响应的?②物种多样性和植物功能组成沿着降水梯度是如何变化的?③沿着降水梯度,生态系统降水利用效率的时间和空间格局是如何变化的?④可利用氮素水平是如何影响生态系统降水利用效率的?

研究结果表明:①在区域尺度上,*ANPP* 随着年平均降水量(*MAP*)的增加而增加,但 *ANPP*的变异性则逐渐降低,稳定性逐渐增加;②随着 *MAP* 的增加,物种多样性逐渐增加,关键植物功能群之间具有明显的生态替代;③对于不同的生态系统类型,*RUE* 随 *MAP* 的增加

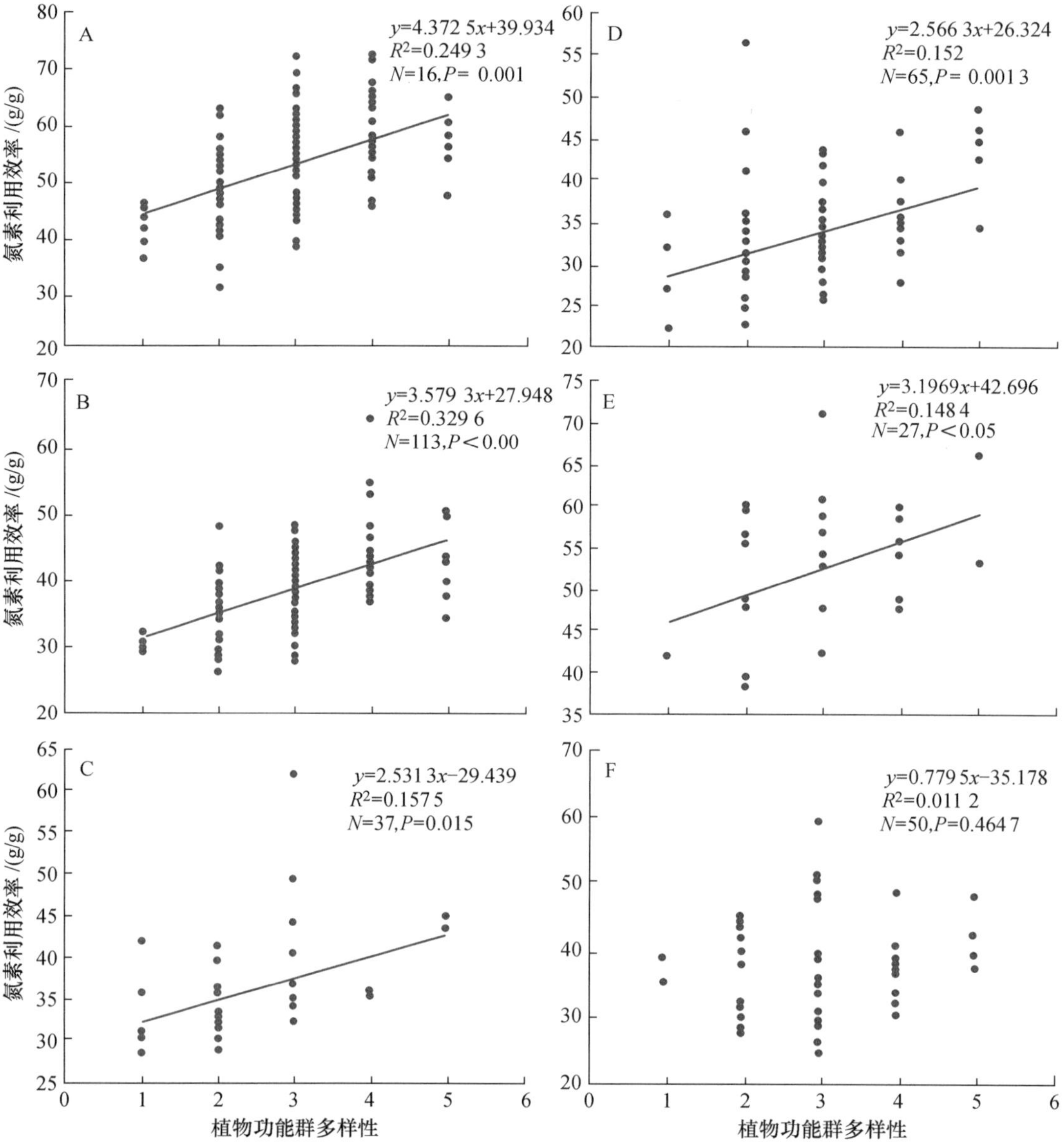

图 2.3　非禾本科草本植物的氮素利用效率随植物功能群多样性的变化

（A，黄囊苔草；B，细叶葱；C，瓣蕊唐松草；D，刺穗藜；E，猪毛菜；F，灰绿藜）

而增加。但对于同一生态系统，*RUE* 则随年降水量的增加而降低。这表明，内蒙古高原干旱、半干旱草地生态系统初级生产力和降水利用效率均具有尺度依赖性。降水利用效率在空间和时间尺度上呈相反的变化趋势，主要受不同机制控制，包括水分、养分、生物因子以及它们之间的相互作用；④内蒙古高原植物群落的降水利用效率，在最干旱年份和最湿润年份均表现出显著的趋同性。其中，最大降水利用效率（RUE_{max}）趋同于 1.08 g/(m^2 · mm)，最低降水利用效率（RUE_{min}）则趋同于 0.51 g/(m^2 · mm)；⑤氮素添加可以显著地提高植物群落的降水利用效率，其值可以超过自然状态下群落降水利用效率的两倍以上（Bai 等，2008）。

物种多样性与群落初级生产力的关系是生物多样性与生态系统功能研究的核心问题，对指导生态系统管理具有十分重要的意义。多年来，国际生态学界关于多样性-生产力关系的主流观点一直是驼峰型(hump-shaped)假说，即在初级生产力中等水平时，物种多样性最高。近年来，一些生态学家对"驼峰型"关系假说及其机理的解释提出了质疑，但由于缺乏跨越不同空间尺度和群落类型的系统调查数据的支持，使该问题的争论多数仍然停留在相关假说和机制的讨论上。

在对欧亚大陆草原的代表性区域内蒙古锡林郭勒草原854个样地的野外调查数据进行系统分析的基础上，我们从不同的组织层次(群丛、植被亚型和植被型)和空间尺度(局地、景观和区域)研究了物种多样性和初级生产力的关系。该研究的主要发现和创新点是：①在上述所有的组织层次和空间尺度上，欧亚大陆草原的多样性-生产力均呈显著的线性正相关关系，而不是驼峰型；②放牧降低了草原群落的物种多样性和初级生产力，但并没有改变多样性与生产力的关系；③在区域尺度上，年平均降水量和土壤氮含量是影响草原生态系统物种多样性和初级生产力的主要环境驱动因子；群落的β多样性随着降水量和初级生产力的增加而增加(Bai 等，2007)。

对于较小区域上受放牧干扰的自然草地生态系统，生物多样性与生态系统生产力的关系可能与过去人工组建的生态系统有很大的不同。针对该问题，我们通过对内蒙古多伦县受不同土地利用影响的草地连续2年(2004年和2005年)的调查，探讨了物种多样性与地上净生产力间的相关性。我们发现围封可以显著增加地上生产力，无论是否进行刈割，主要原因是多年生杂类草功能群重要性的增加，从而增加了它们对植物盖度、多度和草地地上生产力的相对贡献。围封条件下，草地植物种类的多样性与地上生产力的相关性可以用指数方程($R^2=0.99, P<0.001, N=24$)来描述，两者表现为正相关关系；而在自由放牧的草地上，两者的关系同样用指数方程($R^2=0.96, P<0.001, N=24$)描述，但两者呈负相关关系。上述结果表明了干扰的方式以及强度是改变半干旱典型草原生态系统物种多样性与生态系统生产力关系的重要因子(Zhou 等，2006)。

早期的研究还发现不同物种和功能群之间的补偿作用是导致草原生态系统稳定性增加的重要机制(Bai 等，2004)，然而关于这种补偿效应的作用机制尚不清楚。我们利用内蒙古草原站建立的植物功能群剔除控制实验平台，开展了生物多样性与生态系统功能关系(BEF)的研究，主要回答以下4个方面的科学问题：①草原生态系统中，不同的物种或功能群丢失对生态系统功能(初级生产力、稳定性、养分循环)会产生哪些重要影响？②剩余的物种(功能群)是如何并在多大的程度上来补偿一个或多个物种(功能群)丢失的？补偿作用的大小与植物的资源利用策略和功能性状之间有何联系(补偿效应的强度和因果关系)？③功能多样性和功能群组成改变对生态系统功能的可能影响机制有哪些？④选择效应和互补性在多样性-生态系统功能关系中各自发挥着什么样的作用(生物多样性与生态系统功能的维持机制)？基于4年(2006—2009年)的测定发现：①随着被剔除植物功能群数量的增加，群落初级生产力显著降低，但其变异性则显著增加。②群落生物量的变化依赖于植物功能群多样性和功能群组成。③随着被剔除植物功能群数量的增加，土壤含水量和有效氮含量呈线性增加，表明高的功能多样性，导致了生态系统水平土壤养分和水分充分利用。④随着实验处理年限增加，物种和功能群间的补偿效应逐渐增强。当剔除处理进行到第四年时，大部分处理的补偿指数为$0<C<1.5$。其中，包含多年生丛生禾草的剔除处理，其补偿效应更明显。负补偿效应出现在仅剔除多年生杂类草或一二年生植物，以及多年生杂类草和一二年生植物组合的剔除处理中。⑤补偿作用的强度主

要受物种和功能群的资源利用策略、更新方式和传播能力的影响，植物功能性状决定了不同功能群的响应方式与强度。

我们对内蒙古高原沿水分梯度分布的4类地带性草原群落（贝加尔针茅（*S. baicalensis*）群落、大针茅（*S. grandis*）群落、克氏针茅（*S. krylovii*）群落和小针茅（*S. klemenzii*）群落）初级生产力进行了连续12年的定位研究，结果表明在气候波动下群落生产力及其稳定性与群落多样性特征的变化是一致的，从贝加尔针茅群落到小针茅群落，植物多样性显著下降，群落中起重要作用的植物功能群的数量逐渐减少，群落初级生产力及其稳定性也逐渐降低（白永飞等，2001）。植物生活型功能群组成中，多年生丛生禾草、多年生根茎禾草与苔草和多年生杂类草功能群多样性与群落初级生产力稳定性呈极显著正相关。生态类群组成中，旱生植物和中旱生植物功能群多样性也与群落初级生产力稳定性呈极显著相关。生态位互补效应（niche complementary effect）可能是高植物多样性群落具有高生产力的机制，而植物多样性对群落初级生产力稳定性的影响可能是通过不同功能群间的补偿作用来实现的。

生物多样性的去除不仅对地上部分生产力产生影响，也对植物地下部分的生物量以及土壤养分特征产生显著的影响，尽管植物地下部分对生物多样性变化的影响有时十分难以发现。研究发现根的不同养分库显示出对生物多样性去除有不同的响应方式，表现为土壤全磷含量随生物多样性的去除量呈线性降低，但土壤全氮对生物多样性的去除呈单峰响应模式。土壤硝态氮含量随着生物多样性去除增加，但净氮矿化速率则随着生物多样性去除数量降低。这些初步结果也说明了不同功能群去除对草地生态系统生产力具有十分重要的影响，同时，同样的生物多样性去除对不同的生态系统功能可能具有不同的影响（Kong等，2011）。

利用在内蒙古典型草原建立的长期放牧控制实验平台，针对以下两个方面的科学问题进行了进一步研究：①草原生态系统中，物种丰富度和初级生产力对放牧强度是如何响应的？②沿不同组织水平（物种、功能群、群落），生态系统稳定性对放牧强度和降水波动是如何响应的？基于5年（2005—2009年）的研究结果发现：①随着放牧强度的增加，群落初级生产力显著降低，但其变异性则显著增加；相对较短期的放牧处理，对物种丰富度无明显影响；②随着放牧强度的增加，生态系统对干旱的抗性逐渐增强，在高载畜率下，群落初级生产力对极端干旱年份的敏感性更大；③随着放牧强度的增加，生态系统对放牧的弹性逐渐增加，即过度放牧对草原群落的恢复力具有显著影响；④不同功能群（如多年生丛生禾草和多年生根茎禾草、多年生杂类草和一二年生植物）之间的补偿作用增加了生态系统的稳定性。随着载畜率增加，多年生根茎禾草的相对多度下降，而一二年生植物的相对多度增加，这与不同物种或功能群的植物功能性状和资源利用策略有关。

2.3.4 生物多样性对土壤无机氮库的影响

利用内蒙古生物多样性去除实验研究平台，我们在2005—2007年间对生物多样性去除处理后土壤养分含量进行了初步研究。结果表明，去除植物功能群的数量和土壤硝态氮含量存在显著的线性正相关（$P < 0.05$），说明植物物种多样性降低使土壤硝态氮含量增加，可能导致土壤氮的淋溶损失（沙琼等，2009）。2008—2009年进一步的研究结果表明，经过剔除处理后，土壤中无机氮（铵态氮和硝态氮）的含量都随着群落中功能群多样性的增加而降低，无论是根层（0～30 cm）还是根下层（40～50 cm，70～80 cm），也不管是采用全部剔除，还是部分剔除

处理的多样性去除方式,表明生态系统土壤对养分的吸收随着剔除功能群的减少,即功能群多样性的增加而增加;而养分淋溶则相反,随着剔除功能群数量的增加而增加。

但是,这样的相互关系可能会受到剔除处理过程中干扰大小的影响,即随着功能群剔除数量的增加,剔除的生物量也可能越多,并进一步减少植物从土壤吸收养分,导致土壤无机氮含量的增加,而这种情形最有可能在全部剔除的多样性去除方式下出现,因为部分剔除采用的是50%的植被剔除,无论是哪一种多样性处理。我们进一步分析了剔除处理后的生物量与土壤无机氮含量的性关性,发现采用全部剔除的多样性去除方式,土壤中无机氮含量随着群落剩余功能群多样性显著下降,但部分剔除方式下,土壤无机氮和群落剩余功能群多样性没有显著的相关性,表明全部剔除的处理模式存在十分显著的生物量效应,即随着去除功能群的增加,生物量减少,导致植物对土壤无机氮吸收的减少,从而增加了土壤中无机氮的含量。

我们进一步探讨了控制功能群数量,单纯看生物量对土壤无机氮含量的影响。我们选择了剩余功能群数量为 2 的处理,发现只有 2009 年对照处理(即不剔除任何功能群)下,土壤硝态氮(无论是根层,还是根下层)含量随着地上生物量的减少而显著增加,表明生物量效应的确实存在。进一步的统计分析表明,多样性在 2008 年可以解释 20%根区土壤硝态氮的变化,而生物量可以解释 19%。2009 年多样性效应可以解释 34%根区土壤硝态氮的变化,生物量效应则可以解释 45%。我们的研究表明了生物多样性与生态系统功能关系中多样性效应和质量效应同时存在。

虽然生物量效应在生物多样性剔除处理中确实存在,但由于不同植物中氮含量的差异,也会对生物量效应产生一定的影响。根据植物中氮的含量与植物的生物量计算了 2008 年地上生物量的总氮量,确切代表群落从土壤中吸收的氮量,发现土壤根区和根下区中土壤硝态氮含量与地上群落氮量存在显著的负相关关系,随着植物对氮吸收的增加,土壤中无机氮含量减少。但一些具有高补偿种(如一些一年生或二年生的物种)存在的群落,个别种氮的利用效率对群落生物量与土壤无机氮含量的相关性具有显著的影响。

另外,由于不同功能群的生活与生态特性具有显著的差别,不同功能群的去除对土壤无机氮含量的影响可能也存在一定的差异。研究发现一些功能群,特别是优势功能群(PB 或 PR)的存在会弱化一些小或非优势功能群(PF 和 AB)的去除效应,这不仅表明功能群特性对生物多样性与生态系统功能关系的重要性,也从一定程度上反映出质量效应的存在。

植物生物多样性的去除在一定程度上也是生物量的去除。生物量的去除还可以通过周期的刈割进行。通过研究发现,刈割对生长季草地净氮矿化和微生物生物量碳,但减少了微生物生物量氮和微生物呼吸,同时也增加了微生物生物量 C∶N(Wang 等,2011)。该研究结果也表明了地下碳供给对微生物氮循环过程的控制。

生物多样性的变化可能还进一步影响到生态系统土壤中的其他过程,例如甲烷(CH_4)的吸收与排放。对同一个生态系统的研究结果表明:处理中一二年生植物、多年生杂类草的存在能够增加土壤 CH_4 的吸收量,而处理中多年生根茎类禾草、多年生丛生禾草的存在对土壤 CH_4 吸收的影响不大。这可能是因为,植物功能型影响土壤的微生物代谢和环境因子,进而影响土壤 CH_4 吸收量。该结果表明了在对痕量气体通量的影响上,植物功能型组成在生态系统功能中具有重要作用,特别是群落中的亚优势种和伴生种(一二年生植物、多年生杂类草),通过调控土壤微生物和环境因子,对土壤-大气的 CH_4 交换产生重要影响(刘伟等,2011)。

2.3.5 优势植物对气候变化的适应与调控机理

全球气候变化最典型的特征是温度增加、降水的量和频率的改变、CO_2 浓度的增加、大气氮沉降的增加以及对流层中臭氧浓度增加。这些环境因子的改变，将对植物的生长产生极其广泛而又深远的影响，并进一步影响了生物多样性与生态系统功能之间的关系。

通常条件下，由于植物自身可塑性的调节作用，植物在一定程度上能够抵御由于水分和养分等环境因子的改变而对其生长产生影响，植物生长的这种弹性或抗性被称为稳定性。由于不同植物生长特性的差异，或者同一种植物在不同的生长阶段，其稳定性也有可能存在明显的中间差异。通过对内蒙古典型草原优势植物盆栽的氮、磷添加实验，发现不同植物稳定调节因子(H)变化在 1.93～14.5。另外，H 值也因为植物地上和地下生物量分配、植物发育阶段、植物总的养分含量以及 N∶P 而变化。植物根和叶的 H 值成负相关，并随着植物的发育而增加。植物氮的 H 值要大于磷的，二者又均低于 N∶P 的 H 因子。不同物种相比较，具有高的 N 和 P 含量以及低 N∶P 的植物具有较低的内稳性，表明越是稳定的植物在养分利用上越趋向于保守(Yu 等，2011)。这个结果也表明，与藻类和真菌的 H 值相比，植物的 H 值有较大的变化范围，但又小于动物的。该研究也是首次针对植物进行相关的研究。进一步的研究还发现，内蒙古草原两年的氮磷添加实验表明内稳性指数高的物种具有较高的优势度和稳定性，内稳性高的生态系统也具有较高的生产力和稳定性。并且这一规律在 27 年的长期监测实验和 1 200 km的样带实验中得到了验证。因此，通过调节生物对环境因子的响应，化学计量内稳性成为生态系统结构、功能和稳定性的维持重要机理。该文首次研究了植物的化学计量内稳性在生物多样性与生态系统功能关系上的重要性，拓展了生态化学计量学研究的范畴，也为生物多样性与生态系统功能关系的研究提供了重要的理论基础(Yu 等，2010)。

全球大气和气候变化导致养分供给发生变化，进而影响植物的功能性状特征。叶片寿命连接着叶片生理生态到植株个体生长和生态系统过程，也是生态系统养分循环和生态系统生产力的关键决定因子之一。我们通过氮素和水分添加的野外控制实验手段，在中国北方温带典型草原研究了氮素和水分资源供给变化对草原植物叶片寿命以及其他功能性状特征的影响。为进一步探讨氮素增加对植物寿命以及其他功能特性影响的机制，我们同时还开展了盆栽实验，以冰草作为研究对象，进行氮素和氯化钴(乙烯合成抑制剂)添加处理，试图从植物激素乙烯的角度出发探讨氮素添加影响叶片寿命的影响机制。

实验结果表明，氮素和水分添加增加了叶片氮含量，增强了叶片光合能力，同时对其他叶片功能性状特征也产生了显著的影响。在 2007 年和 2008 年，氮素添加分别缩短叶片寿命 6.0 d 和 5.4 d，水分添加分别缩短叶片寿命 13.0 d 和 9.9 d($P<0.001$)(Ren 等，2011)。

为了检验乙烯是否参与了氮素添加对叶片寿命的影响，我们进一步研究了氮素和氯化钴添加如何影响叶片乙烯生产和叶片寿命。结果显示，氮素添加使冰草叶片乙烯生产增加了 63.6%($P<0.001$)，而氯化钴则抑制了氮素添加导致叶片乙烯生产的增加，同时使得冰草叶片寿命基本恢复正常。这些结果说明在氮素添加条件下，叶片乙烯生产增加，叶片寿命缩短；而乙烯合成抑制剂减少了叶片乙烯生产，从而消除了氮素添加对叶片寿命的影响。

植物叶片还可能因为全球变化造成的土壤养分供给增加导致氮素含量增加，碳氮比降低，从而改善了植物凋落物的分解质量。普遍认为，凋落物分解质量的提高有利于其分解，并进一步加快养分的释放，从而加快生态系统的氮素循环速率。不同凋落物的混合对凋落物分解也产生一定的影响，被称为凋落物分解的混合效应，也被称为凋落物分解的多样性效应，但这种作用是正的还是负的则没有一致的结论。我们利用多年施肥实验样地，对内蒙古草地典型草原中的优势植物针茅和冷蒿的叶片凋落物进行了凋落物原位分解实验，共同凋落物分解实验和共同分解地分解实验以及这两种凋落物混合分解实验的研究。结果表明，凋落物的分解通常随着凋落物质量的改善而加快，但这种增加会被凋落物分解环境的土壤中N的可利用性增加引起的反作用而抵消，导致凋落物分解速率总体上并不受土壤中N素添加的影响。进一步分析表明土壤N可利用性增加对凋落物分解的副作用主要由于土壤微生物活性和生物量的降低造成。我们的研究结果意味着N的沉降可望促进凋落物的养分循环，并有可能增加我国北方半干旱草原生态系统的碳储量(Liu等，2010)。同时，我们也发现两种凋落物混合物的分解速率显著高于单个物种凋落物的，并且在这两种凋落物的分解速率上并没有显著的差异，表明凋落物的组分(而不是两种凋落物优势度上)的差异对凋落物分解以及进一步的生态系统养分循环具有至关重要的作用。随着N沉降速率的增加，生态系统的优势种将从冷蒿向克氏针茅进行转变，生态系统的N循环将可能变得更加保守。

全球变化引起的大气氮沉降的增加，可能对植物和微生物间的相互关系产生重要影响。生物多样性由于氮沉降增加而可能丧失，尽管机制还不是十分清楚。生物在进化过程中通常会受到选择和机遇的双重影响，两者之间哪个方面更加重要，或者两个因素的重要性各有多大可能对生物多样性形成有一定的影响。通过对长期施肥实验研究平台中采集的土壤样品分析，测定了土壤微生物多样性，并进一步探讨了微生物多样性与植物多样性这两个生态系统最重要的营养级之间的关系。研究结果表明，随着模拟的氮沉降增加，无论是植物，还是微生物多样性的选择作用增加，对微生物的机遇作用也增加，但对植物的机遇作用先增加，后降低。我们的结果证明了氮增加通过改变机遇作用的大小，而改变生态系统中的生物多样性，这种改变可能对植物和微生物的影响并不相同(Zhang等，2011)。

以内蒙古锡林河流域沿水分梯度分布的草甸、草甸草原和典型草原中6个植物群落为研究对象，从叶片、个体、物种、功能群和群落等多个组织水平上，研究了放牧对植物叶片功能性状和生态系统功能的影响。研究发现：①随着组织水平的上升，放牧对草甸中植物叶片功能性状(叶片面积、叶片质量和比叶面积)的影响逐渐减弱，而对典型草原植物叶片性状的影响逐渐增强，放牧显著降低了典型草原植物的叶片面积、叶片质量和比叶面积；②在功能群和群落水平上，地上生物量和叶片面积、比叶面积均呈显著的正相关关系，放牧显著降低了典型草原的叶面积指数、叶片生物量和群落地上生物量，而对草甸和草甸草原影响较小；③土壤水分和养分含量，叶片大小和叶片数量之间的权衡关系(trade-offs)，以及植物采用躲避型策略(叶片变小)和忍耐型策略(比叶面积增大)等，是导致放牧对不同类型草原影响大小不同的原因(Zheng等，2010)。

2.4 结语与展望

有待于进一步研究的领域以及可能的突破口：

(1)进一步探索分类学单元的多样性、功能多样性与群落结构之间关系，对于揭示生物多样性对生态系统功能的影响机制具有重要的意义。

(2)跨越多个营养级水平的生物多样性与生态系统功能关系的研究亟待加强。

(3)目前有关生态系统稳定性的理论研究已经走在了实验研究的前面,通过长期的控制实验来研究时间稳定性以及生态系统对多种干扰的抵抗力和恢复力将是未来研究工作的重点。

(4)生态化学计量学为全球尺度上生物地球化学过程与细胞和个体水平上的生理限制联系起来提供了综合理论框架(Sterner 和 Elser,2002)。在此框架下,选择模式生态系统,以大型受控实验为平台,深入研究生源要素的化学计量学特征可能为生物多样性和生态系统功能的关系研究找到新的突破口。

袁飞等(2009)归纳了 10 个有关 BEF 研究中尚待解决的问题,主要包括植物功能特性如何对环境变化做出响应,进而影响物种存亡,生态系统功能反应格局多样化的原因和机制,多营养级系统中生物多样性变化对生态系统功能的影响,生物多样性对生态系统功能的相对影响,基因及其多样性对生态系统功能的影响,空间异质性对生态系统功能的影响以及尺度效应,生态系统功能与服务的关系,海洋生物多样性与生态系统功能关系,全球环境变化对生物多样性与生态系统功能关系的影响,有关 BEF 关系的理论模型建立和验证。上述问题的研究将可能对生物多样性与生态系统功能关系内在机制的进一步了解具有决定性的意义。

作为生物体的结构组成和能量传递的介质,生源要素的生物地球化学循环是维持生态系统结构和功能的基础。然而,由于时间和空间分布的异质性,生源要素常常成为陆地生物多样性和生态系统功能的限制性因素(McKane 等,2002),而且会通过影响生物多样性和生态系统生产力进而影响草地以及其他生态系统类型的可持续利用(Tiessen 等,1994)。生态化学计量学作为研究生态相互作用中能量和化学元素之间平衡关系的一门新兴学科,提供了在全球尺度上将生物地球化学过程与细胞和个体水平上的生理限制机制联系起来的综合理论框架(Sterner 和 Elser,2002)。这一理论体系非常适合于对跨越多时空尺度、包含生命和非生命组分的生态系统的分析(Schade 等,2005)。但是由于生态化学计量学是新兴起的研究领域,人们对不同生态系统之间生命体和非生命体组分的生态化学计量学特征以及同一系统内不同营养级、不同组织层次上生命体和非生命体组分的生态化学计量学特征的研究才刚刚起步,关于生态化学计量学框架下模式生态系统生物多样性与生态系统功能关系的研究尚未见报道。

综上所述,生物多样性对我国内蒙古典型草原生态系统功能产生重要影响,但不同生态系统功能过程对生物多样性丢失的表现则完全不同,甚至截然相反。同时,生物多样性对生态系统功能过程的影响以及程度还取决于生态系统组成、生态系统发育阶段、人为活动(如放牧、割草)以及研究的尺度等。此外,大多数研究由于时间短(通常 1～2 年)、尺度小(大多数是个别点上的工作,从而缺乏代表性与普遍性)、测量精度低(无法探测到一些更加细微的过程)等因素的影响,可能存在不同程度的偏差,因此需要今后更加深入地开展相关研究工作。

本章编写人:黄建辉,潘庆民,白永飞,吕晓涛,乌建国,韩兴国

参考文献

白永飞,李凌浩,黄建辉,等. 2001. 内蒙古高原针茅草原植物多样性与植物功能群组成对群落初级生产力稳定性的影响. 植物学报,43:280-287.

郭勤峰. 2009. 生物多样性、生物量与生产力的相互关系:演替的观点. //邬建国,杨劼. 现代生态学讲座(Ⅳ):理论与实践. 北京:高等教育出版社. 58-73.

黄建辉,马克平,2001. 物种多样性在生态系统中的功能. //陈灵芝,马克平. 生物多样性科学:原理与实践. 上海:上海科学技术出版社,34-65.

蒋林. 2009. 生物多样性与生态系统:超越互补关系和选择效应. //邬建国,杨劼. 现代生态学讲座(Ⅳ):理论与实践. 北京:高等教育出版社. 38-57.

刘伟,王继明,王智平,2011. 内蒙古典型草原植物功能型对土壤甲烷吸收的影响. 植物生态学报,35:275-283.

马克平. 1993. 试论生物多样性的概念. 生物多样性,1: 20-22.

沙琼,黄建辉,白永飞,等. 2009. 植物功能群去除对内蒙古典型草原羊草群落土壤碳、氮库的影响. 应用生态学报,20:1305-1309.

袁飞,邬建国,白永飞,等. 2009. 生物多样性与生态系统功能关系研究综述. //邬建国,杨劼. 现代生态学讲座(Ⅳ):理论与实践. 北京:高等教育出版社. 1-37.

Bai Y J, Wu C M, Clark S, et al. 2010. Tradeoffs and thresholds in the effects of nitrogen addition on biodiversity and ecosystem functioning: evidence from Inner Mongolia grasslands. Global Change Biology, 16: 358-372.

Bai Y, Wu J, Pan Q, et al. 2007. Positive linear relationship between productivity and diversity: evidence from the Eurasian Steppe. Journal of Applied Ecology, 44: 1023-1034.

Bai Y, Wu J, Xing Q, et al. 2008. Primary production and rain use efficiency across a precipitation gradient on the Mongolia Plateau. Ecology, 89: 2140-2153.

Bai Y F, Han X G, Wu J G, et al. 2004. Ecosystem stability and compensatory effects in the Inner Mongolia grassland. Nature, 431: 181-184.

Cease A J, Elser J J, Ford C F, et al. 2012. Heavy livestock grazing promotes locust outbreaks by lowering plant nitrogen content. Science, 335: 467-469.

Chapin Ⅲ F S. 1992. Biodiversity and ecosystem processes. Trends in Ecology and Evolution, 7(4): 107-108.

Chapin Ⅲ F S, Walker B H, Hobbs R J, et al. 1997. Biotic control over the functioning of ecosystems. Science, 277: 500-504.

Chapin Ⅲ F S, Zavaleta E S, Eviner V T, et al. 2000. Consequences of changing biodiversity. Nature, 405: 234-242.

Christensen N L, Franklin J F. 1997. Ecosystem function and ecosystem management. In: R. D. Simpson and N. L. Christensen (eds.), Ecosystem function and human activities. Reconciling economics and ecology. New York: Chapman and Hall. 1-23.

Christensen N L,Bartuska A M,Brown J H,et al. 1996. The report of the Ecological Society of America committee on the scientific basis for ecosystem management. Ecological Applications,6:665-691.

Costanza R,R d' Arge,R de Groot,et al. 1997. The value of the world's ecosystem services and natural capital. Nature,387:253-260.

Diaz S,Symstad A J,Chapin F S,et al. 2003. Functional diversity revealed by removal experiments. Trends in Ecology and Evolution,18:140-146.

Diaz S,Cabido M. 2001. Vive la difference: plant functional diversity matters to ecosystem processes. Trends in Ecology and Evolution,16:646-655.

Diaz S, Hodgson J G, Thompson K, et al. 2004. The plant traits that drive ecosystems: evidence from three continents. Journal of Vegetation Science,15:295-304.

Doak,D F, Bigger D, Harding E K, et al. 1998. The statistical inevitability of stability-diversity relationships in community ecology. American Naturalist,151:264-276.

Gaston,K J, editor. 1996. Biodiversity: A Biology of Numbers and Difference. Blackwell, Oxford,UK.

Gitay H, Noble I R. 1997. What are functional types and how should we seek them? In: Smith T M,Shugart H H,Woodward F I,eds. Plant Functional types,their relevance to ecosystem properties and global change. Cambridge: The University Press,5-19.

Grime J P. 1997. Biodiversity and ecosystem function: the debate deepens. Science,277:1260-1261.

Hector A, Schmid B, Beierkuhnlein C, et al. 1999. Plant diversity and productivity experiments in European grasslands. Science,286:1123-1127.

Hector A, Joshi J, Lawler S P, et al. 2001. Conservation implications of the link between biodiversity and ecosystem functioning. Oecologia,129:624-628.

Hooper D U,Chapin Ⅲ F S,Ewel J J,et al. 2005. Effects of biodiversity on ecosystem functioning: a consensus of current knowledge. Ecological Monographs,75:3-35.

Hunter M L. 1996. Fundamentals of conservation ecology. Cambridge: Blackwell Science.

Huston, M A. 1997. Hidden treatments in ecological experiments: re-evaluating the ecosystem function of biodiversity. Oecologia,110:449-460.

Huston M A,Aarssen L W,Austin M P,et al. 2000. No consistent effect of plant diversity on productivity. Science,289:1255-1255.

Isbell F, Calcagno V, Hector A, et al. 2011. High plant diversity is needed to maintain ecosystem services. Nature,477:199-203.

Kinzig A P, Pacala S W, Tilman D. 2001. The Functional Consequences of Biodiversity. Princeton University Press,Princeton.

Kong D,Wu H,Zeng H,et al. 2011. Plant functional group removal alters root biomass and nutrient cycling in a typical steppe in Inner Mongolia, China Plant and Soil, 346: 1-2, 133-144.

Liu P,Huang J,Sun O,et al. 2010. Litter decomposition and nutrient release as affected by soil nitrogen availability and litter quality in a semiarid grassland ecosystem. Oecologia, 162:771-780.

Loreau M. 1998a. Biodiversity and ecosystem functioning: a mechanistic model. Proceedings of the National Academy of Sciences (USA), 95:5632-5636.

Loreau M. 1998b. Separating sampling and other effects in biodiversity experiments. Oikos, 82:600-602.

Loreau M. 2000. Biodiversity and ecosystem functioning: recent theoretical advances. Oikos, 91:3-17.

Loreau, M, Hector A. 2001. Partitioning selection and complementarity in biodiversity experiments. Nature, 412:72-76.

Loreau, M, Naeem S, Inchausti P. 2002. Biodiverisity and Ecosystem Functioning Sythesis and Perspectives. Oxford University Press, Oxford.

Loreau M, Naeem S, Inchausti P, et al. 2001. Biodiversity and ecosystem functioning: current knowledge and future challenges. Science, 294:804-808.

Maestre F T, Quero J L, Gotelli N J, et al. 2012. Plant Species Richness and Ecosystem Multifunctionality in Global Drylands. Science, 335: 214-218.

McCann K S. 2000. The diversity-stability debate. Nature, 405:228-233.

McKane R B, et al. 2002. Resource-based niches provide a basis for plant species diversity and dominance in arctic tundra. Nature, 415: 68-71.

Meffe G K, Carroll C K. 1997. Principles of conservation biology. 2nd edition. Sunderland: Sinauer Associations, INC. Publisher, 29.

Midgley G. F. 2012. Biodiversity and ecosystem function. Science, 335: 174-175.

Mooney H A. 2002. The debate on the role of biodiversity on ecosystem functioning. Pages 12-17 in M. Loreau, S. Naeem, and P. Inchausti, editors. Biodiversity and Ecosystem Functioning: Synthesis and Perspectives. Oxford University Press, Oxford.

Naeem S, Thompson L J, Lawler S P, et al. 1994. Declining biodiversity can alter the performance of ecosystems. Nature, 368:734-737.

Purvis A, Hector A. 2000. Getting the measure of biodiversity. Nature, 405:212-219.

Ren H, Xu Z, Huang J, et al. 2011. Nitrogen and water addition reduce leaf longevity of steppe species. Annals of Botany, 107: 145-155.

Sax D F, Gaines S D. 2003. Species diversity: from global decreases to local increases. Trends in Ecology and Evolution, 18:561-566.

Scherer-Lorenzen M, Potvin C, Koricheva J, et al. 2005. The design of experimental tree plantations for functional biodiversity research. Pages 347-376 in M. Scherer-Lorenzen, C. Körner and E. -D. Schulze, editors. Forest Diversity and Function: Temperate and Boreal Systems. Springer-Verlag, Berlin.

Schläpfer F, Schmid B. 1999. Ecosystem effects of biodiversity: a classification of hypotheses and exploration of empirical results. Ecological Applications, 9:893-912.

Schulze E D, Mooney H A. 1993. Biodiversity and Ecosystem Function. Springer-Verlag,

Berlin.

Sterner R W, Elser J J. 2002. Ecological stoichiometry: the biology of elements from molecules to the biosphere. Princeton Univ. Press.

Stork N E. 1997. Measuring global biodiversity and its decline. In: Reaka-Kudla M L, Wilson D E, Wilson E O (eds.), Biodiversity II, Joseph Henry Press, Washington, DC, 41-68.

Tiessen H, Cuevas E, Chacon P. 1994. The role of soil organic matter in sustaining soil fertility. Nature, 371: 783-785.

Tilman D. 1996. Biodiversity: population versus ecosystem stability. Ecology, 77: 350-363.

Tilman D. 1999. The ecological consequences of changes in biodiversity: a search for general principles. Ecology, 80: 1455-1474.

Tilman D. 2000. Causes, consequences and ethics of biodiversity. Nature, 405: 208-211.

Tilman D, Downing J A. 1994. Biodiversity and stability in grasslands. Nature, 367: 363-365.

Tilman D, Knops J, Wedin D, et al. 1997. The influence of functional diversity and composition on ecosystem processes. Science, 277: 1300-1302.

Wang C, Butterbach-Bahl K, Han Y, et al. 2011. The effects of biomass removal and N additions on microbial N transformations and biomass at different vegetation types in an oldfield ecosystem in northern China. Plant and Soil, 340, 1-2, 397-411.

Wilson E O. 1993. The Diversity of Life. Belknap Press, Cambridge, MA.

Wilson E O. 1988. Biodiversity. National Academy Press, Washington D. C.

Woodward F I. 1993. How many species are required for a functional ecosystem? In: Schulze E D, Mooney H A (eds.), Biodiversity and Ecosystem Function. Berlin: Springer, 271-291.

Yu Q, Elser J J, He N, et al. 2011. Stoichiometric homeostasis of vascular plants in the Inner Mongolia grassland. Oecologia, 166: 1-10.

Yu Q, Chen Q, Elser J J, et al. 2010. Linking stoichiometric homoeostasis with ecosystem structure, functioning and stability. Ecology Letters, 13: 1390-1399.

Zhang G, Han X, Elser J J. 2011. Rapid top-down regulation of plant C:N:P stoichiometry by grasshoppers in an Inner Mongolia grassland ecosystem. Oecologia, 166, 1, 253-264.

Zhang X M, Liu W, Bai Y F, et al. 2011. Nitrogen deposition mediates the effects and importance of chance in changing biodiversity. Molecular Ecology, 20: 429-438.

Zheng S X, Ren H Y, Lan Z C, et al. 2010. Effects of grazing on leaf traits and ecosystem functioning in Inner Mongolia grasslands: scaling from species to community. Biogeosciences, 7: 1117-1132.

Zhou Z, Sun O J, Huang J, et al. 2006. Land use affects the relationship between species and productivity at the local scale in a semi-arid steppe ecosystem. Functional Ecology, 20: 753-762.

第3章

草地生物多样性对全球变化的响应

3.1 全球变化与生物多样性

3.1.1 研究背景

全球变化是指由自然和人为的因素而造成全球性的环境变化，包括全球气候变暖，大气二氧化碳(CO_2)浓度升高，降水格局改变，全球氮沉降和土地利用变化等内容，这些变化主要是由人类活动导致。自工业革命以来，科技发展日新月异，人口也呈现出爆炸式的增长，现代化的快速进程加剧了对自然资源的开发利用和对环境的污染和破坏，大量污染物排放到大气、水体、土壤和生物体中。这些变化已导致生物地球化学循环的净化和调节能力超出地球系统的承载阈值。同时，随着经济全球化进程的加速和时间空间的双向扩展，从而极大地影响了生态系统过程并反馈于环境，加剧了这些变化。据 IPCC(2007)报告指出，20 世纪地球表面温度上升了近 0.6℃，CO_2 浓度由工业革命前的 280 μmol/mol 上升到现在的近 400 μmol/mol。伴随着气温的升高，降水格局也发生了极大的变化，热带和亚热带地区的降水量明显减少，降雨带由低纬度地区向高纬度地区迁移，极地地区的冰川融水也加速了区域水循环，全球性的气温升高也使该区域的水热状况有了较大改变。伴随着降水量空间格局的变化，降水在时间上也出现了较大的分异，极端降雨事件频繁发生，给生态系统造成了巨大的冲击。工业固氮能力的大幅提高和农田中氮肥的流失使全球氮循环发生了改变，氮富集已成为一种污染，引发了各种环境问题(Horner-Devine 和 Martiny，2008)。这些史无前例的全球环境变化通过改变生态系统的结构和功能来直接影响它们提供给人类的生产资料和生态服务的数量和质量，如：改变生态系统生产力，碳、氮、磷、硫等营养元素的循环和生物多样性等生态过程，进而影响到人类社会的发展，使人类面临着资源、环境和发展的严峻挑战。

生物多样性是指生物及其所在生态复合体的种类丰富度和相互间的差异性，是地球上生命经过几十亿年的发展进化的结果，是人类社会发展的基石，赖以生存的物质基础(Chapin

等，2000）。但是，近年来全球范围内环境条件的变化（包括全球变暖、CO_2 的富集、降水格局的变化、全球氮沉降及土地利用方式的变化等），已严重威胁到生物多样性，使其经历着前所未有的变化，史称第六次物种大灭绝事件。千年生态系统评估报告指出，现在地球上物种灭绝的速率是史前化石记录的 1 000 倍，如果以这样的速度继续下去，预计未来生物的灭绝速率会比现在的 10 倍还要高（Sala 等，2000）。每一个物种特殊的功能属性使其在生态系统中承担着不可替代的生态作用，特别是一些关键种，它们的丧失可能会导致整个生态系统的崩溃，使生态系统发生不可逆转的改变，从而影响到人类从自然生态系统中获得产品和服务，影响社会经济的可持续发展（Loreau 等，2001）。

3.1.2 研究现状

在全球变化背景下，全球范围内生物多样性的锐减已引起了科学家的广泛关注和高度重视。大量的研究表明土地利用方式的改变是全球生物多样性变化的最重要的驱动因子（Sala 等，2000）。放牧是草地生态系统中最为传统的一种土地利用方式，以前的许多研究在不同的时空尺度上探讨了生物多样性对放牧的响应，从干旱-半干旱草地（Alrababah 等，2007）到地中海气候区的草地（Verdú 等，2000），再到北美高草草原及高山草地（Knapp 等，1999），都进行了大量的研究。这些研究表明，大型食草动物可以通过选择性采食、践踏和排泄物来直接影响草原生物多样性。食草动物的唾液在某种程度上刺激了一部分植物种的生长，采食后的生物量移除和牲畜的践踏行为也为植物的生长和繁殖提供更大的空间，同时也利于光照资源的利用。大型食草动物的排泄物改变了土壤的营养状态和异质性，进一步调节着生物多样性（Collins 等，1998）。综上所述，放牧行为可以通过影响植物生长和植物不同组织的元素分配来直接影响生物多样性的时空格局；同时，也可以通过排泄物和践踏行为来改变土壤营养元素含量和物理特征，影响物种交互作用，从而间接地影响生物多样性。

土地利用方式变化的同时，全球范围内的氮沉降也在愈演愈烈。工业革命以来，化石燃料的燃烧排放了大量的含氮气体；传统的农业转向投入密集型的农业，农业的化肥使用量成倍地增长，再加之化肥不合理地使用，使得陆地生态系统中的氮素含量大幅度增加，扰乱了正常的氮循环过程。全球范围内的氮沉降已经成为一个重要的环境问题，严重地影响着生态系统的结构和功能，威胁着生物多样性。全球尺度的研究（Phoenix 等，2006）、区域调查（Stevens 等，2004；2006）和控制实验（Zavaleta 等，2003；Clark 和 Tilman，2008）等大量研究结果都显示氮沉降是造成生物多样性丧失的一个主要原因，已成为第三大生物多样性丧失的驱动因子（Bobbink 等，2010），生境破碎化和气候变化是影响多样性的另外两大驱动因子。氮富集能够通过提高土壤中氮的可利用性而直接影响植物生长，也可以通过改变种间关系来间接地调节植物群落的结构和组成。因为不同植物个体或植物功能群对氮素的利用策略不同，这种不同导致种间竞争关系与优势等级在响应氮素变化过程中的差异，并最终导致生物多样性的改变（Klanderud 和 Totland，2005）。另外，氮富集也可以通过刺激部分植株较高的禾本科物种的生长，增加冠层盖度，减少到达底层的太阳光辐射，从而限制了低矮植物的生长，降低了物种多样性（Hautier 等，2009；Niu 等，2009）。此外，氮素增加通过刺激植物生长使植物凋落物的累积量迅速增加，增加的凋落物限制了新植株的定植，由此也降低了物种多样性。氮沉降还可以通过刺激植物生长和初级生产力的增加加速植被的蒸散作用，进而加速了植物根际土壤水分的消耗，反过来抑制了植物的生长，最终导致生物多样性的下降（Harpole 等，2007）。区分氮富集对生物多样性的直接和间接影响，有利于探明全球氮沉降背景下生物多样性丧失的潜在机制。

气候变化也是威胁生物多样性的重要驱动因子，近年来，由于人类活动的加剧，向大气中排放了大量二氧化碳（CO_2），甲烷（CH_4），氧化亚氮（N_2O），氯氟碳化物（CFCs）及臭氧（O_3）等气体，这些气体称之为温室气体，它们阻止地球将热量反射到太空，形成所谓的温室效应，导致全球气温升高。根据 2007 年 IPCC 第四次工作报告，地球表面温度在过去的几十年中增加了约 0.6℃，并预测到 2100 年，全球平均气温将增加 1.8～4.0℃。伴随着气温升高，全球和区域尺度上的降水格局也在发生着显著的变化，与以前相比，极端降水事件出现的频度大大增加（IPCC，2007）。温度和水分是影响植物生长发育的重要环境因素，气候变化必然会对温度、水分等环境因子产生影响（Klanderud 和 Totland，2005；Niu 等，2008），进而影响到生物多样性（Klein 等，2004）。通过长期的观测研究、自然梯度的监测（Penuelas 等，2007）、Meta 分析（Walker 等，2006）、控制实验（Klein 等，2004）和构建预测模型得到的大量证据都显示气候变暖将会对生物多样性产生深远的影响。由于不同植物种（Bates 等，2005）和功能群功能特征的特异性（Walker 等，2006），气候变化对它们的影响也是不一样的。如：极地研究结果认为，气温升高有助于增加灌木和禾本科植物的生长，但减少隐花植物的盖度（Walker 等，2006）。植物种和/或功能群对温度升高的不同响应将会改变种间竞争关系和植物种的优势等级（Klanderud，2005），进而使某些敏感植物种灭绝的几率增加。事实上，大量在高原植被（Klein 等，2004）、盐土湿地（Charles 和 Dukes，2009）和地中海沿岸灌丛带（Prieto 等，2009）等生态系统开展的实验研究已经表明，增温条件下，植物种会急剧地消失。与之相反的是，增加降水则提高了生物多样性（Sternberg 等，1999），在一个较大的空间尺度上，植物物种丰富度依赖于年降水量（Adler 和 Levine，2007），这样的结论在一年生草原也得到了验证（Zavaleta 等，2003）。模型预测物种丧失和周转的变化对温度和降水量存在着很强的依赖性（Thuiller 等，2005）。气候变暖和降水格局的变化对生物多样性的交互作用（Bates 等，2005）在一定程度上降低了我们预测气候变化情景下陆地植被动态和功能变化的能力。综上所述，阐明全球变化各个驱动因子对生物多样性的直接和间接影响，以及各因子间的交互作用将有助于理解未来全球变化情景下的植被动态和生态系统过程，从而确保生态系统为人类提供产品服务的可持续性和稳定性。

全球性生物多样性的锐减，也促使人们对生物多样性与生态系统功能和稳定性关系的研究更加深入。生物多样性和生态系统功能关系的研究可以追溯到达尔文时代（Hooper 等，2005），但是直到 20 世纪 90 年代，科学家才开始系统地用理论与实验手段来研究这一重要的命题，这其中要以美国 Cedar Creek 草地多样性实验和欧洲草地实验为主要代表（Clark 和 Tilman，2008； Hector 等，2010）。他们的研究结果显示，高的生物多样性可以提高生态系统功能并增加其稳定性，多样性对生态系统的作用往往用下面的两种机制来解释：一种是互补效应，它认为多样性促进生产力的原因是由于多样性高的群落中，物种具有多样的生态特征，使养分利用更为充分（Firn 等，2007）；另一种机制是抽样效应，它认为生态系统过程是由一个或几个优势种决定，多样性高的群落生产力高可能只是因为它包含高产量优势种的几率大（Bell 等，2005）。大量的理论和实验研究将生物多样性导致稳定性机制归结于统计平均效应、协方差效应、物种的分异响应和高的植物种群稳定性（Tilman 等，2006）。然而，这些研究绝大多数是在人工群落或室内开展，研究者可以严格控制植物群落所在的外在环境条件，使其保持一致性，然后通过调控群落组成，形成物种多样性或功能多样性梯度，进而探讨生物多样性与生态系统功能及稳定性的关系（Hector 等，2010）。然而，在自然生态系统中，外界环境的差异性是普遍存在的，而且已有的研究结果证明环境因子与生物多样性共同决定着自然条件下生态系统的功能及稳定性。同时，环境变化也会直接地影响生物多样性。因此，以上人工群落中生物多样性与生态系统功能相关研究和机制是否可以在自然生态系统中得到验证，还需要相关野外研究。

开展生物多样性与生态系统功能/稳定性之间关系的研究有助于揭示多样性对生态系统功能的影响机制，增加对生物多样性-生态系统功能关系的认识（Chapin 等，2000；Loreau 等，2001）。但是生物多样性与生态系统功能及稳定性的正向相关关系在全球变化背景下是否能够维持及其潜在的机制目前还不十分清楚（苏宏新，2010）。因此，在全球变化背景下，开展环境变化驱动因子对生物多样性-生态系统功能/稳定性关系的研究具有重要的理论和现实意义。

3.2 生物多样性对全球变化驱动因子的响应

3.2.1 生物多样性对全球变暖和降水格局变化的响应

3.2.1.1 全天增温和增加降水对群落及功能群物种数的影响

在中国北方温带草原，试验增温对植物群落物种数（species richness），香农多样性指数和均匀度指数都没有显著的影响（图 3.1）。这样的研究结果和北美温带草原（Harmens 等，2004）及一年生草原（Zavaleta 等，2003）的观测结果相一致，但和其他研究中的增温造成植物物种的快速丢失形成强烈的对比（Klein 等，2004；Prieto 等，2009）。与增温效果相对应的是，增加降水极大地提高了植物群落的物种丰富度，尽管它没有影响多样性指数（diversity）和均匀度指数（evenness）（图 3.1）。我们研究观测到在降水增加条件下，物种丰富度提高的结果和沼泽化草甸（Knapp 等，2002）、钙质草原（Sternberg 等，1999）及一年生草原（Zavaleta 等，2003）的研究结果是一致的。在半干旱地区，水分有效性是一个主要的限制因素，它可以通过影响植物的定植和生长来直接影响物种丰富度（Bazzaz，1996）。土壤水分可利用性的增加，也利于植物对土壤其他营养元素的吸收。例如，在中国北方草地，氮素添加在湿润年份对植物生长的促进效应远远大于干旱年份。增温处理可以通过增强微生物活性来提高土壤氮的可利用性，但是增温提高了土壤温度，降低了土壤水分，增温条件下，土壤氮素可利用性的增加和土壤湿度的降低进一步加剧了水分限制，进而影响到植物群落的生物多样性（Niu 等，2008）。在我们的研究中，所有年份和处理的结果显示土壤湿度与植物群落物种数之间存在正向相关关系，这说明了水分调节植物群落物种丰富度对气候变暖的响应（Klanderud，2005；Prieto 等，2009）。

在中国北方草地，水分是最为重要的限制因素。中国北方气候寒冷，气温较低，生长季也相对较短，温度也是限制植物生长和影响草地生物多样性的重要因子。在我们的研究中，增温主要是通过降低土壤水分来对生物多样性产生影响。在大多数模型预测中,都采用全球气候变化单个因子对生物多样性的加和作用来模拟未来气候变化背景下生物多样性的响应,我们的研究表明:增温和增加降水对多样性指数和均匀度指数都有显著的交互作用,增温和增加降水对植物群落物种丰富度没有交互作用,但是增温对植物群落物种数的效应随年际变化发生着显著的变异。例如,增温在近几十年最为干旱的一个年份(2009 年)显著地降低了植物群落物种数,而在其他相对湿润的年份对植物群落物种数没有影响(Yang 等,2011b)。这种交互效应说明我们不能单纯地从生物多样性对单一环境变化因子的响应来预测其对真实环境中多因子变化的响应。

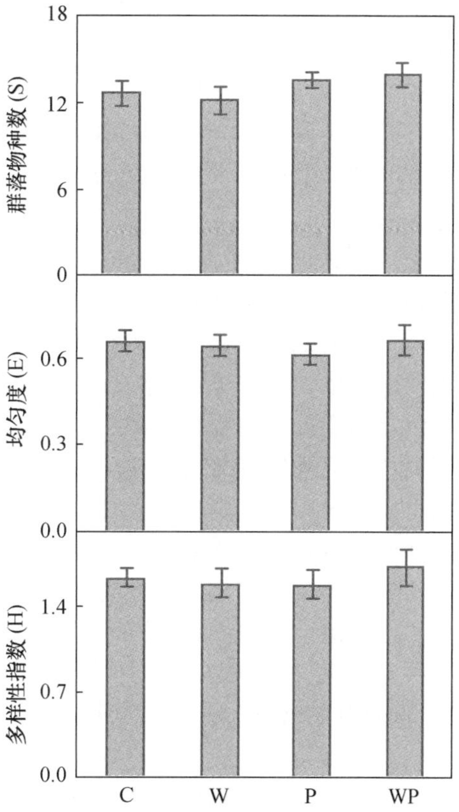

图 3.1 植物群落物种数、均匀度和多样性指数对 5 年(2005—2009 年)连续增加降水和增温的响应(平均值±标准误)
(C,对照;W,增温;P,增雨;WP,增温加增雨)

通过对中国北方草地生物多样性 5 年的观测研究,发现不同功能群的生物多样性随年际降水量的不同而呈现出显著的变异。例如,禾草植物功能群物种丰富度在连续 5 年的观测中,其最高值出现在相对湿润的年份(2005 年),而最低值出现在相对干旱的年份(2009 年)。降水格局的变化和全球变暖也对不同植物功能群物种数有不同的影响,降水增加了禾草植物功能群、灌木和半灌木功能群以及非豆科杂类草功能群的物种丰富度。模拟全球变暖的增温处理降低了禾草功能群的物种丰富度,同时增加了灌木和半灌木功能群的物种丰富度。增温和增加降水交互影响豆科植物功能群的物种丰富度。然而,增温和增加降水对各个功能群的物种丰富度的效应都不随年份的变化而变化(Yang 等,2011b)。

Klein 等(2004)把增温导致植物物种丰富度下降的原因归结于热胁迫和增温导致凋落物累积而阻碍植物的萌发和生长。然而,在我们的研究系统中,由于植物相对低的高度和盖度,试验增温没有导致凋落物积累。考虑到水分是这一区域的重要限制因素,我们预测试验增温通过改变土壤水分有效性来间接影响禾草功能群物种的丰富度。在增温样地,禾草植物功能群物种丰富度与土壤水分显著的正向相关关系支持了以上论断(Yang 等,2011b)。增加降水提高了禾草和杂类草植物功能群的物种丰富度,这些研究结果在植物功能群的水平上进一步验证了气候变化背景下,水分对生物多样性的调节效应。

3.2.1.2 全天增温和增加降水对植物功能群组成多样性的影响

植物功能群组成的波动是反映生物多样性变化的一个重要组成部分,我们的研究表明增温降低了豆科植物功能群和灌木、小灌木功能群的盖度,并且与降水处理交互地影响了禾草功能群和灌木、小灌木功能群的盖度。增温对灌木和小灌木功能群盖度的影响随着年份的不同而发生显著的改变，这种变化主要是由优势种（冷蒿）的盖度变化引起的。这种植物功能群对增温的分异响应使中国北方温带草原的植物群落结构和组成发生了显著的变化。

这种显著的增温效应与北极区及亚北极区（Wahren 等，2005）的研究结果是不一致的。北美的温带草原（Harmens 等，2004）和生长有大量苔藓植物的石灰岩草原（Bates 等，2005）也没有观测到功能群组成对增温的响应变化。功能群组成的改变主要归因于增温条件下竞争等级和不同植物种优势关系的改变（Klanderud 和 Totland，2005；Post 和 Pedersen，2008）。通常来讲，增温通过刺激新陈代谢和提高光合速率直接促进植物生长，增温对植物盖度的正向影响在各种生态系统中均有报道，尤其是北极和高山地区（Walker 等，2006；Post 和 Pedersen，2008），这些地区对气候变化更加敏感。另外，增温导致的资源变化可以调节甚至抵消增温的处理效应。增温条件下，土壤水分含量的减小会加剧植物生长的水分限制（Niu 等，2008），因此导致提高温度对植物生长没有或者有负的影响，尤其在干旱和半干旱地区。增温降低矮灌木和豆科植物功能群盖度支持以上的论断。我们的结果和亚高山研究区域的报道是类似的，他们也发现增温通过降低土壤湿度来减少禾草功能群的盖度（Harte 和 Shaw，1995）。此外，灌木功能群盖度对土壤温度的负向依赖及增温样地中豆科功能群盖度与土壤湿度的正向相关关系给我们提供了更多的实验证据，支持增温通过改变土壤水分含量来间接影响植物盖度的观点。以前的实验研究也发现增温条件下，水分限制加剧降低了植物光合作用和生态系统初级生产力（Niu 等，2008）以及土壤呼吸（Liu 等，2009）。大量的观测表明：在干旱和半干旱地区，土壤水分有效性是调节植物群落对气候增温响应的重要因素。

增温条件也可能通过改变种间关系来间接地调节植物群落对气候变暖的响应（Klanderud，2005）。由于不同植物种潜在的热敏感性，植物物种和功能群会对气温升高表现出不同的响应，这种差异会改变植物物种和功能群优势组分的竞争能力和关系（Harte 和 Shaw，1995；Walker 等，2006；Post 和 Pedersen，2008）。例如，增温降低优势种的盖度，但对植物群落中的亚优势种盖度没有影响。这些结果可能部分归因于降低的种间竞争效应（如较低的亚优势种盖度）。在弃耕地中的研究结果表明：气候变化通过优势种对亚优势种的影响来间接地影响亚优势种（Engel 等，2009）。不同植物种种间关系的改变也能调节植物群落对气候变化的响应。例如，禾草功能群中的植物种盖度［糙隐子草（*C. squarrosa*）］和几种主要杂类草植物盖度之间的负相关关系表明这两个功能群对气候变化响应表现出了相反的方向，这些结果说明在预测植物群落对气候变暖响应的模型中，物种交互作用应该被考虑进来。

增加降水刺激禾草功能群及灌木和小灌木功能群的盖度，并且增加降水对非豆科植物杂类草功能群盖度的影响随年际变化而变化。增加降水也提高了优势种和亚优势种的盖度。增加降水改变植物群落结构和组成的结论和钙质草原（Sternberg 等，1999）以及加利福尼亚一年生草地（Harpole 等，2007）的研究结论是相同的。优势种和亚优势种驱动着功能群对气候变化的响应，物种间的相互作用调节植物群落对增加降水的响应。虽然降水没有影响克氏针茅（*S. krylovii*）植物种的生长，但在降水条件下，冰草（*A. cristatum*）和糙隐子草（*C. squarrosa*）盖度的增加导致了禾草功能群的增加。增加降水的样地，豆科植物功能群中的扁蓿豆（*M. ruthenica*）和乳白花黄芪（*A. galacties*）盖度没有发生变化，这可能要归因于物种竞争关系的加剧，因为豆科植物比较低矮，与其他物种相比，它们的竞争能力较弱。扁蓿豆和乳白花黄芪的盖度与杂类草植物种盖度之间的负相关关系说明杂类草在一定程度上压制了豆科植物功能群对增加降水的响应（Yang 等，2011b）。半灌木功能群对降水增加的正响应主要来自于优势物种冷蒿(*A. frigida*)的生长,5年连续地增加降水提高了冷蒿盖度。一般来讲,非禾本科杂类草植物种在分类学上有更高的多样性,不能作为一个特定的植物功能群。不同植物种间的特异响应及彼此抵消效应,导致杂类草功能群对增加降水响应不显著。例如,茵陈蒿(*A. capillaris*)的植株相对较高,它在增加降水条件下快速地生长,单位面积获得更多的光照,易于受到降水带来的益处,同时通过对低矮植物的遮阳效果抑制低矮植物的生长,这些结果表明物种间相互作用调节着植物群落对增加降水的响应。

3.2.1.3 全天增温和增加降水对微生物多样性的影响

增温和降水不仅影响植物生物多样性,同时也会对微生物群落产生深远的影响(Liu 等,2009; Zhang 等,2011)。增温和降水不但通过改变微环境来影响土壤微生物多样性,而且还可能通过地上植物对微生物产生间接影响。地上植物的凋落物输入是土壤微生物的主要碳源,植物生物多样性的变化必然通过微环境及凋落物输入的改变来影响土壤微生物多样性(Zhang 等,2011)。研究报道,在苔原生态系统,增温刺激植物生长,与微生物竞争土壤有效养分;增温利于灌丛的生长,产生大量的低质量凋落物,影响输入土壤中资源的质量和数量。另外,增温和降水也能通过改变土壤微生物生长与活动的土壤生境,直接作用于微生物多样性。

土壤微生物包含不同的生物类群,比如细菌和真菌两大主要类群,其生理特性及生态适应条件不尽相同,它们对气候变化的响应也会存在较大的差异,这种差异很可能在水热因子的驱动下反映在微生物群落结构和多样性的变化上。我国北方草原是一个对气候变化敏感的区域,水分是其主要的限制因子,这一点不仅反映在植物上,也同样作用于微生物生长与活动中。北方典型草原长期增温控制实验结果发现水分因子是调控微生物量的决定因素,增温通过降低土壤含水量限制微生物生长,而增雨则相反(Liu 等,2009)。因此,我们推断气候变暖引起土壤湿度的降低可能会改变土壤真菌与细菌的比例,而降水也会在一定程度上削弱增温对微生物群落结构和组成的影响。北方典型草原微生物群落结构对年际气候变化的响应结果初步验证了水分对土壤微生物群落结构的调控作用,例如,在干旱年份(2007 年),真菌、细菌和革兰氏阴性菌的相对含量都比湿润年(2006 年)的相对含量低,并且导致土壤真菌/细菌和革兰氏阴性菌/阳性细菌比值在干旱年份低于湿润年份(张乃莉,2008)。一般认为,对于干旱胁迫来说,土壤真菌类群比细菌类群具有更强的抵抗力(Ciccarone 和 Rambelli,2000);而相对于革兰氏阳性菌,革兰氏阴性菌对土壤水分的有效性更为敏感(Williams,2007)。然而,同样在典型草原,连续 4 年的增温处理并没有改变土壤微生物的群落结构和多样性,这与我们早前的推测不同,说明土壤微生物群落结构对短期的增温处理具有较强的抗性(resistance)或是恢复力(resilience)。

3.2.1.4 白天增温和夜间增温对微生物多样性的影响

大量的研究表明全球气温升高的幅度在夜间大于白天,白天与夜间增温的特异性影响将导致一系列生态学过程发生改变,这种不同的影响在叶片与生态系统水平碳交换以及植物生长等方面都得到了证实(Wan 等,2009),并且这种非对称昼夜增温会对地下生态过程产生更为深远的影响。在中国北方温带草原两个干湿对照年的研究发现,增温处理导致土壤微生物群落多样性、结构及利用碳模式的变化(Zhang 等,2011)。白天增温和夜间增温对不同类群微生物的影响存在差异，夜间增温降低了细菌、革兰氏阳性菌、丛枝菌根真菌及微生物碳源利用能力，而白天增温对它们没有显著的影响(图 3.2)。进一步的研究显示，夜间增温对土壤细菌群落碳源利用能力的影响不是由于增温处理引起土壤环境变化的直接作用结果(Zhang 等，2011)。因为增温对土壤环境的影响只是表现在增温增加了土壤温度，而土壤温度与土壤细菌群落碳源利用能力并没有直接关系，我们推测夜间增温可能通过影响植物多样性或植物群落结构来间接地影响微生物群落的功能多样性。

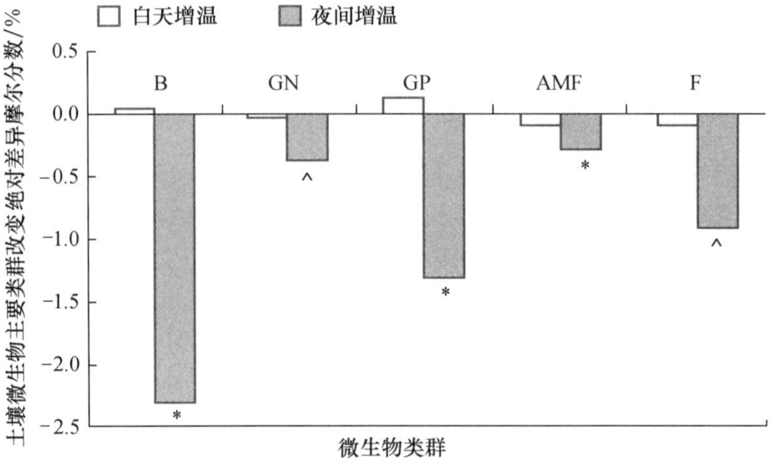

图 3.2　白天增温与夜间增温对土壤微生物主要类群的影响

(B，细菌；GN，革兰氏阴性菌；GP，革兰氏阳性菌；AMF，菌根真菌；F，真菌；GN/GP，革兰氏阴性菌与阳性菌比；F/B，真菌细菌比)

土壤微生物群落组成和多样性在干旱年和湿润年的变化也不尽相同。在对照样地，干旱年份(2007 年)的土壤真菌相对含量和真菌细菌比均显著高于湿润年份(2006 年)。在白天增温处理样地中，干旱年份的革兰氏阴性菌、真菌相对含量和真菌细菌比均显著高于湿润年份，但全天增温处理样地中土壤微生物群落组成没有显著的年际间差异(Zhang 等，2011)。就功能多样性而言，在干旱年份，不同的增温处理都在一定程度上降低了土壤细菌碳源利用能力和功能多样性水平，并且夜间增温处理作用显著。年际间的差异可能由年际间的气候条件变异导致，湿润年份的土壤含水量显著高于干旱年份，并且这种差异被增温处理进一步放大，土壤水分的降低也引起了土壤 pH 值的升高，这些土壤微环境的变化可能是微生物多样性和结构变化的直接原因。在对照样地，土壤微生物群落组成的年际变化主要是由真菌类群的变化引起，由于真菌类群对干旱条件具有更强的耐受能力，所以这种波动很容易接受和理解。白天增温和夜间增温改变了微生物群落的结构组成，还表现出对细菌类群的促进作用，而全天增温则削弱了微生物各个类群的这种年际变化，这一现象间接说明白天增温和夜间增温对土壤微生物群落组成的影响可能存在一种非加和效应(张乃莉，2008)。除了结构上的轻微变化，不同的增温处理对细菌类群碳源利用能力也存在显著差异。例如，白天增温和夜间增温都较大程度地降低了土壤细菌类群碳源利用能力，而全天增温对其碳源利用能力影响较弱，我们推测夜间增温可能通过影响植物生长来间接地影响微生物群落结构。此外，微生物类群组成的变化与功能多样性的变化并不总是存在一种必然的联系，如干旱年份土壤真菌含量的显著增加并没有导致其碳源利用能力增强。

3.2.2 生物多样性对降水格局变化和全球氮沉降的响应

3.2.2.1 增加降水和氮素添加对植物多样性和稳定性的影响

在中国北方草地，氮和水是主要的限制因子，我们的研究表明增加降水显著地提高了植物群落物种丰富度，而氮素添加降低了它，并且增加降水和氮素添加对植物群落物种丰富度的效应不依赖于年份的变化而变化，但是不同实验的结果受到研究时间、地点以及众多不确定因子的影响存在差异。氮添加使生物多样性大量丧失的结论与大多数陆地生态系统类型的观测结果是一致的(Stevens 等，2004，2006； Suding 等，2005)，并且有以下几个相关的机制通常被用来解释氮富集情况下生物多样性降低的现象(Gough 等，2000；Clark 和 Tilman，2008)。在这几个机制中，尽管没有一个机制能适用于所有的生态系统(Reich，2009)，但大多数的研究都认为：氮富集增加地上生物量，加剧了物种间的竞争排斥效应，进而导致生物多样性的降低(Gough 等，2000)。在我们的研究中，我们发现氮富集的确增加了植株较高植物的生长，压制了低矮植物，使竞争加剧，这样长期下去，必然会降低生物多样性。氮富集通过改变非生物因素来影响生物多样性，也可能通过改变物种关系来影响生物多样性，比如，土壤 pH 值和其他土壤资源的可利用性。研究发现，一般情况下，氮添加使土壤酸化，从而降低生物多样性；但是在钙质草原中，由于钙质草地的碱性土中和了氮富集带来的土壤酸化，氮富集没有改变生物多样性(Wilson 等，1995)。考虑到水分是我们这个区域的主要限制因子(Niu 等，2008； Liu 等，2009)和氮富集可以通过刺激植物生长和蒸腾作用来加速水分的消耗(Zavaleta 等，2003)，我们预测氮富集对生物多样性的负效应可能部分原因来源于水分的限制。

相对氮富集对生物多样性的降低效应，增加降水提高了中国北方草地的生物多样性。增雨对生物多样性的这种正向效应与在一年生草地(Zavaleta 等，2003)和湿生生境(Stevens 等，2006)中的实验研究结果相一致。在干旱和半干旱区域，水分是最主要的限制因子，它可以通过影响植物的定植和植物生长来影响生物多样性。植物物种数与地下 10 cm 土壤湿度显著相关，这个结果支持以上的推断，进一步说明土壤水分的可利用性调节着植物物种数对环境变化的响应。水分的这种调节效应在一年生草地(Dukes 等，2005)和中国温带草原模拟气候变化的实验研究(Yang 等，2011b)中得到了进一步的验证。

降水和氮素添加的同时实施比二者的单独添加更显著地提高了中国北方草地的初级生产力(Xu 等，2010)。这说明中国北方草地生态系统是受氮、水双重限制，这样的结论与北美加利福尼亚草地的结果是相一致的。稳定性作为退化草地生态系统恢复的一个重要目标也受到一些科学家的关注。在我们的研究系统中也发现，水分添加显著提高草地植物群落的稳定性，而氮素添加则降低了植物群落的稳定性，并且存在显著的氮素和水分的交互作用。另外，氮对碳循环的效应在湿润年份最好，而在干旱年份的效果相对要差些，进一步支持氮素和水分的双重限制论断(Hooper 和 Johnson，1999)。氮素和水分都有利于增加草地生产力，加快草地的恢复，而二者的结合对于中国北方草地的影响更显著，对于加快退化草地的恢复进程具有明显的作用。因此，在条件允许的前提下，对于退化草地的恢复管理中，应当充分考虑水分和养分的结合应用，以便快速修复受损的草地生态系统。

3.2.2.2 氮素添加对植物功能群组成多样性的影响

氮添加使植物群落功能群组成发生了显著变化并且功能群丰富度随年份变化而呈现出很大的变异(图 3.3)。例如,氮素添加在 2006 年(湿润年)显著地降低了豆科植物功能群丰富度。氮添加引起植物种和功能群组成的显著波动,这种植物群落结构的变化与北美一年生草地(Harpole 等,2007)和亚高山草地(Bassin 等,2007)的研究结果相一致。我们观测到植物功能群对氮素富集的强烈响应,但不同功能群响应的方向和幅度不一样。比如,相对于其他功能群的植物种而言,禾草更能快速有效地利用资源,施氮主要通过刺激克氏针茅(*Stipa krylovii*)植物种的生长来增加禾草功能群的生长。豆科植物具有固氮功能,但是在氮富集的情况下,豆科植物竞争优势丧失,氮富集必然导致其丰富度降低(Xia 和 Wan,2008),但与我们的预测相反的是氮富集并没有影响到豆科植物的生长(图 3.3)。以下两个原因可能解释了这种现象,一是在我们的研究中,豆科植物所占的比例偏小并且分布不均,在重复样方中也有很大的变异,这些因素导致很难观测到氮素富集对豆科功能群的处理效应;二是豆科功能群对氮素的响应可能也与其他环境变化驱动因素有关。水分有效性的增加会提高群落中杂类草所占的比例但会降低禾草所占比例,相反,氮素增加了群里中禾草所占的比例但降低了杂类草的比例。水分和氮素是干旱和半干旱区域生态系统生产力和植物生物的重要限制因子(Hooper 和 Johnson,1999),降水格局变化和全球氮沉降对生物多样性的效应可能是交互的。我们的研究中,年份与处理因素及处理因素之间对禾草、豆科植物和杂类草功能群的交互影响支持着上述论断,并且这种论述在半干旱的沙漠地区也得到了进一步的验证(van der Waal 等,2009)。我们的观测显示自然植物群落对全球变化驱动因子的响应不能简单地从单个驱动因子的响应去预测,因为它们之间存在着交互影响。为了更充分地理解和预测生物多样性和植物群落对全球变化情景的响应,我们需要建立多因子实验平台(Zavaleta 等,2003;Engel 等,2009)。

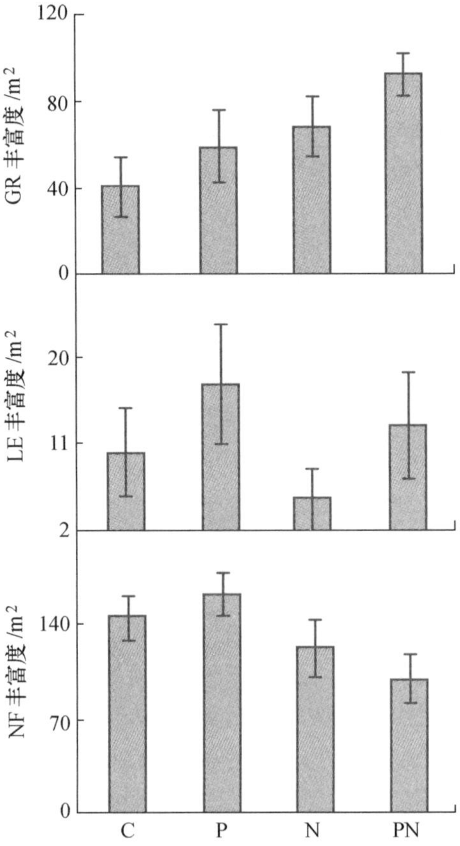

图 3.3 **2005—2010 年增加降水和氮素添加对禾草(GR)、豆科植物(LE)和非豆科杂类草植物(NF)功能群丰富度的影响(平均值±标准误)**

(C,对照;P,增雨;N,氮素添加;PN,增雨加氮素添加)

植物物种特征可以直接影响植物对环境变化的响应,也可以通过改变微气候条件来调节植物群落动态。例如,以前的研究已经证明营养元素添加通过降低冠层的光照来减少生物多样性(Hautier 等,2009)。在温带草原,氮添加刺激了植株高的植物种的生长,降低了地表的光照辐射,进而影响生物多样性。我们的发现进一步强调了植物物种高度在全球氮沉降背景下对植物群落和生物多样性的调节效应。

3.2.2.3 增加降水和氮素添加对微生物类群组成和功能多样性的影响

在我国北方典型草原的研究发现，短期(2006—2009 年)增加降水并未影响微生物主要类群磷脂脂肪酸含量(Bi 等，2011)。磷脂脂肪酸的含量是表征不同微生物类群相对含量的生理生化指标，上述研究结果表明增加降水对微生物类群组成没有影响。由此可见，微生物类群组成对降水格局的响应需要更长时间的实验研究，这样的结论已被多年的研究证实。然而，氮素添加却显著地降低了细菌(包括革兰氏阴性菌和阳性菌)和真菌的磷脂脂肪酸浓度，并且引起了总磷脂脂肪酸含量的降低(Bi 等，2011)。由于总磷脂脂肪酸含量往往与土壤微生物生物量呈正相关，因此总磷脂脂肪酸含量的降低即反映氮素添加对典型草原土壤微生物量的抑制作用。这一研究结果与 Meta 分析结果(Treseder，2008)相符。尽管如此，氮素添加并没有改变主要微生物类群的相对比例(比如真菌/细菌比)，即并未改变微生物的整体结构。

氮素添加和增加降水交互地影响着真菌/细菌比，即在水分充足的情况下氮素添加才显著降低真菌/细菌比例，说明氮素添加对微生物群落结构的影响受到水分因子的调控。氮素添加对真菌/细菌的负效应在已有的大量研究均得到印证(De Deyn 和 Van der Putten，2005；De Vries 等，2006)。真菌和细菌对氮素具有不同的敏感性，这种差异性响应还与氮素添加的剂量有关。不仅如此，水分因子的调控作用还表现在氮素添加对微生物碳源利用能力(功能多样性)。尽管我们基于 Biolog 分析方法仅探知了生长迅速的可培养细菌类群，但这一研究结果仍旧丰富了我们在降水和氮素添加对土壤微生物潜在功能交互影响上的认知，也使我们进一步揭示降水和氮素对微生物群落作用的可能机制(Stevens 等，2004)。与氮素添加相比，这些快速生长的可培养细菌类群碳源利用能力对水分的变化更为敏感。

3.2.3 生物多样性对全球变暖和氮沉降的响应

3.2.3.1 全天增温和氮素添加对植物和功能群组成多样性的影响

增温和氮素添加对植物群落物种数都没有显著的影响，这样的结果和该区域增温或氮素添加与其环境变化因子共同控制的实验结果不一致(Yang 等，2011a；b)。这与环境因子的交互作用和实验的处理年限有关，增温和氮素添加实验处理进行了 4 年，时间相对比较短，但增温和施氮都有降低植物群落物种数的趋势，并且它们对植物群落物种数的效应随年份的变化而变化(图 3.4)。在湿润的年份，增温和施氮交互地影响着植物群落物种数，而在干旱的年份，氮素的添加进一步加剧了水分限制，更大程度地降低了植物群落物种丰富度。增温和施氮对植物群落的总盖度也没有显著的影响，但氮素添加对植物群落总盖度的效应随着年份的变化而变化，研究表明，氮素添加导致的植物盖度的变化量与年降水量间存在着显著的正向相关关系，而增温对植物群盖度的效应没有明显的年际波动(夏建阳，2010)。

从功能群组成上讲，增温和氮素添加都增加禾草植物功能群的盖度。氮素添加降低了灌木、半灌木功能群的盖度，但对豆科植物功能群和杂类草植物功能群的盖度没有影响，引起了植物群落功能群组成的波动。氮素添加对冷蒿和克氏针茅植物种盖度的影响呈现相反的趋势，进一步在植物种水平上改变了植物群落结构和组成。从短期看，气候变暖对我国北方温带

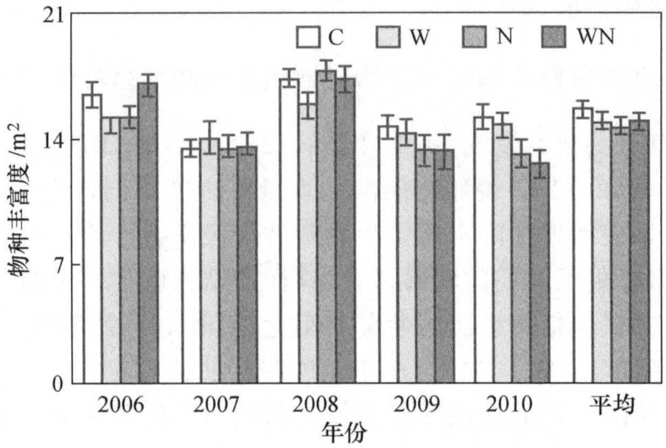

图 3.4　2006—2010 年增温和氮素添加对植物群落物种丰富度的影响(平均值±标准误)

(C,对照;W,增温;N,氮素添加;WN,增温加氮素添加)

草原的影响比较小,这与之前在该地区进行的全天增温导致的植被群落降低的结论不太一致(Yang 等,2011b),植物功能群和优势种之间的差异响应可能是导致这种分歧的主要原因。施氮对我国北方温带草原影响的一个重要特征是对禾草和灌木所产生的作用相反(夏建阳,2010),克氏针茅植物种相对于其他物种而言,对资源具有更高的利用效率,因此施氮明显地增加了克氏针茅在群落中的比例,克氏针茅植物种的快速生长降低了植物群落内部的有效光照辐射,对冠层较低的物种(冷蒿)造成严重的光资源限制,这可能是导致施氮情景下,冷蒿盖度降低的一个重要原因。

3.2.3.2　全天增温和氮素添加对土壤微生物多样性的影响

我们在中国北方草原的研究发现增温和氮素添加交互地影响了土壤真菌/细菌比值,同时增温对土壤细菌群落碳源利用能力具有一定的影响,虽然统计上没有达到显著水平(张乃莉,2008)。在温度升高条件下,土壤真菌/细菌比值升高,增强土壤真菌数量,使微生物群落结构发生变化的结果和美国高草草原的增温和刈割处理实验的结果相一致(Zhang 等,2005)。增温提高了表层土壤温度,氮素添加也使土壤的 pH 和无机氮含量发生了明显变化,这些土壤理化性质的改变必然在长期时间里对土壤微生物多样性造成深远的影响。在瑞典的一个欧石楠荒原生态系统的长期(10 年)增温处理和施氮改变了土壤微生物群落的结构组成(Rinnan 等,2007)。与土壤微生物的其他特性相对而言,微生物群落结构对温、湿度的变化更为敏感,如小尺度的温度变化(人工增温处理)对土壤微生物量和微生物活动没有显著影响,但改变了微生物群落氮素的可利用性和碳的潜在利用能力等反映微生物群落结构的变量(Papatheodorou 等,2004)。大尺度温度变化(季节波动)对微生物群落结构的影响更为显著。长期氮沉降引起微生物生物量,微生物不同类群比率和功能多样性发生改变,短期的氮素添加实验也表明:氮素添加可以显著地改变微生物群落多样性,并且这种变化依赖于生态系统类型(Sarathchandra 等,2001)。由于土壤系统的复杂性和技术限制以及全球变化驱动因子的耦合性,研究土壤微生物多样性对环境变化的响应很是困难,理清微生物多样性变化的内在驱动机制是全球变化背景下研究微生物动态的难题和关键(张乃莉,2007)。我们的研究表明增温和施氮改变了土壤的理化性质(土壤湿度、pH 和无机氮),并对微生物群落的影响呈现出一定的趋势。虽然土壤微生物活性和周转相对较快,但环境变化对土壤微生物群落的影响仍需要长期的研究。

3.3 生物多样性对资源添加梯度的线性/非线性响应

3.3.1 生物多样性对氮素添加梯度的非线性响应

1. 植物多样性对氮素添加梯度的响应

氮素是中国北方草原的一个重要限制因子,少量氮的添加有利于植物的生长、退化生态系统的恢复和初级生产力的增加,但高剂量的氮素添加则会降低生物多样性和生态系统结构及功能的稳定性(Yang 等,2011c)。同一生态系统类型不同的植物群落发育阶段对氮素添加的响应也是不一样的,氮添加降低中国北方天然草地植物群落的生物多样性,一年生的早期演替种在群落中的比例增加,多年生禾草和杂类草的比例下降。然而,在同样生态系统类型的退化植物群落中,氮素添加增加了多年生根茎禾草的生产力和其在群落中所占的比例,而对一年生的植物物种丰富度没有影响,对植物群落物种数只有轻微的降低(Bai 等,2010)。这些结果表明成熟稳定的植物群落比退化植物群落对氮素添加更为敏感,不同阶段的植物群落对氮素添加的分异响应主要归结于凋落物累积和土壤水分的差异。研究表明,中国北方温带草原对氮素添加的响应和饱和添加量分别是 1.75 g/(m^2 · 年)、10.5 g/(m^2 · 年),并且土壤水分有效性和水分与氮素的耦合作用共同决定植物生物多样性和功能群组成对氮素添加的响应(Bai 等,2010),这些结果为我们对草原和适应性管理提供了科学依据和研究案例。

2. 土壤微生物对氮素添加梯度的非线性响应

氮添加显著地影响了土壤细菌类群的功能多样性,在低剂量氮添加时,多样性随着氮添加剂量的增加而上升,在 16 g/(m^2 · 年)时达到最高值,在高剂量氮素添加时有所下降。这些结果表明在生长季早期,我国北方典型草原土壤微生物功能多样性对施氮量的临界值可能在 16 g N/(m^2 · 年),即在该生态系统就土壤微生物而言具有一个最优的施氮量(张乃莉,2008)。土壤真菌的丰富度在氮素添加梯度上与细菌类群有着相似的响应趋势。以往研究认为,土壤微生物可能不同程度地受到碳或氮的限制,氮素限制可能来自于地上植物与土壤微生物的养分竞争。另外,氮素添加大大增加土壤中氮素的可利用性,也可能使土壤微生物从氮素限制转为碳限制。然而,我们在我国北方典型草原的氮梯度实验的研究表明,土壤微生物对氮素添加的非线性响应并非来自氮素或碳的限制。高剂量的氮素添加引起的土壤酸化,可能是限制微生物活动并形成微生物碳源利用能力非线性响应的一个主要方面。已有的研究发现高剂量的氮添加会在一定程度上抑制土壤微生物的活动。一个综述文章中指出,通过对不同生态系统类型的研究,10 g/(m^2 · 年)的剂量会显著地降低菌根真菌的丰富度(Treseder 和 Allen,2000)。在同一实验平台,通过对微生物碳、微生物氮和微生物呼吸等指标的研究发现,这些微生物变量的响应峰值均出现在 2 g/(m^2 · 年)的剂量水平上(刘卫星,2008)。这种生物不同变量对氮素添加剂量的响应阈值随着年份的变化而波动,表明氮素添加对生物变量有个累积效应的存在。

3.3.2 生物多样性对降水梯度的非线性响应

在我国北方草原开展的降水梯度实验研究结果表明一个生长季的处理对植物群落物种数和多样性指数没有显著影响，但影响到了植物群落的均匀度指数，均匀度指数随降水量的增加而线性的下降。具体到植物功能群，降水量的变化对禾草和杂类草功能群物种数也没有影响。降水量对生态系统净初级生产力有着显著的影响，并且净初级生产力随着降水量的增加而线性增加。对不同功能群而言，降水量对禾草功能群的地上净初级生产力没有影响，而杂类草的响应主导着植物群落对降水量的响应，杂类草生物量与降水量呈二项式关系（林德禄，2011）。在美国中部高草草原的研究发现植物多样性指数与降水量无关，而是随着土壤水分变异程度的增加而增加（Knapp 等，2002）。

植物群落物种多样性在降水梯度下没有发生改变，说明在短期内中国北方草原生态系统还是比较稳定的，但需要长期的研究来确定水分的效应。而均匀度的改变进一步说明水分对草原的限制作用，当降水量足够低时，植物群落中只剩下那些较耐旱的植物种，从而导致植物群落均匀度的降低。均匀度指数与降水量的线性关系表明温带草原以耐旱植物为主而具有更高的均匀度，不同植物功能群的比例以及植物群落结构是植物与环境长期适应的结果（林德禄，2011）。地上净初级生产力随降水量增加而线性增加的结果与样带研究结果是一致的（Bai 等，2008），这可能是降水量梯度的跨度不够，我们观测到的线性关系可能只是复杂的非线性关系的某一阶段（Yang 等，2008）。水分作为草原生态系统的一个重要限制因子，它可能对生物多样性和生态系统功能的影响也存在一个最优值和阈值。研究生物多样性沿着降水梯度的变化，不仅可以揭示在降水格局变化不确定性增大情景下生态系统的响应和机制，而且为预测草原生态系统未来动态的模型提供关键的参数估计和模型验证。

3.4 全球变化背景下的生物多样性与稳定性关系

3.4.1 生物多样性对放牧和养分添加的响应

中国北方草地七年的研究结果表明模拟放牧提高植物群落物种数，而营养元素添加显著地降低植物群落物种丰富度（图 3.5）。氮、磷添加对植物群落物种数的效应存在显著的年际变化，如磷元素的添加在实验的前 4 年对植物群落的物种数没有影响，但在后几年使植物多样性降低（Yang 等，2012），这个结果说明磷元素的添加对植物群落物种数可能存在一个累积效应。

具体到植物功能群，模拟放牧和磷元素添加交互地影响着禾草功能群的物种数。氮磷添加交互地影响着豆科功能群的物种数，氮添加提高了豆科功能群物种数，而磷添加却降低了它（图 3.5）。此外，氮素添加也显著降低了非豆科杂类草功能群物种数。模拟放牧对杂类草功能群的物种数还依赖于年际降水量的变化，在最为湿润的年份，模拟放牧提高杂类草功能群物种数，但在其他正常和干旱年份，模拟放牧对杂类草功能群物种数没有影响（Yang 等，2012）。氮素添加一直持续地降低植物群落物种数，这结果与白永飞等的研究结果一致。

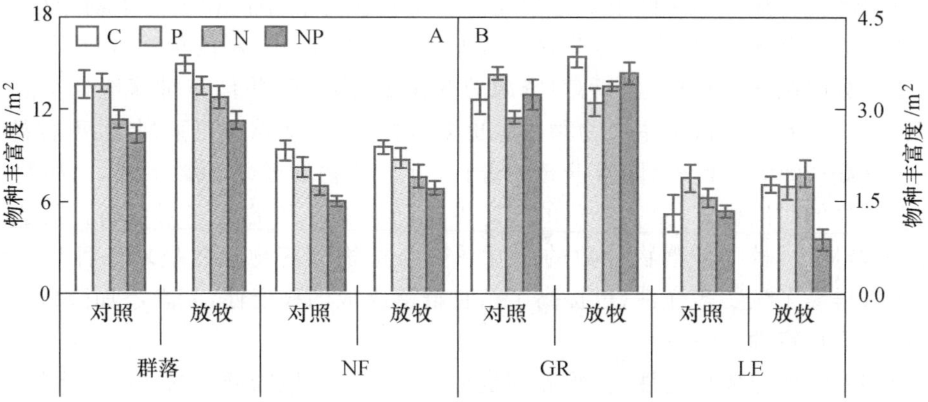

图 3.5 2005—2011 年模拟放牧和营养元素添加对植物群落和功能群物种丰富度的影响(平均值±标准误)

(GR,禾草功能群物种数;NF,非豆科植物功能群物种数;LE,豆科植物功能群物种数;C,对照;P,磷素添加;N,氮素添加;NP,氮素和磷素添加)

模拟放牧提高植物群落物种数的结果与北美草原的研究结果相一致(Collins 等,1998)。我们发现营养元素的添加降低了植物群落的物种数,这在草地和其他陆地生态系统中已被广泛地报道。最近一个综述性的文章也发现草食动物有利于生物多样性的维持,但是肥料添加降低了生物多样性(Stevens 等,2004)。土地利用方式和施肥对植物生物多样性的相反作用引起了大量的关注,科学家也对此做了很多的研究,其响应模式的潜在机制也存在争议(Suding 等,2005; Hautier 等,2009)。例如,Harpole(2007)发现在加利福尼亚草原生态系统中,营养元素的添加通过增加其他限制性元素的数量来降低生物多样性。另外,Hautier(2009)也报道说施肥导致植物群落结构的变化,限制了植物光的可利用性,进而降低了生物多样性。除了潜在的研究机制,我们的结果也显示,在全球变化背景下,氮沉降使生物多样性降低,而模拟放牧作为一种传统的土地利用方式,有利于生物多样性的维持(Peter 等,2009)。

3.4.2 群落稳定性、功能稳定性对放牧和营养养分添加的响应

模拟放牧作为一种重要的草原土地利用方式,它与氮素、磷素的添加如何影响植物群落稳定性是一个亟待研究的重要问题。我们把植物群落稳定性分为结构组成稳定性和功能稳定性,结构组成稳定性可以用植物群落物种数的变异系数和物种周转、丢失和获取速率来衡量。氮和磷添加都增加了植物群落物种数的变异系数,而模拟放牧处理对它没有显著影响。模拟放牧降低植物群落周转速率,营养元素添加的作用则与此相反。模拟放牧也降低植物群落总盖度和杂类草功能群盖度的变异系数,而氮添加提高它们,磷元素添加也提高了豆科植物功能群的变异系数(Yang 等,2012)。此外,模拟放牧和磷元素添加交互地影响着豆科植物盖度的变异系数。综合所有处理,不同功能群盖度的变异系数显著地不同。具体来讲,更高盖度的功能群具有更低的变异系数。在生物组织层次上,从物种到功能群到群落,植被盖度的变异系数也呈下降的趋势。

物种变化速率是表征植物群落结构组成稳定性的一个重要指标。Anderson(2007)的研

究发现植物物种变化速率的时间模式通常受到土壤资源可利用性和植物生物多样性的影响。与相对贫瘠的原生草地相比，土壤养分含量较低的弃耕草地有更高的植物群落周转速率，部分原因是由于养分限制的弃耕草地物种对资源的变化更为敏感，并且弃耕草地处于演替的早期阶段，群落中一、二年生的机会主义物种数量更多，对环境波动响应更强烈，也更容易在干旱胁迫下丧失(Xu 等，2010)。此外，随着演替的进行，进入植物群落物种数下降，而植物群落中物种丢失没有明显的时间模式，植物群落的稳定性也随着物种数的增多而增高。与这种模式相似，在我们的样地中，植物群落物种数的变异系数与植物群落物种数呈现一种负向的相关关系。模拟放牧提高了生物多样性，也提高了植物群落组成的稳定性，元素添加降低了多样性和植物群落的组成稳定性。

除了植物群落的组成稳定性，实验处理也显著地改变了植物群落的功能稳定性。例如，营养元素富集导致了植被群落盖度稳定性的下降，这与以前的研究结果相似，元素添加导致植物群落和种群盖度及稳定性都有所降低。大量的实验证据也支持这种假说，当然例外也是存在的。Grman(2010)等在弃耕地的研究发现氮添加没有改变植物群落的稳定性，他们的研究显示在施氮样地里，物种间补偿作用的增加和主导种稳定性的增强有利于群落水平稳定性的维持，尽管生物多样性有所丧失，但是其变动幅度不大，生物多样性不是驱动稳定性变化的主要机制(Grman 等，2010)。然而在我们的研究系统中，禾草功能群主导着植物群落的组成，施加氮肥后，更利于禾本科植物的生长，并且削弱豆科植物和杂类草所占的比例，引起了植物群落等级的变动，这可能解释了为什么会存在这不一致的结果。此外，功能群盖度的稳定性依赖于功能群盖度在群落总盖度中所占的比例，比例高的功能群有相对高的稳定性，这样的结果在国外的 JENA 实验中也得到了验证，他们发现种群的稳定性与种群的丰富度紧密相关。此外，沿着不同生物学组织水平也呈现着相似的规律，从植物物种到功能群到植物群落，功能稳定性依次降低，我国学者白永飞在内蒙古 24 年的监测数据也表现为这一模式，这说明在人为干扰条件下和自然条件下，更高一级的生物学组织水平都比低一级的生物学组织水平有更高的稳定性(Bai 等，2004)。

3.4.3 生物多样性、稳定性对土地利用变化和养分添加的响应

3.4.3.1 生物多样性和稳定性对土地利用方式的响应

土地利用方式的转换是生物多样性丧失的最重要的驱动力。在中国北方草地，除了放牧和模拟放牧(刈割)这两种土地利用，草原的垦殖也是其中一种重要的土地利用方式，由于政策原因，垦殖在 20 世纪中叶达到巅峰，在全球生物多样性锐减的今天，这种土地利用方式愈来愈引起人们的关注(Zhou 等，2006)。理解土地利用的转换与生物样性及稳定性的关系对于植物群落的恢复，生物多样性的保育及生态环境的维护都具有重要的意义。

研究表明，土地利用方式明显地影响着植物群落的生物多样性，相对于自由放牧样地，围封草地具有更高的生物多样性及生物量，并且围封和放牧改变了生物多样性-生产力的关系(Zhou 等，2006)。不但草地的管理方式影响着生物多样性，土地利用方式的转换也对生物多样性和稳定性造成深远的影响。内蒙古多伦连续 4 年的研究发现：围封的天然草地比弃耕地有较高的植物群落物种丰富度，并且物种的比例在植物群落中分布得更为均匀。围封的天然

草地的植物群落比弃耕地的植物群落更为稳定，植物群落的稳定性与多样性紧密相关，这些明显的差异归结于不同的土壤理化性质、不同的演替阶段以及不同的物种多样性（Xu 等，2010）。相对于弃耕地，围封的天然草地有较高的土壤水分和养分含量以及较低的土壤容重，它们为植物的生长提供了相对有利的条件，有利于物种的共存，我们的结果与其他的研究结果相一致（Smith 等，2002）。此外，在弃耕地，物种数量相对比较少，主要的优势种是冰草，一种多年生从生禾草，植物较高，根系密集，但是在围封的天然草地，优势种是冷蒿，其植株低矮，但其盖度年际波动不大，相对比较稳定。植物群落的不同物种组成特性也解释了不同植物群落生物多样性和稳定性的差异。在围封的天然草地，有些植物种间存在显著的负相关关系，但在弃耕地上，这些负相关关系并不存在，这一结果说明在长期的进化及没有人为干扰的天然草地中，物种间的相互关系比弃耕地更紧密，这在一定程度上有利于植物群落结构的稳定性。白永飞（2004）等认为物种或植物功能群的补偿效应有利于提高植物群落水平上的稳定性，我们的研究结果为该论断提供了实验证据支持。

3.4.3.2 生物多样性、稳定性对氮、磷添加的响应

营养元素的添加是世界上很多国家提高牧场生产力的主要技术手段，其中又以施氮素和磷素居多。施肥可以提高植被生产力，加速退化草地的恢复，也可以降低生物多样性，影响生态系统功能及稳定性（Yang 等，2012）。氮沉降对生物多样性的影响已在全世界的各个不同类型的生态系统中广泛报道，它可以降低生物多样性，促进禾草植物功能群的快速生物，改变植物群落结构和组成。我们的研究表明氮素添加也导致了禾草的快速生长，高植株植物的遮阳作用导致了生物多样性的降低。但是添加磷素对植物群落的多样性没有影响，我们推测磷素的效应可能受到其他环境因子的制约，如水分和氮素的限制。

植物群落的稳定性是一个重要的生态学话题，并且有着悠久的研究历史，因为高的植物群落稳定性能使群落保持较稳定的物种组成，更好地发挥生态系统功能。氮肥添加使植物群落物种丰富度的变异性增大，降低了植物群落的稳定性，磷素的添加也降低的植物群落的稳定性。根据最小因子限制定律，氮磷比的变化会影响植物的生长，在磷含量高的条件下，植物也能快速吸收利用氮素（Dorrough 等，2006），在中国北方草地，二者的共同添加比单独添加更能促进生态系统功能。这个结果也说明，在中国北方温带草原，除了水分的限制作用外，氮素和磷素也是两个重要的限制因子（徐柱文，2009）。中国北方草地以多年生植物为主，它们对环境的波动在短期内有一定的抵抗力，因此需要更长期的观测研究来进一步探明氮素和磷素对草原植物多样性的影响。

相对于植物而言，微生物的活动和同转速率都比较快，它们对环境的波动更为明显。环境的变化可以直接影响微生物，也可以通过改变地上部分来影响输入土壤有机质的种类和数量，进而影响到土壤微生物多样性。内蒙古 5 年的氮素添加抵制真菌菌丝的生长，导致真菌生物量和多样性降低，细菌/真菌比值增加（刘莎，2010）。氮素对植物种类及多样性的改变也导致输入土壤的有机质种类和数量发生变化，使微生物功能多样性发生变化。磷素添加对土壤微生物功能多样性的影响相对较小，但施磷量较大时，利用胺类化合物的能力显著提高，而利用酚类化合物的能力显著降低（刘莎，2010）。

3.4.4 生物多样性-稳定性对放牧和养分添加的响应机制

磷元素的添加改变了生物多样性-稳定性关系，而模拟放牧和氮素添加没有改变生物多样性-稳定性关系。从植物物种、功能群到群落盖度的变异系数都与植物群落物种数及相对应的功能群物种数呈现负向的线性关系。用植被盖度与物种数拟合的 Taylor 方程得出尺度系数 $Z=1.73$，介于 1～2，说明高的生物多样性通过统计平均效应有利于高的稳定性。此外，在施氮和不施氮的样方中，Z 值分别为 0.78 和 1.32。植物群落盖度的加和方差与植物群落物种数呈负向的线性关系，但与植物群落盖度呈正向的线性关系，这在一定程度上也增加了统计平均效应对稳定性的贡献。在我们的研究系统中，植物群落盖度与物种综合指数也呈现出一种正向的依赖关系，植物群落盖度与物种数间的显著关系也出现在我们的系统中（Yang 等，2011c）。此外，植物种群盖度的变异系数与植物群落盖度也呈现出一种正向的线性关系。

在我们的研究中，观测到的这种线性正向的生物多样性-稳定性关系得到大量理论（Tilman 等，1999；Lehman 和 Tilman，2000）和实验证据（Jiang 和 Pu，2009；Proulx 等，2010）的支持。与很多理论预测（Lehman 和 Tilman，2000）相对应的是，我们发现高的生物多样性也利于种群水平上的稳定性，这与一些人工植物群落的结果不一致（Tilman 等，2006；Jiang 和 Pu，2009），尽管一些自然群落的结果支持我们的结论（Valone 和 Hoffman，2003；Romanuk 等，2006）。植物群落结构组成的不一致解释了这种相异的结果（Dovciak 和 Halpern，2010），因为大部分自然群落包括多个营养级，并且不同营养级和相同营养级有显著的交互效应（Jiang 和 Pu，2009）。不同物种间的交互效应可以通过生态位的补偿和种间互利来提高生态系统功能的稳定性（Isbell 等，2009），其次，优势种也能通过提高其自身稳定性来增加植物群落的稳定性（Polley 等，2007）。一年生植物群落研究结果显示，生产力对植物种群稳定性所施加的效应超过生物多样性的调节效应，从而导致了更高的种群稳定性（Valone 和 Hoffman，2003）。

更重要的是，我们的实验研究表明，模拟放牧和营养元素添加基本上没有改变生物多样性-稳定性关系，即使二者的关系在施氮和不施氮样地有所不同。这种细微的差别说明，在物种丰富的贫瘠植物群落中，植物对资源的利用更为彻底，因此，营养元素的添加在某种程度上削弱了生物多样性对生态系统功能的稳定效应（Romanuk 等，2006）。在亚高山的研究发现，氮素的富集可能通过增加物种间的交互效应来降低植物群落的稳定性（Klanderud，2005），但是其他研究表明，元素添加导致物种数的轻微降低，但它对稳定性没有显著的影响（Grman 等，2010）。然而在我们的研究系统中，生物多样性和稳定性对人类干扰的一致响应以及正向的生物多样性-稳定性关系维持说明人类活动干扰下，生物多样性是维持群落稳定性的一个主要原因。与我们结果相似的是，沿着干旱胁迫的一个环境梯度，Romanuk 等（2010）发现生物多样性-稳定性关系的保持，同时，这种关系也在 Biodepth 实验和 Jena 实验（Proulx 等，2010；Roscher 等，2011）中得到了进一步的验证。这些研究都表明，在人类干扰情况下，生物多样性在维持生态系统的稳定性方面起着一个重要的作用，并且我们可以通过生物多样性去预测生态系统功能稳定性。

我们研究了产生生物多样性-稳定性关系模式的潜在机制，发现几个不同的但又相互不排斥的机理性解释。①统计平均效应：似乎在维持高生物多样性情况下的生态系统稳定性中起着重要的作用。统计平均效应要求植物群落总盖度的方差与平均植物群落总盖度的尺度系数介于1～2,我们的研究表明,通过对二者的拟合,我们的尺度系数是1.726,这支持统计平均效应的存在。此外,植物群落盖度的方差与植物群落物种数的负向依赖关系也支持统计平均效应。根据理论预测,当尺度系数介于1～2时,种群盖度的变异系数应该随物种数的增加而呈现降低的趋势(Tilman,1999)。然而在我们的研究系统中,生物多样性高的植物群落,它的种群稳定性也高,这样的结论也得到了一年生植物群落(Valone和Hoffman,2003)和森林草本层植物群落实验(Dovciak和Halpern,2010)的支持,相似的结论在微生物群落中也有报道(Jiang和Pu,2009)。②种群分异响应:由于植物种群对环境变化的分异响应,种群动态的相互作用,使植物群落水平上的盖度更加稳定。相似的条件下,高丰富度的物种补偿低丰富度的物种,从而确保植物群落的稳定性。在我们的研究系统中,物种综合指数与植物群落盖度变异系数的正向相关关系支持这种机理认识。③过补偿效应:即植物群落生物量随着群落植物种多样性的增加而增加,可能潜在地利于正向的生物多样性-稳定性关系的维持,但在我们的研究中,由于没有单个植物种的生物量数据,我们不能进一步详细地验证这种机制。另外,植物群落盖度随着物种数的增加而降低的线性关系显示过补偿效应不可能在我们的研究系统中起作用。最后,生物多样性的增加可能通过增加组成植物群落的种群的稳定性去提高植物群落水平的稳定性(Romanuk等,2006)。种群稳定性与植物群落稳定性之间正向的相关关系支持这种观点。综上所述,统计平均效应、种群分异响应和组成群落的种群的稳定性都利于物种丰富的植物群落中稳定性的维持。

3.5 结语与展望

中国北方草地是对全球变化驱动因子较为敏感的区域,并且该地区的气候将会有明显的变化。以前的模型研究(Ni和Zhang,2000)预测21世纪中国北方温带草原地区的年均降水量和年均温将会分别增加30～100 mm和3℃。研究表明气候变化改变了生物多样性和植物物种组成,并且全球变暖和增加降水对生物多样性的效果呈相反趋势,但是增加降水比增温有更强的效应。土壤水分有效性和物种间相互作用调节着生物多样性对气候变化的响应(Yang等,2011b)。未来气候变化导致的中国北方温带草原植物群落结构和组成的改变将会有利于生物多样性的保育、生态系统功能的维持、区域经济的发展及生态环境的保护。

水分是中国北方温带草原的最主要的限制因子,它调节着生物多样性对全球变化的响应。水分的可利用性主导着生物多样性对其他全球变化驱动因子的响应,氮添加对植物群落的效应强烈依赖于水分的可利用性。植物的物种特征(如植物物种高度、根深)也影响着植物群落对环境变化的响应,物种特征的知识也利于我们理解哪些植物种或植物功能群相对更容易受到环境变化的影响(Yang等,2011a)。增温和施氮都有降低生物多样性的趋势,并且显著地影响了功能群组成。施氮对我国草原影响的一个重要特征是对禾草和灌木所产生的作用相反,克氏针茅相对于其他物种而言,对氮素资源具有更高的利用效率,因此施氮明显地增加了克氏针茅在群落中的比例,克氏针茅的快速生长降低了植物群落内部的有效光照辐射,对冠层较低的物种(如冷蒿)造成严重的光资源限制,这可能是导致施氮情景下,冷蒿盖度降低的一个重要原因(夏建阳,2010)。增温和氮素添加交互地影响了土壤真菌/细菌比值。氮素添加对生物多样性的影响依赖于植物群落类型，它降低了成熟稳定植物群落的生物多样性，但对退化植物群落生物多样性的影响较小(Bai 等，2010)，这些结果为我们对草原和适应性管理提供了科学依据和研究案例。

土壤微生物群落结构和功能在不同增温方式(白天增温和夜间增温)的年际变化主要反映在真菌类群，年际间气候条件的巨大反差，尤其降雨量的差异可能是引起这些变化的主要原因(Zhang 等，2011)。不同增温处理对土壤微生物群落的影响也表现出明显的年际差异。土壤微生物群落结构对短期增温处理的响应要滞后于功能的响应；而功能上的响应也首先出现在细菌群落，并且这种响应表现为白天增温和夜间增温的非加和效应(张乃莉，2008)。未来全球夜间增温的幅度明显高于白天增温幅度，这必将会给生物多样性带来深刻影响。

我国北方温带草原土壤微生物沿着氮素添加梯度呈现一个非线性的响应，低剂量氮素添加下，微生物多样性呈现正向的响应；在高剂量氮素添加情景下，微生物呈现负响应。这些结果表明氮添加的剂量是决定生物多样性如何响应的关键因子，土壤微生物碳氮限制的相互转化以及土壤的酸化作用可能是微生物群落对氮素添加梯度非线性响应的潜在机制(张乃莉，2008)。土壤微生物是联系生态系统地上与地下的枢纽，在未来的研究中，应该把地下生物多样性与地下生物多样性相结合，从生态系统的角度来研究生物多样性对全球变化的响应(De Deyn 和 Van der Putten，2005)。

我国温带草原生态系统初级生产力随着降雨量增加而线性增加。当降水增加后，其他因素(如养分条件)可能取代水分条件而成为限制温带草原生态系统的主要因子。研究发现植物群落的均匀度指数随降雨量增加而线性降低(林德禄，2011)，这表明在干旱条件下，耐旱植物具有更大优势，因而使得温带草原生态系统均匀性增加。此外，植物群落结构是植物与环境长期适应后形成的，生物多样性的改变发生在较大的时间尺度上，这就要求更长时间尺度的试验来验证这种短期试验结果。

我们的研究工作表明：在自然植物群落中，高的生物多样性的确有利于植物群落结构和功能的稳定性。在人类活动导致的环境变化的背景下，这种正向的生物多样性-稳定性关系得以维系。如果我们的结论可以扩展到其他自然生态系统中去，则生物多样性的保育对于维持植物群落功能稳定性将具有非常重要的意义。在未来全球环境变化的情景下，为了提供给人类更多的生态产品和服务，为了人类社会的可持续发展，都应该着力保护生物多样性。目前来讲，我们对中国北方草地生物多样性的研究局限于单点研究，研究尺度相对较小，并且主要集中在植物或微生物的单个营养级上，而生物多样性是一个多层次、复杂的概念。为了更真实地模拟自然条件下环境变化对生物多样性的影响，多因子实验和长期的监测很有必要。中国北方草原是一个对气候变化敏感的区域，也是欧亚大陆草原生态系统的重要组成部分，是生物多样性的一个热点区域，对该区域在全球变化背景下生物多样性的研究具有重要的科学意义，它可以作为一个模式生态系统，在该系统的研究成果可以推广到世界其他区域，从而为全球变化背景下的生物多样性的动态研究做出更大的贡献。

本章编写人：杨海军，张乃莉，徐柱文，苗原，杨高文，万师强

参考文献

林德禄. 2011. 中国温带草原生态系统结构与功能对降水量变化的响应(硕士学位论文). 北京:中国科学院植物研究所.

刘卫星. 2008. 内蒙古半干旱温带草原土壤微生物对环境变化的响应(博士学位论文). 北京:中国科学院植物研究所.

刘莎,赵小蓉,郑海霞,等. 2010. 内蒙古典型草原连续5年施用氮磷肥对土壤生物多样性的变化. 生态学报,30:5581-5526.

苏宏新,马克平. 2010. 生物多样性和生态系统功能对全球变化的响应与适应:进展与展望. 自然杂志,32:344-352.

夏建阳. 2010. 中国北方典型草原碳循环对气候变暖与氮沉降的响应(博士学位论文). 北京:中国科学院植物研究所.

徐柱文. 2009. 水、肥添加对内蒙古农牧交错区不同土地利用历史的草地群落结构和稳定性的影响(博士学位论文). 北京:中国科学院植物研究所.

张乃莉. 2008. 内蒙古多伦草原土壤微生物多样性对气候变化的响应(博士学位论文). 北京:中国科学院植物研究所.

张乃莉,郭继勋,等. 2007. 土壤微生物对全球变暖和大气N沉降的响应. 植物生态学报,31:252-261.

Alrababah M, Alhamad M, Suwaileh A, et al. 2007. Biodiversity of semi-arid Mediterranean grasslands: Impact of grazing and afforestation. Applied Vegetation Science, 10: 257-264.

Anderson K J. 2007. Temporal patterns in rates of community change during succession. The American Naturalist, 169: 780-793.

Bai Y, Han X, Wu J, et al. 2004. Ecosystem stability and compensatory effects in the Inner Mongolia grassland. Nature, 431: 181-184.

Bai Y, Wu J, Clark C M, et al. 2010. Tradeoffs and thresholds in the effects of nitrogen addition on biodiversity and ecosystem functioning: evidence from inner Mongolia Grasslands. Global Change Biology, 16: 358-372.

Bai Y F, Wu J G, Xing Q, et al. 2008. Primary production and rain use efficiency across a precipitation gradient on the Mongolia plateau. Ecology, 89: 2140-2153.

Bassin S, Volk M, Suter M, et al. 2007. Nitrogen deposition but not ozone affects productivity and community composition of subalpine grassland after year of treatment. New Phytologist, 175: 523-534.

Bates J W, Thompson K, Grime J P. 2005. Effects of simulated long-term climatic change on the bryophytes of a limestone grassland community. Global Change Biology, 11: 757-769.

Bazzaz, F A. 1996. Plants in changing environments: linking physiological, population, and community ecology. Cambridge Univ. Press.

Bell T, Newman J A, Silverman B W, et al. 2005. The contribution of species richness and composition to bacterial services. Nature,436:1157-1160.

Bi J,Zhang N,Liang Y,et al. 2011. Interactive effects of water and nitrogen addition on soil microbial communities in a semiarid steppe. Journal of Plant Ecology,4:1-10.

Bobbink R,Hicks K,Galloway J,et al. 2010. Global assessment of nitrogen deposition effects on terrestrial plant diversity:a synthesis. Ecological Applications,20:30-59.

Chapin F S,Zavaleta E S,Eviner V T,et al. 2000. Consequences of changing biodiversity. Nature,405:234-242.

Charles H,Dukes J S. 2009. Effects of warming and altered precipitation on plant and nutrient dynamics of a New England salt marsh. Ecological Applications,19:1758-1773.

Ciccarone C,Rambelli A. 2000. A study on micro-fungi in arid areas:notes on soil saprotrophs and animal opportunistic pathogens. Plant Biosystems,134:25-29.

Clark C M,Tilman D. 2008. Loss of plant species after chronic low-level nitrogen deposition to prairie grasslands. Nature,451:712-715.

Collins S L,Knapp A K,et al. 1998. Modulation of diversity by grazing and mowing in native tallgrass prairie. Science,280:745-747.

De Deyn,G B,Van der Putten W H. 2005. Linking aboveground and belowground diversity. Trends in Ecology & Evolution,20:625-633.

De Vries F T,Hoffland E,Van Eekeren N,et al. 2006. Fungal/bacterial ratios in grasslands with contrasting nitrogen management. Soil Biology and Biochemistry,38:2092-2103.

Dorrough J,Moxham C,Turner V,et al. 2006. Soil phosphorus and tree cover modify the effects of livestock grazing on plant species richness in Australian grassy woodland. Biological Conservation,130:394-405.

Dovciak M,Halpern C B. 2010. Positive diversity-stability relationships in forest herb populations during four decades of community assembly. Ecology Letters,13:1300-1309.

Dukes J S,Chiariello N R,Cleland E E,et al. 2005. Responses of grassland production to single and multiple global environmental changes. Plos Biology,3:1829-1837.

Engel E C,Weltzin J F,Norby R J,et al. 2009. Responses of an old-field plant community to interacting factors of elevated [CO_2],warming,and soil moisture. Journal of Plant Ecology,2:1-11.

Firn J,Erskine P D,Lamb D. 2007. Woody species diversity influences productivity and soil nutrient availability in tropical plantations. Oecologia,154:521-533.

Gough L,Shaver G R,Carroll J,et al. 2000. Vascular plant species richness in Alaskan arctic tundra:the importance of soil pH. Journal of Ecology,88:54-66.

Grman E,Lau J A,Schoolmaster D R,et al. 2010. Mechanisms contributing to stability in ecosystem function depend on the environmental context. Ecology Letters,13:1400-1410.

Harmens H,Williams P,Peters S,et al. 2004. Impacts of elevated atmospheric CO_2 and temperature on plant community structure of a temperate grassland are modulated by cutting frequency. Grass and Forage Science,59:144-156.

Harpole W,Potts D,Suding K. 2007. Ecosystem responses to water and nitrogen amendment in a California grassland. Global Change Biology,13:2341-2348.

Harte J,Shaw R. 1995. Shifting dominance within a montane vegetation community:results of a climate-warming experiment. Science,267:876-880.

Hautier Y,Niklaus P A,Hector A. 2009. Competition for light causes plant biodiversity loss after eutrophication. Science,324,636-638.

Hector A, Hautier Y, Saner P, et al. 2010. General stabilizing effects of plant diversity on grassland productivity through population asynchrony and overyielding. Ecology, 91: 2213-2220.

Hooper D U,Chapin F,Ewel J J,et al. 2005. Effects of biodiversity on ecosystem functioning: A consensus of current knowledge. Ecological Monographs,75:3-35.

Hooper D U,Johnson L. 1999. Nitrogen limitation in dryland ecosystems:responses to geographical and temporal variation in precipitation. Biogeochemistry,46:247-293.

Horner-Devine M C,Martiny A C. 2008. Biogeochemistry-News about nitrogen. Science,320: 757-758.

IPCC. 2007. Climatic Change 2007: the Physical Science basis: Summary for Policymakers. IPCC WGI Fourth Assessment Report.

Isbell F I,Polley H W,Wilsey B J. 2009. Biodiversity,productivity and the temporal stability of productivity:patterns and processes. Ecology Letters,12:443-451.

Jiang L,Pu Z C. 2009. Different effects of species diversity on temporal stability in single-trophic and multitrophic communities. American Naturalist,174:651-659.

Klanderud K. 2005. Climate change effects on species interactions in an alpine plant community. Journal of Ecology,93:127-137.

Klanderud K,Totland O. 2005. Simulated climate change altered dominance hierarchies and diversity of an alpine biodiversity hotspot. Ecology,86:2047-2054.

Klein J A, Harte J, Zhao X Q. 2004. Experimental warming causes large and rapid species loss, dampened by simulated grazing, on the Tibetan Plateau. Ecology Letters, 7: 1170-1179.

Knapp A K,Blair J M,Briggs J M,et al. 1999. The keystone role of bison in North American tallgrass prairie. Bioscience,49:39-50.

Knapp A K,Fay P A,Blair J M,et al. 2002. Rainfall variability,carbon cycling,and plant species diversity in a mesic grassland. Science,298:2202-2205.

Lehman C L,Tilman D. 2000. Biodiversity,stability,and productivity in competitive communities. American Naturalist,156:534-552.

Liu W X,Zhang Z,Wan S Q. 2009. Predominant role of water in regulating soil and microbial respiration and their responses to climate change in a semiarid grassland. Global Change Biology,15:184-195.

Loreau M,Naeem S,Inchausti P,et al. 2001. Ecology-Biodiversity and ecosystem functioning: Current knowledge and future challenges. Science,294:804-808.

Ni J,Zhang X S. 2000. Climate variability,ecological gradient and the Northeast China Transect(NECT). Journal of Arid Environments, 46: 313-325.

Niu S L, Wu M Y, Han Y, et al. 2008. Water-mediated responses of ecosystem carbon fluxes to climatic change in a temperate steppe. New Phytologist, 177: 209-219.

Papatheodorou E, Argyropoulou M, Stamou G. 2004. The effects of large-and small-scale differences in soil temperature and moisture on bacterial functional diversity and the community of bacterivorous nematodes. Applied Soil Ecology, 25: 37-49.

Penuelas J, Prieto P, Beier C, et al. 2007. Response of plant species richness and primary productivity in shrublands along a north-south gradient in Europe to seven years of experimental warming and drought: reductions in primary productivity in the heat and drought year of 2003. Global Change Biology, 13: 2563-2581.

Peter M, Gigon A, Edwards P J, et al. 2009. Changes over three decades in the floristic composition of nutrient-poor grasslands in the Swiss Alps. Biodiversity and Conservation, 18: 547-567.

Phoenix G K, Hicks W K, Cinderby S, et al. 2006. Atmospheric nitrogen deposition in world biodiversity hotspots: the need for a greater global perspective in assessing N deposition impacts. Global Change Biology, 12: 470-476.

Polley H W, Wilsey B J, Derner J D. 2007. Dominant species constrain effects of species diversity on temporal variability in biomass production of tallgrass prairie. Oikos, 116: 2044-2052.

Post E, Pedersen C. 2008. Opposing plant community responses to warming with and without herbivores. Proceedings of the National Academy of Sciences of the United States of America, 105: 12353-12358.

Prieto P, Penuelas J, Lloret F, et al. 2009. Experimental drought and warming decrease diversity and slow down post-fire succession in a Mediterranean shrubland. Ecography, 32: 623-636.

Proulx R, Wirth C, Voigt W, et al. 2010. Diversity promotes temporal stability across levels of ecosystem organization in experimental grasslands. PLoS ONE, 5: e13382.

Reich P B. 2009. Elevated CO_2 Reduces Losses of Plant Diversity Caused by Nitrogen Deposition. Science, 326: 1399-1402.

Rinnan R, Michelsen A, Bååth E, et al. 2007. Fifteen years of climate change manipulations alter soil microbial communities in a subarctic heath ecosystem. Global Change Biology, 13: 28-39.

Romanuk, T N, Vogt R J, Kolasa J. 2006. Nutrient enrichment weakens the stabilizing effect of species richness. Oikos, 114: 291-302.

Romanuk, T N, Vogt R J, Young A, et al. 2010. Maintenance of positive diversity-stability relations along a gradient of environmental stress. PLoS ONE, 5: e10378.

Roscher C, Weigelt A, Proulx R, et al. 2011. Identifying population-and community-level mechanisms of diversity-stability relationships in experimental grasslands. Journal of Ecology, 99: 1460-1469.

Sala O E, Chapin F S, Armesto J J, et. al. 2000. Biodiversity-Global biodiversity scenarios for the year 2100. Science, 287: 1770-1774.

Sarathchandra S, Ghani A, Yeates G, 2001. Effect of nitrogen and phosphate fertilisers on microbial and nematode diversity in pasture soils. Soil Biology and Biochemistry, 33: 953-964.

Smith R, Shiel R, Millward D, 2002. Soil seed banks and the effects of meadow management on vegetation change in a 10-year meadow field trial. Journal of Applied Ecology, 39: 279-293.

Sternberg M, Brown V K, Masters G J, et al. 1999. Plant community dynamics in a calcareous grassland under climate change manipulations. Plant Ecology, 143: 29-37.

Stevens, C J, Dise N B, Gowing D J G, Mountford J O. 2006. Loss of forb diversity in relation to nitrogen deposition in the UK: regional trends and potential controls. Global Change Biology, 12: 1823-1833.

Stevens C J, Dise N B, Mountford J O, et al. 2004. Impact of nitrogen deposition on the species richness of grasslands. Science, 303: 1876-1879.

Suding K N, Collins S L, Gough L, et al. 2005. Functional-and abundance-based mechanisms explain diversity loss due to N fertilization. Proceedings of the National Academy of Sciences of the United States of America, 102: 4387-4392.

Thuiller W, Lavorel S, Araujo M B, et al. 2005. Climate change threats to plant diversity in Europe. Proceedings of the National Academy of Sciences of the United States of America, 102: 8245-8250.

Tilman D. 1999. The ecological consequences of changes in biodiversity: A search for general principles. Ecology, 80: 1455-1474.

Tilman D, Reich P B, Knops J M H. 2006. Biodiversity and ecosystem stability in a decade-long grassland experiment. Nature, 441: 629-632.

Treseder K K. 2008. Nitrogen additions and microbial biomass: a meta-analysis of ecosystem studies. Ecology Letters, 11: 1111-1120.

Treseder K K, Allen M F. 2000. Mycorrhizal fungi have a potential role in soil carbon storage under elevated CO_2 and nitrogen deposition. New Phytologist, 147: 189-200.

Valone T J, Hoffman C D. 2003. A mechanistic examination of diversity-stability relationships in annual plant communities. Oikos, 103: 519-527.

Van der Waal C, de Kroon H, de Boer W F, et. al. 2009. Water and nutrients alter herbaceous competitive effects on tree seedlings in a semi-arid savanna. Journal of Ecology, 97: 430-439.

Verdú J R, Crespo M B, Galante E. 2000. Conservation strategy of a nature reserve in Mediterranean ecosystems: the effects of protection from grazing on biodiversity. Biodiversity and Conservation, 9: 1707-1721.

Wahren C H A, Walker M D, Bret-Harte M S. 2005. Vegetation responses in Alaskan arctic tundra after 8 years of a summer warming and winter snow manipulation experiment. Global Change Biology, 11: 537-552.

Walker M D, Wahren C H, Hollister R D, 2006. Plant community responses to experimental warming across the tundra biome. Proceedings of the National Academy of Sciences of the United States of America, 103: 1342-1346.

Wan S, Xia J, Liu W, et al. 2009. Photosynthetic overcompensation under nocturnal warming enhances grassland carbon sequestration. Ecology, 90: 2700-2710.

Williams M A. 2007. Response of microbial communities to water stress in irrigated and drought-prone tallgrass prairie soils. Soil Biology and Biochemistry, 39: 2750-2757.

Wilson E J, Wells T C E, Sparks T H. 1995. Are calcareous grasslands in the UK under threat from nitrogen deposition-An experimental determination of a critical load. Journal of Ecology, 83: 823-832.

Xia J Y, Wan S Q. 2008. Global response patterns of terrestrial plant species to nitrogen addition. New Phytologist, 179: 428-439.

Xu Z, Wan S, Zhu G, et al. 2010. The Influence of Historical Land Use and Water Availability on Grassland Restoration. Restoration Ecology, 18: 217-225.

Yang H, Li Y, Wu M, et al. 2011a. Plant community responses to nitrogen addition and increased precipitation: the importance of water availability and species traits. Global Change Biology, 17: 2936-2944.

Yang H, Wu M, Liu W, et al. 2011b. Community structure and composition in response to climate change in a temperate steppe. Global Change Biology, 17: 452-465.

Yang H, Jiang L, Li L, et al. 2012. Diverisity-dependent stability under mowing and nutrient addition: evidence from a seven-year grassland experiment. Ecology Letters, 15: 619-626.

Yang Y, Fang J, Ma W, et al. 2008. Relationship between variability in aboveground net primary production and precipitation in global grasslands. Geophysical Research Letters, 35: L23710.

Zavaleta E S, Shaw M R, Chiariello N R, et al. 2003. Additive effects of simulated climate changes, elevated CO_2, and nitrogen deposition on grassland diversity. Proceedings of the National Academy of Sciences of the United States of America, 100: 7650-7654.

Zhang N, Xia J, Yu X, et al. 2011. Soil microbial community changes and their linkages with ecosystem carbon exchange under asymmetrically diurnal warming. Soil Biology and Biochemistry, 43: 2053-2059.

Zhang W, Parker K, Luo Y, et al. 2005. Soil microbial responses to experimental warming and clipping in a tallgrass prairie. Global Change Biology, 11: 266-277.

Zhou Z, Sun O J, Huang J, et al. 2006. Land use affects the relationship between species diversity and productivity at the local scale in a semi-arid steppe ecosystem. Functional Ecology, 20: 753-762.

第 4 章

草地生态系统能量平衡

能量是生态系统的驱动力，是一切生命活动的基础。伴随着能量流动，水分和物质交换得以实现。研究土壤-植被-大气间的能量流动与平衡是当前国际生态学研究的前沿与热点问题，特别是人类活动影响下的水热过程及其对全球气候变化的反馈已成为广泛关注的焦点问题(Foley 等，2005；Polley 等，2008；于贵瑞，2006)。近年来，随着涡度相关技术(eddy-covariance technique)的日趋完善和通量观测站点的不断增多，生物圈与大气圈之间能量与物质交换的相关研究迅速发展，这尤其表现在生态系统尺度的碳、水和能量循环及其过程机理机制研究上。中国科学院植物研究所与中美碳联盟(USCCC，US-China Carbon Consortium)等机构协作，从 2003 年开始在内蒙古草原开展了一系列相关研究(Chen 等，2009；Lu 等，2011；Miao 等，2009；Shao 等，2008；Wilske 等，2009，2010；苗海霞，2008)。

本章将在综述国内外草地能量分配与平衡研究现状基础上，结合我们近年来在内蒙古草原开展的相关工作，重点分析气候和土地利用变化对内蒙古草原能量平衡的影响。

4.1 能量平衡及其基本组分

4.1.1 能量平衡基本概念

能量通量(energy flux)是指能量在单位时间、单位面积上的能量交换，一般规定能量流入为正，流出为负。这里所指的能量平衡(energy balance)是指生态系统的能量收支情况。陆地表面生态系统能量平衡遵循能量守恒定律，即一个表面吸收的能量等于从这个表面释放的能量与储存在表面的能量之和，用公式表示为：

$$R_n = H + LE + G + Q \tag{4-1}$$

式中：R_n 为净辐射；H 为感热通量；LE 为潜热通量；G 为土壤热通量；Q 为其他能量源汇(如

光合能量和植被热储能量通量等）。对于矮小稀疏的植被，草原 Q 通常接近于 0，因此，草原近地表面来源于太阳的净辐射按照一定比例分配为感热（驱动气温变化）、潜热（驱动蒸发和蒸腾变化）和土壤热通量（驱动地温变化）（图 4.1）。

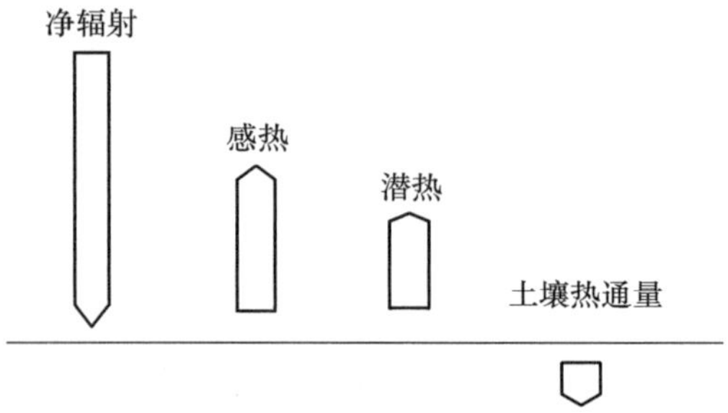

图 4.1　草原能量平衡示意图（白天）

4.1.2　能量平衡各组分

4.1.2.1　净辐射

太阳辐射是地球能量的主要来源。太阳辐射的光谱范围很广，包括 X 射线、紫外线、可见光、红外线、微波和无线电波。气候系统中辐射能量和传输主要集中在紫外线到红外线这一部分。在到达地球表面的辐射中，一部分为地表的物体所吸收，另一部分以红外辐射的形式反射到大气中，对于一个具体的研究对象来说，人们关心的是这个研究对象最后所吸收的太阳辐射，即净辐射（net radiation）或辐射平衡（radiation balance），是物体收入辐射能与支出辐射能的差值。在一个平面上单位时间、单位面积的这部分能量，更为严格的概念是"太阳净辐射通量密度"，是投射到物体表面又被物体反射掉一部分，最后为物体所吸收的太阳辐射。净辐射的重要性在于它是驱动蒸发、空气和地面的受热以及其他一些较小的消耗能量的过程，如光合作用。

净辐射可以分为四个组分：短波入射光（R_{sd}）、短波反射光（R_{su}）、长波入射光（R_{ld}）和长波反射光（R_{lu}）：

$$R_n = R_{sd} - R_{su} + R_{ld} - R_{lu} \tag{4-2}$$

净辐射年总吸收量及季节变化随纬度不同而不同。高纬度地区年吸收量最少，但其峰值最高。同纬度地区植被类型不同，净辐射不同，一般表现为森林高于草原。图 4.2 表示在内蒙古多伦草地站点的净辐射及其各组分的日变化。可以看出，明显有一部分短波辐射被地表所反射，这取决于地表的反照率（albedo，α）。地表反照率是指地表的反射与入射的太阳辐射通量的比值，决定了多少辐射能被下垫面所吸收，是地表能量平衡研究中的一个重要参数。大部分植被覆盖的地表反照率为 10%～25%（Oke，1987）。短波辐射既包括直接照射的太阳辐射也包括漫射的部分，因此在无云情况下会表现出很强的日变化规律。净辐射日进程中，太阳落下后其值达到最小，最高值和太阳辐射同步（Lehner，2003）。

净辐射通常认为是能量平衡公式中最能够被精确量化的能流，可以用做其他田间测定指标质量的快速检验，比如蒸发散和 CO_2 垂直通量。净辐射同时也是能量平衡公式中最大的一个能流，其百分之几的波动就会对能量平衡状况造成明显的改变。实际上，在辐射平衡的四个分量中，除了短波入射光被认为恒定外，其他三个分量都会受到各种因素的影响，如空间异质性等原因可能导致的差异。有些研究表明净辐射表现出较小的空间变异，包括在复杂的斑块状景观中（Stannard 等，1994）。相关研究还报道了不同型号净辐射仪间的差异（Twine 等，2000），以及这种仪器不同所造成的测量误差可能是引起能量不平衡的原因之一（Wilson 等，

2002)。Turnipseed 等(2002)发现在森林中用 CNR1(Kipp 和 Zonen,Delft,the Netherlands)比用 Q 7.1 型号净辐射仪(Campbell Scientific,Inc.,CSI,Logan,Utah,USA)的夜间测量结果更负(即更小),达到 25%,并指出没有确切的证据表明哪一种仪器存在误差。最近,独立校准的不同型号净辐射仪间的结果表明仅有很小的差异(Wilson 等,2002)。大部分的微气象应用中,净辐射 5%的误差是可以接受的,晴天相当于 20 W/m^2。但气候研究中,需要更精确的测量,因为在模型模拟中净辐射是一个关键的变量。基于这种原因,人们设计了旨在提供地表精确净辐射测量的 BSRN 实验(Baseline Surface Radiation Network),以及其他相关辐射平衡的实验等(Hodges 和 Smith,1997;Ohmura 等,1998)。

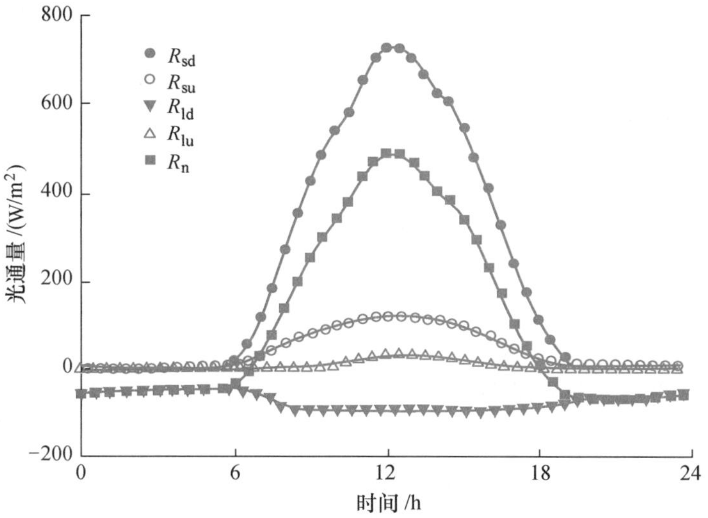

图 4.2 草地生态系统净辐射及其各组分日进程(DOY213-258,2006 年多伦站点)

(R_{sd},短波入射光;R_{su},短波反射光;R_{ld},长波入射光;R_{lu},长波反射光;R_n,净辐射)

4.1.2.2 土壤热通量

地球表面覆盖的土壤对于植物维持生长、机械支撑和提供养分及水分必不可少,也是热储存的主要场所之一,白天表现为能量库,夜间为能量源,以年为尺度,温暖季节表现为吸收,寒冷季节为释放。土壤热通量是指热量通过一定土壤面积的量,它决定着土壤温度、水分等微气候变化,并与土壤呼吸等生理过程密切相关。热通量进出土壤是通过在相邻分子间的热传导完成的,热量通过土壤进行传导时并不改变土壤的物理性状。由于土壤的组成、物理状况(密度)和含水量不同,其比热和热容量变化的范围很大。土壤热通量的大小,在森林中通常不超过净辐射的 5%(Beringer 等,2005),而在具有稀疏植被(如草原等)半干旱生态系统的报道中,土壤热通量占到净辐射的 40%,这个值可能高于潜热通量(Verhoef 等,1996)或者感热通量(Shao 等,2008)。土壤热通量速率由温度梯度和热传导率(K)决定。K 是指特定温度梯度下单位时间内通过单位土壤面积的热量大小,它的单位是 W/(m·K)。土壤热通量为:$G = K\mathrm{d}T/\mathrm{d}Z$,其中 $\mathrm{d}T/\mathrm{d}Z$ 是土壤内的温度梯度,K 取决于土壤的空隙度、湿度以及有机质的含量。

土壤热通量作为能量平衡中一个主要的能量流，在能量平衡（Heusinkveld 等，2004；van Loon 等，1998）和地表微气候研究中有重要的地位。在已建立的模型（例如 soil vegetation atmosphere transfer models（SVATs），van Loon 等，1998）中以及水分循环研究中（Franks 等，1997），土壤热通量的量化尤为重要。在工程建筑中也需要精确掌握其变化，如极端气候中热胀冷缩引起的安全预防问题（Yang 等，2004），以及地震等自然灾害的预测预报中，也需要仔细探讨土壤热通量的变化动态。目前获取土壤热通量的方法大致可分为两类：第一类为利用热通量板实测土壤热通量的方法，即直接测量方法；第二类为通过测量土壤温度及其他热物理特性参数，计算得到土壤热通量的方法，即间接计算方法。尽管利用热通量板实测土壤热通量的方法直接，但由于测量误差受到热通量板结构和放置方式的影响，在测量中需要特别注意。

4.1.2.3 感热和潜热通量

所有物体的表面都附着一薄层的静止空气，称片流副层。通过片流副层的感热通量类似于用传导进行的土壤热通量，但其输送机理是分子扩散。这种在不发生物体和媒介的状态变化（相变）条件下，通过热传导和对流（湍流）所运输的能量称为显热（sensible heat），当两个温度不同的物体接触时，热量会从温度高的一方向温度低的一方传输，其传输的热流量称为显热通量（sensible heat flux）。

另一种由物质发生相变而吸收或放出的热能称为潜热（latent heat）。通过大气等介质、水蒸气传输能量时，单位时间通过单位面积的潜热流量称为潜热通量（latent heat flux）。潜热通量主要是由地表水蒸发和随后水汽在大气中的凝结所致，对于我们研究的生态系统，这种能量交换也是间接的，并和水的相变有关，潜热分为植物蒸腾（transpiration）和土壤蒸发（evaporation）。感热与潜热通量的比值即波文比（bowen ratio，β），反映的是净辐射转化为二者的大小关系，通过波文比也可以进行感热和潜热通量的量化（Todd 等，2000），称为通量廓线法（profile method），又叫空气动力学法（aerodynamic approach）或者波文比-能量平衡法（BREB，Bowen ratio-energy balance method，Grantz 和 Meinzer，1991；Guo 等，2007）。净辐射与土壤热通量的差值称为可利用能量（available energy），感热与潜热之和称为湍流能量（turbulent energy）。可利用能量在潜热和显热之间的分配，还会影响到天气和气候的变化。

世界上对草原生态系统能量平衡的研究大多集中在北美草原地区，亚洲地区草原的研究较少。近几年对蒙古草原生态系统的能量分配（Chen 等，2009；阳伏林和周广胜，2010）及水文过程进行了为数不多的研究（Li 等，2007；Miao 等，2009）。在此以前，由于技术手段等各方面的限制，与世界上许多国家相比，我国草原能量平衡的研究起步较晚，且大多研究是在群落水平及水分研究基础上进行的。在 20 世纪 60 年代，李博等（1964）用快速称重法研究草原群落的水分利用状况，选取群落中主要优势种的枝条测定其蒸腾强度，然后大体计算整个群落的耗水量。之后，宋炳煜等（1996）对内蒙古典型草原群落的水分状况进行了进一步的研究：在 80 年代初，他们用快速离体称重法探讨了羊草植物群落蒸腾耗水量及其水分利用问题；在 1989 年生长季利用土柱称重法测定了典型草原区不同群落类型的潜热通量，发现草甸群落潜热最高，其次是草原群落，沙地群落潜热最低；随后，对退化群落及其恢复群落的潜热能量分配比例进行了比对研究。孙铁军等（2000）通过土柱称重法，王静等（2000）利用微型蒸渗仪分别测定了不同退化阶段羊草群落的潜热在能量分配中的大小。此外，也有人用模型对草原潜热进行了研究，例如，吕达仁等(2002)用一个包括土壤-植被-大气之间物理和生理生态过程的陆面模型(AVIM)对稀疏沙地草原、典型草原和草甸草原3类不同草地类型水量平衡的特征进行了研究，表明由于地表植被覆盖和土壤的差异，地表水量平衡的特点显著不同。刘芳等(2007)开创性地利用LI-6262型CO_2/H_2O分析仪结合静态箱法测定了内蒙古典型草原区不同群落类型的潜热，得出了典型草原区不同类型群落潜热比例与环境因子的相关关系模型。群落水平上的研究虽然由于取样的代表性和异质性问题，使上推到生态系统或区域水平上存在困难，但是这些测定结果在一定程度上还是可以说明问题的，为进一步研究和了解草原生态系统水循环的内在机制进行了有益的尝试和探索(包俊江和刘芳，2005；苗海霞，2008)。随着对草原生态系统的关注和涡度协方差技术的发展，我国也开始应用涡度协方差技术对草原生态系统的碳水交换进行研究。中国通量观测网络(ChinaFLUX)、中美碳联盟(USCCC)、中国科学院植物研究所从21世纪初开始陆续在内蒙古草原建立了涡度通量观测塔，关注不同土地利用方式对草原生态系统碳、水和能量循环的影响。

4.2 草原群落能流日变化

4.2.1 测定简况

我们利用一套自主设计搭建的可移动能量平衡系统对内蒙古典型草原由南向北3个不同水热梯度上生态系统的能量平衡进行了研究，分别在多伦县(站点Ⅰ)、锡林浩特(站点Ⅱ)和东乌旗(站点Ⅲ)3个有纬度差异的草地生态系统中量化净辐射和土壤热通量的空间变化。这套能量平衡系统在2006年生长季节内按照纬度由低到高的顺序依次进行测定。并结合我们同期的3套定点涡度协方差系统的潜热、感热通量和微气候数据进行了分析。在站点Ⅰ、Ⅱ、Ⅲ测定时间分别是7月9—29日、7月31日至8月20日和8月21日至9月15日。整个实验阶段，3个草地生态系统均维持在最大或接近最大盖度范围内。实验期间，田间植被调查表明，站点Ⅰ和站点Ⅱ有接近的植被盖度(81%～86%)，而站点Ⅲ的盖度非常低(16%)。另外，站点Ⅱ有很厚一层凋落物，而其他两个站点只有稀疏凋落物(表4.1)。

表4.1 2006年内蒙古不同纬度梯度上三个草原站点实验期间辐射收支、地表能量交换、气候因子和植被情况

项目	站点Ⅰ	站点Ⅱ	站点Ⅲ
$PAR/[\mu mol/(m^2 \cdot s)]^\dagger$	547±33	474±26	315±16
$R_{sd}/(W/m^2)^\dagger$	290±18	243±14	209±9
$R_{su}/(W/m^2)^\dagger$	50±3	37±2	41±2
$R_{ld}/(W/m^2)^\dagger$	329±5	348±6	302±6
$R_{lu}/(W/m^2)^\dagger$	411±3	440±3	400±7
$R_n/(W/m^2)^\dagger$	157±10	115±6	70±4
Albedo midday†	0.16	0.14	0.18
Daily β(H/LE)†	0.18	4.55	3.25

续表 4.1

项目	站点Ⅰ	站点Ⅱ	站点Ⅲ
H/R_n(day/night)[§]	0.18/0.27	0.65/0.62	0.54/0.23
LE/R_n(day/night)[§]	0.60/−0.24	0.08/−0.07	0.12/−0.08
G/R_n(day/night)[§]	0.20/0.30	0.16/0.58	0.21/0.84
G_0/R_n(day/night)[§]	0.16/0.40	0.12/0.30	0.15/0.57
S/R_n(day/night)[§]	0.04/−0.10	0.05/0.28	0.06/0.27
R_n 最大值/(W/m^2)	679	668	495
LE 最大值/(W/m^2)	481	219	159
H 最大值/(W/m^2)	189	493	309
G 最大值/(W/m^2)	198	192	203
G_0 最大值/(W/m^2,30 mm 深)	134	82	90
S 最大值/(W/m^2,30 mm 土层)	122	121	140
Wind speed at sonic height/(m/s)[†]	3.2±0.35	3.4±0.23	3.8±0.26
u^*/(m/s)[†]	0.27±0.03	0.33±0.02	0.28±0.02
平均气温/(℃,1.5 m)[†]	18.1±0.5	20.3±0.4	14.5±1.4
平均湿度/(%,1.5 m)[†]	69±2	60±3	45±3
降水量/mm	387.9	34.3	35.8
θ/(%,平均 150 mm 深)	18.1	6.8	7.9
VPD/kPa[#]	0.79±0.08	1.14±0.08	1.11±0.13
ρ_b/(g/cm^3)	1.40	1.44	1.29
冠层高度/cm[‡]	16±3	36±2	7±1
盖度/%[‡]	81±3	86±2	16±3
凋落物量/(g/m^2)	少	264	少
地上生物量/(g/m^2)	197	129	34

[†]平均值来自 30 min 或者日均值；

[‡]平均值±1 SE,每站点 8 个重复；

[§]白天和夜间分别指 9:00～16:00 和 19:00～4:00；

[#]根据离地面 2.5 m 高的 HMP45 数据计算。

4.2.2 草原群落能量平衡日动态

3 个站点地表能量平衡主要组分(R_n,H,LE,G)日变化随土壤含水量的不同呈现出不同的变化趋势(图 4.3)。平均土壤含水量在 3 站点分别为 18.1%、6.8%和 7.9%(表 4.1)。白天组分 R_n、H、LE 和 G 的峰值,站点Ⅰ分别为 550、100、320 和 130 W/m^2,站点Ⅱ分别为 450、300、55 和 95 W/m^2,站点Ⅲ分别为 350、200、40 和 95 W/m^2。

从连续微气象数据来看,在实验的 3 个研究站点,R_n 峰值从 7 月(750～800 W/m^2)到 9 月(450～500 W/m^2)降低了接近 300 W/m^2。在同一晴好天(8 月 22 日)R_n 峰值从南至北(从站点Ⅰ到Ⅲ)分别为 600、580 和 500 W/m^2,说明纬度不同导致Ⅰ和Ⅲ站点 100 W/m^2 的差异。LE 在站点Ⅰ中明显高于 H,在站点Ⅱ和Ⅲ中却明显小于 H。白天的 LE、H 和 R_n 3 站点不同,夜间却表现相似。站点Ⅰ、Ⅱ和Ⅲ日均 $EF(LE/(R_n-G))$分别为 0.76、0.15 和 0.14;日均感热分数(H/R_n)分别为 0.24、0.85 和 0.78；日波文比(β)分别为 0.18、4.55 和 3.25。站点间随着土壤含水量的降低，LE 逐渐降低而 H 逐渐增加。

含水量高的情况下(图 4.3a1)，H、LE 和 G 与 R_n 有相同的变化趋势，上午不断增加直到 11:00-11:30 时达到最大值。在白天，LE 远大于 H 和 G，在整个傍晚时段 LE 一直下降。夜间，H 和 G 降低到零值以下，R_n 也降到零值以下表示从土壤中散热。然而，在含水量低的情况下(图 4.3b1、c1)，能量分配却和上面描述的表现出极大不同。土壤热通量在 10:30～11:00 时达到最大值然后表现出逐渐下降的趋势。LE 在站点Ⅱ和Ⅲ一天中几乎没有什么变化，而在这两个点，白天的 H 比在站点Ⅰ下降得晚，并迟于 G 的下降，并且表现出整个上午都逐渐增加，在下午早些时候(13:00)到达最大值，而在站点Ⅰ于 11:00 即达到其峰值。站点Ⅰ中 G 高于 H，Ⅱ和Ⅲ中高于 LE。在 G 峰值时，G/R_n 在站点Ⅰ、Ⅱ和Ⅲ分别为 26%、24%和 30%，和植被盖度呈负相关($r=-0.964$，$P=0.086$，单尾检验)。值得一提的是，如果通量板以上 3 cm 土层热储被忽略掉的话，这些比值分别降到 18%、12%和 16%，平均下降 11%。

进一步将土壤热通量 G 划分为通量板所测得的热通量 G_0 和通量板上层土层热储 S。G_0 滞后于 S 大约 3 h，但土壤热通量板埋于地面 3 cm 深处时，S 是 G 的一半(图 4.3 b2、c2)或者接近(图 4.3 a2)一半。从日变化上可以看出，R_n 到达峰值的时间在 12:00 前后早于 G_0 的，但是 S 的峰值出现在 9:00 前后，G 的峰值出现在 10:30。在站点Ⅰ、Ⅱ和Ⅲ的 G_0 峰值分别为 100、60 和 60 W/m^2，而 S 峰值分别为 70、60 和 60 W/m^2。S 在 18:00 逐渐降低到最小值(≈ -50 W/m^2)后逐渐增加到略高于 G_0 而稳定。由于站点Ⅱ有厚厚的一层凋落物，所以 G_0 和 S 夜间较大，而且峰值出现的时间晚于站点Ⅰ和Ⅲ。

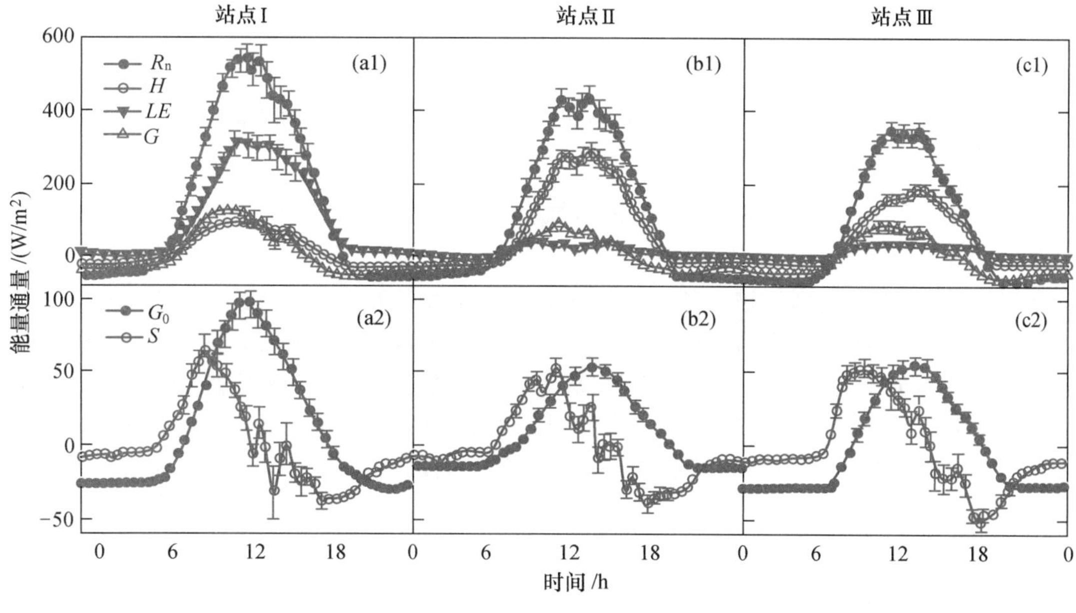

图 4.3 净辐射(R_n)、感热通量(H)、潜热通量(LE)和土壤热通量日变化(G)(上)；通量板(G_0)和 30 mm 上层土壤热储(S)日变化(下)

(误差线表示不同天之间的标准误。以北京标准时间表示。站点Ⅰ，a1，a2；Ⅱ，b1，b2；Ⅲ，c1，c2)

由以上结果可知，土壤含水量在能量分配中起着重要的作用。在土壤含水量较高的地方

(图 4.3 a1),净辐射更多转换为土壤热通量和潜热通量,较少转化为感热通量。而在干旱条件下(图 4.3 b1、c1),净辐射更多转换为土壤热通量和感热通量,较少转化为潜热通量。比如,在两个干旱站点,土壤热通量日最高值高于潜热通量。在上午,土壤热通量的峰值高达同时间净辐射的 30%,此后迅速降低为负值,而潜热通量从上午到下午基本维持在净辐射的 10%。感热通量整个上午一直在升高,直到中午过后。

以上分析可以看出,土壤热通量在草原能量分配中与感热和潜热通量有相近的比例,这与其他生态系统不同。草原和稀疏冠层的生态系统中,G 表现为一个较大的能量分支(Bastable 等,1993)。草原的土壤热通量占 R_n 的比重比森林中的明显要高,虽然这个分量即使在草原方面的研究中也常常被忽略掉或者仅进行大约的估计。在森林中,土壤热通量通常不超过净辐射的 5%(Chen 等,2002),能够提高最小二乘法(ordinary least square,OLS,可供能量为自变量,湍流能量为因变量)模拟斜率的 3%。而在具稀疏植被半干旱生态系统的报道中,土壤热通量占到净辐射的 40%,这个值可能高于潜热通量(Verhoef 等,1996)或者显热通量。Meyers 等(2001)发现土壤热通量在北美高原干旱的中午占到净辐射的 25%。如果在草地生态系统中土壤热通量被忽略,最小二乘法斜率可以降低 20%(Wilson 等,2002)。当然,由于植被和土壤的空间变异较大以及估计土壤热通量板上层土壤热储(S)的不精确性等原因,土壤热通量的精确量化显得困难。本实验土壤热通量占净辐射的结果和北美干旱草地正午 25% 的结果接近(Meyers,2001)。实验也发现,G 在夜间所占能量总量的比例更大,这和 Li 等(2006)的结论一致。本实验中,G 占夜间净辐射的 74%。本研究还表明,在草地生态系统中,由于叶面积系数较低,地上生物量较小,遮阳效果差,G_0 和 S 两者在能量划分中都很重要,在草原生态系统能量平衡研究中不可忽略。

4.3 草原群落能量季节分配及其影响机制

Li 等(2006)与阳伏林和周广胜(2010)分别对蒙古国和中国内蒙古草原的季节能量分配及其影响机制进行了探讨。Li 等(2006)的研究表明,草原能量分配主要用于感热和土壤热通量,这种分配比例可能受到植被生长和土壤水分条件的影响而发生变化。植被和土壤水分状况可以解释 79%的蒸发系数和气孔导度变异引起的能量分配变化。大气饱和蒸汽压亏(VPD)也与能量分配直接相关,水分受限情况下,随大气饱和蒸汽压亏增加,蒸发系数和气孔导度显著降低。阳伏林和周广胜(2010)在 H 占主导地位上的结论一致,其次是潜热通量。下面以 1 年草原通量数据具体介绍能量季节分配及其影响机制。

4.3.1 能量分配的季节变化

Li 等(2006)报道,从全年变化趋势来看,能量平衡四个组分净辐射(R_n)、感热通量(H)、潜热通量(LE)和土壤热通量日变化(G)均呈单峰型变化。在整个测量年份,R_n 从 −3.5 MJ/(m^2 · d)(12 月 18 日)升到 15.5 MJ/(m^2 · d)(6 月 21 日)。其中,有 3 个月左右的时间 R_n 为负值,表明这个阶段能量来源主要是地面土壤热通量。

还发现,4 月中旬到 6 月中旬的 H 最高。在植物的萌发阶段,H 和 R_n 的变化情况相一致。相反，在叶片建成阶段，尽管 R_n 增加，H 却减小，由于植物生理活动增强、降雨增多，LE 却表现不断增加趋势。观察到在刚刚降雨后，H 明显低。之后随着地面逐渐干燥，H 逐渐增加。例如，在 2 次典型的降雨事件中（7 月 15—19 日的 29.3 mm 和 7 月 22—26 日的 5.5 mm），H 从0.83 MJ/(m^2 · d)(7 月 23 日)增加到7.75 MJ/(m^2 · d)(8 月 9 日)，尽管这段时间还有一些小的降雨事件。随着植物生长，尤其在后期植被衰老以后，到入冬阶段，潜热进一步降低。在大部分的冬季时间，H 都很低，在 12 月甚至低于 0。表明大气的热量向地表传输。在月尺度来看，除了 7 月份，H/R_n 均高于 LE/R_n，这是因为 7 月份有相对高的降雨量，所以 H/R_n 较低，同时波文比小于 1。其他时间，波文比大于 1，表明大部分时间由于水分限制原因导致较低的 LE。大部分生长季观察到了 LE 和 H 相反的变化趋势。日最大 LE 为 6.93 MJ/(m^2 · d)或者 2.8 mm/d(7 月 17 日)。阳伏林和周广胜(2010)报道的最大日潜热通量 3.8 mm/d。这些值低于世界上其他地方的报道(4.1～6.2 mm/d)。

G 从 3 月初至 9 月末均表现为正值(阴雨天除外)。7 月份 G 取得最大值。一年中的其他时间则表现为负值，表明地面热为热源，向大气释放。尽管 G 表现了较大的季节变异性，但从全年的尺度上，G/R_n 比值仅为 0.05(表 4.2)。

表 4.2　2003 年 3 月至 2004 年 2 月内蒙古草原月尺度能量平衡各分量汇总、所占比例及其环境因子均值(引自 Li 等，2006)

月份	*LAI*	*PPT* /mm	*SWC* /%	Ta/℃	*VPD* /kPa	R_n/[MJ /(m^2 · d)]	*H* [MJ/ (m^2 · d)]	*LE* [MJ/ (m^2 · d)]	*G* [MJ/ (m^2 · d)]	H/R_n	LE/R_n	g_c
3		1.1	4.9	−0.6	0.3	36.1	24.8	3.1	7.1	0.69	0.09	
4	0.01	0	6.7	3.5	0.6	187.5	140.2	11.7	33.2	0.75	0.06	0.8
5	0.11	28.4	8.5	11.3	0.9	248.5	144.3	35.6	40.2	0.58	0.14	1.5
6	0.27	42.8	11.8	17.5	1.3	272.7	133.3	60.4	43.1	0.49	0.22	2.0
7	0.46	55.3	14.7	19.4	1.2	317.5	79.1	121.1	45.4	0.25	0.38	4.1
8	0.54	40.9	9.8	15.5	0.9	271.2	120.9	69.7	28.4	0.45	0.26	2.9
9	0.34	75.2	13.5	10.9	0.6	174.7	65.0	58.6	0	0.37	0.34	3.7
10	0.07	0	12.7	1.4	0.4	63.0	67.4	18.4	−21.5	1.07	0.29	1.6
11		1.2	6.5	−14	0.1	−41.8	19.9	6.1	−42.2	−0.48	−0.15	
12		0	5.3	−21.3	0	−59.0	−11.2	0.8	−26.1	0.19	−0.01	
1	0	5.2	−21.7	0	−20.9	5.1	5.1	−20.1	−0.24	−0.24		
2	0.4	5.5	−14.3	0.1	18.7	25.8	9.0	−7.1	1.38	0.48		

阳伏林和周广胜(2010)在 H 占主导地位上的结论一致，其次是潜热通量。主要发现是能量平衡各分量季节变化明显，R_n、H、LE 和 G 最大月分别为 7 月份、5 月份、6 月份和 6 月份。全年 H 是 R_n 的主要能量支出项(58%)；LE 其次(26%)，年潜热通量(190.3 mm)大于年降水量(136.3 mm)，与多年平均降水量接近(183.9 mm)，其中最大日潜热通量 3.8 mm/d；G 所占比例较小(1%)，全年基本保持平衡。

4.3.2　冠层构建与能量分配

Li 等(2006)还发现，由于 95%以上的降雨在 4—10 月份之间(1993—2002 年数据均值)，这个阶段正是草原生长季。植物从 4 月下旬开始萌发，绿色叶面积(*LAI*)在 5—7 月间逐渐增加，8 月中旬到达峰值($0.6\ m^2/m^2$)，之后逐渐降低，10 月底生长季结束。伴随植被冠层的这个变化，*LE* 和气孔导度相应变化。*LAI* 解释了 *LE* 73%的变异。但由于该草原受干旱气候影响，*LAI* 较低，所以 *LAI* 控制 *LE* 也受到了限制。

因为植物碳循环和水循环均受到气孔导度的调节，所以能量的分配与气孔导度相关联。气孔导度在相对湿润的夏季较高。气孔导度的增加直接伴随了 *LE* 的增加，因此也增加了 *LE* 在能量分配中的比例。*LAI* 解释了气孔导度 60%的变异，也表明该草原 *LAI* 限制气孔导度导致了能量分配为潜热的比例减小。

4.3.3 环境因子与能量分配

气孔控制能量分配因湿度状况不同而不同(Baldocchi 等，2004)。Li 等(2006)的研究表明，30 cm地表土壤湿度变化与能量分配高度相关。这是因为地表土层接收降雨最多，并通过地表蒸发和植被蒸腾返还大气中。同时 30 cm 地表土壤湿度控制着植被生长，因为超过 80%的根系分布在其中。研究发现，*ET* 和气孔导度均与 30 cm 地表土壤湿度呈线性正相关。而且，水分条件好的情况(*SWC*>15%)，*LE* 是水分胁迫下(*SWC*<10%)*LE* 的 2 倍。因为 *LAI*、*SWC* 和气孔导度均会影响到 LE，通过 Pearson 相关分析表明，气孔导度对 LE 的控制贡献最大。

阳伏林和周广胜(2010)的分析表明，内蒙古荒漠草原生长季的 LE/R_n 主要受 *SWC*、*VPD* 和 *LAI* 共同影响。*LAI* 为 $0.2\ m^2/m^2$ 是一个阈值，当 $LAI<0.2\ m^2/m^2$ 时，*SWC* 是 LE/R_n 主要驱动因子，*LE* 主要来源于土壤蒸发。当 *LAI* 增大到一定程度后($LAI>0.2\ m^2/m^2$)，LE/R_n 的驱动因子除 *SWC* 外，*LAI* 也是一个重要影响因子，即 *LE* 来源包括了土壤蒸发和植物蒸腾两个方面。该研究还报道了与其他草原类型相比，荒漠草原退耦因子相对较低。退耦因子是定量描述水热交换过程中植被与大气耦合程度的一个指示指标，同时反映环境因子(如 R_n、*VPD*、风速、空气动力导度等)对潜热通量影响过程中的相对重要性。退耦因子取值在0～1 之间，当取值趋近于 1 时，表示植被与大气耦合较差，*LE* 主要受 R_n 主导；当取值趋近于 0 时，表示植被与大气耦合较好，*LE* 主要受 *VPD* 主导(Hao 等，2007)。Valentini 等(1995)报道草原退耦因子范围在 0.1～0.8。内蒙古荒漠草原退耦因子在整个生长季均值为 0.15，相对较低，而且日变化相对平稳，在下午略有增加趋势，表明植被与大气耦合程度较高。与生长前期、后期相比，植物生长盛期其值相对较高，表明在植物生长盛期 R_n 是 *LE* 的主导因子，而 *VPD* 是生长前期、后期 LE 的主要驱动因子，该结论与 Gu 等(2005)的研究一致。

总之，草原季节能量分配受到植被和环境因子的共同影响，而生物因子和非生物因子间的耦合又增加了分析的难度，因此，需要在不同时空尺度上的进一步探讨。例如，草原典型植被生长(以 *LAI* 表示)受到地表 0～30 cm 土壤水分条件的决定。从经验上判断，*SWC*>15%表示草原植被没有受到水分限制，而 *SWC*<10%则明显表现为气孔导度和潜热通量占净辐射的比例受到水分亏缺限制。冬天，潜热通量非常小，也未表现出与年水分收支状况的高度相关性。但这种不相关也可能是该实验区域气温太低或者其他原因造成。从草原生态系统短期快速反应来看，能量分配机制与环境变化高度相关，包括气候变化，也会受到土地利用变化的影响。

4.4 刈割对草地生态系统能量平衡的影响

土地利用和土地覆盖的变化是全球变化的重要组成部分，这种改变对陆地表面的能量平衡会产生强烈影响（于贵瑞，2006）。在森林中针对植被变化对于生态系统能量平衡影响的研究表明，森林覆盖度会影响径流和潜热通量。当森林植被破坏后，森林覆盖度降低一般会导致径流增加、潜热通量降低。但也有不同的研究结果，比如 Rowe 等（1994）的研究表明，森林砍伐后次生林比原生林潜热通量高。土地利用和土地覆盖变化对草原生态系统能量平衡的影响也有一些报道。开垦和放牧会改变植被的种类、减少植被的生物量、改变土壤的性质和微气候，从而影响生态系统的能量分配（Bremer 等，2001）。草原开垦方面的能量平衡研究结论不一致，如有的研究表明湿润大草原开垦成农田后，地表径流增大，潜热通量减小（Brye 等，2000）。有的研究则表明，灌溉农田潜热通量大，而草地潜热通量小（Mahmood 和 Hubbard，2002）。Burba 和 Verma（2005）则总结出，在水分充足的年份，农田比草原的潜热通量高；而在干旱年份，农田的潜热通量低。关于放牧对草原能量平衡影响的研究同样有不同的结论：一些研究认为放牧降低了草原生长季的潜热通量（Bremer 等，2001；Frank，2003），一些研究则认为增加了潜热通量（Ewers 等，2000），而也有研究表明放牧对草原的潜热通量没有影响（Stewart和 Verma，1992）。目前尚不清楚产生这些不一致结果的原因，有可能是因为放牧强度、植被生理生态特性、土壤物理性质和气候条件不同所引起的。我们结合自己及他人的研究成果，从草原主要土地利用和土地覆盖的变化（刈割、开垦和放牧）来探讨能量平衡变化规律及其影响机制。

近 10 年来，随着国家“退牧还草”工程的实施，传统的自由放牧已被舍饲、半舍饲家畜饲养方式所取代，刈割因而成为目前内蒙古草地区最主要的利用方式与人类活动。割草利用除对草地生态系统生物学过程有影响之外，对植被结构与覆盖格局的影响尤为明显。因此，阐明刈割利用对草地生态系统能量分配和能量平衡的可能影响，确定其影响程度、方式与作用机理具有重要的理论与现实意义。

4.4.1 研究站点及实验处理

本实验于 2007 年生长季在位于内蒙古东南部半干旱农牧交错带的多伦十三里滩草地生态系统恢复定位研究站（42°50′N，116°18′E，海拔 1 380 m）进行。该地区具有严格的大陆性气候，根据过去的 1990—2004 年的气象记录（Zhang 等，2007），平均年相对湿度 61%，年降水量 400 mm，降水主要发生在 5—10 月。本实验年度降水 375 mm。年均温 3.3℃，月均温范围从 1 月份的 −15.9℃ 到 7 月份的 19.9℃。生长季通常从 4 月末开始一直持续到 10 月中旬。夏天相对潮湿和温暖，冬天相当冷、干、风大。地势平坦，有相对均一的植被，但可见明显的高矮不齐的斑块状植被分布。群落类型为典型的克氏针茅（*S. krylovii*）草原。土壤类型为栗钙土，40 cm 以下为砂石混合。从 2001 年起，为了防止大型草食动物如牛和羊的干扰将这个先前放牧地围封了起来。1978 年以前，该地点没有被人为利用或经营，主要干扰是黄羊、野兔和羊等的自由取食，或者野火。优势种主要是克氏针茅、冷蒿（*A. frigida*）和星毛委陵莱(*Potentilla acaulis*)。

实验样地为单因子 5 重复 5 梯度刈割设计，分别为留茬 2 cm(R_2)，5 cm(R_5)，10 cm(R_{10})，15 cm(R_{15})和不刈割对照(R_t)。共有 25 个小区(每个 10 m×5 m)，相邻小区间有 1 m 宽走道。从 2003 年起，于每年 8 月中、下旬用推动式剪草机(Yard-man 160CC，USA)剪草并移走剪下的部分，然后任其自然生长至下年度刈割。

可利用能量 R_n 和 G 均由直接测量获得半小时连续数据，湍流通量的获得方法如下，感热通量按照 Ttiggs 等(2004)法计算：

$$H = \rho_a c_p (T_s - T_a)/r_a \tag{4-3}$$

式中：ρ_a 为空气密度(kg/m^3)；c_p 为空气比热[J/(kg・℃)]；T_s 为冠层表面温度(℃)；T_a 为空气温度(℃)；r_a 为空气动力学阻抗(s/m)。

潜热通量由能量平衡余项法获得：

$$LE = R_n - G - H \tag{4-4}$$

4.4.2　刈割对草地生态系统能量平衡的影响

随刈割强度增加，一天中大部分时间 R_n 均减少(图 4.4a)。整个生长季的数据表明，正午的 R_t、R_{10}和 R_2 净辐射值分别为 413 W/m^2、395 W/m^2 和 388 W/m^2。无论在正午还是全天合计，R_2 的净辐射均比 R_t 少 6%。而且，R_2 在整个生长季的也比对照少 6%，约合40 000 W/m^2。

随刈割强度增强，G 在白天增大，夜晚减小(R_2)或者仅有很小(R_{10})的差异(图 4.4b)。在一个典型的晴天中午(8 月 14 日)，R_t、R_{10}和 R_2 的 G 分别为 75 W/m^2、85 W/m^2 和 105 W/m^2。由于白天正值增高，晚上负值减小，所以全天合计相互抵消，生长季 R_2 比 R_{10} 高 1.7%，约合 11 000 W/m^2。如果仅计算白天(9:00～15:00)则高 33%，约合 19 000 W/m^2。

综合净辐射和土壤热通量在不同刈割强度下的差异表明，随刈割强度增强，白天可供能量($R_n - G$) 减少，夜间则表现为增大(图 4.4c)。R_t、R_{10}和 R_2 正午 ($R_n - G$) 值分别为 371、354 和 334 W/m^2，R_2 比 R_t 低 9.2%。R_2 比 R_t 生长季可供能量减少 8.0%，约合 52 000 W/m^2。

实验表明，刈割导致的结构变化引起土壤温度、冠层温度和感热通量的变化。Chen 等(1999)报道了冠层结构和冠层表面温度呈强负相关。本实验也发现尽管处理间盖度相近，但冠层结构、立枯多少、凋落物厚度影响冠层、地表和土壤温度。重度刈割处理分别增加了生长季 2 cm 土层温度和温度日较差 0.7℃和 4.2℃。这和 Wan 等(2002)报道的在 Great plain 草原刈割 85%地上部生物量 2.5 cm 土层的 0.6℃和 4.3℃非常接近。温度的这种改变对植物生长和群落结构有重要的影响。比如说，Lobell(2007)通过长期数据分析(1961—2002 年)发现作物产量和日均差间呈现显著相关。

实验中发现，伸展较大的冠层并没有由于较大的水分消费而导致更大的水分亏缺。通常认为具备较低生物量的地方可能通过蒸发散消耗较少土壤水分，从而土壤的水分亏缺情况会比高生物量的地方好一点，也就是说，高生物量群落会造成更大的水分散失和水分竞争(Bai 等，2007；Ewers 等，2000)。本实验的结果是，未刈割点反而维持了较高的水分含量，这可能主要与以上所述群落垂直结构和地表覆盖的厚厚一层凋落造成的遮阳有关。雨天或者刚刚雨后

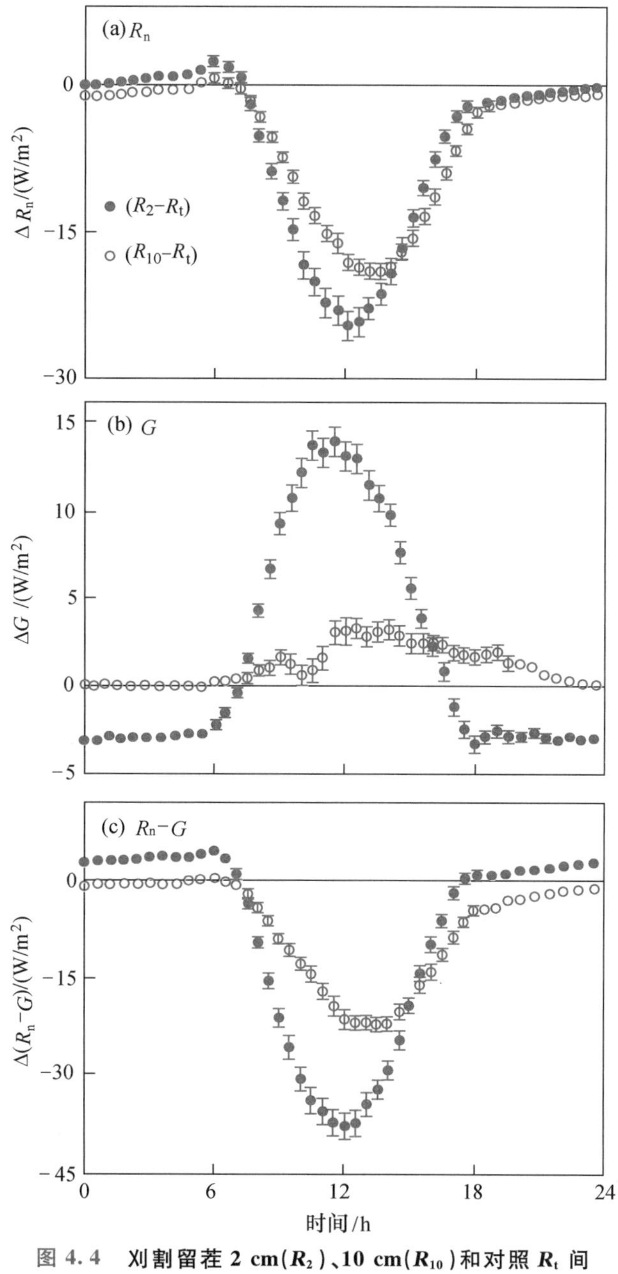

图 4.4 刈割留茬 2 cm(R_2)、10 cm(R_{10})和对照 R_t 间 R_n、G 和 R_n-G 半小时数据之间的差异

这段时间,会发现一个明显的刈割处理的土壤水分含量也低,就是因为净辐射提供的能量在该点部分转化为潜热,导致更快的、更多的蒸发散,从而使土壤湿度降低。尽管较低的 LAI 可能降低植被蒸腾,但是较少凋落物覆盖、遮阳和边界层抵抗性以及较高的土壤热通量明显地增加土壤蒸发。土壤湿度减少,导致更多的能量转变为潜热(空气温度)和土壤热通量(土壤温度)(Wan 等,2002)。凋落物因此代表了未刈割处理通过形成一个蒸发不能穿透的篱笆而形成高水分保持力。这点需要着重强调,在半干旱草原研究中,地表保持凋落覆盖能够减少土壤蒸发和增加生态系统对干旱的抵抗性。或许由于对干旱地区长期的适应性生长,当地植物对潜热的蒸腾贡献要远远小于土壤蒸发。关于这一点，需要通过更精确的生理学方法，对高生产力-高土壤含水量现象的作用机制进行验证。

在不同刈割处理之间，*NPP* 或者 *LAI* 和 G/R_n 及 H/LE 呈负相关关系。与未刈割处理相比，刈割的有低的 *LAI* 和生物量，最大值仅是对照的 1/3 左右。重度刈割处理比对照的净辐射低，这和其他人的研究相似(Wright 等，1992)，土壤热通量却高 33%。因此，其土壤热通量占净辐射的比值比有厚冠层的对照高。在晴天 9:00～12:00 的 10 次测定中，冠层温度也表现为处理间差异极显著($F_{2,27}=4.98, P=0.0144$)，刈割处理的冠层温度显著要高。本实验的结果是，重度刈割处理的显热和土壤热通量显著($P<0.05$)高于非刈割处理(图 4.5)。显热和土壤热通量的这种改变会增加局部气温，进一步影响群落组成和结构(Chen 等，2004)。对照表现出来的低土壤热通量、感热通量和冠层温度表明抵抗干旱的能力较强。而且，实验没有发现处理间潜热通量的差异显著性，这表明蒸发散处理间差异不显著。

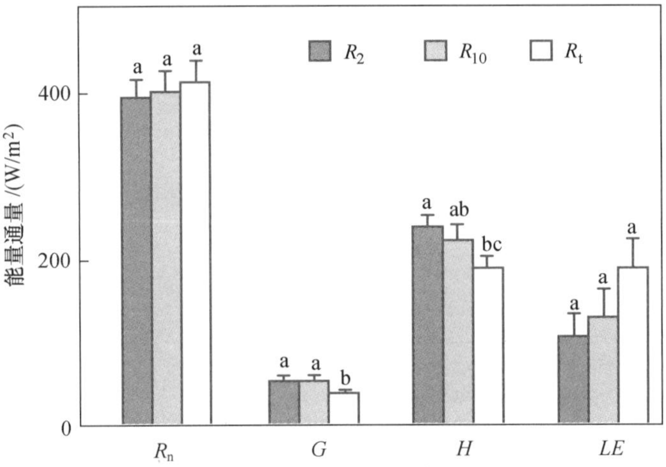

图 4.5 R_n，*G*，*H* 和 *LE* 在处理间的差异

总之，经过 4 年的连续刈割干扰，第一位的优势种明显由高大的丛生禾草针茅被矮小的半灌木冷蒿所取代。未刈割处理增强了草地生态系统对干旱季节不利温度的抵抗性，并可以减少土壤侵蚀。重度刈割下，针茅盖度和生物量、群落 *LAI*、绿色生物量、凋落物重、立枯重一直表现为低于轻度刈割/不刈割处理。刈割处理由于凋落物少、反射强而表现出较低的净辐射，但土壤热通量显著提高，表现为土层加热和冷却快。因此，重度刈割处理较对照降低了可供能量 8%，约合 52 000 W/m²。不同刈割强度间来看，*NPP* 或 *LAI* 与土壤热通量和净辐射的比值(G/R_n)以及波文比(H/LE)呈负相关。重度刈割处理感热通量显著提高，但潜热通量在处理间差异不显著，表明未刈割处理虽然冠层伸展大，但是并没有导致更大的水分亏缺。本研究表明，与刈割处理相比较，未刈割群落能够减轻干热季节的高温和干旱，缩小温度日较差。对照群落具有较高的地上直立生物量和厚厚的凋落是维持土壤温度缓冲和高土壤湿度保持力的关键。群落优势种和关键种的改变会对群落特征和微气候以及二者的相互作用会产生深刻的影响。刈割和非刈割处理间有很大的差异。即使是留茬 10 cm 的一年一度刈割，也能导致半干旱草原生态系统群落和土壤特征的显著恶化。为避免持续破坏，刈割强度和频度应该得到控制，或者两年一割。除非修补导致微气候、能量分配和能量平衡变化的植被群落结构，试图恢复退化草原生态系统则不会取得成功。

4.5 开垦对草地生态系统能量平衡的影响

草原常见土地利用方式的变化，除了上面提到的刈割外，开垦也能显著影响草原生态系统能量分配。这是因为开垦会改变植被的种类、生物量以及改变土壤的性质和微气候，从而影响生态系统的能量平衡(Bremer 等，2001)。到目前，草原开垦方面的能量平衡研究结论不一致，如有的研究表明湿润大草原开垦成农田后，地表径流增大，能量分配为潜热的比例减小(Brye 等，2000)。有的研究则表明，灌溉农田分配为潜热的比例增大、而草地中潜热的分配比例则小(Mahmood 和 Hubbard，2002)。Burba 和 Verma(2005)则总结出，在水分充足的年份，农田比草原的潜热分配比例高；而在干旱年份，农田的分配比例低。Chen 等(2009)系统研究了克氏针茅草原开垦为农田后的能量平衡分量变化。实验地点在上节提到的内蒙古多伦县中国科学院植物研究所长期定位研究实验站。其研究选择的草原生态系统在 2001 年之前为自由放牧，草场破坏严重，2001 年对其进行了围封并作为长期的实验样地(>50 hm^2)。植被主要以克氏针茅、冷蒿、羊草、冰草和糙隐子草为主。农田位于草地以西约 500 m 处，已经耕种了约 35 年，在此之前，该地是自由放牧的典型半干旱草原。农作物一年一茬，多在 5 月中旬播种，9 月中旬收获。主要农作物有小麦、莜麦和荞麦。

非生长季各能量通量如净辐射、潜热通量、感热通量和土壤热通量明显低于生长季。有大于 85%的净辐射分配为感热通量和潜热通量，而分配为土壤热通量的比例非常少。非生长季净辐射分配为潜热通量的比例较低，草地和农田分别为 0.25 和 0.30；而生长季净辐射分配为潜热通量的比例较高，草地和农田分别为 0.61 和 0.51。净辐射分配为感热通量的规律恰好与此相反，非生长季净辐射的较高比例分配为感热通量，草地和农田分别为 0.84 和 0.73；生长季分配比例则较低，草地和农田分别为 0.32 和 0.35。同时，草地和农田生长季及非生长季所占比例也呈相反趋势，即潜热通量生长季草地高，而非生长季则为农田高。与之类似，感热通量生长季农田高，而非生长季则为草地高。因此，草地和农田生长季和非生长季的波文比也表现相反(表 4.3)。

表 4.3 **2006 年非生长季、生长季及全年内蒙古一个克氏针茅草原(DS)和相邻农田(DC)能量分配状况比较**(根据 Chen 等，2009 重制)

能量参数	非生长季		生长季		全年	
	DS	DC	DS	DC	DS	DC
R_n/[MJ/(m^2 · d)]	2.67	2.68	9.48	9.48	5.52	5.53
LE/[MJ/(m^2 · d)]	0.91	1.01	5.70	4.74	2.91	2.65
H/[MJ/(m^2 · d)]	2.56	2.04	3.01	3.16	2.75	2.65
G/[MJ/(m^2 · d)]	0.13	0.35	1.06	0.81	0.37	0.16
S/[MJ/(m^2 · d)]	0.003	0.004	0.002	0.003	0.003	0.004
LE/R_n	0.25	0.30	0.61	0.51	0.41	0.40
H/R_n	0.84	0.73	0.32	0.35	0.61	0.56
G/R_n	0.04	0.03	0.07	0.06	0.05	0.04
S/R_n	0.01	0.01	0.005	0.004	0.01	0.01
波文比	7.96	6.63	1.19	2.10	5.19	4.70

分析以上结果表明，草原生态系统的可利用能量分配为湍流能量的状况，显然受到开垦的影响。较农田而言，草地中潜热所占比例显著高，波文比较低，尽管农田的叶面积系数在生长季是草地的 3 倍。田间观察，该内蒙古农田 5 月底播种，6 月初萌发，9 月初收获，而草地的生长季为 4 月底至 9 月底。显然，农业活动导致潜热和感热通量的快速改变，开垦可以显著降低潜热通量占净辐射的比例，原因在于相对于草地而言，农田生长季缩短达可达 2 个月，其地上植被的覆盖增加了潜热通量占净辐射的比例。

总体而言，从以上一年的涡度协方差连续观测数据表明，内蒙古半干旱草地与被开垦的农田，净辐射有 85％分配给感热通量和潜热通量。4 种能量通量(净辐射、潜热通量、感热通量和土壤热通量)的季节变化大致类似，但大小和变化时期各有差别，具体表现为在冬天覆盖雪阶段，4 种通量都占年度最低(12 月至翌年 2 月份)。草地开垦导致生长季和非生长季净辐射分配给感热通量和潜热通量呈相反的变化趋势，波文比季节变化在草地和农田中变化趋势也相反。相对农田而言，草地夏季波文比较低(1.19～3.21)，原因在于该时期其低的感热通量和高的潜热通量；与此相反，草地冬季的波文比较高(4.58～7.96)，原因在于该时期其高的感热通量和低的潜热通量。

在生长季，草地和农田的能量分配为潜热通量比例均较高，而在冬季则很低，接近于 0。2006 年生长季草地的日平均潜热通量为(2.25±0.10)mm/d，比农田高 0.34 mm/d($P<0.05$)。农作物在 7 月份达到生长高峰期时，农田的潜热通量高于草地，然而在其他月份草地的潜热通量比农田的高。因为多伦草地和农田距离约 0.5 km，微气象条件相似，但草地整个生长季的潜热通量(344 mm)均高于农田(292 mm)。2006 年草地年潜热通量为 428 mm，接近于年降水量 426 mm(包括降雨和降雪量)；农田的年潜热通量为 380 mm，约占年降雨量的 89％。

多伦草地和农田的能量分配与土壤含水量有显著的相关性。农田年潜热通量与土壤含水量回归直线的斜率没有显著性的差异($P>0.05$)，草地和农田的冠层导度与潜热通量有显著的相关性($P<0.01$)，草地的斜率比农田的稍高一些。根据 *LAI* 的取样频率，多伦草地潜热通量计算出 *LAI* 取样时间前后 15 d 的均值，农田取前后 7 d 的均值，当把多伦草地和农田潜热通量均值与 *LAI* 一起作相关时，潜热通量与 *LAI* 有显著的线性关系($P<0.01$)，而与地上生物量没有显著的关系($P>0.05$)。分析表明多伦草地日最大潜热通量变化(5.69 mm/d)，介于全球其他半干旱草原生态系统日最大潜热通量变化 3～6.2 mm/d 范围之内。多伦草地生长季的日潜热通量(0.20～5.69 mm/d)比蒙古半干旱草原生态系统的要高，内蒙古半干旱草原常年年均降雨量为 181 mm，2003 年 5 月到 2004 年 5 月的降雨量为 248 mm，最高 *LAI* 为 0.57，日潜热通量为 0.1～2.8 mm/d(Li 等，2007)。然而，多伦草地日潜热通量变化速率低于美国高草草原(2.1～9.5 mm/d)，美国高草草原年均降雨量大于 600 mm，*LAI* 为2.0～3.5(Burba 和 Verma 2005)。多伦草地与其他草原生态系统日潜热通量之间的差异很可能与这些生态系统的降雨及叶面积的差异有关。

如第二节所述，生态系统的能量分配通量受到微气象因子、土壤含水量和植被性质的影响。在 2006 年生长季，开垦使潜热通量下降了 15％，全年潜热通量下降了 11％，感热通量则增加。多伦草地和农田之间与潜热通量密切相关的微气象因子(如气温、相对湿度、风速、水汽压亏缺和太阳辐射)没有明显的差异。Li 等(2007)研究表明土壤含水量是影响蒙古半干旱草原生态系统潜热通量动态的最主要的环境驱动因子。我们的研究表明，草地和农田的潜热通量与土壤含水量高度相关。因此，农田土壤含水量低于草地，很可能是农田潜热通量低于草地潜热通量的一个原因。此外，开垦使潜热通量对土壤含水量更敏感，潜热通量在干旱年份的变化更依赖于土壤含水量而不是生物因子（如 *LAI*、冠层导度）。

一些研究假定半干旱生态系统陆地表面径流和下渗均可以忽略，除了潜热通量的消耗，其他降雨将会存储在土壤中(Lauenroth 和 Bradford 2006)。根据这种假设，农田的潜热通量低，因此农田的土壤含水量将会高于草地。然而，实际情况是农田表层土壤含水量显著低于草地。农田土壤持水力的下降很可能增加了雨水向深层土壤的下渗和向大气中的蒸发。Miao 等(2009)的研究表明，农田深层土壤(30～50 cm)含水量在生长季(分别为 5.06%和 4.12%)显著高于草地(高 4.18%)($P<0.01$)，这进一步证实了开垦增加了表层土壤水分的下渗。此外，一年生农作物的垂直根系相比多年生的本地草本植物根系，农作物根系更多的分布于土壤表层，因而土壤表层更多的水分被农作物蒸腾消耗掉，尤其是在农作物生长旺期。而在生长初期和末期以及非生长季节，农田更多的裸露地表可能导致高的土壤蒸发。以上这些原因可以解释为什么农田的潜热通量低而表层土壤含水量也低于草地。

除了土壤含水量的差异外，*LAI* 的差异是影响能量分配变化的另一个重要的因子(Li 等，2007)。利用稳定同位素技术区分潜热通量组分，Yepez 等(2003)的研究结果表明美国西南部一个半干旱稀树草原的植物蒸腾是生态系统潜热通量的主要形式。我们的稳定同位素区分结果也显示，生长季多伦草原生态系统植物蒸腾约占潜热通量的 80%。因为 *LAI* 能够反映总的蒸腾面积，因此我们认为多伦草地和农田生长季 *LAI* 的差异是引起潜热通量差异的一个重要的原因。当农田在生长旺期 *LAI* 比草地高时，农田的潜热通量也比草地的高。2006 年 7 月份，农田 *LAI* 约为草地的 3 倍，然而农田的潜热通量与草地的潜热通量近似。这表明单位叶面积的气孔导度在限制农作物蒸腾中起重要作用。农作物根系浅，限制了农作物从深层土壤得到水分用于蒸腾；表层土壤水分供应的限制引起了农作物的水分胁迫。此外，多伦农作物的生长期为 6—8 月，农田 5 月和 9 月的潜热通量远低于草地。因此，由于农作物的生长期比草地短，农田整个生长季(5—9 月)潜热通量低于草地(表 4.3)。

冠层导度受到生物和非生物因子(如 *LAI*、气孔导度、水汽压亏缺、辐射和土壤含水量)的影响。因此，冠层导度不仅反映了生理上气孔导度的作用，而且也包括了土壤含水量和冠层扰动的非线性的影响。许多研究表明，如果土壤蒸发低，冠层导度则主要反映冠层水平上气孔导度的影响。在我们的研究中，植物蒸腾在生长季占潜热通量的绝大多数，因此冠层导度反映了潜热通量更多地受到了气孔的限制作用(苗海霞，2008)。

4.6 放牧对草地生态系统能量平衡的影响

草原常见土地利用方式的变化，除了上面提到的刈割和开垦外，作为草原的主要利用方式——放牧也会显著影响草原生态系统能量分配。过度放牧会显著改变植被的种类、减少植被的生物量、改变土壤的性质和微气候，从而影响生态系统的能量平衡(Bremer 等，2001)。像开垦一样，放牧对草原能量平衡影响的研究同样有不同的研究结论，一些研究认为放牧导致能量分配为潜热的比例减小(Bremer 等，2001；Frank，2003)，一些研究则认为增加(Ewers 等，2000)，也有研究表明放牧对能量分配没有影响(Stewart 和 Verma，1992)。国内研究也得出了类似不一致的结论，宋炳煜(1996)用土柱称重法研究了放牧对草原群落潜热通量的影响，结果表明放牧没有明显改变群落的潜热总量，但改变了群落蒸腾与群落蒸发的比值，且群落蒸腾与牧压呈线性负相关，群落蒸发与牧压呈线性正相关，并且认为其原因是群落生物量随牧压增大而降低。另外，孙铁军等(2000)的研究也得到了类似的结论，但王静等(2007)研究得出群落的潜热通量随着群落退化程度的加深逐渐降低。目前尚不清楚产生这些不一致结果的原因，有可能是因为放牧强度、植被生理生态特性、土壤物理性质和气候条件不同所引起的。Chen等(2009)对比研究了大针茅草原围封与放牧生态系统的能量分配及能量平衡变化。研究地点位于内蒙古高原典型的半干旱草原地区的锡林浩特，在上面提到的多伦县以北约240 km处。气候属于温带大陆性半干旱气候，土壤主要是栗钙土。放牧是锡林浩特地区主要的土地利用方式，由于过度放牧，该地区几乎所有草地都严重退化。根据1982—1998年的气象资料，年平均气温为0.57℃，最暖月(7月份)平均气温为18.5℃，最冷月(1月份)平均气温为−21.4℃。年平均降水量为350 mm，年际降水变差很大，最高降水在1998年为507 mm，而1980年的降水仅为182 mm。该地区植被的生长季从4月底到9月底。主要的植被类型为羊草、大针茅、冰草和糙隐子草。本研究的围封草地位于中国科学院内蒙古草原生态系统定位研究站(IMGERS)长期围封的实验样地内，于1999年围封。围封样地内有大量的凋落物累积。主要的植被包括羊草、大针茅、西伯利亚羽茅和冰草。退化草地位于围封草地以北约500 m处，主要植被包括大针茅和糙隐子草。

生长季各能量通量净辐射、潜热通量、感热通量和土壤热通量围封和放牧有明显差异。围封草地的净辐射高于放牧草地，放牧降低了净辐射12%。围封和放牧草地净辐射变化呈单峰曲线，且峰值均出现在7月份。有大于80%的净辐射分配为感热通量和潜热通量，而分配为土壤热通量的比例非常少。净辐射分配为感热和潜热的比例也不相同。生长季净辐射分配为潜热通量的比例较高，围封和放牧分别为0.40和0.37。净辐射分配为感热通量的规律也一致，围封和放牧分别为0.55和0.45。较围封草地而言，放牧草地中潜热和显热所占比例均显著高，波文比未见差异。分析以上结果表明，草原生态系统的可利用能量大小及可利用能量分配为湍流能量的状况，显然受到了放牧的影响(表4.4)。

表4.4 2006年非生长季、生长季及全年内蒙古一个围封大针茅草原(XF)和相邻放牧大针茅草原(XD)能量分配状况比较(根据Chen等，2009重制)

能量参数	非生长季		生长季		全年	
	XF	XD	XF	XD	*XF*	*XD*
R_n/[MJ/(m² · d)]	3.15	1.87	9.86	8.82	5.96	4.79
LE/[MJ/(m² · d)]	0.70	0.91	3.71	3.23	3.01	1.89
H/[MJ/(m² · d)]	1.76	1.03	5.51	3.91	4.63	2.24
G/[MJ/(m² · d)]	−0.29	−0.15	0.69	0.88	0.46	0.28
S/[MJ/(m² · d)]	−0.009	0.006	0.003	0.003	0.001	0.004
LE/R_n	0.18	0.25	0.40	0.37	0.35	0.31
H/R_n	0.75	0.66	0.55	0.45	0.60	0.57
G/R_n	−0.007	0.031	0.062	0.064	0.064	0.024
S/R_n	0.008	−0.008	0.001	−0.008	0.002	−0.008
波文比	6.59	4.58	3.21	3.21	3.98	3.97

注：4月份之前的XF数据缺失。

Li 等(2006)的研究表明,放牧草原能量分配主要用于感热和土壤热通量,植被和土壤水分状况可以解释 79%的蒸发系数和气孔导度变异引起的能量分配变化。大气饱和蒸汽压亏也与能量分配直接相关,水分受限情况下,随大气饱和蒸汽压亏增加,蒸发系数和气孔导度显著降低。关于放牧影响能量平衡的机理,内蒙古草原区的研究均表明与环境与生物因子紧密相关(Chen 等,2009;Li 等,2006)。

能量分配与土壤含水量密切相关。围封和放牧草地潜热通量与土壤含水量有显著的线性相关性,且放牧草地(10.00±1.33)潜热通量与土壤含水量线性回归的斜率高于围封草地(4.84±1.23)($P<0.01$)。围封和放牧草地冠层导度与潜热通量也存在显著的相关性($P<0.01$),但围封和放牧草地之间的斜率差异不大。数据表明,围封草地 2006 年生长季绝大多数月份和总的潜热通量高于放牧草地。围封草地生长季总潜热通量为 230.3 mm,而放牧草地为 201.4 mm。围封(0.32)和放牧(0.33)草地低的潜热通量与潜在蒸散比值(ET/PET)进一步证实了半干旱草原生态系统潜热通量受到水分供给的限制。而围封和放牧草地 ET/PPT 比值均大于 1,表明所有的降雨均以潜热通量的形式返回到大气中(Wever 等,2002)。放牧使草原生态系统在 2006 年生长季的潜热通量降低了 13%,感热通量也有所降低。Bremer 等(2001)对美国堪萨斯州一个半干旱草原的研究结果表明,放牧使半干旱草原 1999 年 5—10 月的潜热通量下降了 6.1%。Frank(2003)的研究表明放牧对草原生态系统潜热通量的影响存在不确定性。Frank 发现,从连续 3 年的均值来看,放牧草地的潜热通量下降了 7%;然而,在土壤水分相对较高的年份,放牧草地的潜热通量比没有放牧的草地的潜热通量要高。Stewart 和 Verma(1992)研究表明,在湿润年份土壤水分不是限制因子时,围封草地和放牧草地的潜热通量相似。我们目前还不能够很好地解释放牧对潜热通量的影响在不同的草原生态系统或不同年份之间存在差异的原因。因此,需要进一步的研究,尤其是在多地点和更长时间尺度上的研究,以更好地解释和了解放牧对潜热通量产生的影响(Miao 等,2009)。佟乌云等(2000)对内蒙古典型草原的研究结果表明,放牧破坏地表植被后,表土层水分入渗速度增加,表土层和心土层的土壤温度的变化加剧,使土壤表层(0~20 cm)的含水量下降。他们将放牧草地表土层水分入渗速度的增加归因于:①放牧草地根系少从而降低了蓄水能力;②根系本身的阻碍作用下降;③地被(植物及枯落物)的截留作用下降。而 Bremer 等(2001)认为放牧增加了土壤持水力,降低了潜热通量,从而增加了土壤含水量。Coronato 和 Bertiller(1996)研究认为放牧对土壤含水量没有影响。Miao 等(2009)的研究表明,放牧降低了土壤含水量,这可能是因为放牧草地的凋落物层少,而裸露地表多。因而,放牧草地可能发生地表径流,这也可能是放牧草地土壤含水量降低的一个原因。围封草地和放牧草地潜热通量和土壤含水量之间显著的相关性表明,放牧草地低的土壤含水量很可能是引起潜热通量下降的一个原因。放牧草地的潜热通量对土壤含水量的变化更加敏感,进一步证实了土壤含水量在决定放牧草地潜热通量中起着非常重要的作用。该结果与 Bremer(2001)和 Frank(2003)的研究结果不同,他们认为放牧是通过改变 LAI 和能量平衡组分从而降低潜热通量。因此,需要进一步的研究来解释放牧对潜热通量及能量分配产生不同影响的原因。

围封草地和放牧草地之间凋落物的差异,可能是其潜热通量产生差异从而引起能量分配差异的另外一个原因。对于小的降雨事件,表层凋落物层能够增加雨水的截留,减少雨水向土壤中的渗透。由于围封草地凋落物层远远大于放牧草地,因此,在小的降雨事件下,更多的水分可能会从围封草地的冠层表面直接蒸发到大气中。此外,在大的降雨事件下,围封草地高的凋落物层能够增加持水能力，减少地表径流。围封草地和放牧草地之间的 *LAI* 和冠层导度相似，说明在干旱年份，*LAI* 和冠层导度对于潜热通量的差异的影响作用很小。围封草地和放牧草地 2006 年潜热通量与冠层导度关系的斜率相似，这说明放牧在干旱年份没有改变草原生态系统潜热通量对冠层导度响应的敏感性。

人类活动对内蒙古半干旱草原的干扰（如开垦、刈割和放牧），通过改变草原生态系统的植被类型、冠层导度、土壤持水能力和潜热通量对土壤含水量的响应，从而改变了草原生态系统的能量分配。开垦明显地降低了草原生态系统的潜热通量。一方面，开垦降低了土壤的持水能力，增加了雨水的下渗，从而降低了表层土壤的含水量，因此限制了生态系统的潜热通量；另一方面，在整年水平上，开垦改变了植被的物候期，缩短了植被的生长时间，此外降低了潜热通量对冠层导度的敏感性，因此降低了生态系统的潜热通量。在这个变化中，则伴随着感热通量的增加。放牧降低了凋落物覆盖度，从而可能增加了地表径流，导致了放牧草地土壤含水量的下降，从而引起了放牧草原生态系统潜热通量的下降，同时伴随着土壤热通量的增加。

4.7 结语与展望

全球变化深刻影响着地球生态系统过程（如地表能量平衡、生物地球化学循环、全球水循环、全球碳循环）的变化，受到各国研究者的重视。但是到目前为止，我国草原生态系统能量平衡对全球变化的响应方面的研究还很少。世界上对能量平衡的研究以前多集中在森林生态系统，草原生态系统的研究为数不多，又集中在北美草原地区，而亚洲地区草原的研究较少。近几年国内研究者对蒙古草原生态系统的能量分配、能量平衡或者单个能量组分及其机理进行了一些探讨（Chen 等，2009；Hao 等，2007；Li 等，2007；Miao 等，2009；Shao 等，2008；阳伏林和周广胜，2010），推进了该领域研究的进展。另外，以前的研究大多是在群落等中小尺度上的研究，群落的异质性限制其尺度的上推，因此加强对全球变化背景下的草原生态系统能量平衡的规范化研究对于预测自然生态系统对将来全球变化的响应非常必要。随着对草原生态系统的关注和涡度协方差技术的发展，我国也开始应用涡度协方差技术对草原生态系统的碳水交换进行研究。中国通量观测网络（ChinaFLUX）8 个涡度相关通量观测站中包括 3 个草地站，分别为内蒙古草原站、海北站和当雄站。中美碳联盟（USCCC，US-China Carbon Consortium）成立于 2003 年，由中国和美国多家科研机构、大学的科学家的生态系统生态学研究团体组成。与中国通量观测网络不同，USCCC 旨在采用涡度相关技术综合探索全球变化情形下受干扰生态系统过程机制及变化趋势。到 2011 年，USCCC 已经在中国黑龙江、内蒙古、北京、河南、上海、湖南、安徽、福建、广东等地区，以及美国俄亥俄、威斯康星、康涅狄格、新泽西、北卡罗来纳等州建立了 50 多个涡度相关研究站点，包括不同利用和干扰强度草原、人工杨树林及湿地和湖泊等多种生态系统类型。主要研究目标是：①中国、美国典型植被受干扰生态系统过程动态研究；②受干扰生态系统过程对全球变化的响应机制探索；③受干扰生态系统过程时空格局变化预测。中国科学院植物研究所也从 2005 年开始陆续在内蒙古草原建立了 9 个涡度通量观测塔，关注不同土地利用方式对草原生态系统碳、水和能量循环的影响。就未来研究方向来看，能量分配及能量平衡的研究应进一步关注多类型、多尺度生态系统的长期研究，这对于更好地了解全球变化形势下能量变化与其驱动的其他生态系统过程、生态系统功能和陆地碳水平衡的相互联系有非常重要的意义，并且对模拟生态系统的生产力、陆地生态系统的水平衡、大气环流和对全球气候变化的影响等方面也非常必要。

本章编写人：邵长亮，陈世苹，李凌浩，陈吉泉

参考文献

包俊江，刘芳. 2005. 植物群落蒸散耗水量研究进展. 内蒙古环境保护，1：58-60.

李博，曾泗弟，郝广勇. 1964. 内蒙古呼伦贝尔盟草原区羊草、丛生禾草群落水分生态的初步研究. 植物生态学与地植物学丛刊，2：129-140.

刘芳，王炜，朴顺姬，等. 2007. LI-6262 CO_2/H_2O 分析仪接气室法在草原群落蒸散量与 CO_2 交换量测定中的应用. 植物生态学报，31：892-896.

吕达仁，陈佐忠，王庚辰，等. 2002. 内蒙古半干旱草原气候生态相互作用问题——IMGRASS 计划初步结果. 地学前缘，9：307-320.

苗海霞. 2008. 开垦和放牧对内蒙古半干旱草原蒸发散的影响(博士学位论文). 北京：中国科学院植物研究所.

宋炳煜. 1996. 几个主要地面因子对草原群落蒸发蒸腾的影响. 植物生态学报，20：485-493.

孙铁军，朴顺姬，潮洛蒙. 2000. 羊草草原退化系列上群落蒸发蒸腾日进程的分析. 内蒙古农业大学学报，21：53-57.

佟乌云，陈有君，李绍良，等. 2000. 放牧破坏地表植被对典型草原地区土壤湿度的影响. 干旱区资源与环境，14：55-60.

王静，宝音陶格涛. 2007. 羊草草原不同退化阶段群落蒸散量比较. 生态学杂志，26：1148-1152.

阳伏林，周广胜. 2010. 内蒙古温带荒漠草原能量平衡特征及其驱动因子. 生态学报，30：5769-5780.

于贵瑞. 2006. 陆地生态系统通量观测的原理与方法. 北京：高等教育出版社.

Bai Y F, Wu J G, Pan Q M, et al. 2007. Positive linear relationship between productivity and diversity: evidence from the Eurasian Steppe. Journal of Applied Ecology, 44: 1023-1034.

Baldocchi D D, Xu L K, Kiang N. 2004. How plant functional-type, weather, seasonal drought, and soil physical properties alter water and energy fluxes of an oak-grass savanna and an annual grassland. Agricultural and Forest Meteorology, 123: 13-39.

Bastable H G, Shuttleworth W J, Dallarosa R L G, et al. 1993. Observations of climate, albedo, and surface radiation over cleared and undisturbed amazonian forest. International Journal of Climatology, 13: 783-796.

Beringer J, Chapin F S, Thompson C C, et al. 2005. Surface energy exchanges along a tundra-forest transition and feedbacks to climate. Agricultural and Forest Meteorology, 131: 143-161.

Bremer D J, Auen L M, Ham J M, et al. 2001. Evapotranspiration in a prairie ecosystem: Effects of grazing by cattle. Agronomy Journal, 93: 338-348.

Brye K R, Norman J M, Bundy L G, et al. 2000. Water-budget evaluation of prairie and maize ecosystems. Soil Science Society of America Journal, 64: 715-724.

Burba G G, Verma S B. 2005. Seasonal and interannual variability in evapotranspiration of nativetallgrass prairie and cultivated wheat ecosystems. Agricultural and Forest Meteorology, 135: 190-201.

Chen J Q, Falk M, Euskirchen E, et al. 2002. Biophysical controls of carbon flows in three successional Douglas-fir stands based on eddy-covariance measurements. Tree Physiology 22: 169-177.

Chen J Q, Paw U, Ustin S L, et al. 2004. Net ecosystem exchanges of carbon, water, and energy in young and old-growth Douglas-fir forests. Ecosystems, 7: 534-544.

Chen J Q, Saunders S C, Crow T R, et al. 1999. Microclimate in forest ecosystem and landscape ecology-Variations in local climate can be used to monitor and compare the effects of different management regimes. Bioscience, 49: 288-297.

Chen S, Chen J, Lin G, et al. 2009. Energy balance and partition in Inner Mongolia steppe ecosystems with different land use types. Agricultural and Forest Meteorology, 149: 1800-1809.

Coronato F R, Bertiller M B. 1996. Precipitation and landscape related effects on soil moisture in semi-arid rangelands of Patagonia. Journal of Arid Environments, 34: 1-9.

Ewers B E, Oren R, Sperry J S. 2000. Influence of nutrient versus water supply on hydraulic architecture and water balance in Pinus taeda. Plant Cell and Environment, 23: 1055-1066.

Foley J A, DeFries R, Asner G P, et al. 2005. Global consequences of land use. Science, 309: 570-574.

Frank A B. 2003. Evapotranspiration from northern semiarid grasslands. Agronomy Journal, 95: 1504-1509.

Franks S W, Beven K J, Quinn P F, et al. 1997. On the sensitivity of soil-vegetation-atmosphere transfer(SVAT) schemes: Equifinality and the problem of robust calibration. Agricultural and Forest Meteorology, 86: 63-75.

Grantz D A, Meinzer F C. 1991. Regulation of Transpiration in Field-Grown Sugarcane-Evaluation of the Stomatal Response to Humidity with the Bowen-Ratio Technique. Agricultural and Forest Meteorology, 53: 169-183.

Gu S, Tang Y H, Cui X Y, et al. 2005. Energy exchange between the atmosphere and a meadow ecosystem on the Qinghai-Tibetan Plateau. Agricultural and Forest Meteorology, 129: 175-185.

Guo X F, Zhang H S, Kang L, et al. 2007. Quality control and flux gap filling strategy for Bowen ratio method: revisiting the Priestley-Taylor evaporation model. Environmental Fluid Mechanics, 7: 421-437.

Hao Y, Wang Y, Huang X, et al. 2001. Seasonal and interannual variation in water vapor and energy exchange over a typical steppe in Inner Mongolia, China. Agricultural and Forest Meteorology, 146: 57-69.

Heusinkveld B G, Jacobs A F G, Holtslag A A M, et al. 2004. Surface energy balance closure in an arid region: role of soil heat flux. Agricultural and Forest Meteorology, 122: 21-37.

Hodges G B, Smith E A. 1997. Intercalibration, objective analysis, intercomparison and synthesis of BOREAS surface net radiation measurements. Journal of Geophysical Research-Atmospheres, 102: 28885-28900.

Lauenroth W K, Bradford J B. 2006. Ecohydrology and the partitioning AET between transpiration and evaporation in a semiarid steppe. Ecosystems, 9: 756-767.

Lehner I. 2003. EBEX2000 energy balance of an irrigated cotton field (Thesis). Institute of Meteorology, Climatology and Remote Sensing, University of Basel.

Li S G, Asanuma J, Kotani A, et al. 2007. Evapotranspiration from a Mongolian steppe under grazing and its environmental constraints. Journal of Hydrology, 333: 133-143.

Li S G, Eugster W, Asanuma J, et al. 2006. Energy partitioning and its biophysical controls above a grazing steppe in central Mongolia. Agricultural and Forest Meteorology, 137: 89-106.

Lobell D B. 2007. Changes in diurnal temperature range and national cereal yields. Agricultural and Forest Meteorology, 145: 229-238.

Lu N, Chen S, Wilske B, et al. 2011. Evapotranspiration and soil water relationships in a range of disturbed and undisturbed ecosystems in the semi-arid Inner Mongolia, China. Journal of Plant Ecology-UK, 4: 49-60.

Mahmood R, Hubbard K G. 2002. Anthropogenic land-use change in the North American tall grass-short grass transition and modification of near-surface hydrologic cycle. Climate Research, 21: 83-90.

Meyers T P. 2001. A comparison of summertime water and CO_2 fluxes over rangeland for well watered and drought conditions. Agricultural and Forest Meteorology, 106: 205-214.

Miao H, Chen S, Chen J, et al. 2009. Cultivation and grazing altered evapotranspiration and dynamics in Inner Mongolia steppes. Agricultural and Forest Meteorology, 149: 1810-1819.

Ohmura A, Dutton E G, Forgan B, et al. 1998. Baseline Surface Radiation Network (BSRN/WCRP): New precision radiometry for climate research. Bulletin of the American Meteorological Society, 79: 2115-2136.

Oke T R. 1987. Boundary Layer Climates. Routledge, London.

Polley H W, Frank A B, Sanabria J, et al. 2008. Interannual variability in carbon dioxide fluxes and flux-climate relationships on grazed and ungrazed northern mixed-grass prairie. Global Change Biology, 14: 1620-1632.

Rowe L K, Pearce A J, O'Loughlin C L. 1994. Hydrology and related changes after harvesting native forest catchments and establishing pinus radiata plantations. Part 1. Introduction to study. Hydrological Processes, 8: 263-279.

Shao C L, Chen J Q, Li L H, et al. 2008. Spatial variability in soil heat flux at three Inner Mongolia steppe ecosystems. Agricultural and Forest Meteorology, 148: 1433-1443.

Stannard D I, Blanford J H, Kustas W P, et al. 1994. Interpretation of surface flux measurements in heterogeneous terrain during the Monsoon' 90 experiment. Water Resources Research,30:1227-1239.

Stewart J B,Verma S B. 1992. Comparison of surface fluxes and conductances at 2 contrasting sites within the FIFE area. Journal of Geophysical Research-Atmospheres, 97: 18623-18628.

Todd R W,Evett S R,Howell T A. 2000. The Bowen ratio-energy balance method for estimating latent heat flux of irrigated alfalfa evaluated in a semi-arid, advective environment. Agricultural and Forest Meteorology,103:335-348.

Triggs J M,Kimball B A,Pinter P J,et al. 2004. Free-air CO_2 enrichment effects on the energy balance and evapotranspiration of sorghum. Agricultural and Forest Meteorology, 124: 63-79.

Turnipseed A A,Blanken P D,Anderson D E,et al. 2002. Energy budget above a high-elevation subalpine forest in complex topography. Agricultural and Forest Meteorology 110: 177-201.

Twine T E,Kustas W P,Norman J M,et al. 2000. Correcting eddy-covariance flux underestimates over a grassland. Agricultural and Forest Meteorology,103:279-300.

Valentini R,Gamon J A,Field C B. 1995. Ecosystem Gas Exchange in a California Grassland: Seasonal Patterns and Implications for Scaling. Ecology,76:1940-1952.

van Loon W K P,Bastings H M H,Moors E J. 1998. Calibration of soil heat flux sensors. Agricultural and Forest Meteorology,92:1-8.

Verhoef A,vandenHurk B J J M,Jacobs A F G,et al. 1996. Thermal soil properties for vineyard(EFEDA-I)and savanna(HAPEX-Sahel)sites. Agricultural and Forest Meteorology, 78:1-18.

Wan S,Luo Y,Wallace L L. 2002. Changes in microclimate induced by experimental warming and clipping in tallgrass prairie. Global Change Biology,8:754-768.

Wever L A, Flanagan L B, Carlson P J. 2002. Seasonal and interannual variation in evapotranspiration,energy balance and surface conductance in a northern temperate grassland. Agricultural and Forest Meteorology,112:31-49.

Wilske B,Kwon H,Wei L,et al. 2010. Evapotranspiration(ET)and regulating mechanisms in two semiarid Artemisia-dominated shrub steppes at opposite sides of the globe. Journal of Arid Environments,74:1461-1470.

Wilske B, Lu N, Wei L, et al. 2009. Poplar plantation has the potential to alter the water balance in semiarid Inner Mongolia. Journal of Environmental Management,90:2762-2770.

Wilson K B,Goldstein A,Falge E,et al. 2002. Energy balance closure at FLUXNET sites. Agricultural and Forest Meteorology,113:223-243.

Wright I R,Gash J H C,Darocha H R,et al. 1992. Dry season micrometeorology of central amazonian ranchland. Quarterly Journal of the Royal Meteorological Society, 118: 1083-1099.

Yang K,Koike T,Ishikawa H,et al. 2004. Analysis of the surface energy budget at a site of

GAME/Tibet using a single-source model. Journal of the Meteorological Society of Japan, 82:131-153.

Yepez E A, Williams D G, Scott R L, et al. 2003. Partitioning overstory and understory evapotranspiration in a semiarid savanna woodland from the isotopic composition of water vapor. Agricultural and Forest Meteorology, 119:53-68.

Zhang W L, Chen S P, Chen J, et al. 2007. Biophysical regulations of carbon fluxes of a steppe and a cultivated cropland in semiarid Inner Mongolia. Agricultural and Forest Meteorology, 146:216-229.

第5章

草地生态系统水循环

水循环为整个地球化学元素循环和能量流动提供动力和载体，在地表过程、生态系统和地球科学研究中占有十分重要的地位。其中蒸发散(evapotranspiration)是地球水循环的重要组成部分，是土壤中的水分以土壤蒸发和植物蒸腾的形式返回到大气中以平衡陆地生态系统的水分循环的过程。全球约60%的降水被蒸发散所消耗，许多重要的生态系统过程，如植物的光合作用和生物地球化学循环等，均受到生态系统蒸发散的影响。同时，蒸发散(潜热/蒸发潜热系数)也是能量平衡的一个重要组成部分(于贵瑞和孙晓敏，2006)。有效能量在蒸发散(潜热)和显热之间的分配，会影响天气和气候的变化，而蒸发散的变化也会受到植被功能型、气候和土壤性质的影响。因此，研究多类型、多尺度生态系统的蒸发散，对于更好地了解蒸发散与其他生态系统过程、生态系统功能和陆地水平衡的相互关系有非常重要的意义，并且对模拟生态系统的生产力、陆地生态系统的水平衡、大气环流和及其对全球气候变化的响应是非常重要的。全面了解蒸发散发生的过程和规律，有助于合理利用有限水资源、提高水分利用效率和模拟预测生态系统生产力。

5.1 草原生态系统水循环的研究现状

5.1.1 生态系统水循环及其组分研究

生态系统蒸发散的主要组分是植物蒸腾和土壤蒸发。蒸发散的不同组分对生物因子和非生物因子的响应不同，并且对生态系统碳通量组分的影响作用也不同，因此，蒸发散组分的区分对于研究水文过程和生态系统生产力之间关系的机理十分重要。目前，已有一些常规方法用于测定蒸发散及其组分，如液流法(Hultine 等，2003)、同化箱法(Niu 等，2008；Niu 等，2011)、土壤蒸渗仪法(王静和宝音陶格涛，2007)、水量平衡法、模型法(吕达仁等，2002)等，但是每种方法都有其局限性。用气室气体交换法测定单个叶片的蒸腾作用简单、精确，但是单个叶片蒸腾结果上推到冠层、生态系统或区域尺度上非常复杂，需要更多复杂的测定（Wilson等，1999）。近年来，植被冠层和大气之间稳定同位素的测定，被用来追踪生态系统水平上蒸发散的来源，并进一步区分其组分。当与涡度相关测定系统相结合时，同位素区分方法会成为更有力的技术手段。Yepez等（2003）利用稳定同位素技术和涡度协方差技术成功地将稀树大草原的林上层植物蒸腾、林下层植物蒸腾和土壤蒸发区分开。之后，Yepez等（2005）用稳定同位素技术和箱式法相结合，测定了人工降水后植物蒸腾和土壤蒸发的变化，第一次报道且证明了草地控制实验中可以结合稳定同位素技术和箱式法区分蒸腾和蒸发（Yepez等，2005）。这为研究气候变化对生态系统蒸发散和生产力的影响提供了新的方法。到目前为止，稳定同位素区分蒸发散组分的方法已经在农田、橡树林、热带雨林和萨瓦纳稀树草原中成功地得到应用。研究方法的更新与完善使得对生态系统蒸发散及其组分的研究不断得到发展。

5.1.2 全球变化背景下的草原生态系统水循环研究

世界草地面积约为32亿hm^2，占地球表面自然植被面积的32%，是世界上分布最广泛的植被类型之一。草原生态系统为研究陆地生态系统对气候变化的生理响应提供了很好的平台，因为与其他生态系统相比，草原生态系统对气候的变化更为敏感，而且能对资源可利用性的瞬时波动作出响应。由于草原生态系统在全球物质循环中起着重要的作用，而且草原分布面积广泛，对气候变化敏感，因此草原生态系统水循环对气候变化的响应势必会影响全球的碳水循环。随着对草原生态系统的关注，国际上对草原生态系统水循环的研究越来越多（Li等，2007；Mahmood和Hubbard，2002；Meyers，2001；Wever等，2002；Yepez等，2003）。在生态系统水平上的研究，人们首先关注的是草原生态系统蒸发散的日变化、季节变化和年际变化及其变化的主要驱动因子。随着全球变化研究的深入，气候变化和土地利用或土地覆盖的变化对草原生态系统水循环的研究越来越受到关注。世界上对草原生态系统蒸发散的研究大多集中在萨瓦纳草原和北美大草原中部地区，亚洲地区草原的研究很少（Hao等，2007）。

用控制实验研究全球变化背景下草原生态系统的蒸发散在过去20年内取得很大进展。研究表明CO_2浓度升高可使得草地蒸发散下降（Owensby等，1997），但对不同类型草地的影响差异很大，比如CO_2浓度升高对砂岩草地生态系统的蒸发散有较大的影响，而对蛇纹岩草地生态系统的蒸发散没有显著影响（Field等，1997），这可能是因为不同种类植物的生理特性不同，因而对CO_2浓度升高的响应不同引起的。另外，也可能是因为CO_2浓度升高对植物光合的促进作用，使生物量和叶面积指数显著增加改变了蒸发散的面积，部分补偿了由气孔导度下降所引起的蒸发散的降低。但在养分受限制的地区，生物量和叶面积指数的增加并不明显，不足以补偿气孔导度下降引起的蒸发散降低（Lockwood，1999）。

全球气温的升高会改变水循环和降水的时空格局，极端的降水事件将更加频繁（Jackson等，2001）。科学家们不仅仅关注降水量对蒸发散的影响，降水的时间分布格局和降水事件的大小对蒸发散的影响也逐渐受到科学家们的重视。Wever等（2002）认为生态系统蒸发散及其生理控制因子随着年际降水变化而发生变化。降水的时间分配对生态系统蒸发散和碳通量也是非常重要的（Ivans等，2006）。不经常的、间断性的并具有很大不可预测性的降水事件（脉冲式降水）很可能是干旱地区生态系统结构和功能的一个重要的驱动因子，因此评价对降水的生物学响应时必须关注脉冲式降水事件，而不仅仅是要考虑季节或年际降水总量。

土地利用和土地覆盖的变化是全球变化的重要组成部分，而且会对陆地表面的蒸发散产生强烈影响。土地利用和土地覆盖变化对草原生态系统蒸发散的影响已经有了一些研究，其中开垦和放牧是土地利用的主要方式。开垦和放牧会改变植被的种类、减少植被的生物量、改变土壤的性质和微气候，从而影响生态系统的蒸发散，继而会改变这个地区的水分平衡。比如在没有水分限制的年份，农田比草原的蒸发散高；而在干旱年份，农田的蒸发散低（Burba 和 Verma，2005）。一项对灌溉农田、非灌溉农田及草地蒸发散的研究表明，灌溉农田蒸发散最大，草地最小（Mahmood 和 Hubbard，2002）。关于放牧对草原蒸发散影响的研究得出的结论不同，一些研究认为放牧降低了草原生长季的蒸发散（Bremer 等，2001；Frank，2003），而其他研究认为放牧对草原的蒸发散没有影响（Stewart 和 Verma，1992）。此外，有研究表明，当土壤水分缺乏时，重度放牧比轻度放牧的蒸发散高（Day 和 Detling，1994）。目前尚不清楚产生这些不一致结果的原因，有可能是因为放牧强度、植被生理生态特性、土壤物理性质和气候条件不同引起的。

5.1.3 我国草原生态系统水循环研究概况

我国草地面积占全国陆地面积的 41%，是世界上草原资源最丰富的国家之一。我国草原生态系统是欧亚大陆温带草原生态系统的重要组成部分。它的主体是东北-内蒙古的温带草原，面积 400 万 km^2，占国土面积的 1/5，包括草甸草原、典型草原和荒漠草原三种类型。由于技术手段等各方面的限制，与世界上许多国家相比，我国草原蒸发散的研究起步较晚，且大多研究是在群落水平上进行的。在 20 世纪 60 年代，李博等（1964）用快速称重法研究草原群落的水分利用状况，选取群落中主要优势种的枝条测定其蒸腾强度，然后大体计算整个群落的耗水量（李博等，1964）。随后，在 80 年代初宋炳煜等（1983）用快速离体称重法探讨了羊草植物群落蒸腾耗水量及其水分利用问题。王静和宝音陶格涛（2007）利用微型蒸渗仪测定了不同退化阶段羊草群落的蒸发散，得出群落的蒸散量随着群落退化程度的加深逐渐降低。此外，也有人用模型对草原蒸发散进行了研究，吕达仁等（2002）用一个包括土壤—植被—大气之间物理和生理生态过程的陆面模型（AVIM）对稀疏沙地草原、典型草原和草甸草原 3 类不同草地类型水量平衡的特征进行了研究，表明由于地表植被覆盖和土壤的差异，地表水量平衡的特点显著不同。群落水平上的研究虽然由于取样的代表性和异质性问题，使上推到生态系统或区域水平上存在困难，但是这些测定结果在一定程度上还是可以说明问题的，为进一步研究和了解草原生态系统水循环的内在机制进行了有益的尝试和探索。

随着对草原生态系统的关注和涡度协方差技术的发展，我国也开始应用涡度协方差技术对草原生态系统的碳水交换进行研究。中国通量观测网络（ChinaFLUX）8 个涡度相关通量观测站中包括 3 个草地站，分别在内蒙古站、海北站和当雄站。中国科学院植物研究所在内蒙古草原建立了 6 个涡度通量观测塔，关注不同土地利用方式对草原生态系统碳水循环的影响。仅仅近几年对内蒙古草原生态系统的水文过程进行了为数不多的研究，Hao 等（2007）应用涡度协方差技术研究了内蒙古典型草原生态系统蒸发散的季节和年际动态。Niu 等（2008，2011）利用 LI6400 结合箱式法对内蒙古温带草原碳水通量对气候变化的响应进行了研究，此实验是控制实验，主要研究降水和升温对草原生态系统碳水通量的影响，研究结果表明，升温对蒸发散没有明显的影响，而降水可以增加蒸发散，且生态系统的碳水交换对增加降水的响应不同，降水对碳交换的促进作用可能比对蒸发散的促进作用大。Miao 等(2009)及苗海霞(2005)利用同位素结合涡度协方差技术研究了开垦和放牧对内蒙古草原生态系统蒸发散的影响。张晓煜等(2005)利用小气候观测系统和能量平衡计算法研究了宁夏南部半干旱山区农田和草地生态系统能量通量的季节变化，发现农田的潜热通量明显大于典型草地和禁牧草地的，说明农田的水分消耗量明显大于草地，因此提出该地区不宜开垦，而宜发展典型草原，通过封山禁牧，提高地表植被覆盖度，从而保持水土。宋炳煜等(1996)用土柱称重法研究了放牧对草原群落蒸发散的影响，结果表明放牧没有明显改变群落的蒸发散，而改变了群落蒸腾与群落蒸发的比值，且群落蒸腾与牧压呈线性负相关，群落蒸发与牧压呈线性正相关，并且指出其原因是群落生物量随牧压增大而降低。但也有研究得出群落的蒸散量随着群落退化程度的加深逐渐降低(王静和宝音陶格涛，2007)。我国草原生态系统对全球变化响应的研究还很缺乏，而且大多是在群落等中小尺度上的研究，群落的异质性限制其尺度的上推，因此加强对全球变化背景下的草原生态系统的规范化研究对于预测自然生态系统对将来全球变化的响应非常必要。

我国内蒙古草原位于欧亚草原区的东部，与蒙古国境内的草原区共同构成亚洲中部草原亚区的主体部分。温带草原生态系统有着不同于其他生态系统的独特的生物地球化学过程，并在我国占据着特殊的生态地理位置(大部分位于生态脆弱带上)，对气候和环境变化反应十分敏感。在干旱和半干旱地区如内蒙古草原，降水少并且在时间空间上存在很大变异性。在过去的一个世纪，由于人口的增长，中国北方尤其是内蒙古半干旱草原地区，经历了深刻的土地利用的变化。而这些土地利用的变化通常会通过改变陆地表面的植被覆盖、土壤理化性质和土壤湿度等陆地表面性质，从而改变陆地和大气之间的碳水交换过程以及影响区域或全球的气候变化。因而研究人类活动对内蒙古草原生态系统水分平衡的影响，有助于更好地了解草原生态系统对土地利用变化的响应机理及其对区域或全球气候变化的影响。我们利用稳定同位素技术和涡度协方差技术，区分半干旱草原生态系统蒸发散组分，并在此区分的基础上，利用简单模型，将蒸发散组分区分外推到整个生长季，在锡林浩特定位研究站和多伦定位研究站研究了半干旱草原生态系统整个生长季蒸腾和蒸发的季节动态。同时，我们也用静态箱法结合土壤呼吸室法对克氏针茅草原的蒸发散进行了区分并研究了不同组分对温度升高和降水格局改变的响应，具体实验结果在第二部分将详细阐述。我们在内蒙古草原生态系统的研究对于深入理解草原生态系统蒸发散及其控制因子以及对未来气候变化的反应具有重要的意义。

5.2 内蒙古草原生态系统水循环

5.2.1 研究方法

5.2.1.1 涡度协方差技术

我们借助于涡度塔和同位素相结合的方法研究内蒙古草原生态系统的水循环及其各个组分对开垦和放牧的响应。其中涡度塔建立于多伦县和锡林浩特两个地方，该两个站点的气候类型、土壤性状以及植被状况已经在前面两章有过详细介绍。我们在多伦定位研究站建立了两个涡度塔，一个是围封草地，一个是农田，用以研究农田开垦对生态系统水循环的影响。在锡林浩特定位研究站,两个涡度塔分别建在围封草地和放牧草地,用以比较放牧对草原生态系统的影响。表 5.1 列出了 4 个研究样地的基本情况。

表 5.1 内蒙古半干旱草原 4 个研究样地的基本情况

项目	多伦草地	多伦农田	锡林浩特 围封草地	锡林浩特 退化草地
经纬度	42°02′48″N, 116°17′01″E	42°02′44″N, 116°16′47″E	43°33′02″N, 116°40′20″E	43°33′16 ″N, 116°40′17″E
海拔/m	1 350	1 350	1 250	1 250
年均温/℃	3.3	3.3	0.57	0.57
年降水量/mm	399	399	350	350
土壤类型	栗钙土	栗钙土	栗钙土	栗钙土
植被类型	典型草地	农田	典型草地	退化草地
土地利用特征	2001 年起围封	开垦约 35 年	1999 年起围封	放牧

5.2.1.2 气候变化控制实验

气候变化控制实验在 2005 年建于内蒙古多伦草原生态系统定位研究站(建站历史为 10 年)的固定样地进行。温度和水分交互作用的实验设计为成对的巢式设计,夏季增雨为一级因子,增温为二级因子。共有三对 10 m× 15 m 的样方,在每对样方内,一个为对照,另一个为夏季增雨处理(每年的 7、8 月份内每隔 7 d 用喷灌装置增加 15 mm 的降水量);在每个水分处理的样方内,设立 4 个 3 m× 4 m 的小样方,其中两个为不增温处理,两个为增温处理,增温处理用红外线辐射器(IRs,Kalglo Electronics Inc,Bethlehem,PA,USA)全天 24 h 进行增温。因此,总共有 4 个处理(对照、增温、增雨、增温+增雨),每个处理重复 6 次。该实验从 2005 年春季开始已经连续进行了 4 年处理,并将继续进行 5~6 年的实验。

5.2.1.3 涡度数据分析

本实验利用涡度相关观测系统测定通量数据和微气象数据,在 4 个实验点中心分别架设高度为 5 m 的观测塔。多伦草地、农田和锡林浩特退化草地的微气象和通量观测系统建于 2005 年 6 月,锡林浩特围封草地的观测系统建于 2006 年 5 月。涡度相关观测系统包括一套开路式涡度相关系统(open eddy covariance)和常规微气象观测系统(routine meteorological measurement system)。常规气象数据和自动计算出的通量数据每 30 min 记录一次平均值。因为天气、仪器及其他不可预测的原因,涡度塔观测的数据有大量缺失。我们根据 Falge 等(2001)的方法对缺失数据进行了插补:①平均日变化法(mean diurnal variation,MDV)用于插补小的数据缺失的情况(几个小时);②查表法(look up table)用于插补大的数据空缺的情况。基于环境条件创建各站点的 *LE* 查询表,缺失数据根据与环境参数之间的非线性关系查询出来,但由于各站点环境状况差异很大,某通量与环境因子的回归关系在各站点都有差异,所以根据所研究站点的具体条件来建立查询表。另外,不同季节通量数据和环境因子的差异也很大,因此,每个查询表根据四个季节分别建立,即 12 月至翌年 2 月,3—5 月,6—8 月和 9—11 月。在每个季节,*LE* 根据 *PAR* 和 *VPD* 进行分类求平均。先按照 *PAR* 以100 μmol/(m^2 · s)的间隔进行分组，其中 PAR 为 0 μmol/(m^2 · s)时为一组，从 1 μmol/(m^2 · s)开始每 100 μmol/(m^2 · s)为一组；然后在 PAR 每一组里，按照 VPD 以 0.15 kPa 为间隔进行分组；之后将分组后的数据取平均。查询表格建立之后，就可以根据 PAR 和 VPD 来插补缺失的通量数据。

我们用能量平衡闭合程度分析作为评价涡度相关数据的可靠性，这是一种有效手段，已经被广泛接受。在对该测定系统能量闭合验证和数据质量控制的基础上，通过潜热通量（LE）计算实际蒸发散：

$$ET = LE/\lambda \tag{5-1}$$

式中：潜热通量 LE 的单位为 MJ/(m^2 · d)；λ 为水的汽化热（约为 2.45 MJ/kg）；蒸发散 ET 的最后输出单位为 mm/d。

5.2.1.4 静态箱法测生态系统气体交换

此技术是目前应用较多的测定小样方生态系统气体交换的方法，主要用于野外控制实验中。在实验处理开始之前，在每个实验小区内设置一个铝合金方框（50 cm×50 cm），方框向下嵌入土壤 3 cm，在土壤表面上留有 3 cm 宽的平面。用一个自制的箱体式叶室（50 cm×50 cm）与红外线分析仪相连接，同化箱内有两个小风扇用于混合室内气体，测定时同化箱扣在铝合金方框上，待系统稳定后开始计数，每 10 s 记一次 CO_2 浓度，连续记录 9～12 次，根据测定时间内（90～120 s）CO_2 浓度的变化计算出 CO_2 随时间的变化斜率，由此斜率结合测定期间的空气温度、水分压、气压等参数计算出净生态系统生产力（NEE）和生态系统呼吸（ER）。该方法已经在不同类型的生态系统上得到广泛应用。5—10 月，每个月测两次 NEE、ER 和 ET，测定时，先在光照条件下测定 NEE，然后对同化箱进行黑暗处理（蒙上黑布）测定 ER，两者之和即为总生态系统生产力（GPP）。用 Licor-8100 测裸露地面的土壤蒸发 E，用 ET 和 E 的差值计算 T。计算生态系统水分利用效率 $WUE_{GPP} = GPP/ET$，$WUE_{NEE} = NEE/ET$。

5.2.1.5 同位素结合涡度相关技术拆分生态系统蒸发散的各个组分

通过比较蒸发散通量及其组分的同位素值，可以区分生态系统蒸发散的组分。蒸发散通量的同位素组成（δ_{ET}）可以利用 Keeling 曲线法得出（Keeling，1961）。Keeling 曲线法以生物学过程前后的物质平衡原理为基础，将稳定性同位素技术与物质浓度（CO_2 或 H_2O）测量技术相结合，利用冠层不同高度样点之间同位素组成和 CO_2 或水浓度之间的差异，构建同位素组成与 CO_2 或水蒸气浓度倒数之间的线性关系，该直线的截距即为生态系统呼吸或水分蒸散的同位素组成（Keeling，1961；Yakir 和 Sternberg，2000）：

$$\delta_{ebl} = C_a(\delta_a - \delta_{ET})\left(\frac{1}{C_{ebl}}\right) + \delta ET \tag{5-2}$$

式中：C_{ebl} 和 δ_{ebl} 分别为生态系统边界层处的水汽浓度及其同位素组成；C_a 和 δ_a 分别为空气背景值的水汽浓度和同位素组成；δ_{ET} 为水汽通量（蒸发散）的同位素组成。运用 Keeling 曲线法确定蒸发散水汽同位素组成，其前提是生态系统只与大气进行湍流混合散失水分，比如不发生水汽凝结。另外，具有不同同位素组成的蒸发散水汽来源不多于两个。一般情况下，若 Keeling 曲线中分布点集中在一条直线上，则稳定同位素的稳态特征最为明显。

在生态系统水分循环研究中，Keeling 曲线法的一个重要用途是区分植物蒸腾和土壤蒸发对整个生态系统蒸发散的贡献。植物蒸腾通量的比率为（Yakir 和 Sternberg，2000）：

$$F_T(\%) = (\delta_{ET} - \delta_E)/(\delta_T - \delta_E) \tag{5-3}$$

其中，$F_T(\%)$为蒸腾对蒸发散通量贡献的百分数；δ_{ET}、δ_E 和 δ_T 分别为蒸发散、蒸发和蒸腾水蒸气的同位素组成。δ_{ET} 可以利用 Keeling 曲线计算，δ_T 可以通过茎水的同位素比率测定得到。δ_E 可以由公式 $R_E = \left(\frac{1}{\alpha_K}\right)\frac{(R_s/\alpha^*) - R_a h}{1-h}$ 计算得到，R_E 为土壤蒸发的水汽的重轻同位素之比；R_S 为土壤蒸发部位水分的重轻同位素之比；R_a 为大气水蒸气的重轻同位素之比；α^* 为跟温度有关的平衡分差因子；α_k 为空气中分子扩散的动力分差因子；h 为空气的相对湿度。此外，$F_T(\%)$估计的标准误可以根据蒸腾和蒸发源和 Keeling 曲线回归系数的变差产生的不确定性来计算（Phillips 和 Gregg，2001）。

Keeling 曲线法与同位素测量及冠层尺度通量测量相结合，能够将冠层水的净通量区分为不同组分通量。假设 F_N 为净通量，F_1 和 F_2 是两个初级通量组分（如植物蒸腾和土壤蒸发），三者的同位素组成分别为 δ_N、δ_1 和 δ_2。根据同位素质量平衡法

$$F_N\delta_N = F_1\delta_1 + F_2\delta_2 \tag{5-4}$$

我们能够推导出通量 F_1 和 F_2 的计算公式：

$$F_1 = F_N(\delta_N - \delta_2)/(\delta_1 - \delta_2) \tag{5-5}$$

$$F_2 = F_N(\delta_N - \delta_1)/(\delta_1 - \delta_2) \tag{5-6}$$

F_N 可以通过微气象法测得，δ_N 可以通过 Keeling 曲线计算，δ_1 和 δ_2 可以分别通过土壤和植物样品测得。

5.2.2 主要研究结果及讨论

5.2.2.1 草原生态系统蒸发散的时间动态及其控制因子

通过涡度协方差技术测得的内蒙古草原生态系统蒸发散的日动态表明，在生长季的晴天，9:00～16:00 的蒸发散维持在相对较高且稳定的水平，蒸发散一般在中午 12:00 左右达到高峰（图 5.1A、B）。生态系统蒸发散的季节动态结果表明，2006 年和 2007 年生长季期间植物蒸腾要高于蒸发。雨后蒸发和植物蒸腾均会升高，之后下降。2006 年植物蒸腾 7 月份最高、9 月份最低，蒸发在 5 月份最高、9 月份最低，植物蒸腾与蒸发的差异在 7 月份最大、5 月份和 9 月份最小；2007 年植物蒸腾和蒸发均在 8 月份最大、9 月份最小，植物蒸腾和蒸发在 8 月份差异最大、5 月和 9 月最小。2006 年和 2007 年生长季蒸发量（分别为 65.30 mm 和 41.08 mm）分别占当年生长季降水量的 17%和 23%；植物蒸腾量在 2006 年和 2007 年生长季分别占降水量的 71%和 92%。2006 年和 2007 年生长季植物蒸腾量占总蒸发散的比例（T/ET）相似，分别为 81%和 80%（图 5.1C、D）。

降水的年际差异可以引起蒸发散的年际变化（Meyers，2001；Wever 等，2002），此外，蒸发散同样会受到降水时间分配变化的影响（Ivans 等，2006）。我们通过两年的观测得出了

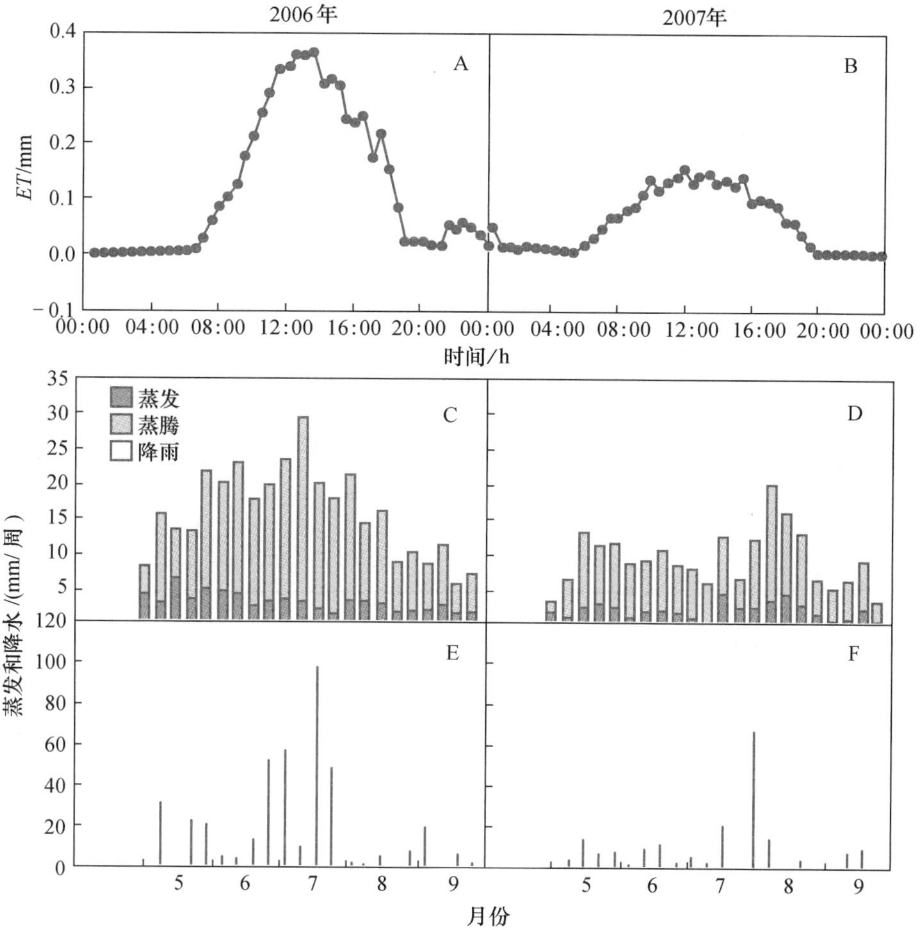

图 5.1 生态系统蒸发散的日动态(A、B)和季节动态(C、D)以及降水量(E、F)

一致的结论，2006 年和 2007 年降水量的变化导致了两年蒸发散的巨大差异，另外，我们的研究也表明每年降水的时间分配也引起了蒸发散的变化。从生长季每月的变化来看(图 5.1E、F)，2006 年生长季初期(5 月份和 6 月份)的降水比较丰富，相应的蒸发散也比较高；到了生长季快速生长期(7 月份)降水极大丰富，而蒸发散也达到高峰，超过了100 mm；到了 8 月份，降水量迅速减小，但蒸发散仍维持在较高的水平上，这与土壤含水量和植被的生长状况有关；在生长季末期 9 月份，降水量的减小导致了蒸发散的下降。2007 年是个干旱的年份，生长季初期和中期(5—7 月份)降水量都在 30 mm 以下，而蒸发散维持在较低的水平上；8 月份相对丰富的降水引起了较高水平的蒸发散；9 月份降水的降低导致了蒸发散的迅速下降。而控制蒸发散对降水响应的主要因子是土壤含水量和 *LAI*(Ivans 等，2006)。草地和农田生态系统的蒸发散在 2006 年和 2007 年每月的差异，除了因为土壤含水量和 *LAI* 的差异，植被的物候、生理特性、凋落物的差异、土壤的物理性质也是引起草地和农田生态系统蒸发散差异的原因。

我们用同位素方法区分得到的蒸发散组分与白天(9:00～16:00)的环境因子如净辐射、大气相对湿度、水汽压亏缺、气温、土温、风速和土壤含水量以及生物因子叶面积指数分别进行相关分析(表 5.2)。植物蒸腾与净辐射、大气相对湿度、土壤含水量和叶面积指数均有显著的正相关关系；蒸发与大气相对湿度、土壤含水量和风速显著相关；蒸发散与净辐射、大气相对湿度、土壤含水量和风速显著正相关。

表 5.2　蒸发散及其组分与环境和生物因子的关系

	因子	方程	n	r^2	P
T	R_n	$y=8.3E-0.7x^2-0.01x+37.49$	11	0.48	0.028
	RH	$y=12.22x-1.80$	12	0.44	0.01
	θ	$y=0.20x-0.81$	12	0.82	0
	LAI	$y=0.84e^{1.74x}$	12	0.29	0.045
E	RH	$y=43.58x^2-29.38x+5.15$	11	0.55	0.012
	θ	$y=-0.006x^2+0.22x-1.24$	11	0.47	0.032
	U	$y=0.06x^{1.45}$	12	0.33	0.03
ET	R_n	$y=0.001x-4.50$	12	0.36	0.022
	RH	$y=12.58x-1.47$	12	0.44	0.01
	θ	$y=0.22x-0.59$	12	0.91	0
	U	$y=0.83e^{0.26x}$	12	0.29	0.047

土壤含水量是直接联系降水和生态系统的纽带，因此，降水对土壤含水量的影响一直是水文学家和土壤物理学家研究的重要目标和活跃领域。降水的季节性变异影响土壤水分在空间上和时间上的分布，我们的观测结果也印证了这一点，0～10 cm 的土壤含水量时间上的变化与降水高度相关，绝大多数降水后都会引起土壤水分的升高。而高的降水量对应高的土壤含水量，除了 8 月份，2006 年每月的平均土壤含水量均高于 2007 年。我们的研究表明表层的土壤含水量与蒸发散密切相关，这与 Small 和 Kurc(2003)的研究结果是一致的。草地土壤含水量比农田高使得草地有更多的水分供应蒸发散，这是草地大多数月份蒸发散高于农田的一个其中原因。

除了土壤含水量能影响蒸发散对降水的响应以外，*LAI* 是影响蒸发散对降水响应的一个重要的生物因子(Ivans 等，2006)，而 *LAI* 同样受到降水季节分配的影响。白永飞(1999)根据克氏针茅草原群落初级生产力连续 14 年的定位观测资料得出，1 月上旬至 4 月上旬及 6 月下旬至 8 月下旬的旬降水量对群落初级生产力具有正效应，而 4 月中旬至 6 月中旬的旬降水量表现为负效应。我们的研究结果部分与其一致，2006 年 6 月下旬至 7 月底降水丰富，草地和农田的最大地上生物量很高(分别为 214 g/m^2 和 660 g/m^2)；而 2007 年尽管 8 月初降水多，但满足不了植物生长的需求，因此最大地上生物量低(草地和农田分别为 77 g/m^2 和264 g/m^2)。*LAI* 与生物量变化趋势基本一致，然而根据多伦县气象局的气象资料，2005 年 10 月至 2006 年 4 月降雪仅为 6.4 mm，对 *LAI* 的贡献不大，相反，5—7 月份的丰富降水却使得 *LAI* 迅速升高，尤其 7 月份是农作物的生长高峰，需水量大，而 7 月份丰富的降水正好满足了农作物的生长需求。在草地生长高峰 8 月份，虽然降水量低，但是由于 7 月份的丰富降水，使得 8 月份的土壤含水量持续在较高的水平，因此草地 *LAI* 依然呈上升的趋势。2006 年 10 月至 2007 年 4 月份降雪为 39.9 mm，但是 5—7 月份降水少，远不能满足植物生长的需水要求，*LAI* 低于 2006 年。由此可以看出，生长季初期和中期的降水对植物的生长是非常重要的。但北美温带大草原 1998—2000 年的研究发现，这 3 年的冬季降雪为土壤湿度和植物生长提供了很少的水分，供应蒸发散的大部分水分来源于夏季降水(Wever 等，2002)。

因为在生长季，植物蒸腾是蒸发散的主要形式，而 *LAI* 可以从一定程度上反映总的蒸腾面积，因此，*LAI* 的季节变化会影响蒸发散的季节变化及其对降水的响应。2006 年 7 月份是草地的快速生长期，*LAI* 很高，相应的 7 月份蒸发散很高，进入 8 月份草地的生长高峰期，*LAI* 达到最高峰，尽管 8 月份的降水量很少，但由于土壤水分维持较高的水平和高的 *LAI*，因此草地 8 月份的蒸发散仍维持在较高的水平上。农作物 7 月份是生长高峰期，*LAI* 和蒸发散在 7 月份最高，8 月份农作物开始枯黄，*LAI* 迅速下降，蒸发散也开始下降。2007 年 6、7 月份 *LAI* 和蒸发散均较低，8 月份较高的 *LAI* 使得蒸发散升高，然而 9 月份，草地 *LAI* 虽然略低于 8 月份，但由于土壤水分的限制，蒸发散远低于 8 月份。因此，在干旱季节，蒸发散对降水的响应相比 *LAI*，更易受到土壤水分限制的影响。雨后 1～2 d 草地和农田的蒸发散达到高峰，之后开始下降。2006 年的 5、6、8、9 月份和 2007 年的 5、9 月份，雨后农田的蒸发散响应的比草地快，多数有较高的峰值，但峰值过后，蒸发散下降的比草地的快，这可能与植被的 *LAI* 有关。在上述这些月份草地的 *LAI* 高，而农田裸露地面相对比草地高，土壤蒸发占的比例可能比草地要高，而当表层土壤湿润时，雨后土壤蒸发迅速升高（Small 和 Kurc，2003；Yepez 等，2005），但随后植被的蒸腾可能占到主要地位，因此草地的蒸发散与农田相比能维持较长时间的高水平。2006 年 7 月和 8 月初以及 2007 年 6—8 月份，雨后农田蒸发散峰值高，但是农田和草地雨后蒸发散下降趋势及时间是相似的，这是由于农田的 *LAI* 比草地的高，裸露地面比其他月份要小得多，所以也能维持较长时间的高水平。

5.2.2.2 草原生态系统蒸发散对气候变化的响应

通过 4 年的控制实验研究，夏季增加降水对生态系统蒸散、土壤蒸发和植物蒸腾分别提高 19.5%、19.1%和 19.5%（$P<0.05$，图 5.2）。增雨对水循环过程的影响在不同年份是不同的，比如在干旱的 2007 年，增加降水对生态系统蒸散提高 37.5%，但在正常降水年份 2008 年只增加 12.6%（图 5.2）。增温降低了土壤蒸发（$P<0.05$），但对生态系统蒸散、植物蒸腾、和 E/ET 均没有显著效应（图 5.2）。处理的年份以及增加降水与增温之间均无显著的交互作用。蒸散及其组分对降水量的反应也不同，土壤蒸发与降水量有着线性正相关关系（$P<0.01$），但植物蒸腾和生态系统蒸发散与降水量却没有显著的相关性，这主要是因为群落内的不同植物对降水量的响应可能存在相互补偿效应，使得植被总的蒸腾量并没有显著变化。

在叶片水平，温度增加伴随的 *VPD* 增大会抑制气孔导度，从而降低叶片蒸腾（Kirschbaum，2004）。但在群落水平，植物蒸腾对增温的响应未必和植物个体水平的一致，其他一些群落学过程比如植被盖度的变化、不同水分利用效率的物种组成的变化以及物候期的改变等都会影响群落水平的蒸腾对气候变化的响应。例如，在一个一年生草地生态系统中，Zavaleta 等（2003）研究发现增温能够引起植被的提前衰老，从而降低了整个生长季的蒸腾失水。另外，土壤蒸发和植被蒸腾两者对气候变化的反应也有着一定的相互补偿的效应，如果气候变化增加了植被的总盖度以及蒸腾速率，土壤蒸发则有可能降低，因为盖度的增加会降低地表温度并抑制土壤表面的蒸发。但如果植被蒸腾速率的改变不是因为群落盖度的变化引起的，这两个过程之间的互相补偿效应也未必存在。土壤蒸发和植被蒸腾在对气候变化响应的同时也对气候变化有反馈调节作用，Jung 等（2010）在其 Nature 文章中指出温度升高引起的地球表面蒸散的加强使得全球呈现干旱化趋势，从长期效应来看将降低未来的态系统蒸散。

T/ET（或者 E/ET）反映了植被动态对水循环的影响。研究 T/ET 对气候变化的反应将

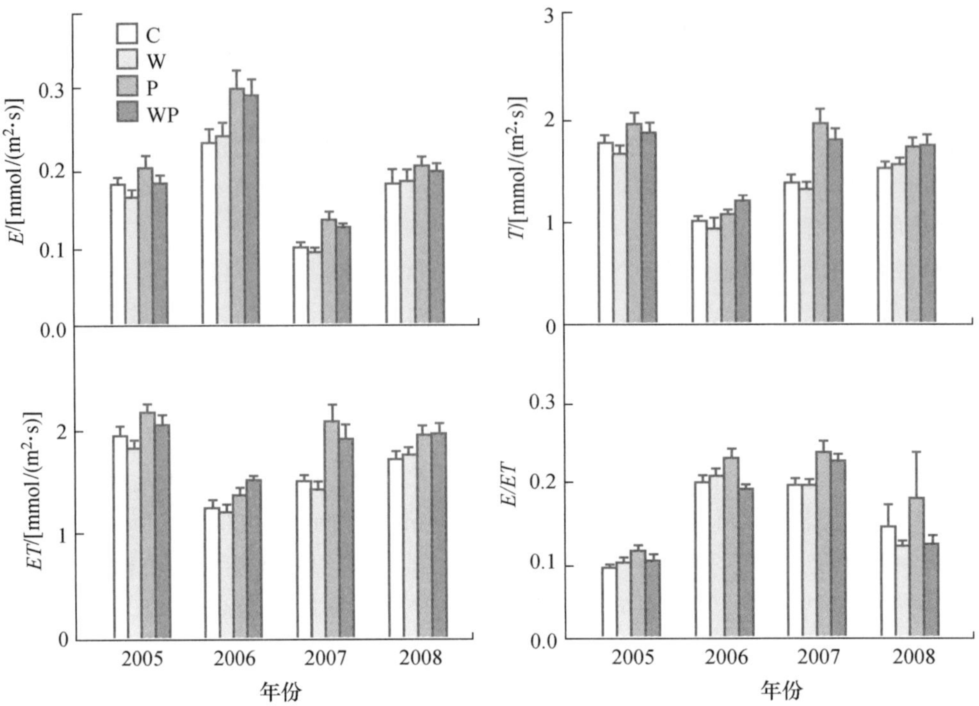

图 5.2　**土壤蒸发(E)、植物蒸腾(T)、生态系统蒸发散(ET)以及蒸发占蒸腾的比例对增温(W)和夏季增加降水(P)的响应**(根据 Niu 等 2011 图 3 改绘)

有助于我们理解生物对气候变化的反馈调节,因此我们在研究 T、E 等单个过程对气候变化的反应的同时也需要关注 T/ET 的变化。该过程将更多的受植被盖度的影响,因此全面理解其他生态学过程(物种组成、植被结构及物候)对气候变化的反应将有助于揭示生态系统水循环对气候变化的响应和反馈。

5.2.2.3　草原生态系统蒸发散对降水事件的响应

2006 年和 2007 年两个生长季许多 ET 的峰值通常出现在降水事件发生后,较大的降水事件往往引起较高的 ET 峰值,而且峰值通常出现在降水后的 1～2 d(图 5.3)。2006 年 5 月三次较大的降水后,ET 出现较高的峰值,图 5.3A 内的小图显示的 5 月份一次 8.4 mm 的降水后草地蒸散的变化情况表明,6 月份连续几次的持续降水,使 ET 维持在较高的水平上。7 月初期、中期和末期分别经历了大约 60 mm 的降水事件,ET 也达到了生长季的最高峰。8、9 月份随着降水事件的减少,ET 峰值逐渐下降,且农田下降的比草地的快。2007 年除了 8 月份有较大的降水事件,其他月份单次降水事件普遍小于 5 mm,连续几天小的降水事件也引起 ET 峰值的出现,但是比 2006 年的峰值小很多。2007 年 8 月初连续几天大的降水事件,共约 70 mm 使得 8 月份 ET 峰值达到 2007 年生长季最高的水平。图 5.3B 内小图显示的是 2007 年 7 月和 9 月的一次降水事件后草地蒸散的变化。2006 年 7 月份两次大的降水事件分别为 60 mm 和 77 mm,雨后土壤含水量升高了约 26%,增幅不大,主要是因为 2006 年 7 月份降水丰富,土壤含水量的初始值已经很高。而 2007 年 8 月的一次约 67 mm 的降水使得草地的土壤含水量升高了 212%,这是因为 2007 年非常干旱,8 月这次降水之前土壤含水量很低,草地仅为7.7%。把2006年两次大降水事件剔除后，得出土壤含水量与降水事件的大小呈显著的线性相关性($P<0.01$)。降水后蒸发散的变化与降水量的大小正相关($P<0.01$)。

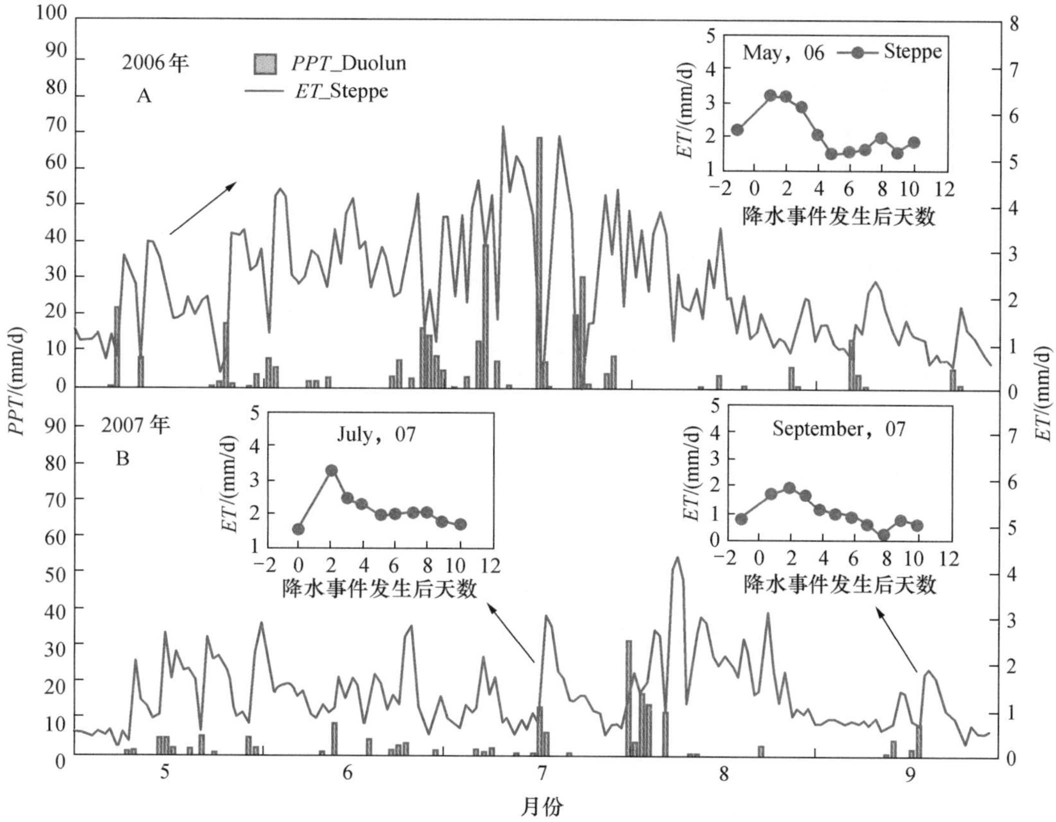

图 5.3　典型草地2006年和2007年两个生长季每天的降水量和蒸发散的变化与雨后蒸发散的持续变化

除了研究降水量对生态系统蒸发散及其组分的影响，不连续的降水事件对生态系统的影响也逐渐得到人们的关注。生态学家所认可的在干旱半干旱地区的“有效降水”为8～10 mm降水量的降水事件。郝彦宾(2006)通过对影响内蒙古羊草草原土壤含水量和碳通量的有效降水的研究发现，大于3 mm的降水能够影响土壤含水量和碳通量，而我们的研究也表明，大于3 mm的降水能够影响多伦草原生态系统的土壤含水量和蒸发散(图5.4)。

雨后土壤含水量和蒸发散的变化量与降水事件的大小呈现正相关的关系(图5.4)。雨后蒸发散的变化与土壤含水量的变化显著相关($P<0.01$)，蒸发散对降水变化的响应反映了土壤含水量的影响，而且降水前土壤的初始值对蒸发散雨后的变化也是有影响的。雨前土壤干旱，蒸发散对降水的响应敏感；而雨前土壤湿润，蒸发散对降水的响应就比较小，Ivans(2005)通过研究美国犹他州半干旱植物群落水分通量对降水变异的响应时也得出了相似的结论。因此，在评价降水事件对蒸发散影响时，应考虑雨前土壤水分的初始值。我们经过研究发现，单位降水量引起的蒸发散变化与土壤的初始值有很好的相关性，雨前土壤含水量越低，蒸发散对单位降水量的响应越高，反之亦然；而蒸发散对单位降水量的响应与其他因子，如水气压亏缺、气温、土温和叶面积指数没有相关性。一方面可能是因为土壤水分的限制作用，另一方面可能

是因为土壤初始值的差异大导致对相同大小降水事件的响应差异大，而掩盖了其他因子的影响。因此，土壤含水量是控制蒸发散对单位降水量响应的主要的驱动因子。

小于 3 mm 降水事件发生的频率在本地区很高，但是对蒸发散没有影响，而低频率的大于 3 mm的降水，尤其是大于 20 mm 的降水对蒸发散有明显的影响，因此未来极端降水事件的发生势必会影响草原生态系统蒸发散的变化。另外，干旱期的长短也会影响生态系统蒸发散对降水的响应。干旱期延长，雨前土壤含水量初始值低，蒸发散对小降水事件可能会作出瞬时的响应，大的降水事件后土壤含水量和蒸发散的变化大；而干旱期缩短，土壤含水量的初始值较高，蒸发散对小的降水事件可能就不敏感，大的降水事件后土壤的水分含量和蒸发散的变化也会比较小。

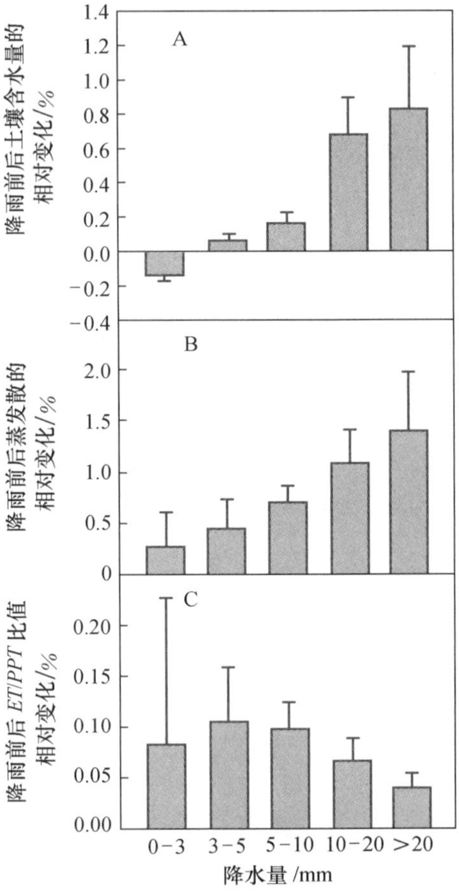

图 5.4　典型草地和农田雨后土壤含水量(A)、蒸发散(B)和单位降水量的蒸发散(*ET*/*PPT*)变化(C)与降水事件大小的关系

0～3 mm 的降水对草地和农田的土壤含水量没有影响(图 5.4A)，雨后土壤含水量略低于雨前。3～5 mm和 5～10 mm 的降水对土壤含水量有较小的影响，雨后土壤含水量稍高于雨前的土壤含水量。10～20 mm 和大于 20 mm 的降水对土壤含水量的影响很大，雨后的土壤含水量升高了 50%以上。草地和农田的土壤含水量对降水大小的响应没有显著性的差异($P>0.05$)。0～3 mm 的降水对草地和农田蒸发散的影响很小，且变差很大(图 5.4B)。大于 3 mm 的降水使蒸发散升高，并且随着降水事件的增大，蒸发散升高得越多。降水事件的大小对草地和农田蒸发散的影响的差异是不显著的($P>0.05$)。草地和农田的蒸发散对 0～3 mm 的单位降水量的响应变差很大(图 5.4C)。草地蒸发散对单位降水量的响应随着降水事件的增大而减小，农田蒸散对5～10 mm 的单位降水量最敏感，大于 20 mm 的单位降水量引起的蒸发散变化最小。单位降水量引起的草地和农田蒸发散变化对降水的响应没有显著性差异($P>0.05$)。

5.2.2.4　草原生态系统蒸发散对放牧的响应

围封草地两年生长季总蒸发散高于退化草地，围封草地 2006 年和 2007 年生长季总蒸发散分别为 230.3 mm 和 210.4 mm，而退化草地 2006 年和 2007 年生长季总蒸发散分别为 201.4 mm 和 207.5 mm(表 5.3)。围封和退化草地两年生长季总的 *ET*/*PET* 值相似。锡林浩特两个生态系统 2006 年和 2007 年生长季的蒸发散均高于同期的降水量(表 5.3)。

表 5.3 2006 年和 2007 年生长季围封和退化草地 *ET*、*ET*/*PET* 和 *ET*/*PPT*

指标	2006 年生长季(5—9 月)		2007 年生长季(5—9 月)	
	围封草地	退化草地	围封草地	退化草地
ET/mm	230.3	201.4	210.4	207.5
PET/mm	598.6	556	664.8	66.6
ET/*PET*	0.38	0.36	0.32	0.33
ET/*PPT*	1.25	1.09	1.37	1.35

围封和退化草地蒸发散与土壤含水量有显著的线性相关性，且退化草地 2006 年和 2007 年蒸发散与土壤含水量线性回归的斜率均高于围封草地($P<0.01$)。围封和退化草地冠层导度与蒸发散存在显著的相关性($P<0.01$)。围封和退化草地 2006 年和 2007 年的斜率相似，而且围封和退化草地之间的斜率差异不大。

放牧使草原生态系统 2006 年生长季的蒸发散降低了 13%，而 2007 年放牧没有改变草原生态系统的蒸发散(表 5.3)。美国堪萨斯州一个半干旱草原的研究结果表明，放牧使半干旱草原 1999 年 5—10 月的蒸发散下降了 6.1%(Bremer 等，2001)。但放牧对草原生态系统蒸发散的影响存在不确定性，从连续 3 年的均值来看，放牧草地的蒸发散下降了 7%；然而，在土壤水分相对较高的年份，放牧草地的蒸发散比没有放牧的草地的蒸发散要高(Frank，2003)。在湿润年份土壤水分不是限制因子时，围封草地和退化草地的蒸发散相似(Stewart 和 Verma，1992)。我们目前还不能够很好地解释放牧对蒸发散的影响在不同的草原生态系统或不同年份之间存在差异的原因。因此，需要进一步的研究，尤其是在多地点和更长时间尺度上的研究，来更好地解释和了解放牧对蒸发散产生的影响。

内蒙古典型草原的研究结果表明，放牧破坏地表植被后，表土层水分入渗速度增加，表土层和心土层的土壤温度的变化加剧，使土壤表层(0～20 cm)的含水量下降。佟乌云等(2000)将放牧草地表土层水分入渗速度的增加归因于放牧草地根系少，降低了蓄水能力；根系本身的阻碍作用下降；以及地被(植物及枯落物)的截留作用下降。也有研究认为放牧增加了土壤持水力，降低了蒸发散，从而增加了土壤含水量(Bremer 等，2001)，但也有放牧对土壤含水量没有影响的研究报道(Coronato 和 Bertiller，1996)。我们的研究表明，放牧降低了土壤含水量，这可能是因为退化草地的凋落物层少，而裸露地表多。因而，退化草地可能发生地表径流，这也可能是退化草地土壤含水量降低的一个原因。围封草地和退化草地蒸发散和土壤含水量之间显著的相关性表明，退化草地低的土壤含水量很可能是引起蒸发散下降的一个原因。退化草地的蒸发散对土壤含水量的变化更加敏感，进一步证实了土壤含水量在决定退化草地蒸发散中起着非常重要的作用。我们的结果与前人的研究结果不同(Bremer 等，2001；Frank，2003)，他们认为放牧是通过改变 *LAI* 和能量平衡组分从而降低蒸发散。因此，需要进一步的研究来解释放牧对蒸发散产生不同影响的原因。

围封草地和放牧草地之间凋落物的差异，可能是其蒸发散产生差异的另外一个原因。对于小的降水事件，表层凋落物层能够增加雨水的截留，减少雨水向土壤中的渗透。由于围封草地凋落物层远远大于退化草地，因此，在小的降水事件下，更多的水分可能会从围封草地的冠层表面直接蒸发到大气中。此外，在大的降水事件下，围封草地高的凋落物层能够增加持水能力，减少地表径流。围封草地和退化草地之间的 *LAI* 和冠层导度相似，说明在干旱年份，*LAI* 和冠层导度对于蒸发散的差异的影响作用很小。围封草地和退化草地 2006 年和 2007 年蒸发散与冠层导度关系的斜率相似，这说明放牧在干旱年份没有改变草原生态系统蒸发散对冠层导度响应的敏感性。总之，放牧通过改变草原生态系统的植被类型、冠层导度、土壤持水能力和土壤含水量，从而改变了草原生态系统的蒸发散。

5.2.2.5　草原生态系统蒸发散对开垦的响应

农作物在 7 月份达到生长高峰期时，农田的 *ET* 和 *ET/PET* 均高于草地，然而在其他月份草地的 *ET* 和 *ET/PET* 基本上比农田的高(图 5.5)。因为多伦的草地和农田距离约 0.5 km，微气象条件相似，因此，草地和农田的 *PET* 相似。草地在 2006 年和 2007 年整个生长季的 *ET*(2006 年为 344.4 mm，2007 年为 204.1 mm)均高于农田(2006 年为 292.0 mm，2007 年为 190.5 mm)。这两年整个生长季草地的 *ET/PET* 高于农田的(表 5.4)。2006 年生长季 *ET/PPT* 小于 1，但 2007 年生长季 *ET* 大于 *PPT*(表 5.4)。2006 年草地年 *ET* 为 428 mm，接近于年降水量 426 mm(包括降雪量)；农田的年 *ET* 为 380 mm，约占年降水量的 89%。而 2007 年草地和农田年 *ET*(草地和农田分别为 281 mm 和 267 mm)均高于年降水量(218 mm)。

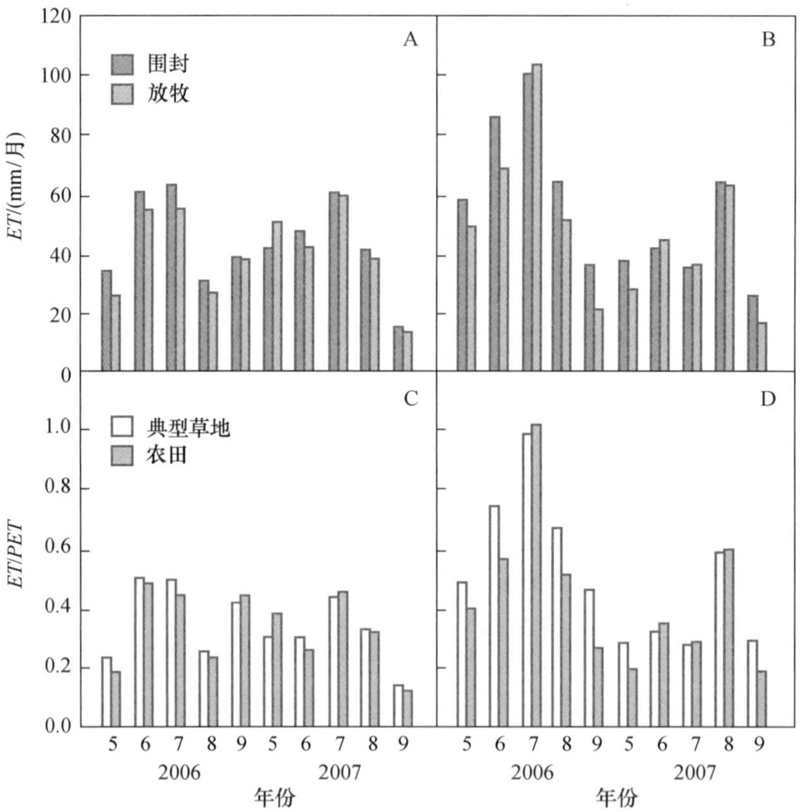

图 5.5　2006 年和 2007 年围封(A)和退化(B)草地以及典型草地(C)和农田(D)的生态系统蒸散(*ET*)和生态系统蒸散与潜在蒸散比率(*ET/PET*)

表 5.4 2006 年和 2007 年生长季典型草原和开垦地的 *ET*、*PET*、*ET*/*PET*、*ET*/*PPT* 比较

指标	2006 年生长季(5—9 月)		2007 年生长季(5—9 月)	
	草地	农田	草地	农田
ET/mm	344.4	292.0	204.1	190.5
PET/mm	505.0	510.2	577.9	573.9
ET/*PET*	0.68	0.57	0.35	0.33
ET/*PPT*	0.87	0.74	1.15	1.07

2006 年草地年 *ET* 为428 mm,接近于年降水量 426 mm(包括降雪量);农田的年 *ET* 为 380 mm,约占年降水量的 89%。而 2007 年草地和农田年 *ET*(草地和农田分别为 281 mm 和 267 mm)均高于年降水量(218 mm)。

多伦草地日最大蒸发散速率(5.69 mm/d)介于全球其他半干旱草原生态系统日最大蒸发散速率范围之内(3～6.2 mm/d,Meyers 2001)。多伦草地生长季的日蒸发散(0.20～5.69 mm/d)比内蒙古半干旱草原生态系统的要高,内蒙古半干旱草原常年年均降水量为 181 mm,2003 年 5 至 2004 年 5 月降水量为 248.1 mm,最高 *LAI* 为 0.57 m^2/m^2,日蒸发散为 0.1～2.8 mm/d(Li 等,2007)。然而,多伦草地日蒸发散速率低于美国高草草原(2.1～9.5 mm/d),美国高草草原年均降水量大于 600 mm,*LAI* 为 2.0～3.5 m^2/m^2(Bremer 等,2001;Burba 和 Verma,2005)。多伦草地与其他草原生态系统日蒸发散之间的差异很可能与这些生态系统的降水及叶面积的差异有关。

生态系统的蒸发散受到微气象因子、土壤含水量和植被性质的影响。潜在蒸发散(*PET*)由微气象数据计算得出,没有考虑土壤水分供给和生物因子的影响。因此 *ET*/*PET* 的比值可以用来评价生态系统是否受到水分供应的限制(Li 等,2007)。在水分灌溉条件好的农田或湿润冠层表面,*ET*/*PET* 比值通常大于 1(一般介于 1.1～1.4)。在我们的研究中,多伦草地和农田 2006 年和 2007 年生长季 *ET*/*PET* 比值都比较低,表明草地和农田蒸发散均受到水分供给的限制。Li(2007)在内蒙古半干旱草原生态系统也得出了低的 *ET*/*PET* 比值(<0.5)。多伦草地和农田 *ET*/*PPT* 比值高(≥1),说明绝大部分或全部的降水通过蒸发散返回到大气中。多伦县 1994—2004 年的年降水量变差大,255～490 mm。因此,多伦草地和农田 2006 年和 2007 年蒸发散的年际差异很可能是由于降水的年际差异造成的。我们的结果与 Meyers(2001)和 Wever(2002)研究的结果一致,他们的研究也表明蒸发散的年际变化与降水的年际变化有关。2006 年生长季,开垦使蒸发散下降了 15%,全年蒸发散下降了 11%。多伦草地和农田之间与蒸发散密切相关的微气象因子(如气温、相对湿度、风速、水汽压亏缺和太阳辐射)没有明显的差异。Li(2007)的研究表明土壤含水量是影响内蒙古半干旱草原生态系统蒸发散动态的最主要的环境驱动因子。我们的研究表明草地和农田的蒸发散与土壤含水量高度相关。因此,农田土壤含水量低于草地,很可能是农田蒸发散低于草地蒸发散的一个原因。此外,开垦使蒸发散在 2007 年对土壤含水量更敏感,表明蒸发散在干旱年份的变化更依赖于土壤含水量而不是生物因子(如 *LAI*、冠层导度)。

一些研究假定,半干旱生态系统陆地表面径流和下渗均可以忽略,除了蒸发散的消耗,其他降水将会存储在土壤中。根据这种假设,农田的蒸发散低,因此农田的土壤含水量将会高于草地。然而,农田表层土壤含水量显著低于草地。农田土壤持水力的下降(谢静,未发表数据)

很可能增加了雨水向深层土壤的下渗。我们的数据表明，农田深层土壤(30～50 cm)含水量在2006年和2007年生长季(分别为5.06%和4.12%)显著高于草地(2006年和2007年生长季分别为4.18%和3.57%)($P<0.01$)，这进一步证实了开垦增加了表层土壤水分的下渗。此外，一年生农作物的垂直根系相比多年生的本地草本植物根系，农作物根系更多地分布于土壤表层，因而土壤表层更多的水分被农作物蒸腾消耗掉，尤其是在农作物生长旺期。而在生长初期和末期以及非生长季节，农田更多的裸露地表可能导致高的土壤蒸发。以上这些原因可以解释为什么农田的蒸发散低而表层土壤含水量也低于草地。除了土壤含水量的差异，*LAI* 的差异是影响生态系统蒸发散变化的另外一个重要的因子(Burba 和 Verma，2005；Li 等，2007)。2007年的降水量明显低于2006年，使得2007年草地和农田的 *LAI* 低于2006年，因而导致2007年草地和农田的蒸发散低于2006年。利用稳定同位素技术区分蒸发散组分，Yepez(2003)研究结果表明美国西南部一个半干旱稀树草原的植物蒸腾是生态系统蒸发散的主要形式。我们的稳定同位素区分结果也显示，生长季多伦草原生态系统植物蒸腾约占蒸发散的80%。因为 *LAI* 能够反映总的蒸腾面积，因此我们认为多伦草地和农田生长季 *LAI* 的差异是引起蒸发散差异的一个重要的原因。当农田在生长旺期 *LAI* 比草地高时，农田的蒸发散也比草地的高。2006年7月份，农田 *LAI* 约为草地的3倍，然而农田的蒸发散与草地的蒸发散近似。这表明单位叶面积的气孔导度在限制农作物蒸腾中起重要作用。农作物根系浅，限制了农作物从深层土壤得到水分用于蒸腾，表层土壤水分供应的限制引起了农作物的水分胁迫。此外，多伦农作物的生长期为6—8月，农田5月和9月的蒸发散远低于草地。因此，由于农作物的生长期比草地短，农田整个生长季(5—9月)蒸发散低于草地(表5.4)。

冠层导度受到生物和非生物因子(如 *LAI*、气孔导度、水汽压亏缺、辐射和土壤含水量)的影响(Wever 等，2002)。因此，冠层导度不仅反映了生理的气孔导度的作用，而且也包括了土壤含水量和冠层扰动的非线性的影响。许多研究表明，如果土壤蒸发低，冠层导度则主要反映冠层水平上气孔导度的影响，在我们的研究中，植物蒸腾在生长季占蒸发散的绝大多数，因此冠层导度反映了蒸发散更多地受到了气孔的限制作用。2006年草地和农田蒸发散与冠层导度关系的斜率高于2007年，这表明干旱年份，水分的胁迫作用降低了蒸发散对冠层导度的敏感性，增加了蒸发散对土壤水分的依赖性。此外，2006年和2007年草地蒸发散与冠层导度关系的斜率略高于农田，说明在湿润年份和干旱年份，开垦均降低了蒸发散对冠层导度变化的敏感性。

总之，开垦明显地降低了草原生态系统的蒸发散，这一方面是因为开垦降低了土壤的持水能力，增加了雨水的下渗，从而降低了表层土壤的含水量，限制了生态系统的蒸发散；另一方面，在整年水平上，开垦改变了植被的物候期，缩短了植被的生长时间，此外降低了蒸发散对冠层导度的敏感性，因此降低了生态系统的蒸发散。

5.2.2.6 草原生态系统的水—碳耦合和水分利用效率

生态系统水循环和碳循环作为生态系统功能的两个主要过程，对全球气候变化的响应和反馈已经引起科学界的普遍关注，尽管单独就生态系统的碳过程或水过程已经在地学和生态学界开展了广泛的研究，但对碳—水耦合过程的研究却相对匮乏。研究水循环对碳循环的调控对于更加深入地理解全球变化与碳循环之间的关系非常重要。水分利用效率(water use efficiency，*WUE*)是生态系统碳—水循环间耦合关系的重要指标，是连接陆地生态系统碳循环和水循环的关键过程，对该过程的研究有助于理解陆地生态系统初级生产力形成的生物学机制以及碳循环对气候变化的响应和反馈。

WUE 是指消耗一定的水量植物光合作用所固定的 CO_2 或生产的干物质量(或净初级生产力 *NPP*)，大多数情况下被植物学家应用于叶片水平上的研究，在近几年来，随着一些环境问题如全球气候变化问题的日益突出，对草地和森林等自然生态系统灌层和生态系统水平 *WUE* 的研究越来越引起重视。但由于生态系统 *WUE* 在测定上的局限性(目前只能借助于静态箱或涡度相关技术)，大多数关于 *WUE* 对气候变化响应的研究仍集中在植物叶片或个体水平上(Niu 等，2004；Verheyen 等，2008)，叶片或个体水平 *WUE* 由于考虑的生态学水文过程不同于生态系统 *WUE*(Ponton 等，2006)，而且共存物种在水分利用上可能存在相互补偿效应(Verheyen 等，2008)，因此并不能代表生态系统的 *WUE*。从叶片到生态系统对不同尺度 *WUE* 的研究有助于理解水分在生态系统内的利用、分配及对生产力形成的生理驱动机制。

我们在内蒙古草原生态系统的研究结果表明，涡度塔测得的 *WUE* 在 2006 年和 2007 年的季节变化趋势相似，均在 8 月份达最高值，说明 5～8 月份植物的光合活性逐渐增强，单位耗水量固定的碳逐渐增多。不同的是 5、6 月份的水分利用效率低于 2006 年(图 5.6)。

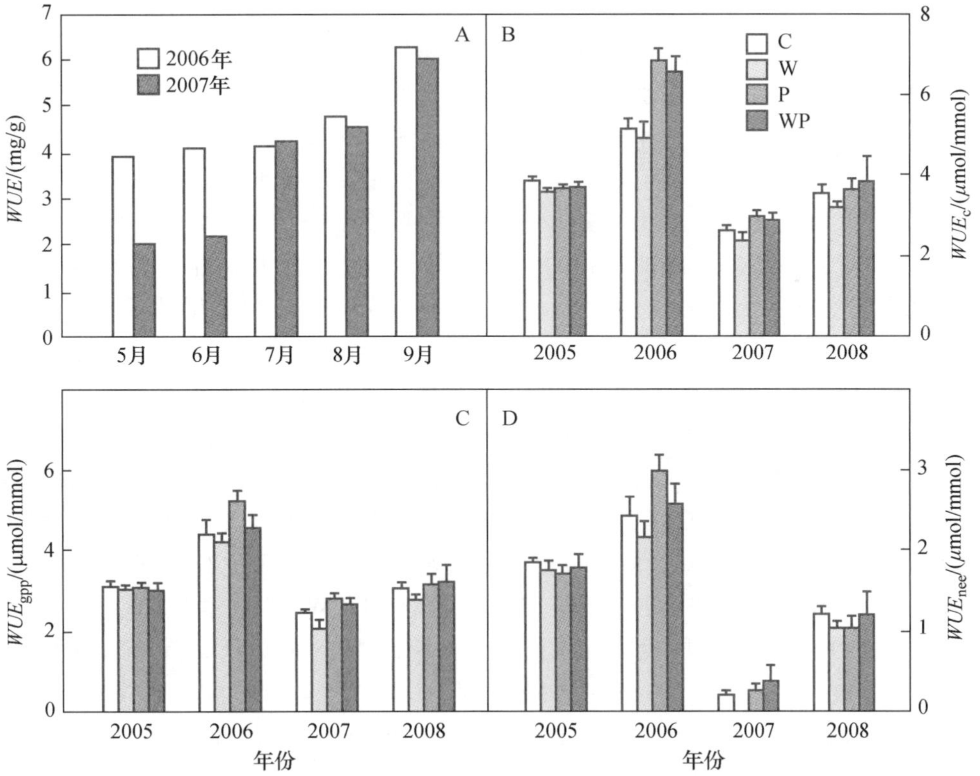

图 5.6 水分利用效率的季节变化以及不同尺度的水分利用效率对增温和夏季增加降水的响应

[C，对照；W，增温；P，增加降水；WP，(增温＋增加降水)(根据 Niu 等，2011 图 1 改绘)]

2005—2008年夏季增加雨水显著提高了植被水平及生态系统水平的水分利用效率，对冠层水分利用效率(WUE_c)、基于*GPP*的生态系统水分水分利用率(WUE_{gpp})，以及基于NEE的生态系统水平水分利用率(WUE_{nee})分别提高17.1%、10.2%和12.6%(图5.6B、C、D)。增温对WUE_c、WUE_{gpp}以及WUE_{nee}分别降低了4.5%($P=0.17$)、5.9%($P<0.05$)、和7.7%($P<0.05$)。增温对*WUE*的影响与研究的年份以及增雨处理均无显著交互作用。综合四年的研究结果，水分利用效率与雨水的输入量呈显著线性正相关。

Tu等(2008)对不同尺度水平上的*WUE*进行过比较研究，认为生态系统水分利用效率(*EWUE*)与叶片和群落*WUE*比较一致，而与用同位素测定的个体*WUE*不一致，但Ponton等(2006)的研究认为叶片水平和生态系统水平的*WUE*未必一致，由此可见前人对于不同尺度上*WUE*之间的关系仍存在很大的分歧。另外，不同尺度的*WUE*考虑到的水分过程也不一样，植物个体水平的水分利用效率主要考虑到植物的蒸腾量，生态系统水平的水分利用效率考虑到植物灌层蒸腾和土壤蒸发，因为不同尺度上的水分利用效率考虑到的生态水文过程不同，而不同尺度上的*WUE*有也因为包含了相同的核心过程而有着密切的联系，因此在同一个生态系统内通过对不同尺度的水分利用效率进行研究，有助于理解水分在生态系统内的利用、分配及对生产力形成的生理驱动机制，并初步揭示不同尺度*WUE*之间的尺度推移问题。

温度升高对叶片光合速率的促进作用大于蒸腾速率，使得叶片*EWUE*提高。但增温对*WUE*的影响结果并不一致。在水分比较贫乏的生态系统，温度升高导致*EWUE*降低(Allen等，2003)，但在水分充足的地区，温度升高对蒸散的促进作用大于*NPP*，从而导致*EWUE*的降低(Bell等，2010)。可见温度对植物或生态系统碳水过程的影响取决于水分状况，这主要是因为增温通过促进土壤蒸发导致土壤湿度的下降，温度对土壤水分的间接作用大于温度的直接作用，从而降低植物的光合碳固定。我们在内蒙古草地的实验结果也表明水分不仅决定生态系统碳通量的大小，而且还调节生态系统对温度的反应程度(Niu等，2008)，因此，在研究全球变暖对生态系统的影响时，一定要考虑水分的作用，对温度和水分交互作用的研究有助于深入理解植物和生态系统水分利用效率对气候变化的响应。

降水量直接影响植物的光合碳固定和水分蒸发及蒸散，从而改变*WUE*。草原植物叶片*WUE*随着水分的增加而下降(Niu等，2004)，在植物个体水平，从干旱到湿润逐渐转变，植物的水分利用效率显著降低(陈世苹等，2003)。而生态系统水平上的*WUE*对降水量的响应并没有一致的结论。Law(2002)对世界主要群区的*EWUE*进行了研究并发现除了在北极草甸有极低的*EWUE*外，处于不同降水量地区的*EWUE*基本相同(Law等，2002)；Huxman等(2004b)通过对不同生物区系的综合研究结果表明EWUE随降水量的降低而增加；Coughenour和Chen(1997)的研究结果表明，随着降水量的增加，在Colorado和Kenya的C_4草地，Kansas的C_4草地以及Colorado的C_4草地，*EWUE*均得以增加，这主要是因为在降水量增加条件下，植物的*NPP*增大的幅度大于*ET*增大的幅度，从而导致*EWUE*的增加。但在一些生态系统，比如美国高草草原，降水量增加对ET的促进作用大于对*NPP*的促进作用，从而导致生态系统*WUE*的降低(Bell等，2010)。由此可见，*EWUE*对气候变化的响应因生态系统类型而异，到目前为止尚没有中国北方草地生态系统*WUE*对气候变化反应的文献报道。

5.3 结语与展望

5.3.1 长期定位研究

水分是内蒙古半干旱草原生态系统功能和过程的主要限制因子，而降水量及其分布的变差很大，因此短时间的研究对于探索气候变化和人类干扰对草原生态系统水循环的影响是不够的，需要进一步的定位研究，尤其是在多地点和更长时间尺度上的观测和对比分析，来更好地解释和了解气候变化及土地利用方式的改变对草原生态系统蒸发散的影响。

尽管我们初步研究了气候变化及土地利用方式下的内蒙古半干旱草原生态系统对降水格局变化的响应，得出了一些有价值的结果，但也存在着一些不足，在探讨降水事件大小对草原生态系统蒸发散影响时，由于自然降水的不确定性和随机性，在自然条件下很难选出满足条件的降水事件，因此我们忽略了植被的生长和物候的差异对研究结果的影响，把两年生长季的数据放在一起进行分析。但是植被的不同生长阶段对降水的响应是存在差异的，因此，在考虑不同的土地利用方式引起的蒸发散对降水的响应时，最好是根据植被的不同生长阶段分别考虑不同降水事件的大小对蒸发散的影响，这就需要结合控制实验的方法来进一步解释其机理。另外，在比较降水的年际和季节变化对生态系统蒸发散的影响时，两年的测定时间比较短，得出的结果用来比较年际间的差异随机性太大，需要更长（至少 3 年）的连续测定才能分析年际间的气候因子变异可能对以上结论的影响。

5.3.2 生态系统蒸发散的拆分

尽管我们利用稳定同位素与微气象技术相结合的方法对草原生态系统蒸发散组分进行了区分，并初步探讨了草原生态系统蒸发散组分的动态变化，得出了有价值的结果。但遗憾的是，我们用此方法对农田生态系统蒸发散组分区分时，没有构建出很好的 Keeling 曲线，因此无法从蒸腾和蒸发对环境因子变化响应的差异上，比较分析气候变化和人类干扰对草原生态系统蒸发散的影响，需要进一步进行研究，用此方法区分草原生态系统的蒸发散组分，以更好地用于解释其对环境变化响应差异的机制。此外，因为同位素稳定状态很容易受到环境因子和生物因子的影响，而且叶片在蒸腾中重同位素的富集会影响蒸腾水蒸气的同位素组成，因此在用稳定同位素技术区分蒸发散组分时，应该考虑同位素稳定状态偏离的问题，与同位素稳定状态下的结果进行比较分析，寻求更准确估计蒸腾水蒸气同位素组成的方法。

在以后的研究中，应该在完善稳定同位素技术区分方法的基础上，分析不同气候变化和土地利用方式下的生态系统蒸发散组分的变化及其影响机制，从新的角度探讨全球变化对草原生态系统蒸发散的影响。另外，可以将蒸发散组分的区分与降水格局变化的研究结合起来，利用控制实验结合天然条件下的实验，分析降水的大小、频率分布、季节分布等的变化对生态系统蒸发和蒸腾的影响及影响机制，探讨草原生态系统对未来降水格局的响应。

5.3.3 水循环对碳循环响应气候变化的调控机制

因为植物在光合作用过程中,CO_2 交换和水分交换共用气孔这一通道,因此植物的蒸腾和光合作用是密切相关的。植物和微生物呼吸与土壤水分的有效性密切相关,而土壤水分与植物蒸腾和土壤蒸发又是密切联系的,因此生态系统的呼吸与植物蒸腾和土壤蒸发相关。另外,植物蒸腾和土壤蒸发对环境变化的响应不一样,这势必会影响生态系统碳通量组分对环境变化的响应。

作为碳—水耦合的关键生物学过程,*WUE* 在响应气候变化的同时,也调节着植物和生态系统对气候变化的反应程度。就植物个体而言,*WUE* 高的植物比 *WUE* 低的植物更能够适应干旱环境,因此在增温和降水量降低的气候变化条件下,*WUE* 高的植物仍然能够保持较高的光合碳固定能力。类似地,*WUE* 高的生态系统对高温和干旱的反应程度比 *WUE* 低的生态系统要小,从而在水分减少的条件下仍能保持较高的 *GPP* 和 *NEE*。因此,*WUE* 在决定植物群落和生态系统碳循环对气候变化反应方面应该起着关键的调节作用。Cao 和 Woodward 在其 Nature 文章(1998,393:249-252)中也指出 CO_2 增加对热带地区 *NPP* 的强大促进作用是因为 *WUE* 的增加。由于目前对生态系统 *WUE* 的研究尚处于起步阶段(Cao 和 Woodward,1998),因此,关于 *EWUE* 对碳循环响应气候变化的调节机制方面的研究尚很缺乏。

国内对于自然生态系统 *EWUE* 的研究很少,于贵瑞研究组对森林和草地的 *EWUE* 进行了研究。通过对中国东部森林生态系统进行的样带研究,Yu 等(2008)认为森林生态系统的 *WUE* 随温度和降水量的增加而线性下降,揭示了我国森林生态系统 *EWUE* 对气候变化的潜在响应模式。Hu 等(2008)对内蒙古草地生态系统 *EWUE* 的研究指出 *LAI* 是控制生态系统 *WUE* 的主要因子,但并没有对非生物因子(环境因子)进行研究。尽管国内外科学家对 *EWUE* 作了一些研究,但目前尚缺乏用野外控制实验的手段来研究植物和生态系统 *WUE* 对气候变化的响应。考虑到内蒙古草原生态系统对雨水利用的独特性,有必要从不同尺度上对内蒙古草原生态系统 *WUE* 及其对气候变化的响应进行研究,揭示 *WUE* 对碳循环响应气候变化的调节机制。

5.3.4 水循环研究上的尺度推移问题

随着气候变化等环境问题的越来越突出,生态学家和地理学家对更大尺度的水分利用效率进行关注,研究生态系统碳通量如净初级生产力、净生态系统生产力,或者总生态系统生产力与水分丢失:蒸腾(*T*)或蒸散(*ET*)速率之间的关系。无论是 *GPP*、*NEE* 还是 *AGB* 都与 *ET* 有着很好的线性关系(Kuglitsch 等,2008),*GPP* 代表整个群落的光合碳固定量,因此 WUE_{GPP} 可能是一个更合适的指标来衡量生态系统初级生产力对水分利用的生理机制(Yu 等,2008),但如果考虑到生态系统净的碳收支量与水分的关系,WUE_{NEE} 就比较合适(Huxman 等,2004a)。与植物叶片和个体水平的 *WUE* 相比,当前对于 *EWUE* 的研究尚处于初始阶段,对于其中的许多科学问题比如不同的计算方法和解释途径之间的比较等都有待于深入研究。

为了在生态系统尺度上研究水分利用效率对气候变化的反应,前人尝试着从叶片水平的

WUE 尺度推移到灌层乃至生态系统水平（Tu 等，2008）。但是不同尺度水平上的水分利用效率的控制因子和关键过程是不同的，从前人的研究结果分析可以看出，叶片和生态系统 *WUE* 对气候变化的反应是不同的，这种差异可以从下面几个方面来解释：①不同植物或功能群的 *WUE* 有着很大的差别（比如 C_3、C_4 和 *CAM*），在气候变化条件下，不同植物种或功能型 *WUE* 的反应程度不同，比如有关 CO_2 浓度升高实验的结果表明，C_3 植物的 *WUE* 会得到提高，而一些 C_4 植物的 *WUE* 优势可能会丢失（Polley 等，2002）。气候变化条件下物种组成的改变、植物密度和群落盖度等因素都会改变 ET，从而影响生态系统 *WUE* 对气候变化的反应程度。因此，我们预测共存物种之间可能存在 *WUE* 的互相补偿机制（Verheyen 等，2008），气候变化背景下一些植物或功能型 *WUE* 的升高可能伴随另外一些植物或功能型 *WUE* 的降低，从而影响 *EWUE* 对气候变化的响应。②Ponton 等（2006）的研究认为叶片水平和生态系统水平 *WUE* 对水分反应的不一致主要是因为考虑的水分过程不同，在叶片水平上当水分减少气孔导度降低时，气孔导度对蒸腾水分散失的限制作用大于对 CO_2 吸收的限制作用从而增大叶片 *WUE*；但在生态系统水平，干旱条件下尽管叶片的气孔导度是降低的，气孔导度、空气动力学导度、大气边界层对干空气的携带作用以及叶片温度的改变等过程互相补偿，使得蒸散作用增加 *WUE* 降低。③不同尺度的 *WUE* 结果出现在不同的研究案例中，使得可比性降低，因此有必要在同一个生态系统内同时对植物和生态系统 *WUE* 进行比较研究其对气候变化的反应。上述分析结果表明，植物与生态系统 *WUE* 对气候变化的反应可能是不一致的，因此我们不能由植物的反应来简单的推测生态系统的反应，合理地评价生态系统水分利用效率对气候变化的反应应该结合优势植物或功能群 *WUE* 的研究。

本章编写人：牛书丽*，苗海霞*，陈世苹（*同等贡献）

参考文献

白永飞. 1999. 降水量季节分配对克氏针茅草原群落初级生产力的影响. 植物生态学报，2：155.

陈世苹，白永飞，韩兴国. 2003. 内蒙古锡林河流域植物功能群组成及其水分利用效率的变化：依水分生态类群划分. 植物学报，45：1251-1260.

郝彦宾. 2006. 内蒙古羊草草原碳通量观测及其驱动机制分析（博士学位论文）. 北京：中国科学院植物研究所.

李博，曾泗弟，郝广勇. 1964. 内蒙古呼伦贝尔盟草原区羊草、丛生禾草群落水分生态的初步研究. 植物生态学与地植物学丛刊，2：129-140.

吕达仁，陈佐忠，王庚辰. 2002. 内蒙古半干旱草原气候生态相互作用问题：IMGRASS 计划初步结果. 地学前缘，9：307-320.

苗海霞. 2005. 开垦和放牧对内蒙古半干旱草原蒸发散的影响（博士学位论文）. 北京：中国科学院植物研究所.

宋炳煜，李燕红，颜铭. 1983. 锡林河流域羊草草原的植物蒸腾特点及其群落水分利用的初步研究. 草原生态系统研究（第 1 集）. 北京：科学出版社，83-89.

宋炳煜. 1996. 几个主要地面因子对草原群落蒸发蒸腾的影响. 植物生态学报，6：485-494.

佟乌云,陈有军,李邵良.2000.放牧破坏地表植被对典型草原地区土壤湿度的影响.干旱区资源与环境,4:55-60.

王静,宝音陶格涛.2007.羊草草原不同退化阶段群落蒸散量比较.生态学杂志,26:1148-1152.

于贵瑞,孙晓敏.2006.陆地生态系统通量观测的原理与方法.北京:高等教育出版社.

张晓煜,王连喜,袁海燕.2005.宁南半干旱地区农田和草地生态系统能量通量的季节变化.生态学报,25:2333-2340.

Allen L H,Pan D Y,et al. 2003. Carbon dioxide and temperature effects on evapotranspiration and water use efficiency of soybean. Agronomy Journal,95:1071-1081.

Bell J E,Weng E S,Luo Y Q. 2010. Ecohydrological responses to multifactor global change in a tallgrass prairie: A modeling analysis. Journal of Geophysical Research-Biogeosciences, 115:G04042.

Bremer D J,Auen L M,et al. 2001. Evapotranspiration in a prairie ecosystem: Effects of grazing by cattle. Agronomy Journal,93:338-348.

Burba G G, Verma S B. 2005. Seasonal and interannual variability in evapotranspiration of native tallgrass prairie and cultivated wheat ecosystems. Agricultural and Forest Meteorology, 135:190-201.

Cao M K,Woodward F I. 1998. Dynamic responses of terrestrial ecosystem carbon cycling to global climate change. Nature,393:249-252.

Coronato F R,Bertiller M B. 1996. Precipitation and landscape related effects on soil moisture in semi-arid rangelands of Patagonia. Journal of Arid Environments,34:1-9.

Coughenour M B,Chen D X. 1997. Assessment of grassland ecosystem responses to atmospheric change using linked plant-soil process models. Ecological Applications,7:802-827.

Day T A,Detling J K. 1994. Water relations of Agropyron smithii and Bouteloua gracilis and community evapotranspiration following long-term grazing by prairie dogs. American Midland Naturalist,132:381-392.

Falge E,Baldocchi D,Olson R,et al. 2001. Gap filling strategies for defensible annual sums of net ecosystem exchange. Agricultural and Forest Meteorology,107:43-69.

Field C B,Lund C P,Chiariello N R,et al. 1997. CO_2 effects on the water budget of grassland microcosm communities. Global Change Biology,3:197-206.

Frank A B. 2003. Evapotranspiration from northern semiarid grasslands. Agronomy Journal, 95:1504-1509.

Hao Y B, Wang Y F, Huang X Z, et al. 2007. Seasonal and interannual variation in water vapor and energy exchange over a typical steppe in Inner Mongolia,China. Agricultural and Forest Meteorology,146:57-69.

Hu Z M,Yu G R,Fu Y L,et al. 2008. Effects of vegetation control on ecosystem water use efficiency within and among four grassland ecosystems in China. Global Change Biology, 14:1609-1619.

Hultine K R, Williams D G, Burgess S S O, et al. 2003. Contrasting patterns of hydraulic redistribution in three desert phreatophytes. Oecologia,135:167-175.

Huxman T E, Cable J M, Ignace D D, et al. 2004a. Response of net ecosystem gas exchange to a simulated precipitation pulse in a semi-arid grassland: the role of native versus non-native grasses and soil texture. Oecologia, 141:295-305.

Huxman T E, Smith M D, Fay P A, et al. 2004b. Convergence across biomes to a common rain-use efficiency. Nature, 429:651-654.

Ivans S, Hipps L, Leffler A J, et al. 2006. Response of water vapor and CO_2 fluxes in semiarid lands to seasonal and intermittent precipitation pulses. Journal of Hydrometeorology, 7:995-1010.

Jackson R B, Carpenter S R, Dahm C N, et al. 2001. Water in a changing world. Ecological Applications, 11:1027-1045.

Jung M, Reichstein M, Ciais P, et al. 2010. Recent decline in the global land evapotranspiration trend due to limited moisture supply. Nature, 467:951-954.

Keeling C D. 1961. The concentration and isotopic abundances of carbon dioxide in rural and marine air. Geochimica Et Cosmochimica Acta, 24:277-298.

Kirschbaum M U F. 2004. Direct and indirect climate change effects on photosynthesis and transpiration. Plant Biology, 6:242-253.

Kuglitsch F G, Reichstein M, Beer C, et al. 2008. Characterisation of ecosystem water-use efficiency of european forests from eddy covariance measurements. Biogeosciences Discussion, 5:4481-4519.

Law B E, Falge E, Gu L, et al. 2002. Environmental controls over carbon dioxide and water vapor exchange of terrestrial vegetation. Agricultural and Forest Meteorology, 113:97-120.

Li S G, Asanuma J, Kotani A, et al. 2007. Evapotranspiration from a Mongolian steppe under grazing and its environmental constraints. Journal of Hydrology, 333:133-143.

Lockwood J G. 1999. Is potential evapotranspiration and its relationship with actual evapotranspiration sensitive to elevated atmospheric CO_2 levels? Climatic Change, 41:193-212.

Mahmood R, Hubbard K G. 2002. Anthropogenic land-use change in the North American tall grass-short grass transition and modification of near-surface hydrologic cycle. Climate Research, 21:83-90.

Meyers T P. 2001. A comparison of summertime water and CO_2 fluxes over rangeland for well watered and drought conditions. Agricultural and Forest Meteorology, 106:205-214.

Miao H X, Chen S P, Chen J Q, et al. 2009. Cultivation and grazing altered evapotranspiration and dynamics in Inner Mongolia steppes. Agricultural and Forest Meteorology, 149:1810-1819.

Niu S L, Wu M Y, Han Y, et al. 2008. Water-mediated responses of ecosystem carbon fluxes to climatic change in a temperate steppe. New Phytologist, 177:209-219.

Niu S L, Xing X R, Zhang Z, et al. 2011. Water-use efficiency in response to climate change: from leaf to ecosystem in a temperate steppe. Global Change Biology, 17:1073-1082.

Niu S, Peng Y, Jiang G. 2004. Comparison of ecophysiological responses to simulated precipitation between a typical shrub and grass coexisted in sanddune of Hunshandak Sandland. Journal of Integrative Plant Biology, 46:1170-1177.

Owensby C E, Ham J M, Knapp A K, et al. 1997. Water vapour fluxes and their impact under elevated CO_2 in a C_4 tallgrass prairie. Global Change Biology, 3: 189-195.

Phillips D L, Gregg J W. 2001. Uncertainty in source partitioning using stable isotopes. Oecologia, 128: 304.

Polley H W, Johnson H B, Derner J D. 2002. Soil-and plant-water dynamics in a C_3/C_4 grassland exposed to a subambient to superambient CO_2 gradient. Global Change Biology, 8: 1118-1129.

Ponton S, Flanagan L B, Alstad K P, et al. 2006. Comparison of ecosystem water-use efficiency among Douglas-fir forest, aspen forest and grassland using eddy covariance and carbon isotope techniques. Global Change Biology, 12: 294-310.

Small E E, Kurc S A. 2003. Tight coupling between soil moisture and the surface radiation budget in semiarid environments: Implications for land-atmosphere interactions. Water Resources Research, 39: 410-414.

Stewart J B, Verma S B. 1992. Comparison of surface fluxes and conductances at two contrasting sites within the Fife area. Journal of Geophysical Research-Atmospheres, 97: 18623-18628.

Tu K, Knohl A, Mambelli S, et al. 2008. Observations and scaling of water use efficiency from leaf to globe. Geophysical Research Abstracts, 10: EGU2008-A-07012.

Verheyen K, Bulteel H, Palmborg C, et al. 2008. Can complementarity in water use help to explain diversity-productivity relationships in experimental grassland plots? Oecologia, 16: 315-361.

Wever L A, Flanagan L B, Carlson P J. 2002. Seasonal and interannual variation in evapotranspiration, energy balance and surface conductance in a northern temperate grassland. Agricultural and Forest Meteorology, 112: 31-49.

Wilson K B, Carlson T N, Bunce J A. 1999. Feedback significantly influences the simulated effect of CO_2 on seasonal evapotranspiration from two agricultural species. Global Change Biology, 5: 903-917.

Yakir D, Sternberg L D L. 2000. The use of stable isotopes to study ecosystem gas exchange. Oecologia, 123: 297-311.

Yepez E A, Huxman T E, Ignace D D, et al. 200. Dynamics of transpiration and evaporation following a moisture pulse in semiarid grassland: A chamber-based isotope method for partitioning flux components. Agricultural and Forest Meteorology, 132: 359-376.

Yepez E A, Williams D G, Scott R L, et al. 2003. Partitioning overstory and understory evapotranspiration in a semiarid savanna woodland from the isotopic composition of water vapor. Agricultural and Forest Meteorology, 119: 53-68.

Yu G R, Song X, Wang Q F, et al. 2008. Water-use efficiency of forest ecosystems in eastern China and its relations to climatic variables. New Phytologist, 177: 927-937.

Zavaleta E S, Thomas B D, Chiariello N R, et al. 2003. Plants reverse warming effect on ecosystem water balance. Proceedings of the National Academy of Sciences of the United States of America, 100: 9892-9893.

第6章

草地生态系统碳循环

草地是地球表面重要的陆地生物区系，以 40%的陆地面积储存了陆地生态系统中近 1/3 的有机碳(C)，维持着 30%的净初级生产力，提供全球 30%～50%的畜产品，是我国传统的畜牧业产地。由于草原植物大多具有很高的根/冠比，而草原区温度低，土壤微生物活性低，土壤有机质分解慢，因而具有巨大的固碳潜力。我国草地储存了大约 44 Pg 的碳(Ni，2002)，而且 20 多年来一直作为一个碳汇。我国北方草原位于欧亚大陆草原东部典型生态系统分布区域，因为水分的限制，那里的生态环境极为脆弱。由于人类活动和全球变化的共同影响，20 世纪后半叶我国北方草地出现了生态系统退化、生产力下降、生物多样性和稳定性丧失等问题，严重地制约了其所提供的生态产品和服务功能，并影响区域社会经济的可持续发展(Kang 等，2007)。

在全球变化与陆地生态系统关系研究中最受关注的领域之一是生态系统 C 循环对全球变化的响应和反馈。如果陆地生态系统作为一个净的 C 汇从大气层中吸收更多的温室气体(二氧化碳、甲烷等)，将会减缓气候变化的进程；反之，如果陆地生态系统作为一个净的 C 源向大气层排放更多的温室气体，将会加剧气候变化进程(Cox 等，2000)。因此，陆地生态系统的固 C 潜力也成为在相关国际谈判如 2009 年哥本哈根会议中各国政府争论 C 排放额的重要指标。明确和量化全球变化情景下陆地生态系统 C 循环的响应和反馈不仅是制定未来应对气候变化适应性对策的科学基础，而且也将有助于国家应对有关 C 排放限制和贸易的国际谈判。

作为研究全球变化与陆地生态系统关系的主要方法之一，全球变化大型控制试验能为模型的模拟和预测提供必需和关键的参数估计、模型验证和校正。自 20 世纪 80 年代末期以来，世界范围内先后开展了大量不同尺度和处理的野外控制实验研究。基于这些研究站点成立了陆地生态系统响应大气层和气候变化研究网络(Terrestreial Ecosystem Response to Atmospheric 和 Climatic Change，http://www.umaine.edu/teracc/)，并先后召开了一系列研讨会。从 20 世纪 90 年代起，人们采用 FACE(Free-Air CO_2 Enrichment)装置模拟二氧化碳(CO_2)浓度升高，采用多种技术模拟全球变暖，控制降水量和频度来模拟降水格局变化，氮(N)素添加来模拟大气氮沉降，分别用于探索大气层 CO_2 浓度升高、气候变暖、降水格局变化、大气氮沉降对陆地生态系统碳循环影响的研究。这些大型控制实验的研究结果和发现极大地改善了我们对于全球变化—陆地生态系统碳循环反馈关系的理解。过去几年中，中国科学院植物研究所在内蒙古锡林郭勒草原生态系统国家野外观测研究站与内蒙古多伦恢复生态学试验示范研究站建立了一系列全球变化研究的平台。本章基于目前这些平台已经取得的研究成果，总结了全球变化各因子(大气层 CO_2 浓度升高、气候变暖、降水格局变化、大气氮沉降)对我国温带典型草地生态系统碳循环的影响，并对该方向未来的研究趋势提出了展望。

6.1 草地碳循环的基本原理

陆地生态系统(例如草地生态系统)通过光合作用从大气中固定 CO_2 并形成碳水化合物。在植物通过光合作用产生的碳水化合物中，大约有 50%用于植物体自身的呼吸作用消耗(Luo 等，2012)，另外 50%则分配给不同组织器官(叶片、根、茎等)的生长(图 6.1)。碳水化合物在植物器官间的分配比例随着时间和空间都会发生变化。例如，植物在水分受限的情况下会分配相对更多比例的碳水化合物给根系，而当光资源受限时则将更多碳水化合物分配给叶片生长。

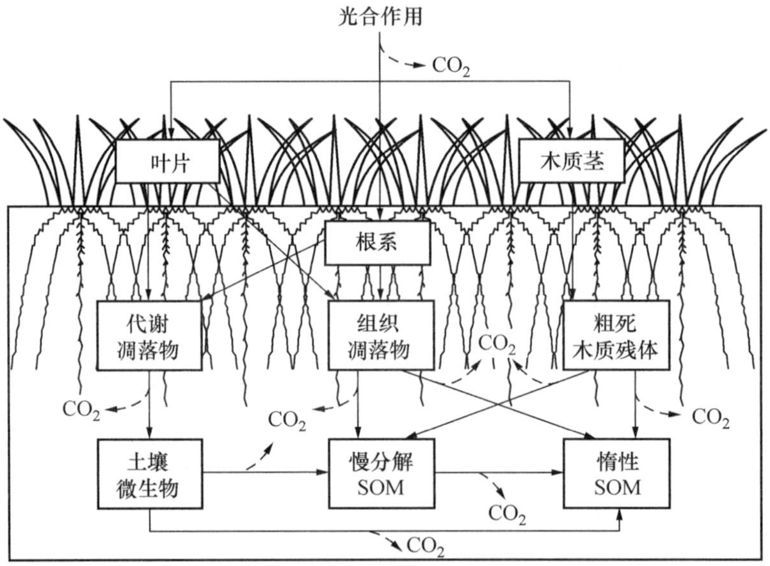

图 6.1 草地碳循环过程示意图

图 6.1 中矩形框表示草地生态系统不同类型碳库，实线箭头表示碳在系统内周转方向，虚线箭头表示在周转过程中向大气中释放的二氧化碳(CO_2)。一般而言，草本植物只包括草质茎，而灌木等木本植物则包含木质茎。因此该图中的木质茎广义上包括草原植物的不同类型茎干。

一般而言，草地生态系统在一年内完成一次生长周期。草地植物群落内不同植物物种的发育、生长、衰老与死亡过程相互重叠并贯穿于整个生长季内。在整个生命过程中，死亡的植物残体转化为植物凋落物，并作为土壤有机质的碳源存在于土壤内部与表层（图 6.1）。植物体向凋落物周转的速率决定了凋落物在一定时期内的产量。该转化速率受到外界温度与湿度等环境因子的调控，从而导致其在不同生长时期与生态系统之间都存在巨大差异。根据图 6.1 显示的碳循环机理，在生态系统处于稳态时，生态系统净初级生产力应与凋落物产量相等（Luo 等，2012）。

植物凋落物库中的碳元素经由微生物群落的分解作用而进入土壤有机碳库。在这个周转过程中，一部分 CO_2 会从生态系统释放到大气中去（图 6.1）。土壤有机质是陆地生态系统中最大的碳库。近年来的一些研究依据周转速率将土壤碳库有机质区分为土壤微生物库（快速周转土壤有机质库）、慢速周转土壤有机质库与惰性土壤有机质库（图 6.1）。这些土壤碳库之间可以相互转化，并通过分解与矿化作用向大气中释放 CO_2。土壤有机质的周转速率受到碳源基质与外界环境因子（土壤温度、土壤含水量以及土壤氮元素有效性等）的调控。鉴于生态系统中大部分碳储存于土壤有机碳库（中国陆地土壤总有机碳储量为 924.18×10^8 t）（王绍强等，2000），因此土壤有机碳库的细微变化都可能对大气中 CO_2 浓度产生重要影响。

图 6.1 大体上描述了草地生态系统碳循环的基本过程，这些过程也被用作全球大多数生物地球化学循环模型的碳循环构架。决定整个草地生态系统碳储存能力的关键因子主要有两方面，一是生态系统碳输入，即植物通过光合作用产生的净碳输入（图 6.1）；二是光合作用所固定的碳在生态系统内部的滞留时间（广义上等同于各个碳库周转速率的倒数）。后者对环境因子的变化非常敏感，然而在目前的实际研究中却经常被忽视。就整个生态系统尺度瞬时碳通量而言，植物通过光合作用产生的总生态系统初级生产力（gross ecosystem productivity，GEP）和生态系统所有碳过程释放的 CO_2（ecosystem respiration，ER）共同决定了该生态系统的净生态系统 CO_2 交换（net ecosystem CO_2 exchange，NEE）。土壤通过生物学过程向大气释放 CO_2 的总和称为土壤呼吸（图 6.1）。土壤呼吸根据其来源又可以划分为来自植物根系和根际微生物的自养呼吸组分以及自凋落物和土壤有机质分解的异养呼吸组分。

6.2 草地碳循环与降雨格局变化

降雨作为半干旱草原生态系统的主要限制因子，显著地影响着草原生态系统的结构和功能。政府间气候变化专业委员会（IPCC）在 2007 年的报告（Solomon 等，2007）指出，尽管未来生长季降雨总量变化很微弱，但是其分配格局将发生改变，伴随着发生变化的还有极端性降雨事件的增加和干旱间隔期的延长。Liu 等（2005）通过分析中国北方干旱半干旱地区过去 40 年的降雨数据，也表明未来小降雨事件的频率降低而大的降雨事件频率增加。因此，降雨格局的变化涉及降雨的强度与频度两个方面，二者都与生态系统内的群落构成、植物生长以及包括生产力在内的各项功能具有密切关系。

6.2.1 水分是限制草地碳循环的首要因子

由于水分是我国大多数草地生态系统生产力最重要的限制因子，因此降雨量的变化对我国草地生态系统的生产力具有非常重要的影响。例如，经过对内蒙古草原生态系统定位研究站 1980—2003 年长达 24 年的观测数据进行分析，Bai 等(2004)发现典型温带草原的地上部净初级生产力的年际变异主要由 1—7 月份的总降雨量决定。鉴于二者之间表现为正相关关系，降雨量的增加将有利于加大该生态系统的碳输入(图 6.1)，并刺激碳储量。这个推论已经被该研究站的野外控制试验结果所证实。一项为期两年的增雨实验表明增加 50%生长季降雨能使该生态系统碳储量增加 6%(Lü 等，2011)。基于生态系统水平的碳通量研究可以为生态系统碳储量的变化趋势作出预测。许多用来描述生态系统 CO_2 交换对降雨响应的实验表明 *GEP*(Ma 等，2007)和 ER(Wan 等，2007)都会随着降雨量的增加而增加，但是 *GEP* 和 *ER* 的增加幅度不相同或不等比例。因此，*NEE* 变化的方向并不一定与 *GEP* 的一致。例如，有些研究已经报道，在降雨量增加的情况下，*GEP* 比 *ER* 增加更多，最终导致生态系统净碳吸收减少(Chen 等，2009)。然而，也有一些研究发现 *GEP* 与 *ER* 的增加相互抵消，使 *NEE* 不变甚至增加(碳吸收降低)。近年来多伦站对生态系统净交换(*NEE*)及其两个决定过程(*GEP* 与 *ER*)进行了深入的研究。这些研究结果表明，在我国内蒙古典型草地生态系统中降雨量增加对 *GEP* 的促进作用大于 *ER*，从而使该生态系统的净碳吸收能力显著增强(图 6.2)(Niu 等，2009，Yan 等，2011a)。

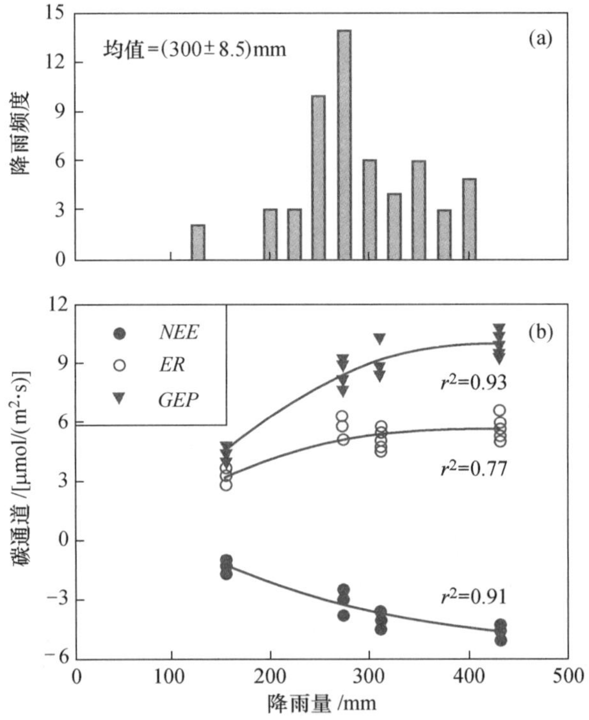

图 6.2　1952—2007 年间生长季总降雨量的概率分布(a)以及生态系统 CO_2 交换组分(*NEE*，实心圆和实心线；*ER*，空心圆和长虚线；*GEP*，空心圆和点线与降雨量(增雨＋自然降雨量)的相关关系(b)

(*NEE*，*ER* 和 *GEP* 与降雨量的相关关系分别为：$y=3.407E-0.005x^2-0.031x+2.682$，$y=-4.438E-0.005x^2+0.035x-0.927$ 和 $y=-8.086\text{E}-0.005x^2+0.067x-3.612$)

土壤的初始水分条件对这些过程也有很重要的调控作用，最终使生态系统对水分有效性变化呈非线性响应（Zhou 等，2008）。Risch 和 Frank（2007）观察到在水分受限的样地增雨可以增加生态系统 CO_2 交换，但是在中等水分条件下并没有作用。在多伦站的研究中，Niu 等（2008）和 Yan 等（2011a）都发现降雨量增加对生态系统碳交换的影响存在年际间差异，并且随着降雨量的增加增雨的正效应幅度减小。这些结果说明增雨对生态系统 CO_2 交换的作用依赖于初始的水分状况（Yan 等，2011a）。

光合作用的底物（如可溶性葡萄糖与淀粉）供应对我国草地生态系统土壤呼吸的调控作用也依赖于水分条件。Yan 等（2011b）通过一个遮阳试验验证了光合底物是调控我国半干旱草地生态系统土壤呼吸的重要调节因子。并且发现光合底物供应对土壤呼吸的调控作用存在0～3 h的时滞。这个调控作用的大小依赖于水分状况。这项研究结果表明在研究全球变化各因子影响半干旱草地生态系统碳循环的机理时，将生态系统水分条件纳入考虑与分析不可避免。

6.2.2　草地土壤呼吸对降雨事件的脉冲式响应

当雨水进入土壤时，在短时间内会从以下几个方面改变生态系统的碳平衡。第一，物理影响，即雨水渗透入土壤并充满土壤孔隙，通过物理替代过程将前一个干旱期中土壤无机碳源和土壤微生物的活动累积下来高浓度 CO_2 释放到大气中，这个过程中 CO_2 释放的数量与土壤质地和土壤孔隙度有关。这个过程通常发生在水分渗入土壤几分钟内，并可能持续几个小时。但是，这个过程从严格的意义上讲并不属于土壤呼吸释放 CO_2。第二，雨水进入土壤可以提高土壤中来自微生物死亡和细胞分解的活性有机底物的可利用性（Halverson 等，2000），也可以降低土壤团聚体结构的稳定性。因此，降雨后土壤有机质与微生物的接触面积会增大，从而迅速增加土壤中有机质的降解、氮元素的矿化和微生物的活性。综上所述，一次降雨事件可以迅速导致来自生物过程的土壤呼吸速率增加从而使生态系统向大气中释放大量的 CO_2。这些土壤 CO_2 释放的增加可能超出了其后的植物光合固定 CO_2 量的增加。因此，一个脉冲式降雨或一个完整的雨季可能导致生态系统 C 的净丢失（Emmerich，2003）。然而，我们在通常的研究中经常忽略了降水过程中土壤呼吸的变化过程，导致无法更加准确地预测一个生态系统的碳平衡。前人的研究已经发现降雨事件的大小和干旱间隔期的长短变化都将显著地影响土壤呼吸的释放。例如，Chen 等（2009）利用多伦站增雨梯度控制实验，发现降雨对土壤呼吸的脉冲式作用随着降雨量的增加而增强，并且认为 10～25 mm 的单次降雨量可能是这个温带典型草原系统开启净碳固定的阈值。Yan 等（2011a）的研究表明随着降雨之前土壤干旱程度的增加，土壤呼吸对降雨的响应越强。也就是说，降雨事件的大小和降雨前初始水分条件都将显著地影响土壤呼吸的碳释放。然而到目前为止，对于我国半干旱草原生态系统降雨分布格局具体是如何改变，以及在这个降雨格局变化的背景下，半干旱草原生态系统土壤呼吸是如何响应及其响应机理方面的研究仍然较少。Yan 等（未发表数据）利用我国内蒙古自治区多伦县过去57 年（1953—2009 年）的降雨数据，分析了该地区生长季（4—10 月）降雨事件大小和干旱期长短的变化趋势。同时基于 2006 年和 2009 年 5—10 月间连续监测的土壤呼吸、土壤温度、水分，植被生长状况和降雨数据，分析了不同大小的自然降雨事件对土壤呼吸的响应规律及其可能的机理。他们发现该地区生长季总降雨量和小于 40 mm 的降雨事件的发生频率没有明显的变化趋势，但大于 40 mm 的降雨事件发生频率显著增加。此外，生长季平均干旱间隔时间有逐年延长的趋势。其中，干旱间隔期小于 5 d 的干旱事件的发生概率降低，大于 5 d 的干旱事件的发生概率显著增加。总体来讲，该半干旱草原生态系统生长季降雨格局的变化趋势为：总降雨量趋于稳定，但大降雨事件（>40 mm）的发生概率增加，且干旱间隔期延长。基于多伦站 2006 年和 2009 年长期监测的土壤呼吸数据表明，自然降雨对土壤呼吸的脉冲式作用占整个生长季总呼吸的 26.5%～30.9%。而脉冲式作用的大小随着降雨量的增加而指数增加，在降雨量 >15 mm 之后趋于稳定。这主要是由于降雨事件的脉冲式作用的大小是由进入土壤的有效降水的多少决定的。在降雨量>30 mm 后进入土壤的有效水分逐渐趋于稳定。因此，未来该地区大降雨事件发生概率的增加不会导致更多的土壤 CO_2 释放，但干旱间隔期的延长却会加速土壤碳的释放过程。

6.2.3 土壤呼吸不同组分对降雨变化的响应差异

土壤碳循环对降雨变化难以预测的一个重要原因是土壤总呼吸包含几个不同的组分。这些组分包括根呼吸、根际微生物呼吸、根际死植物残体的分解、外界基质输入导致的异养呼吸以及土壤有机质的分解（图 6.3）。根据碳的来源，可以将土壤总呼吸简单地分成两部分，即来自植物根系和根际微生物的自养呼吸组分和来自凋落物和土壤有机质分解的异养呼吸组分。区分土壤呼吸组分并分别研究其对不同因子响应的差异具有如下几方面的意义：首先，土壤呼吸不同组分的意义不同。根际呼吸与地上植物新陈代谢关系密切，主要受地上生产力的影响，而且根和根际呼吸的呼吸基质（substrate）周转速率快，在土壤中残留的时间短，对土壤 C 储量的影响较小，其强弱反映的是植物的活性及由冠层向根系供应有机物的多少。异养呼吸与土壤基质的有效性关系密切，其呼吸基质周转速率慢，残留时间比较长，对土壤 C 贮存的影响作用大，其强弱反映的是土壤贮存 C 的能力以及土壤营养状况。其次，土壤呼吸各组分所占的比例相当。因此，有必要就土壤呼吸的各个组分在其对各种影响因子的响应分别进行研究。第三，目前已有大量研究表明土壤呼吸不同组分对增雨的响应存在差异。弄清这种差异有助于我们减小对土壤呼吸预测时的不确定性。例如，Liu 等（2002）发现异养呼吸对降雨的响应要比土壤总呼吸快，且持续时间更短。Yan 等（2010）发现在降雨量存在明显差异的两年里，土壤呼吸速率及其两个组分都表现出显著的年际变化。增雨处理同时促进了土壤自养和异养呼

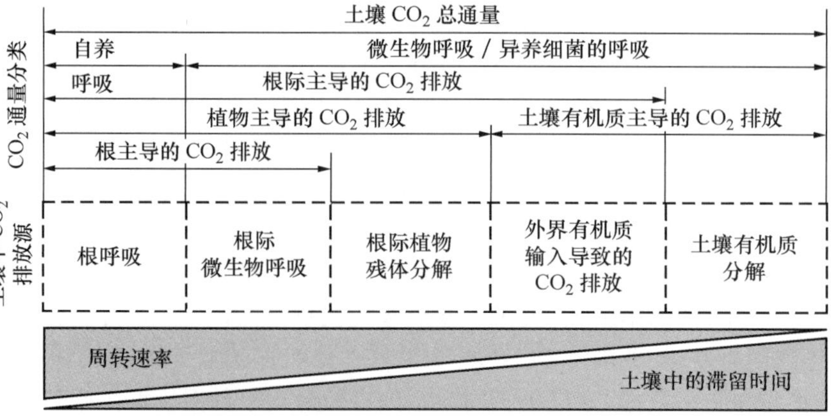

图 6.3 根据 C 的来源和转换速率的差异将土壤呼吸区分为 5 个组分

［引自 Kuzyakov(2006)］

吸，且对自养呼吸的正效应大于异养呼吸。因此，如果用土壤呼吸代替土壤异养呼吸去预测土壤 C 库的变化，将会引入更多的不确定性。该研究结果表明在干旱半干旱生态系统水分有效性在调控土壤呼吸响应气候变化的过程中具有重要作用。这个结论也得到多伦站其他土壤呼吸研究的支持，例如 Liu 等(2009)和 Xia 等(2009b)都证明土壤水分有效性是调控这个生态系统土壤呼吸相应气候变化的关键因子。

6.3 草地碳循环与大气氮沉降

氮元素是陆地植物生长必需的养分，因此也被认为是限制陆地生态系统生产力的主要因子之一(LeBauer 和 Treseder，2008，Xia 和 Wan，2008)。由于人类社会工业化速度增快以及化肥用量的急速增长，近年来通过大气沉降返回陆地生态系统的氮(N)元素在全世界范围内急剧增加(Galloway 等，2004)。全球大气氮沉降总量由 19 世纪 60 年代的大约每年 14 Tg N 增加到 20 世纪 90 年代约每年 156 Tg N，并将于 20 世纪 50 年代达到约每年 270 Tg N(Galloway 等，2004)。由于 N 素是陆地生态系统植物生长的限制因子，因此大气氮沉降的加速将对陆地生态系统碳循环带来剧烈的影响。

N 素沉降或 N 素的添加直接增加生态系统的可利用性 N 的含量，从而促进植物的光合、生长和繁殖，提高整个生态系统的净初级生产力等(Xia 和 Wan，2008)。氮素添加会通过增加土壤可利用性 N，促进植物吸收更多的 N 素，从而增加植物体的 N 含量，促进植物的光合作用。Xia 和 Wan(2008)对过去发表的 304 篇文献中 456 种陆地植物的综合分析发现，N 素添加使陆地植物地上生物量和植物 N 含量分别增加了 53.6%和 28.5%。对于半干旱地区而言，氮素添加在水分供应充足时生物量增加更为显著(Asner 等，2001)，所以 N 的添加对于半干旱地区生态系统的影响很大程度上还可能受到水分可利用性的限制(Xia 和 Wan，2008)。

6.3.1 氮素添加对生态系统水平碳交换的影响

到目前为止，国内外在 N 元素与 C 循环方面的研究大多数集中于植物生长与净初级生产力(*NPP*)。比如，近期的整合分析(meta-analysis)研究表明 N 添加能普遍显著地增加陆地生态系统净初级生产力(LeBauer 和 Treseder，2008)。然而，生态系统 C 循环及平衡是由 C 吸收与释放两个主要过程共同决定的，即生态系统通过光合作用吸收大气中的 CO_2，形成生态系统生产力(*GEP*)，并通过呼吸作用(ecosystem respiration，*ER*)使 C 返回到大气中。在过去几年中，国内外科学家对这两个过程(*GEP* 与 *ER*)如何响应 N 素添加进行了一系列的研究以期得出生态系统净 CO_2 交换(*NEE*)对 N 素添加的响应规律。这些控制实验涉及苔原(Shaver 等，1998)、北方泥炭地(Saarnio 等，2003)、一年生(Harpole 等，2007)与多年生(Niu 等，2010)草地等生态系统类型。同时，另外一些研究也利用模型预测和样带研究等方法对 *NEE* 如何响应 N 素添加进行了间接估算。

然而，生态系统 CO_2 交换如何响应 N 素添加至今仍没有得到统一的结论，如 Shaver 等(1998)的研究结果表明 N 素添加对生态系统 *NEE* 具有显著正作用，而另一些结果则发现 N 素添加对生态系统 NEE 没有影响(Harpole 等，2007)。导致生态系统间对 N 素添加的响应出现较大差异的原因主要有两个方面:①生态系统之间的植被构成不一致。LeBauer 与 Treseder(2008)通过整合 126 个野外 N 素添加实验的研究结果发现草原生态系统对 N 素的依赖性随纬度增加而增强,而森林对 N 素的依赖性没有表现出纬度规律。这种植被类型间的响应差异将直接导致不同生态系统类型 C 循环对 N 素添加不同的响应。②N 素添加效应的因子视实验处理时间长度不同而不一致。由于目前大多数野外开展的 N 素添加与 C 循环实验研究时间比较短,所以得到的结果大部分属于正效应。然而,由于 N 素添加将逐渐产生诸如植物群落物种多样性降低(Stevens 等,2004)、物种组成与群落结构发生改变(Wedin 和 Tilman,1996)以及其他元素的限制性加剧(Menge 和 Field,2007)等方面的影响,所以从长期来看 N 素添加对生态系统 C 循环的影响将严重依赖于土壤养分条件及植被构成等环境因子。在过去几年中,在我们草地生态系统陆续开展了一些与氮素添加相关的控制实验研究,这些研究的结果加深了我们对大气氮沉降增加驱动下的生态系统水平碳循环动态的理解。截至目前,在多伦站开展的大量研究结果都发现 N 素添加后生态系统净碳交换(*NEE*)在短期内显著增加(Xia 等,2009b,Niu 等,2010,Yan 等,2011a)。然而,这些短期效应是否能长期存在于该生态系统仍然需要进一步研究。

6.3.2 水氮耦合对生态系统碳交换的影响

我国半干旱草地生态系统生产力与碳循环同时受到水分与氮素有效性的限制。然而,我们对这两种限制因子对生态系统碳循环是否存在交互作用及其机理依然知之甚少。水分条件的变化可能对半干旱草地生态系统的氮素有效性与氮素利用效率产生一系列的影响。例如,土壤含水量的增加能够使衰老叶片中的含氮量增加(Lü 和 Han,2010),从而影响凋落物的分解速率并影响土壤碳库的动态(图 6.1)。水分增加也可以刺激土壤微生物的矿化作用,从而增加土壤无机氮的有效性(Wang 等,2006)。水分条件的改善将刺激半干旱草地生态系统的植物生长,从而加剧氮素有效性对该生态系统生产力与碳交换的限制。因此,在水分改善的前提下增加氮素将对生态系统的碳交换产生正效应。例如,Yan 等(2011a)在多伦站发现施氮对 *GEP* 的正效应大于 *ER*,从而增加了该草原生态系统的 *NEE*。而且,该正效应随着降雨量的增加而增强,说明氮沉降对半干旱草地生态系统 CO_2 交换量的影响可能依赖于水分的可利用性。然而,Niu 等(2009)发现增雨与施氮对我国半干旱草地生态系统碳交换存在交互作用,即二者存在拮抗作用。这表明生态系统内部过程可能会在氮、水对生态系统碳循环的共轭作用中具有重要的调节作用。

6.3.3 植被-氮素耦合对生态系统碳交换的影响

Niu 等(2010)对一项长期施氮试验进行了 4 个生长季的连续观测,发现氮素添加对我国典型草原生态系统净 CO_2 交换量(*NEE*)的正效应在处理后逐年递减。在欧洲北部的一项长达 30 年的 N 素添加实验结果表明短期内 N 素添加对树木生长是正效应,而从长期看 N 素添加对树木生长则为负效应(Högberg 等,2006)。同时,该研究发现氮素添加后的植物群落结构改变是调控生态系统 *NEE* 变化的主要原因。相似的调控机理也在 Xia 等(2009b)的研究中得到证实,他们发现由于植物群落结构物种组成的改变,施氮在两个降雨量迥异的生长季中

都表现为增加了 *NEE*。上述的研究结果都表明了植物群落在草原生态系统响应大气氮沉降过程中的重要调控作用。

对于草原植物群落而言，Bai 等(2010)的研究表明大气氮沉降导致我国温带草原植物群落物种丢失的阈值为 1.75 g/(m^2·年)。同时，这项研究也发现维持我国温带典型草原植物群落结构的饱和氮沉降速率大约为 10.5 g/(m^2·年)。Zhang 等(2008b)的研究表明，维持我国温带草原系统土壤微生物量与功能多样性的最适氮沉降速率区间是 16～32 g/(m^2·年)。这些氮沉降阈值范围的获得对进一步研究我国温带草原系统碳循环的变化趋势具有非常重要的意义。

6.3.4 氮素添加对土壤碳循环的影响

不仅是植物，土壤中(包括其表面的凋落物层)的碳交换过程也同样影响生态系统碳循环和碳平衡。因此，目前关于生态系统碳交换对 N 素有效性改善的响应还没有一个比较一致的结论。有关生态系统水平 CO_2 交换对氮沉降响应研究的有限以及施氮后土壤碳库的不同变化，使得我们还很难得到生态系统 NEE 对 N 素有效性改善的一般响应模式。而通过不同碳过程与碳库的分析，夏建阳(2011)发现 N 素添加对我国温带典型草原碳循环的影响主要集中在地上部生产力和土壤微生物生物量，而气候变暖在短期内则不会产生较大的影响。在我国温带典型草地生态系统中，施氮[0～32 g/(m^2·年)]后 pH 显著降低，但相关研究表明对微生物生物量或群落组成并没有显著影响(Zhang 等，2008a)。

关于施氮对土壤呼吸影响的研究在各种生态系统类型里都有很多，但是其中很少是关注施氮对土壤呼吸组分的作用的，而且已有的一些研究结果也并不一致。例如，Phillips 和 Fahey(2007)认为施氮后土壤呼吸的降低主要是由于异养呼吸的降低造成的，而 Olsson 等(2005)认为是由于自养呼吸的降低导致的。此外，施氮会促进根系生物量，但也可能抑制植物地下生物量分配，从而影响土壤自养呼吸。因此，关于土壤呼吸对氮和水增加响应方面的研究应该更多地关注土壤呼吸两个不同组分响应的差异。Yan 等(2010)发现施氮对土壤呼吸及其组分的影响在降雨量迥异的两个生长季中影响不一样。对土壤呼吸而言，施氮在湿润的 2006 年表现为显著的正作用，而在干旱的 2007 年表现为负作用。其中在 2006 年，施氮对自养呼吸的促进作用大于对异养呼吸的抑制作用，从而使土壤总呼吸增加；而在 2007 年施氮没有改变自养呼吸但是抑制了异养呼吸从而使土壤总呼吸速率降低。这表明氮素添加对土壤呼吸不同组分的影响也依赖于土壤中水分有效性。

目前已经开展的研究大多集中于碳通量与地上部生产力方面，而对于生态系统碳循环中扮演重要作用的各个碳库对氮沉降增加的响应则较少。一般而言，氮素添加降低了植物生长对土壤中氮素条件的依赖，从而使植物将更多资源分配给地上部分用于光资源的竞争(LeBauer 和 Treseder，2008，Xia 和 Wan，2008)。所以，评估大气氮沉降增加对生态系统固碳能力的影响需要同时考虑不同碳库对氮素添加的响应。例如，Zeng 等(2010)基于一个半干旱草原生态系统的研究发现氮素添加虽然增大了地上部分碳库，却减小了地下部分碳库，从而对生态系统总碳量没有产生影响。因此，草原生态系统碳库动态与通量变化的关系是未来研究的重要方向之一。

6.4 草地碳循环与气候变暖

地球表面温度在过去 150 年中增加了约 0.74℃，且到 21 世纪末还将增加 1.8～4.0℃(Solomon 等，2007)。鉴于温度对生态系统 C 循环各过程都存在重要作用，陆地生态系统将对全球变暖作出响应，并反馈给大气 CO_2 浓度及引起气候进一步的变化。到目前为止，已有的大部分大气 C 循环模型都预测陆地生态系统 C 循环与气候变暖之间为正反馈关系。这些模型的过程主要是建立在光合作用比呼吸作用具有更高温度敏感性的基础之上(Luo，2007)。与此同时，模型研究与野外控制实验为人们提供了大量生态系统 C 循环如何响应及反馈气候变暖的机理性解释(徐小峰等，2007)。这些研究结果表明气候变暖既能直接改变植物光合作用与生长(Luo，2007)，也能间接通过延长生长季和改变植物物候而影响植物生长(Wan 等，2005)。另外，温度增加还能改变春季融雪时间，刺激土壤 N 素矿化作用并改善 N 素可利用性(Wan 等，2005)，降低土壤含水量(Wan 等，2002)，改变植物物种组成与群落结构(Yang 等，2011b)。这些生物学过程的改变都将直接或间接地影响草原植物群落与土壤的 C 循环过程以及生态系统的 C 平衡。

6.4.1 水分有效性主导气候变暖对生态系统水平 CO_2 交换的影响

由于我国草地生态系统的功能普遍受到水分有效性的限制，因此气候变暖对 C 循环的影响也主要受到水分动态的调控。过去几年中，多伦站的多项研究结果都表明水分有效性是调节生态系统碳循环对气候变暖的主要因子。例如，多伦站的野外增温控制实验结果表明温带典型草原的生态系统碳通量(Niu 等，2008)和群落结构(Yang 等，2011b)对增温的响应都受控于土壤水分的有效性。同时，作为陆地生态系统与大气之间第二大 C 通量，土壤呼吸在调控气候与 C 循环反馈的关系中扮演着重要的角色。总体而言，土壤呼吸的时空变异与温度和水分的变异紧密相关。Liu 等(2009)的研究结果表明，我国温带典型草原生态系统的土壤呼吸对温度升高的响应也主要受到土壤水分的控制。只有当土壤水分达到一定的临界值后，温度升高才会对该系统的土壤呼吸产生正作用。这些研究证据都说明水分不仅限制我国温带典型草原生态系统的碳交换能力，同时也决定着这个生态系统碳循环对气候变暖的响应。

6.4.2 群落结构在草地碳循环响应气候变暖中的调节作用

陆地生态系统在全球 C 循环中到底扮演什么角色？这个问题长期以来一直处于激烈争论之中。比如，早期的研究认为温带生态系统在全球 C 循环中主要作为 C 汇存在，而近期的一些研究认为这些生态系统在全球 C 循环中的作用并不确定。事实上，这些争论之所以出现是因为近期的研究把气候因子的变异考虑在内。这些气候变异主要是气候条件在年际间的波动，尤其是干旱与湿润生长季的轮替。因此，研究年际水分条件在生态系统响应气候变化过程中的作用就变得非常重要。气候变暖会通过刺激蒸发并降低土壤水分含量从而对 *NEE* 产生负作用(Niu 等,2008),该作用在降雨量减少的趋势下会更加明显(Norby 和 Luo,2004)。多伦站的研究证明气候变暖对温带典型草原生态系统碳交换的影响主要受水分条件控制(Niu 等,2008,Liu 等,2009)。Xia 等(2009b)基于多伦站两个降雨量迥异的生长季的观测结果,发现经过环境因子与植物群落结构的调节,该温带典型草原生态系统的碳循环对气候变暖响应较弱。通过对不同水分条件的两个生长季数据的详细分析,该研究还发现尽管干旱事件会降低生态系统生产力,但并不能改变该生态系统 *NEE* 对气候变暖的响应。这些研究结果表明,短期的增温处理并未对生态系统碳交换产生显著影响,所以还需要更多的长期观测数据才能进行深入的分析。近年来,基于较长时间的数据积累,多伦站的研究结果表明植物群落的物种组成在增温处理下正逐渐发生改变(Yang 等,2011a,Yang 等,2011b),这个过程也势必在较长的时间尺度下对生态系统碳循环响应气候变暖的格局产生重要影响。

6.4.3 气候变暖通过改变植物物候期影响生态系统碳循环

在气候变暖驱动陆地生态系统发生改变的诸多方面中,植物个体水平的物候期是对气候变化极其敏感的一个过程。在植物群落中,不同物种物候期的差异是群落水平降低种间竞争并维持物种共存的重要机制。同时,植物生长的开始与衰老时间共同决定了植物个体与群落生长季的长度。在群落尺度,许多研究已经发现近些年来植物开花期在提前,而衰老期的变化则存在较大争议(Menzel,2003)。这种春季物候提前显著而秋季物候改变较小的现象导致随着气候变暖植物群落的生长季延长,而该过程在过去几十年里一直作为陆地生态系统增强 C "汇"功能的重要机制之一。然而,生长季延长与生态系统生产力的正相关关系近年来受到了一些研究的挑战。比如,一些控制实验与涡度相关的观测数据发现尽管生长季长度延长了,生态系统生产力并没有发生改变甚至还降低了(Hu 等,2010)。产生这些矛盾的原因是多方面的,其中非常重要的一点是不同植物物候期对气候变暖的响应规律不一致。比如,英国一项对 385 个植物物种进行的长期物候观测研究发现,同过去 45 年相比,20 世纪 90 年代中 16%的物种开花时间提前而 3%的物种开花时间推迟(Fitter 和 Fitter,2002)。人们把物种之间出现的物候期响应差异归因于生活型、传粉类型、开花时间等本身特性差别(Fitter 和 Fitter,2002)。因此,研究植物个体水平物候期对气温升高的响应将有助于加深人们关于气候变暖对陆地生态系统 C 循环影响的理解。

由于气候变化导致的物候期改变会促发一系列生态学过程发生变化,物候期变化与生态系统 C 循环之间的关系至今依然不太清晰。在植物个体水平,物候期的改变可能会加强其他环境因子对植物生长的影响。比如,北美一项研究表明增温导致的开花提前使植物受到晚春霜冻的伤害,而秋季叶片寿命的延长则增加了冻害给植物带来的危害(Norby 等,2003)。在群落水平,物候期变化的种间特异性会改变种间关系以及养分资源对不同物种的有效性,从而影响物种组成以及生态系统生产力。因此,想要说明物候期变化对生态系统生产力的影响,就必须对以上所有过程进行评估。

Xia 等(夏建阳,2011)在多伦站对 8 个主要优势物种的物候期进行了多年连续观测,发现增温对该温带典型草原早期物种的物候期影响大于晚期物种,从而导致群落生长季延长。然而,增温同时提前了物种水平的开花与结果时间,从而不影响其繁殖期长度,说明对植物物种而言有效生长时间在气候变暖条件下并未发生改变。不同功能型植物的物候期对气候变暖的响应不一致，说明气候变暖可以通过对不同物种的物候期产生不同的影响从而改变植物群落结构与物种组成。此外，其他因子诸如物候期内累积降雨量与种间物候期重叠度等都会调节气候变暖通过改变物候期进而影响生态系统生产力的过程(图 6.4)。以上结论强调了将物种水平的物候动态引入到预测气候变化对 C 循环影响过程中的重要性。

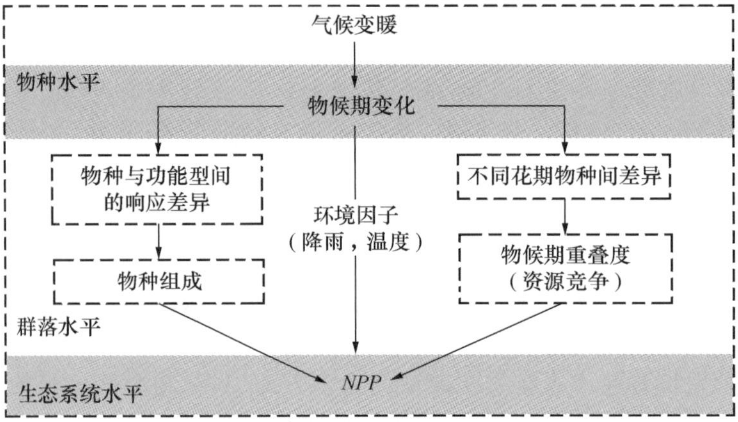

图 6.4　气候变暖通过改变植物物候期从而影响我国温带草原生态系统的过程(*NPP*:净初级生产力)

6.4.4　白天与夜间增温对生态系统碳循环的特异性影响

尽管气候变暖在全球范围内普遍存在，但这并不意味着增温幅度在不同地区、不同季节和一天内不同时间都是相同的。全球平均温度的上升主要归因于由云层覆盖度增加引起辐射热量减少而导致的夜间增温幅度高于白天增温幅度(Easterling 等，1997)。例如，1950—1993 年间，全球表面的日最高温度每 10 年升高了 0.1℃，而日最低温度每 10 年上升了 0.2℃，导致温度日较差的降低。尽管近些年的研究发现白天与夜间的增温幅度在不同地区差异较大(Solomon 等，2007)，但昼夜不对称增温的现象在全球大部分地区都普遍存在。尤其是在我国北方地区，长期的气象观测资料表明这种昼夜不对称增温的现象非常显著(Easterling 等，1997)。同时，近几年来大量研究从野外控制实验、长期观测、模型模拟等方面都验证了白天与夜间增温对生态系统碳循环存在特异性影响。也就是说，气候变暖的昼夜不对称性存在两个特征，一方面是增温幅度与规律本身不一致，另一方面则是在不同的时间范围与空间区域内气候变暖对生态系统产生的影响也不对称。因此，深入研究不对称增温对生态系统不同生物学过程的特异性影响将有助于人们更加准确地预测气候变暖对陆地生态系统碳循环的影响。未来在研究气候变暖与草原生态系统碳循环的关系时应当充分考虑研究地区具体的气候变暖特征并进行长期的深入研究。

尽管世界各国的科学家们已经在不同类型的陆地生态系统开展了众多的增温实验，但由于受温度控制技术和装置的限制，人们对于白天和夜间增温幅度的差异如何影响陆地植物和生态系统的了解还很不全面。目前已经开展的野外控温实验大多数是采用昼夜对称或恒定增温的试验处理，而关于夜间增温对陆地植物和生态系统的影响主要来自于单个或两个物种的室内控制实验和模型模拟。显然这些室内实验和模型模拟的结果与野外自然条件下的情形

(经历温湿度年际、季节和昼夜变化、许多物种共存的植物群落)存在很大的不一致。迄今为止,用于全球变暖与陆地生态系统关系研究的野外加热装置主要包括以下四大类:①温室(greenhouses)和开顶箱(open-top chambers;OTC);②土壤加热管道和电缆;③红外线反射器(Infrared reflector);④红外线辐射器(infrared radiator)。这些温度控制装置对全球变暖的机制(增强的向下红外线辐射)和增温情形(夜间增温幅度大于白天)的模拟符合程度有很大差别(牛书丽等,2007)。温室和开顶箱只有在白天有太阳辐射时才有增温作用;土壤加热管道和电缆只是引起土壤温度的恒定升高而不影响气温和加热植物地上部分;红外线反射器虽然能模拟全球变暖的机制,但是在以往的研究中只用于夜间增温(因为白天会遮挡太阳辐射)。只有红外线辐射器既可以模拟全球变暖的机制(增强的向下红外线辐射),其造成的温度日变幅又很好地符合全球变暖的增温情形(夜间增温幅度大于白天增温幅度)(Wan 等,2002)。红外线辐射器已经成功地用于亚高山草甸、高草草原(Wan 等,2002)和湿地生态系统。然而,有关白天与夜间增温对生态系统影响的研究还大多局限于实验室内部个体植物光合作用和对农作物产量的模型模拟。这些仅有的研究也证明了白天与夜间增温对植物光合作用及作物产量的影响不一致。因此,非常有必要在野外条件下利用红外线辐射装置于生态系统水平对白天与夜间增温进行系统地研究,以明确二者对生态系统 C 循环不同的作用机理。

多伦站借助野外控温试验的研究方法,在过去几年中对昼夜不对称增温对生态系统碳循环的影响方面进行了深入的研究。这些研究从叶片生理、个体物候、群落动态以及生态系统等不同组织水平阐述了该系统碳循环响应白天与夜间变暖的生态学机理。

6.4.4.1 白天与夜间增温对土壤微气候的影响

土壤微气候(包括温度与湿度)对陆地生态系统的生物学过程具有重要的调控作用。比如,土壤温湿度可以影响土壤有机质的数量与质量并调控植物生长与分解过程。因此,理解气候变化对土壤微气候的影响有助于人们更好地预测气候变暖所带来的生物学与物理学效应。主导全球变暖的红外线辐射过程主要可以分成三条能量途径,即感热通量、潜热通量与土壤热通量。这些热通量对气温升高非常敏感并会对土壤温度与湿度产生重要影响。在过去几十年中,许多野外控制实验已经报道了气候变暖对土壤微气候可能带来的影响。比如,Harte 等(1995)发现 15 W/m^2 的红外线辐射使美国科罗拉多高山草甸系统的夏季土壤温度增加了 3℃,并使土壤湿度下降了 25%;与之相似,美国明尼苏达州一项实验发现增温(78~191 W/m^2)使该地区泥炭地生长季中 15 cm 深处的土壤温度增加了 1.6~4.1℃(Bridgham 等,1999);美国俄克拉荷马州高草草原的研究结果也表明 100 W/m^2 的红外线辐射使土壤温度升高了 2.0~2.6℃,但对土壤湿度的影响却依赖于割草处理(Wan 等,2002)。以上这些基于全天恒定输出功率的红外线辐射研究极大地增加了人们对土壤微气候响应气候变暖的理解。

全球的长期历史气候记录已揭示了气候变暖的幅度在夜间大于白天(Easterling 等,1997),因此白天与夜间增温可能会对日平均土壤温度产生不同影响。首先,增温对土壤温度的影响与风速呈负相关关系,而夜间的风速一般而言比白天小。因此,相同功率的红外线辐射在夜间产生的增温效果将大于白天。其次,由于在夜间空气温度小于土壤温度而在白天的大部分时间内空气温度则大于土壤温度,所以能量在夜间自土壤向空气中传输而在白天却相反。因此,对土壤而言红外线辐射产生的能量在夜间比白天更加容易散失。最后,由于夜间比白天具有更高的空气动力学阻力,红外线辐射在夜间更容易使植物冠层升高温度。综上所述,白天与夜间增温对土壤日均温度的影响将受到不同物理学过程的共同调控。与土壤温度相似，由于生态系统蒸发散主要发生在白天，因此白天与夜间增温将对土壤湿度将产生不同影响。所以，研究气候变暖背景下土壤微气候在时间上的动态变化就变得十分重要。

土壤微气候除了受红外线辐射与风速等非生物因子的直接作用，也受植物生长与植被盖度等生物因素的间接影响。鉴于温度与水分是控制植物生长最重要的两个因子，白天与夜间增温对二者产生的特异性影响将导致一系列生态学过程发生改变。因此，研究白天与夜间增温对土壤微气候的影响将有助于人们更加准确地预测陆地生态系统 C 循环对气候变化的响应与反馈。Xia 等(2010)基于多伦站 2006 年 8 月至 2007 年 7 月期间连续测定的土壤温度及 2006 年与 2007 年两个生长季中手动测定的土壤湿度数据，分析了白天与夜间增温对我国半干旱区草原生态系统土壤微气候的特异性影响。他们发现白天与夜间增温对白天土壤温度的正效应相近，而在夜间则增温对土壤温度的正作用大于白天的。另外，对白天或夜间平均土壤温度而言，全天增温的作用不等同于白天与夜间增温效果之和。鉴于许多野外控制实验和模型模拟研究都是基于昼夜对称增温或把平均温度作为驱动因子，这项研究的结果说明在预测气候变暖对生态系统过程的影响时应当考虑白天与夜间增温的特异性影响。由于昼夜不对称增温的现象在全球不同区域之间差异很大以及生物与非生物因子对增温效应的调控，本研究的结论强调了在预测陆地生态系统对气候变化的响应与反馈时有必要考虑地区环境因子和昼夜温度变化特征。

6.4.4.2 “光合作用过补偿效应”使温带典型草原的固碳能力在夜间变暖背景下增强

对白天和夜间增温幅度的差异如何影响陆地植物和生态系统及其内在机理认识的缺乏，严重限制了我们对于全球变暖与陆地生态系统关系的全面理解。到目前为止，许多生态系统响应气候变化的模型和实验研究都建立在白天增温或昼夜均匀增温的基础上，即注重控制最高温度或假设最低温度和最高温度有着同样的贡献。显然这种假设并不符合全球和区域尺度上气候变化的实际趋势，因此这些实验和模型的结果不可能真实地预测生态系统未来的结构和动态变化。相对于日均恒定的增温幅度，夜间较高的增温幅度对植物生长和产量的影响可能更为强烈。例如，玉米产量的模型研究表明由于白天和夜间不对称的增温引起的产量和生物量的降低要小于昼夜均匀增温(Dhakhwa 等，1997)。从 C 交换角度来讲，植物生长是光合作用与呼吸作用的净平衡；夜间较高的增温幅度对植物 C 释放过程的影响要大于对 C 吸收过程的影响。另外，由于土壤呼吸(有机质分解)对温度反应敏感，增温将会导致土壤呼吸的加速和有机碳的减少。但是，由于存在众所周知的陆地植物和生态系统 C 循环对温度的适应性调节，如果仅依赖于呼吸过程对温度的短期反应而不清楚 C 输入如何受到温度升高的影响，就不可能对植物和生态系统怎样响应全球变暖作出可靠的预测。如果夜间最低温度的升高导致生长季节延长，结果会造成陆地生态系统净初级生产量和 C 固定的增加。相反，如果夜间最低温度的升高引起植物和微生物的夜间呼吸速率增加而没有光合作用的增加来补偿，结果会造成陆地生态系统净初级生产量和 C 固定的减少。为了准确地理解全球变暖影响陆地植物和生态系统的机理和未来趋势，必须弄清哪些生态系统过程对夜间最低温度的变化更为敏感。因此，利用野外温度控制实验在自然条件下研究陆地植物和生态系统对于白天和夜间增温的响应及其机制，将为陆地生态系统中长期动态的模型预测和检验提供可靠的参数。

Xia 和 Wan(2012)的研究表明,我国温带典型草原生态系统的植物物候期对夜间增温比白天增温更加敏感,而物候期变化对生态系统碳交换的影响强烈依赖于生长季内降雨在时间上的分布。这项结果说明,增温通过延长生长季从而增加生态系统碳吸收这条途径可能无法主导我国温带典型草原生态系统碳循环在气候变暖情况下的动态。Wan 等(2009)在多伦站的温带典型草原发现夜间增温促进了植物呼吸和碳水化合物消耗,进而导致光合作用的补偿性增强。该研究结果支持了源库关系调节植物光合作用的假说。事实上,过去很多研究已经比较清楚地说明夜间增温会通过增加夜间叶片碳水化合物的消耗从而导致叶片光合作用的补偿性响应。夜间增温条件下光合作用比呼吸作用更大程度的增加导致了叶片和系统水平的净 C 积累,说明植物叶片水平的生理响应能够向上推演到生态系统水平的 C 循环。这些结果说明夜间增温引起的光合过补偿是陆地生态系统在未来气候变暖环境下作为 C 汇的一种重要机制。在过去半个世纪中,不仅该研究所在生态系统表现为不对称的温度升高(日最低、平均和最高温度每 10 年平均升高 0.57℃、0.45℃和 0.30℃),相似的不对称性气候变暖趋势在区域和全球尺度上也被广泛报道。除了物候、养分可利用性以及物种组成的变化(Luo,2007),夜间增温引起的光合过补偿可能是调节陆地 C 固持以及对气候变化的另外一种负反馈机制。

6.4.4.3 全天增温不等于白天与夜间增温效果之和

在过去的几十年中,基于温度控制实验获得的研究结果极大地促进了人们对气候变化与陆地 C 循环的理解。然而,在陆地生态系统 C 循环响应与反馈气候变化方面依然有许多问题有待解决。例如,尽管前人的研究表明白天与夜间增温可能对生态系统 C 过程的影响不一致,但到目前为止大部分已经开展的野外控温实验都是基于昼夜对称增温或全天增温。只有少数几个实验考虑了夜间增温对生态系统 C 过程的影响,但这些研究都没有考虑白天增温的影响。为了更好地理解和预测昼夜不对称增温背景下生态系统 C 循环的响应机理,研究白天与夜间增温对生态系统 C 循环影响的区别以及二者之和与全天增温之间的关系便显得十分有必要。如果全天增温的效果不等同于白天与夜间增温的效果之和,那么基于全天增温或以平均温度为驱动因子的研究结果可能会给人们预测陆地生态系统 C 循环对气候变暖的响应与反馈带来一定偏差。

Xia 等(2009a)研究发现白天与夜间增温对土壤呼吸的影响不一致,这可能是由于二者对生态系统碳同化过程与碳底物供应的特异性影响所引起的。另外,白天与夜间增温对生态系统 C 过程的作用之和不等于全天增温的效果。然而,世界范围内已经开展的许多气候变暖方面的研究都基于平均温度或昼夜对称增温。因此,本研究结果表明了在预测陆地生态系统 C 过程对气候变暖的响应与反馈时引入白天与夜间增温的特异性影响的重要性。

6.4.4.4 白天与夜间增温对土壤微生物碳库的影响

土壤微生物是生态系统中的重要生命组分,在地下生态系统过程中扮演着至关重要的角色,并通过生态系统过程与地上植被的生长密切关联。较高的微生物多样性水平能够提供更多抵制环境变化的机会,有利于生态系统的稳定。白天与夜间增温不仅对地上部分和基于植物个体的碳过程(Wan 等,2009,Xia 和 Wan,2012)影响不同,而且对土壤微生物群落及碳过程也具有不同的作用。Zhang 等(2011)基于多伦站的研究结果发现只有夜间增温显著降低了土壤微生物中细菌的相对比例。夜间增温显著降低了革兰氏阳性菌、丛枝菌根真菌以及微生物群落的碳利用潜力。总的来看，2006 年不同增温处理对土壤微生物群落结构和功能的影响不明显；而 2007 年夜间增温处理显著地改变了土壤细菌群落功能多样性，但同样对群落组成的影响不显著。说明土壤微生物群落结构对短期增温处理的响应要滞后于功能的响应；而功能上的响应也首先出现在细菌群落，并且这种响应表现为白天增温和夜间增温的非加和效应。

6.5 草地碳循环与 CO_2 浓度倍增

到目前为止，我国在 CO_2 浓度升高与草原生态系统结构与功能方面的研究仍比较缺乏。这是因为研究此类科学问题的方法[例如开放式 CO_2 浓度增加(FACE)试验]往往花费巨大，且在风速较大的草原地区难以操作。尽管如此，我国科学家仍取得了一些尝试性的初步结果，于 2006—2008 年间在内蒙古草原生态系统定位研究站进行了三个生长季的 CO_2 倍增试验。以下内容综述了基于该试验平台获得的研究成果，详细阐述了 CO_2 浓度增加对我国温带典型草原羊草与小叶锦鸡儿的生长的影响，并与其他生态系统获得的实验结果进行了详尽的对比。

6.5.1 全球大气 CO_2 浓度变化背景

近百年来，特别是近二三十年来，地球系统正经历着全球性显著变化，全球变化因此成为各国政府、公众和科技界关注的重大问题。国际政府间气候变化专门委员会(IPCC)关于地球气候变化问题的第四次评估报告指出，1850 年以来，由于人类活动的影响，大气中的 CO_2、CH_4 等温室气体浓度急剧升高。全球大气 CO_2 浓度已从工业化前的 280 μmol/mol 增加到了 2005 年的 379 μmol/mol，增加了近 32%。而且，大气 CO_2 浓度的增长速率一直在持续升高，1960—2005 年大气 CO_2 浓度的年均增长 1.4 μmol/mol，1995—2005 年间的年均增长率升为 1.9 μmol/mol。据预测，如果不采取任何措施，大气 CO_2 浓度将以更快的速度持续升高，到 2100 年大气 CO_2 浓度将达到 650～970 μmol/mol(IPCC，2007)。

大气 CO_2 浓度升高会导致植物叶片气孔导度与蒸腾速率下降，提高植物群落的水分利用效率，从而增强植物光合作用和生态系统固碳能力。据报道，该过程使陆地生态系统能吸收人类活动产生 CO_2 中的 16%～43%(IPCC，2007)。大气 CO_2 浓度升高将会对陆地生态系统的碳循环和储量产生深刻的影响，而后者的变化也会反馈于全球变化，加速或减缓全球气候变化进程。草地生态系统约占到全球可耕种面积的 70%，在全球碳循环中起着非常重要的作用。然而，对草原生态系统在高，CO_2 浓度下的响应研究最早也多集中在北美和瑞士北部，例如堪萨斯的高草草原、加利福尼亚的一年生草原、瑞士西北的石灰质草原、科罗拉多的矮草草原等。为揭示 CO_2 浓度升高对我国草原生产力和碳平衡的效应，我们在中国科学院内蒙古草原生态系统定位研究站，利用开顶式生长室(open-top chamber，OTC)控制实验模拟环境变化(图 6.5)，开展了多年的 CO_2 增加实验(2006—2008 年)。研究了 CO_2 浓度升高对我国典型草原羊草群落重要植物种羊草(*L. chinensis*，C_3 植物)、小叶锦鸡儿(*C. microphylla* Lam.，豆科半灌木植物)

等植物群落的影响。探讨不同功能型植物种对环境变化的响应和适应性。

图 6.5 开顶式生长室分布图

1、3、5 为加倍 CO_2 浓度气室，2、4、6 为正常 CO_2 浓度气室

6.5.2 CO_2 浓度升高对羊草生长的影响

植物群落对高 CO_2 浓度的响应主要取决于群落中物种组成尤其是优势种对高 CO_2 浓度的敏感性以及其他环境条件等。在瑞士石灰质草原上，人工群落的 FACE 实验结果显示了群落水平对 CO_2 的响应主要取决于某些物种的存在与否。有研究表明，高 CO_2 并未对 3 种高山群落中的重要植物种产生影响，相应的整个群落水平也没有响应，尽管其中的次要植物种高山早熟禾(*Poa alpina*)的地上生物量显著增加了 47%(Schäppi 和 Körner，1996)。Navas(1998)的综述也认为大多数对 CO_2 没有响应的群落是因为群落中的重要植物种对高 CO_2 没有响应。在瑞士西北部的人工群落中，研究发现地上生物量对高 CO_2 浓度完全不响应，但是地下生物量却显著地增加了 36%(Schäppi 和 Körner，1996)。在加利福尼亚地区针对一年生草原进行的相关研究表明，CO_2 加倍情况下，群落生物量在最初两年无显著变化，但在第三年显著增加了 32.6%(Shaw 等，2002)。因此，由于群落中物种组成的差异和限制因子的不同，不同草原生态系统对高 CO_2 浓度的响应也不同，无法从某一生态系统外推到物种组成和环境条件存在差异的其他生态系统。羊草草原是我国典型草原的重要代表类型，处在世界上最为连续的欧亚草原上，也是在我国温带半干旱草原分布很广的代表性植物群落类型(Bai 等，2004)。羊草作为羊草草原群落的建群种，在不同 N 素和环境条件下研究其对高 CO_2 的响应十分必要，可以为预测羊草草原对全球变化的响应提供数据支持。

在加倍 CO_2 浓度(760 μmol/mol)下，作为 C_3 植物的羊草光合速率显著增加(Zhang 等，2010)。CO_2 是植物光合作用的底物。目前的大气 CO_2 浓度并未达到羊草的光合饱和 CO_2 浓度，所以 CO_2 浓度升高能显著促进植物的光合速率。光合速率的变化也是植物对 CO_2 浓度升高响应的最为明显的指标。在高 CO_2 浓度下，植物光合速率的显著增加使地上生物量累积增加，但高 CO_2 浓度对不同 C_3 植物生物量以及不同研究区域的 C_3 植物种的影响幅度并不一致。Poorter(1993)对 156 个种的统计分析指出，C_3 植物的生物量在高 CO_2 浓度下平均增加了 41%，但 C_3 植物内部不同植物种间也存在显著差异，如慢速生长植物种仅平均增加了 23%。美国明尼苏达州的 BioCON(Biodiversity，CO_2 和 Nitrogen)实验对分属于四个功能型

(C_3、C_4、豆科、杂类草)的 16 种草原植物的研究中发现,CO_2 加倍使 C_3 植物总生物量仅增加 9%(Reich 等,2001)。对 350 个植物种的综合分析发现,在 CO_2 加倍浓度条件下,不同植物种生物量的变幅为−50%~400%(Poorter 和 Navas,2003)。我国典型草原的研究发现羊草地上生物量,在干旱年份(2007 年)的高 CO_2 浓度条件下增加显著,平均增加了 9%,且 CO_2 浓度升高和 N 素添加对羊草地上生物量的交互作用在干旱年份显著(图 6.6a),具体表现为:在 2007 年的低 N 条件下,羊草地上生物量没有显著变化。在高 N 条件下,羊草地上生物量增加 13%($P<0.01$)。上述结果表明羊草地上生物量的累积对高 CO_2 浓度的响应受到土壤中可利用性 N 的限制,同时也受到年际间降雨量影响。N 素是陆地生态系统的重要限制性元素(Xia 和 Wan,2008),低 N 水平限制了草地生态系统对 CO_2 的响应和高 CO_2 响应的维持,而在相对高 N 条件下,植物对 CO_2 的反应增强。Owensby 等(1999)对美国堪萨斯高草草原多年的研究表明,水分和 N 素显著影响了高草草原对高浓度 CO_2 的响应,生物量在不同 N 素和水分条件下从不变化到显著的增加达 30%。这与很多报道一致,如草地植物对于高 CO_2 浓度的响应往往受到土壤中 N 的水平限制或者是 N 的渐进性缺乏的限制(Reich 等,2006)。有些研究显示,高 CO_2 浓度会降低植物对土壤水分的消耗,使土壤水分含量增加,从而降低了生态系统对干旱的敏感度,使植物在相对干旱条件下对 CO_2 浓度升高的响应更敏感(Morgan 等,2004)。

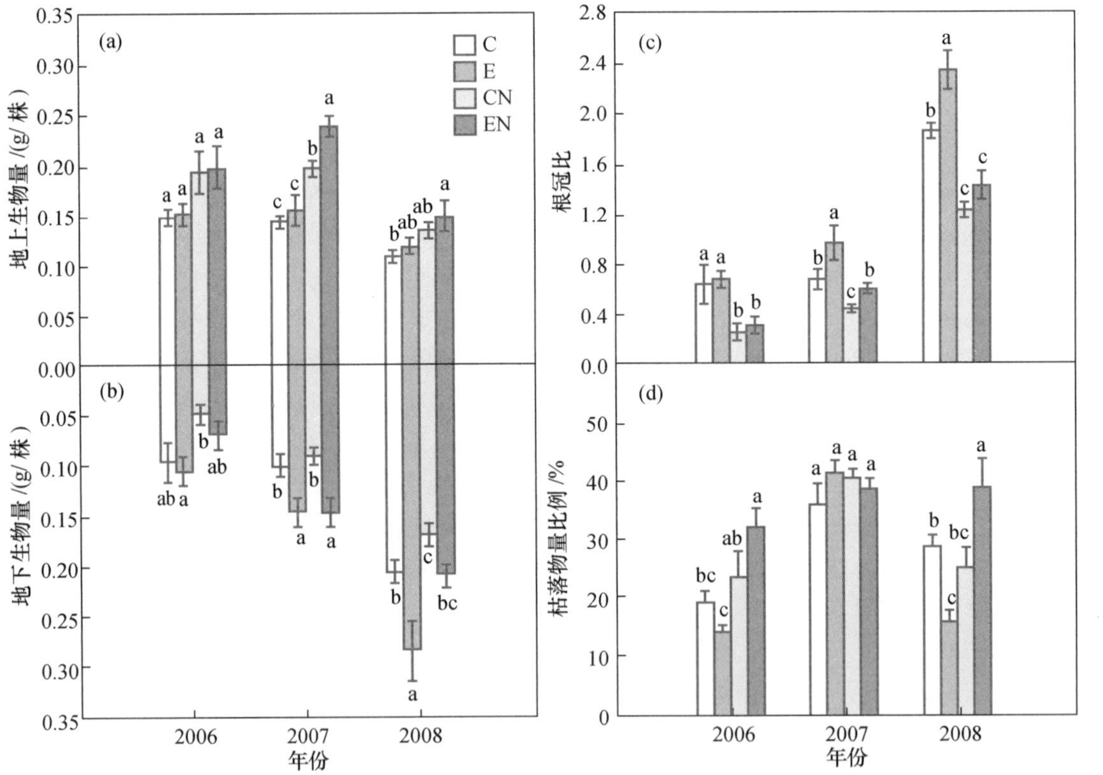

图 6.6 羊草地上生物量(a)、地下生物量(b)、根冠比(c)、枯落物量比例(d)在 2006—2008 年对 CO_2 浓度升高和 N 素添加的响应(引自 Zhang 等,2010)

[C 为正常 CO_2 浓度(380 μmol/mol)且不添加 N 素;E 为加倍 CO_2 浓度(760 μmol/mol)且不添加 N 素;CN 为正常 CO_2 浓度添加 N 素[添加量为 17.5 g/(m・年)];EN 为加倍 CO_2 浓度且添加 N 素]

此外，CO_2 浓度和土壤 N 素对于羊草枯落物量有显著交互作用，在未添加 N 素条件下，CO_2 浓度升高对羊草枯落物量没有显著影响，而添加 N 素条件下高 CO_2 浓度使枯落物量增加了 11%(图 6.6d)。植物的凋落是一个由自身基因控制，同时又受生物和非生物因素影响的具有极大变异性的生物过程。有研究认为 CO_2 浓度升高会加速植物叶片的死亡，但也有报道称 CO_2 浓度升高会延缓植物叶片的死亡。本研究中，在低 N 条件下，CO_2 对羊草地上生长的促进并不明显，所以对枯落物影响不大；然而，在 N 添加条件下，CO_2 加速了植物的生长发育，加快了物质循环和能量代谢，使叶片死亡加快(Zhang 等，2010)。因此，植物对高 CO_2 浓度的响应大小不仅取决于植物种特性、发育期和其对环境变化的适应性，还取决于其他环境因子状况等(Reich 等，2006)。

在 3 年的 CO_2 倍增实验中还发现，羊草地下生物量在高 CO_2 浓度下，在不同氮梯度下平均增加了 40%(图 6.6b)，比地上生物量增加幅度(9%)高，根冠比增加了 27%(图 6.6c)，这与多数以前的研究结果一致。在高 CO_2 浓度下，植物生长对于营养元素需求加大，从而促使植物分配更多的干物质到根部，以获取更多营养物质。但在高 CO_2 浓度下，根冠比并不总是发生明显改变，例如，Reich 等对 16 种草原植物研究表明，只有一种植物的根冠比在高 CO_2 下发生显著改变(Reich 等，2001)。另外，针对瑞士西北部石灰质土壤的草原实验的研究显示，第一年生物量没有明显变化，第二年后直到第四年都增加显著，分别增加 20%、21%、29%，但根生物量未见明显变化(Leadley 等，1999)。也有研究认为 CO_2 浓度升高使根的周转加快了，所以对于一年中根最后的累积生物量没有显著影响(Sindhøj 等，2000)。本研究中根冠比在 2007 年干旱年的两个氮水平下 CO_2 浓度升高均促进根冠比增加，而 2008 年高 N 条件下 CO_2 的促进效应变弱。有研究认为，在水分或者营养元素等环境条件较为适宜条件下，多数植物干物质分配不受 CO_2 浓度升高的影响(Stulen 和 Denhertog，1993)，但是在水分胁迫或者营养缺乏条件下，干重分配对 CO_2 浓度升高的反应较强(Rogers 等，1996)。

羊草草原优势种植物羊草的地下生物量累积(+40%)在高 CO_2 浓度要显著高于地上(+9%)，与其他生态系统相比，草地植被地上生物量中的碳储量与土壤中的碳储量相比是非常少的，因而，地下对全球变化的响应对草地碳循环研究具有重要的意义。也正因为如此，地下对全球变化的响应和适应的低估会对草地生态系统碳贮存的估算产生巨大的不确定性。因此在预测羊草草原对于高 CO_2 浓度的响应研究应更多关注生态系统地下过程。

6.5.3 CO_2 浓度升高对小叶锦鸡儿生长的影响

小叶锦鸡儿灌丛是我国北方半干旱草原的重要灌丛类型，也是温带典型草原退化的一个重要演替阶段。在过去的几十年，我国典型草原区锡林河流域小叶锦鸡儿的灌丛分布明显增加(熊小刚等，2003)。过去的研究对灌丛分布明显增加的原因和可能带来的后果也有一些分析，但是却很少有人关注 CO_2 浓度升高对于小叶锦鸡儿灌丛分布增加的影响。CO_2 浓度升高促进大多数植物的光合作用，提高生产力和植物的水分利用效率，但是这种促进作用与植物种的特性和环境资源的可利用性密切相关(Ainsworth 和 Long，2005)。有报道认为，生态系统能否长时间维持对高 CO_2 浓度的响应主要受到快速生长后可利用性 N 减少的限制(Reich 等，2006)。很多研究显示，豆科植物可以共生固氮，不会受到 N 素的限制，所以对高 CO_2 浓度的响应较其他功能型植物要强，在高浓度 CO_2 环境下具有竞争优势(Poorter，1993)。小叶锦鸡儿(*C. microphylla* Lam.)是 C_3 豆科半灌木植物种,可能会对高 CO_2 浓度有显著的响应。因此,探讨小叶锦鸡儿的生长及其固氮对高 CO_2 浓度有怎样的响应,以及在不同土壤 N 素和环境变化条件下有怎样的变化具有重要的意义。

由于豆科植物共生固氮特性而不受 N 素的限制,CO_2 浓度升高促进其叶片光合速率的提高较其他功能型植物的响应更强烈(Lee 等,2003,Ainsworth 和 Long,2005)。多年的 CO_2 倍增实验表明 CO_2 浓度倍增显著促进小叶锦鸡儿叶片光合速率,增加了 83%,而且与 N 素的添加无关(Zhang 等,2011)。Lee 等(2003)也报道了豆科植物种白三叶草(*Trifolium repens* L.)在高 CO_2 浓度下较非豆科植物种有更强的光合速率、生物量和生物量总 N,且与土壤中 N 的水平无关。随着 CO_2 处理时间的延长,CO_2 浓度升高对植物的光合作用可能会降低甚至消失,即出现光合适应性下调(Drake 等,1997),这在豆科植物中也会出现。Lee 等(2001)在对 13 种分属四个功能型的植物 CO_2 增加实验中发现无论是豆科还是其他功能型植物都有光合适应性下调现象,且与 N 素添加无关。在瑞士实验研究了 CO_2 加倍 8 年后豆科植物白三叶草在生长季末的光合能力出现适应性下调现象。但是尽管有适应性下调现象,豆科植物在 CO_2 加倍条件下的光合速率仍较非豆科植物要高(Ainsworth 和 Long,2005)。然而,在 3 年的 CO_2 加倍实验中发现小叶锦鸡儿没有出现光合适应性下调。此外,豆科植物小叶锦鸡儿在高 CO_2 浓度下,土壤微生物活性增加且多样性增加,促进营养元素吸收利用(展小云等,2010)。小叶锦鸡儿叶片 N 含量没有显著变化,这与其他很多文献的报道一致。在高 CO_2 浓度下非结构性碳的增加不会引起叶片 N 含量的稀释效应,所以也不会导致高的光合速率无法维持。

很多研究显示,与非豆科植物比较,豆科植物对高 CO_2 浓度的响应无论是从对 CO_2 高响应的频率还是响应的幅度都要高(Poorter,1993;Poorter 和 Navas,2003)。例如,已有研究发现豆科植物在高浓度 CO_2 下生物量的累积比非豆科植物显著,在不同年份不同 N 水平下,高 CO_2 浓度导致非豆科植物生物量变化的幅度为−11%~25%,而豆科植物生物量增加幅度为 10%~49%(Lüscher 等,2004)。本研究中,CO_2 浓度升高显著增加了小叶锦鸡儿地上生物量,增加幅度达 25%,高于羊草的增加幅度(9%),这也与很多研究一致。基于文献的结果统计分析也表明,CO_2 浓度升高使豆科植物地上生物量平均增加了 24%,而非豆科草本植物仅增加 10%(Ainsworth 和 Long,2005)。

然而,也有报道豆科植物内部的不同植物种也存在很大差异。例如,在 BioCON 实验中对分属于 4 个功能型(C_3、C_4、豆科、杂草)的 16 种草原植物的研究中发现,CO_2 增加使 C_3 植物总生物量增加 9%,而使豆科总生物量增加 18%,但在 4 种豆科植物中只有 2 种生物量和总植物 N 库增加显著(Reich 等,2001)。West 等(2005)对 4 种豆科植物的 CO_2 增加实验中也发现,4 种豆科植物种对 CO_2 增加响应并不一致,只有 1 种植物生物量在 CO_2 增加时增加显著,其他 3 种并无显著响应,甚至有 1 种出现负响应。这可能与其他非 N 营养元素(P、K 和 Mg 等)的限制有关,也可能与固氮必需的微量元素(如 Mo、Fe 等)在高 CO_2 浓度下逐渐降低有关。我们在内蒙古的研究也发现高 CO_2 浓度显著促进小叶锦鸡儿光合作用和植物生物量积累,但对小叶锦鸡儿根瘤(张灿娟等,2009)以及固氮酶活性无显著影响,这也可能与其他营养元素的限制有关,尤其是 P 元素限制,因为有研究指出我国典型草原可能受到 P 的限制要强于 N 限制(Lü 和 Han,2010)。因此,高 CO_2 浓度对固氮作用的促进可能仅发生在其他非 N 营养元素不是限制性元素的条件下(如 P、K 和 Mg)。此外,不同豆科植物种固氮作用对高

CO_2 的响应也存在差异，这可能由植物本身特性对环境的长期适应所决定，也可能和土壤中N素的可利用性密切相关（Leadley 等，1999，West 等，2005）。另外，固氮作用被普遍认为是受到N素添加的抑制（Lee 等，2003），但是当土壤N素添加时，固氮作用对高 CO_2 浓度的响应报道不一致，从没有影响（van Groenigen 等，2006）到正效应（Thomas 等，2000）均有报道。我们的研究发现 CO_2 浓度升高可以一定程度上缓解N素添加对豆科植物固氮的抑制，可能主要是通过改善根瘤形成的途径（张灿娟等，2009）。但是，高浓度 CO_2 对豆科植物和固氮作用的影响效应及其能否长时间维持仍然存在争议，并且以往研究所涉及的豆科植物种类有限，所以仍然需要进一步的研究。由于植物种和功能型间对 CO_2 浓度升高的差异性响应，长期的 CO_2 加倍会导致群落植物种竞争关系的改变，种优势度发生变化，最终使群落物种组成发生显著性改变（Owensby 等，1999）。例如，在瑞士草原进行的5年FACE实验，发现豆科植物白三叶草（*T. repens* L.）与非豆科植物共存的系统中由于对 CO_2 浓度升高的差异性响应使白三叶草在群落中所占草本比例由原来的21%增加到33%（Hartwig 等，2000）。

此外，有报道 CO_2 浓度升高会促进了干旱和半干旱草原的 C_3 灌丛入侵，即草原灌丛化。在半干旱的科罗拉多的矮草草原经过5年的 CO_2 倍增后群落中木本植物所占比例明显增加（Morgan 等，2007），但是对 CO_2 浓度升高在目前的灌丛和木本植物入侵草原起到怎样的作用仍然存在很大的争论。本研究中高 CO_2 浓度对豆科半灌木植物小叶锦鸡儿的促进作用显著强于优势种植物羊草，CO_2 浓度升高可能会加剧典型草原锡林河流域小叶锦鸡儿灌丛分布的增加。

6.6 结语与展望

在过去几年中，尽管我国在生态系统C循环对全球变化各因子（大气层 CO_2 浓度升高、气候变暖、降水格局变化、大气氮沉降）响应方面取得了一些创新性的结果，但这些研究的方法均以野外控制实验为主。鉴于陆地生态系统C循环对全球变化的响应是一个涉及多尺度、长期以及多途径交互影响的过程，未来仍然有许多未知的问题有待解决。基于目前已经得到的一些结论与研究中存在的缺陷，未来在全球变化与碳循环方面可能从以下方面进一步完善：

（1）全球变化各因子之间的交互作用。全球气候变化涉及 CO_2 浓度增加、温度升高、降水变化、N沉降加剧等多方面，而各个因子之间的交互作用将有助于人们进一步准确预测气候变化对C循环的影响。同时，在全球范围内已经大量存在的单因子实验结果也将面临进一步整合，因为对于那些全球变化不同因子产生显著交互影响的地区，基于单因子实验的研究结果其意义可能会减弱。尽管本章节涉及了一部分全球变化因子间的交互作用（如氮素添加、增温以及 CO_2 浓度增加对生态系统碳交换的影响都依赖于降雨格局），但是并未系统地对这些因子之间的交互作用进行系统的总结。这一方面是由于不同因子交互作用的研究还比较缺乏，另一方面是因为调控这些交互作用的内在机理非常复杂。因此，未来我国温带典型草地系统碳循环与全球变化的研究应更加注重全球变化不同因子之间的协同变化及其可能带来的交互影响。

（2）其他元素循环（如水、氮、磷以及其他微量元素）对碳循环的影响。生态系统各个元素循环之间互相区别而又紧密相关。近年来的研究逐渐将水分循环、氮循环、磷循环等其他养分与元素过程引入到碳循环的研究与预测当中。虽然这些过程的引入增加了研究与预测的复杂性，但也大幅度推进了研究的可靠性与预测性。本章节主要关注的是碳循环本身，尽管介绍了一部分氮循环与水循环的内容，但总体而言并不系统。下一步工作应当更加注重研究水、氮、磷以及其他元素循环对碳循环的调控机理，这有助于我们更加准确地模拟和预测温带半干旱草地生态系统碳循环在未来全球变化驱动下的动态。

(3)全球变化的长期性与试验研究的短期性。全球变化是一个涉及长期时间尺度的问题。例如，人们在研究大气温度与 CO_2 浓度的变化趋势时，一般基于对几百年甚至更长时间内数据的分析。然而，目前世界范围内开展的野外实验大都时间较短，且大部分局限于单个或少数几个植物世代之内。我国内蒙古锡林浩特站与多伦站一直坚持了长期的野外定位研究，例如锡林浩特站自 1980 年以来连续观测了围封样地的物种多样性与生产力，多伦站的全球变化多因子控制试验平台已经连续运行了 7 年。这些长期观测数据对加深我们理解全球变化对我国温带典型草地生态系统碳循环的长期影响具有重要意义。

(4)探明草地生态系统碳循环响应降雨格局变化的机理。尽管到目前为止，我国已经开展了大量与水分变化和生态系统碳循环相关的研究，但是这些研究大都集中在降雨强度即降雨量方面。研究长期尺度下降雨格局对草原生态系统碳循环的影响存在许多的不确定性。首先，我们对未来降雨格局在时间上的动态特征仍不太清楚。其次，由于不同类型的植物具有不同的水分利用效率，因此植物群落结构的动态在生态系统碳循环对降雨变化的长期响应中具有重要的调节作用。这些因素同时决定了草原生态系统碳循环对降雨格局变化的响应是一个非线性的过程。因此，在未来的研究中，一方面要加强不同降雨梯度下生态系统碳循环动态的研究，另一方面要注重研究降雨时间格局变化对生态系统碳循环的影响。同时，降雨格局本身(强度、频度以及极端事件发生概率等)的变化趋势也将成为未来的研究重点之一。

(5)开展数据与模型相结合的研究工作。作为研究陆地生态系统生物地球化学循环的工具之一，生物地球化学模型(biogeochemical model)有助于我们进一步认识和理解生物地球化学循环响应全球变化的机理。目前的模型预测研究面临着许多瓶颈问题，其中之一便是由于模型涉及的过程和参数纷繁复杂，因此急需实测数据作为基准用以评估模型结果的准确性。近年来，一些基于贝叶斯算法(如马尔可夫链蒙特卡罗方法与集合卡尔曼滤波数据同化方法等)的反演分析比较好地结合了观测数据与生物地球化学模型，并得到了一些比较可靠的预测。经过长期的定位观测，锡林浩特站与多伦站已经积累了非常详尽的长期数据与资料，所以有必要更加深入地分析和利用这些数据，以期获得对我国温带草地生态系统碳循环对全球变化的响应机理和趋势。因此，未来引入更多数据与模型相结合的研究将有助于我们更加准确地预测全球变化驱动下我国半干旱草地生态系统碳循环的变化动态。

(6)增加对 CO_2 之外的其他温室气体的研究比例。本章内容主要集中于 CO_2 循环对全球变化各因子的响应，而对甲烷(CH_4)排放等过程的内容涉及较少。锡林浩特站已经对甲烷排放的机理进行了较多的研究(Wang 等，2007，Wang 等，2008)。这些研究极大地完善了我们对碳循环动态特征的理解。基于这些机理，未来可以在生态系统甲烷排放对全球变化的响应以及甲烷排放与 CO_2 循环的关系方面进行更加深入的研究。

本章编写人：夏建阳，张琳，晏黎明，吴冬秀，陈世苹，万师强

参考文献

王绍强，周成虎，李克让，等. 2000. 中国土壤有机碳库及空间分布特征分析. 地理学报，55：533-544.

夏建阳. 2011. 中国温带典型草原碳循环对气候变暖与氮素添加的响应(博士毕业论文). 北京：中国科学院研究生院.

熊小刚，韩兴国，白永飞，等. 2003. 锡林河流域草原小叶锦鸡儿分布增加的趋势，原因和结局. 草业学报，12：57-62.

展小云，吴冬秀，张琳，等. 2010. 小叶锦鸡儿根际微生物群落功能多样性对环境变化的响应. 生态学报，30：3087-3097.

张灿娟，吴冬秀，张琳，等. 2009. 内蒙古草原 3 年生小叶锦鸡儿根瘤特征及其对环境变化的响应. 植物生态学报，33：1165-1176.

Ainsworth E A, Long S P. 2005. What have we learned from 15 years of free-air CO_2 enrichment(FACE)? A meta-analytic review of the responses of photosynthesis, canopy properties and plant production to rising CO_2. New Phytologist, 165: 351-372.

Asner G P, Townsend A R, Riley W J, et al. 2001. Physical and biogeochemical controls over terrestrial ecosystem responses to nitrogen deposition. Biogeochemistry, 54: 1-39.

Bai Y F, Wu J G, Clark C M, et al. 2010. Tradeoffs and thresholds in the effects of nitrogen addition on biodiversity and ecosystem functioning: evidence from inner Mongolia Grasslands. Global Change Biology, 16: 358-372.

Bai Y F, Han X G, Wu J G, et al. 2004. Ecosystem stability and compensatory effects in the Inner Mongolia grassland. Nature, 431: 181-184.

Bridgham S D, Pastor J, Updegraff K, et al. 1999. Ecosystem control over temperature and energy flux in northern peatlands. Ecological Applications, 9: 1345-1358.

Chen S, Lin G, Huang J, et al. 2009. Dependence of carbon sequestration on the differential responses of ecosystem photosynthesis and respiration to rain pulses in a semiarid steppe. Global Change Biology, 15: 2450-2461.

Cox P M, Betts R A, Jones C D, et al. 2000. Acceleration of global warming due to carbon-cycle feedbacks in a coupled climate model(vol 408, pg 184, 2000). Nature, 408: 750-750.

Dhakhwa G B, Campbell C L, LeDuc S K, et al. 1997. Maize growth: assessing the effects of global warming and CO_2 fertilization with crop models. Agricultural and Forest Meteorology, 87: 253-272.

Easterling D R, Horton B, Jones P D, et al. 1997. Maximum and minimum temperature trends for the globe. Science, 277: 364-367.

Emmerich W E. 2003. Carbon dioxide fluxes in a semiarid environment with high carbonate soils. Agricultural and Forest Meteorology, 116: 91-102.

Fitter A H, Fitter R S R. 2002. Rapid changes in flowering time in British plants. Science,

296:1689-1691.

Galloway J N, Dentener F J, Capone D G, et al. 2004. Nitrogen cycles: past, present, and future. Biogeochemistry, 70:153-226.

Halverson L J, Jones T M, Firestone M K. 2000. Release of intracellular solutes by four soil bacteria exposed to dilution stress. Soil Sci. Soc. Am. J, 64:1630-1637.

Harpole W S, Potts D L, Suding K N. 2007. Ecosystem responses to water and nitrogen amendment in a California grassland. Global Change Biology, 13:2341-2348.

Harte J, Shaw R. 1995. Shifting dominance within a montane vegetation community-results of a climate-warming experiment. Science, 267:876-880.

Hartwig U A, Lüscher A, Daepp M, et al. 2000. Due to symbiotic N_2 fixation, five years of elevated atmospheric pCO_2 had no effect on the N concentration of plant litter in fertile, mixed grassland. Plant and Soil, 224:43-50.

Högberg P, Fan H B, Quist M, et al. 2006. Tree growth and soil acidification in response to 30 years of experimental nitrogen loading on boreal forest. Global Change Biology, 12: 489-499.

Hu J, Moore D J P, Burns S P, et al. 2010. Longer growing seasons lead to less carbon sequestration by a subalpine forest. Global Change Biology, 16:771-783.

Kang L, Han X G, Zhang Z B, et al. 2007. Grassland ecosystems in China: review of current knowledge and research advancement. Philosophical Transactions of the Royal Society B-Biological Sciences, 362:997-1008.

Knapp A K, Fay P A, Blair J M, et al. 2002. Rainfall variability, carbon cycling, and plant species diversity in a mesic grassland. Science, 298:2202-2205.

Kuzyakov Y. 2006. Sources of CO_2 efflux from soil and review of partitioning methods. Soil Biology and Biochemistry, 38:425-448.

Leadley P W, Niklaus P A, Stocker R, et al. 1999. A field study of the effects of elevated CO_2 on plant biomass and community structure in a calcareous grassland. Oecologia, 118:39-49.

LeBauer D S, Treseder K K. 2008. Nitrogen limitation of net primary productivity in terrestrial ecosystems is globally distributed. Ecology, 89:371-379.

Lee T D, Tjoelker M G, Ellsworth D S, et al. 2001. Leaf gas exchange responses of 13 prairie grassland species to elevated CO_2 and increased nitrogen supply. New Phytologist, 150: 405-418.

Lee T D, Tjoelker M G, Reich P B, et al. 2003. Contrasting growth response of an N_2-fixing and non-fixing forb to elevated CO_2: dependence on soil N supply. Plant and Soil, 255:475-486.

Liu B H, Xu M, Henderson M, et al. 2005. Observed trends of precipitation amount, frequency, and intensity in China, 1960-2000. Journal of Geophysical Research-Atmospheres, 110:D08103, doi:08110.01029/02004JD004864.

Liu W X, Zhang Z, Wan S Q. 2009. Predominant role of water in regulating soil and microbial respiration and their responses to climate change in a semiarid grassland. Global Change

Biology,15:184-195.

Liu X,Wan S,Su B,et al. 2002. Response of soil CO_2 efflux to water manipulation in a tall-grass prairie ecosystem. Plant and Soil,240:213-223.

Lü F M,Lü X T,Liu W,et al. 2011. Carbon and nitrogen storage in plant and soil as related to nitrogen and water amendment in a temperate steppe of northern China. Biology and Fertility of Soils,47:187-196.

Lü X T,Han X G. 2010. Nutrient resorption responses to water and nitrogen amendment in semi-arid grassland of Inner Mongolia,China. Plant and Soil,327:481-491.

Luo Y Q. 2007. Terrestrial carbon-cycle feedback to climate warming. Annual Review of Ecology Evolution and Systematics,38:683-712.

Luo Y,Weng E,Yang Y. 2012. Ecosystem ecology. In: A. Hastings and L. Gross,editors. Sourcebook in Theoretical Ecology. The University of California Press.

Lüscher A,Daepp M,Blum H,et al. 2004. Fertile temperate grassland under elevated atmospheric CO_2-role of feed-back mechanisms and availability of growth resources. European journal of agronomy,21:379-398.

Ma S,Baldocchi D D,Xu L,et al. 2007. Inter-annual variability in carbon dioxide exchange of an oak/grass savanna and open grassland in California. Agricultural and Forest Meteorology,147:157-171.

Menge D N L,Field C B. 2007. Simulated global changes alter phosphorus demand in annual grassland. Global Change Biology,13:2582-2591.

Menzel A. 2003. Plant phenological anomalies in Germany and their relation to air temperature and NAO. Climatic Change,57:243-263.

Morgan J A, Mosier A R, Milchunas D G, et al. 2004. CO_2 enhances productivity, alters species composition, and reduces digestibility of shortgrass steppe vegetation. Ecological Applications,14: 208-219.

Morgan J A,Milchunas D G,LeCain D R,et al. 2007. Carbon dioxide enrichment alters plant community structure and accelerates shrub growth in the shortgrass steppe. Proceedings of the National Academy of Sciences,104:14725-14729.

Navas M L. 1998. Individual species performance and response of multispecific communities to elevated CO_2: a review. Functional Ecology,12:721-727.

Ni J. 2002. Carbon storage in grasslands of China. Journal of Arid Environments,50:205-218.

Niu S L,Yang H J,Zhang Z,et al. 2009. Non-additive effects of water and nitrogen addition on ecosystem carbon exchange in a temperate steppe. Ecosystems,12:915-926.

Niu S L,Wu M Y,Han Y,et al. 2010. Nitrogen effects on net ecosystem carbon exchange in a temperate steppe. Global Change Biology,16:144-155.

Niu S,Wu M,Han Y,et al. 2008. Water-mediated responses of ecosystem carbon fluxes to climatic change in a temperate steppe. New Phytologist,177:209-219.

Norby R J,Luo Y. 2004. Evaluating ecosystem responses to rising atmospheric CO_2 and global warming in a multi-factor world. New Phytologist,162:281-293.

Norby R J, Hartz-Rubin J S, Verbrugge M J. 2003. Phenological responses in maple to experimental atmospheric warming and CO_2 enrichment. Global Change Biology, 9: 1792-1801.

Olsson P, Linder S, Giesler R, et al. 2005. Fertilization of boreal forest reduces both autotrophic and heterotrophic soil respiration. Global Change Biology, 11: 1745-1753.

Owensby C E, Ham J M, Knapp A K, et al. 1999. Biomass production and species composition change in a tallgrass prairie ecosystem after long-term exposure to elevated atmospheric CO_2. Global Change Biology, 5: 497-506.

Phillips R P, Fahey T J. 2007. Fertilization effects on fineroot biomass, rhizosphere microbes and respiratory fluxes in hardwood forest soils. New Phytologist, 176: 655-664.

Poorter H. 1993. Interspecific variation in the growth response of plants to an elevated ambient CO_2 concentration. Plant Ecology, 104: 77-97.

Poorter H, Navas M L. 2003. Plant growth and competition at elevated CO_2: on winners, losers and functional groups. New Phytologist, 157: 175-198.

Reich P B, Tilman D, Craine J, et al. 2001. Do species and functional groups differ in acquisition and use of C, N and water under varying atmospheric CO_2 and N availability regimes? A field test with 16 grassland species. New Phytologist, 150: 435-448.

Reich P B, Hobbie S E, Lee T, et al. 2006. Nitrogen limitation constrains sustainability of ecosystem response to CO_2. Nature, 440: 922-925.

Risch A C, Frank D A. 2007. Effects of increased soil water availability on grassland ecosystem carbon dioxide fluxes. Biogeochemistry, 86: 91-103.

Rogers H H, Prior S A, Runion G B, et al. 1996. Root to shoot ratio of crops as influenced by CO_2. Plant and Soil, 187: 229-248.

Saarnio S, Jarvio S, Saarinen T, et al. 2003. Minor changes in vegetation and carbon gas balance in a boreal mire under a raised CO_2 or NH_4NO_3 supply. Ecosystems, 6: 46-60.

Schäppi B, Körner C. 1996. Growth responses of an alpine grassland to elevated CO_2. Oecologia, 105: 43-52.

Shaver G R, Johnson L C, Cades D H, et al. 1998. Biomass and CO_2 flux in wet sedge tundras: Responses to nutrients, temperature and light. Ecological Monographs, 68: 75-97.

Shaw M R, Zavaleta E S, Chiariello N R, et al. 2002. Grassland responses to global environmental changes suppressed by elevated CO_2. Science, 298: 1987-1990.

Sindhøj E, Hansson A C, Andrén O, et al. 2000. Root dynamics in a semi-natural grassland in relation to atmospheric carbon dioxide enrichment, soil water and shoot biomass. Plant and Soil, 223: 255-265.

Solomon S, Qin D, Manning M, et al. 2007. Intergovernmental Panel on Climate Change (IPCC) Climate Change 2007: The Physical Science Basis. Contribution of Working Group I to the Fourth Assessment Report of the Intergovernmental Panel on Climate Change. Cambridge University Press, Cambridge, U. K., available at http://ipcc-wg1.ucar.edu/wg1/wg1-report.html.

Stevens C J, Dise N B, Mountford J O, et al. 2004. Impact of nitrogen deposition on the species richness of grasslands. Science, 303: 1876-1879.

Stulen I, Denhertog J. 1993. Root-growth and functioning under atmospheric CO_2 enrichment. Vegetatio, 104: 99-115.

Thomas R B, Bashkin M A, Richter D D. 2000. Nitrogen inhibition of nodulation and N_2 fixation of a tropical N_2-fixing tree (Gliricidia sepium) grown in elevated atmospheric CO_2. New Phytologist, 145: 233-243.

Van Groenigen K J, Six J, Hungate B A, et al. 2006. Element interactions limit soil carbon storage. Proceedings of the National Academy of Sciences of the United States of America, 103: 6571-6574.

Wan S Q, Hui D F, Wallace L, et al. 2005. Direct and indirect effects of experimental warming on ecosystem carbon processes in a tallgrass prairie. Global Biogeochemical Cycles, 19: GB2014, doi: 2010. 1029/2004GB002315.

Wan S, Xia J, Liu W, et al. 2009. Photosynthetic overcompensation under nocturnal warming enhances grassland carbon sequestration. Ecology, 90: 2700-2710.

Wan S, Norby R J, Ledford J, et al. 2007. Responses of soil respiration to elevated CO_2, air warming, and changing soil water availability in a model old-field grassland. Global Change Biology, 13: 2411-2424.

Wan S, Luo Y, Wallace L L. 2002. Changes in microclimate induced by experimental warming and clipping in tallgrass prairie. Global Change Biology, 8: 754-768.

Wang C, Wan S, Xing X, et al. 2006. Temperature and soil moisture interactively affected soil net N mineralization in temperate grassland in Northern China. Soil Biology and Biochemistry, 38: 1101-1110.

Wang Z P, Han X G, Li L H. 2008. Effects of grassland conversion to croplands on soil organic carbon in the temperate Inner Mongolia. Journal of environmental management, 86: 529-534.

Wang Z P, Han X G, Wang G G, et al. 2007. Aerobic methane emission from plants in the Inner Mongolia steppe. Environmental science & technology, 42: 62-68.

Wedin D A, Tilman D. 1996. Influence of nitrogen loading and species composition on the carbon balance of grasslands. Science, 274: 1720-1723.

West J B, HilleRisLambers J, Lee T D, et al. 2005. Legume species identity and soil nitrogen supply determine symbiotic nitrogen-fixation responses to elevated atmospheric [CO_2]. (vol 167, pg 523, 2005). New Phytologist 167: 913-913.

Xia J, Wan S. 2012. The effects of warming-shifted plant phenology on ecosystem carbon exchange are regulated by precipitation in a semi-arid grassland. PLoS ONE, 7(2): e32088, doi: 10. 1371/journal. pone. 0032088.

Xia J Y, Wan S Q. 2008. Global response patterns of terrestrial plant species to nitrogen addition. New Phytologist, 179: 428-439.

Xia J, Han Y, Zhang Z, et al. 2009a. Effects of diurnal warming on soil respiration are not equal to the summed effects of day and night warming in a temperate steppe.

Biogeosciences,6:1361-1370.

Xia J Y,S Niu L,Wan S Q. 2009b. Response of ecosystem carbon exchange to warming and nitrogen addition during two hydrologically contrasting growing seasons in a temperate steppe. Global Change Biology,15:1544-1556.

Xia J,Chen S,Wan S. 2010. Impacts of day versus night warming on soil microclimate: Results from a semiarid temperate steppe. Science of the total environment,408:2807-2816.

Yan L M,Chen S P,Huang J H,et al. 2010. Differential responses of auto-and heterotrophic soil respiration to water and nitrogen addition in a semiarid temperate steppe. Global Change Biology,16:2345-2357.

Yan L,Chen S,Huang J,et al. 2011a. Increasing water and nitrogen availability enhanced net ecosystem CO_2 assimilation of a temperate semiarid steppe. Plant and Soil,349: 227-240.

Yan L M,Chen S P,Huang J H,et al. 2011b. Water regulated effects of photosynthetic substrate supply on soil respiration in a semiarid steppe. Global Change Biology, 17: 1990-2001.

Yang H, Li Y, Wu M, et al. 2011a. Plant community responses to nitrongen addition and increased precipitation: the importance of water availability and species traits. Clobal Change Biology,17:2936 - 2944.

Yang H,Wu M,Liu W,et al. 2011b. Community structure and composition in response to climate change in a temperate steppe. Global Change Biology,17:452-465.

Zeng D H,Li L J,Fahey T J,et al. 2010. Effects of nitrogen addition on vegetation and ecosystem carbon in a semi-arid grassland. Biogeochemistry,98:185-193.

Zhang L,Wu D X,Shi H Q,et al. 2011. Effects of elevated CO_2 and N addition on growth and N_2 fixation of a legume subshrub(*Caragana microphylla* Lam.)in temperate grassland in China. Plos One,6: e26842.

Zhang L,Yang Y X,Zhan X Y,et al. 2010. Responses of a Dominant Temperate Grassland Plant(*Leymus chinensis*) to Elevated Carbon Dioxide and Nitrogen Addition in China. Journal of Environmental Quality,39:251-259.

Zhang N L, Wan S Q, Li L H, et al. 2008. Impacts of urea N addition on soil microbial community in a semi-arid temperate steppe in northern China. Plant and Soil,311:19-28.

Zhang N,Xia J,Yu X,et al. 2011. Soil microbial community changes and their linkages with ecosystem carbon exchange under asymmetrically diurnal warming. Soil Biology and Biochemistry,43:2053-2059.

Zhou X H, Weng E S, Luo Y Q. 2008. Modeling patterns of nonlinearity in ecosystem responses to temperature, CO_2 and precipitation changes. Ecological Applications, 18: 453-466.

第7章

草地生态系统氮循环

7.1 草地生态系统氮循环研究进展

7.1.1 草地生态系统氮循环过程

氮元素(N)是蛋白质、核酸、叶绿素等的一个重要组成成分,被称为生命必需要素,也是植物重要营养成分之一。同时,氮是限制陆地生态系统植物生长、调节生态系统结构和功能、限制群落初级生产力的关键性元素。草地,尤其是天然草地,几乎没有人工氮的输入,因而氮素的供应对草地第一性生产力影响巨大。尽管在大气中存在着大量的氮气(N_2),土壤中存在着一定量的有机氮,但绝大多数植物可利用的氮仅限于土壤无机氮,因而研究氮素在草原生态系统中的循环状况,对草地的合理利用具有十分重要的意义。国外在草地氮循环方面开展了很多相关的工作,我国近年来也在内蒙古草原进行了大量的实验研究(Wang 等,2006,2011;Wolf 等,2010;Xu 等,2007,2008;Zhou 等,2009;Wu 等,2011)。

草地氮循环主要包括氮素的输入、转化和输出三个过程(图 7.1)。氮素输入方式主要有氮的沉降、生物固定等。氮素转化包括有机氮的矿化、硝化、土壤中铵态氮与硝态氮之间的动态变化、植物对氮素的吸收与同化等。氮素的输出主要是渗漏、反硝化、氨气挥发损失以及放牧、割草、火烧等造成的氮素损失。

7.1.1.1 草地生态系统氮输入

天然草地氮素输入主要有两种方式,一种是大气氮沉降,另一种是生物固定。大气氮沉降分为 3 类:①湿沉降,指单纯通过降雨和降雪来增加氮输入量;②干沉降,指大气沉降的尘埃所产生的氮输入量;③混合沉降,指干湿沉降的混合物。

生物固氮作用主要是通过豆科植物、地衣和一些藻类来完成。此外,一些非豆科牧草也有固氮作用,如菊科的 *Artemisia canescens*,蔷薇科的 *Coleogyme ramosissima*,藜科的 *Atriplex*

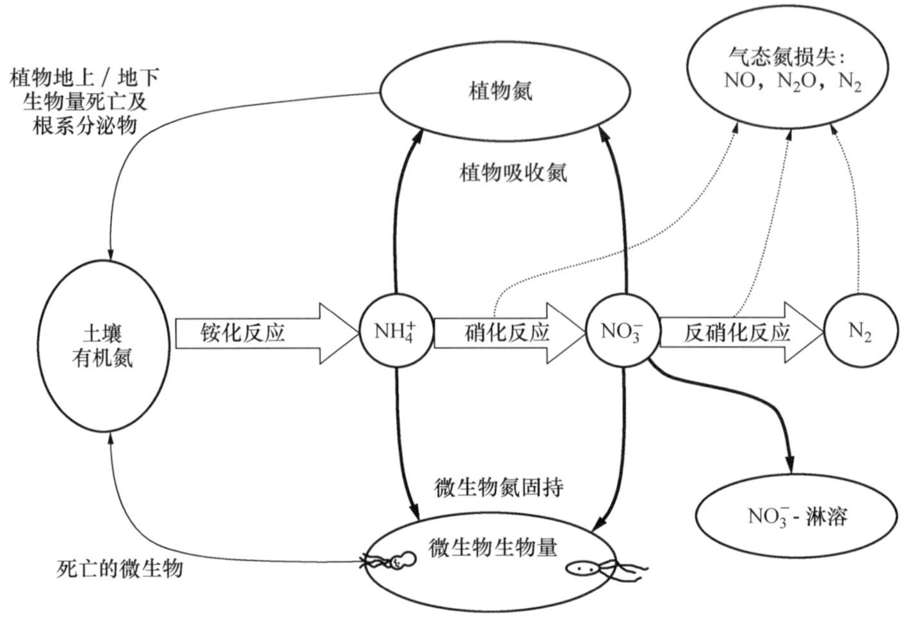

图 7.1　生态系统氮循环过程(线条的粗细表示转化过程中转化量的多少)

canescens,蒺藜科的 *Larrea tridentata* 等。豆科牧草的根瘤菌固氮过程是生物固氮研究中最彻底的一个领域,但由于不同草地生态系统环境因子与植被组成的差异,豆科牧草的固氮量也存在很大差异。在草地生态系统,地衣和一些藻类的固氮作用主要出现在荒漠草地的中性到碱性土壤中。目前豆科植物固氮作用的研究已有很多报道,对草地地衣及藻类固氮作用的研究相对较少(Xu 等,2007)。

7.1.1.2　草地生态系统氮转化

1. 土壤氮库和形态

草地土壤中氮的形态大体分为两类,一类是有机氮,另一类是无机氮。土壤氮库中的氮主要以有机氮的形态存在,一般占土壤全氮量的 95%以上。土壤中无机氮的含量很低,占土壤有机氮的 1%~5%。土壤中无机态氮包括铵态氮(NH_4^+-N)、亚硝态氮(NO_2^--N)以及硝态氮(NO_3^--N),主要以铵态氮和硝态氮为主。氮的矿化和硝化作用是影响 NH_4^+-N、NO_3^--N 浓度及其被植物所吸收、利用的最主要过程。土壤中的有机氮必须不断地通过土壤微生物的矿化和硝化作用转化为植物可吸收的有效氮形态,植物所吸收的几乎都是无机态的氮(NH_4^+-N,NO_3^--N)。因此,氮矿化速率尤其是总氮矿化速率对生态系统中植物氮的可利用性有明确的指示作用。在草地生态系统中,由于氮素是植物生长的限制元素,因此氮的矿化速率高,植物可利用的氮相对就多。

2. 矿化、硝化和固持作用

氮矿化是指通过微生物的活动将有机氮转变为铵态氮的过程,有一些学者将硝化作用也并入矿化作用过程。硝化作用是指由微生物活动将有机氮或铵态氮转变为硝态氮的过程。而氮的固持是指微生物将无机氮化合物转变为有机态氮化合物的过程。土壤的矿化、硝化作用与氮固持是氮素转化两个相反的过程。按照研究方法和研究目的分类,氮素矿化的概念可以分为净氮矿化和总氮矿化，其中总氮矿化是由净氮矿化和微生物固持氮两部分组成。净氮矿化是指单位时间内单位土壤铵态氮净增量，净硝化作用是指单位时间内单位土壤硝态氮净增量。土壤总氮矿化的测定需要用稳定性同位素^{15}N库稀释法来实现。

7.1.1.3 草地生态系统氮输出

草地氮损失的主要途径有渗漏、反硝化、氨挥发、火烧、割草和放牧等。由于管理方式、自然环境条件等因素的差别，不同草地类型和生态系统氮素的损失量间存在很大差异。氮素以NO_3^-的形式通过土壤上层剖面下渗时的流失被称为氮淋溶损失。在半干旱草原，每当七八月份雨热同季时，在过度放牧的草地很容易发生硝酸根离子的淋溶损失(王常慧，2005)。但是，也有学者认为，在半干旱天然草地上，由于降水少，土壤硝态氮含量低，因此淋溶损失是可以忽略的(李玉中，2002)。事实上，由于草地类型和草地利用方式的不同，到底有无淋溶发生是不能下定论的。此外，在一些半干旱的草地上，即使施肥很多，也没有淋溶现象的发生(Power，1971)。

1. 反硝化作用

反硝化是指反硝化细菌将硝态氮(NO_3^--N)或者亚硝态氮(NO_2^--N)还原为氮气(N_2)、氧化亚氮(N_2O)和一氧化氮(NO)的过程。它是氮循环过程的一个重要环节。反硝化作用产生的N_2O是一种温室气体，它同时也因为参与大气圈同温层臭氧的破坏作用，使更多的紫外线辐射到地面，对生物产生伤害，近年来引起人们的重视。反硝化过程一般发生在土壤通气性差(厌氧)、pH值相对高(7.0～8.2)、温度适宜，同时需要有一定量的(NO_3^-)和有机碳存在的条件下。硝化、反硝化产生N_2O气体是全球N_2O的主要来源，约占生物圈释放到大气中N_2O总量的90%。N_2O和CO_2都是温室气体，虽然N_2O在空气中比CO_2浓度低得多，但是它造成全球气候变暖的潜能是CO_2的290倍(Davidson，2009)。

2. 氨气的挥发

氮素以氨(NH_3)的形式离开土壤到大气的过程称为氨的挥发。它也是氮素在植物—土壤—大气系统转化过程中的一个重要环节。在天然的草地生态系统，挥发的NH_3主要来自植物、小动物、微生物残体以及放牧家畜排放物的分解。阳离子交换量、pH、土壤缓冲能力、碳酸钙($CaCO_3$)的含量、温度都影响着NH_3的挥发。在半干旱草地，除了硝化、反硝化途径损失氮素之外，NH_3挥发是另外一种由于氮素丢失导致养分匮乏的主要途径。但是直到20世纪50年代，NH_3的挥发才引起人们的重视。近年来有学者在内蒙古草原也开展了氨挥发的研究，发现内蒙古放牧草地氨挥发量是非常低的，氨挥发速率变幅为0.88～3.52 g/(hm^2·d)，放牧会显著增加氨气的挥发(Xu等，2007)。

3. 草食动物采食及割草

割草以及通过草食家畜消化吸收以动物产品的形式将草地中的氮带出草地，是草地氮损失的另一种途径。虽然，动物采食的牧草60%～80%的养分要归还到土壤中，只有很少一部分植物养分以动物产品形式带出草地生态系统，绝大多数的氮以尿素的形式归还土壤，而归还到土壤表层尿液中的尿素60%～80%要挥发损失掉。

7.1.2 草地生态系统 N 循环过程中^{15}N含量的变化

7.1.2.1 ^{15}N在草地生态系统中的循环机制

陆地生态系统氮素循环过程中，氮素输入与输出之间的平衡能用植被-土壤系统中的^{15}N丰度($\delta^{15}N$)变化来评估。$\delta^{15}N$ 的变化是在氮循环过程中通过微生物的作用使同位素分馏而引起的，这种分馏与气体排放的增加(通过 NH_3 挥发和反硝化等)及液体的输出相关联。这主要是因为土壤微生物能把一些有机物与无机物转化为气体挥发，挥发的同时伴随有氮同位素分馏，从而使土壤的^{15}N 富集。在微生物反硝化作用的过程中，由于同位素动力学效应，轻的^{14}N作为气体释放，而^{15}N 相对富集在未反应的 NO_3^- 中，即反硝化过程使反应残余物中^{15}N 富集。在氮素形态转变过程中，微生物会引起氮同位素不同程度的分馏，因此可利用氮同位素变化特征来示踪氮的生物地球化学过程中微生物活动及其对氮循环的反馈作用以及环境氮的来源及氮的迁移、转化等(李思亮等，2002)。^{15}N 值不但是生态系统中氮素转化的度量指标(Schulze 等，1991)，还能综合评估不同时期引起氮动态变化的影响因素(Wu 等，2011)。

在植物群落中，^{15}N 自然丰度可反映植物的固氮特征、根系深度和根际微生物过程的信息。在农业生态系统中，采用氮同位素稀释方法，可同时分析豆科与禾本科植物间作系统中生物固氮的贡献及其转移途径和机制。Aranibar 等(2004)提出了一个更加广义的机理假设，即^{15}N 富集与氮素由有机态向无机氮转化(如通过气体及淋溶的丢失)密切相关，任何降低生态系统中氮素进入有机氮库或增加氮素由有机向无机态转化的因素(如干旱、耕作或开垦、极端 pH 值、火烧和放牧等)均会促进系统中的^{15}N 富集。如在放牧区，$\delta^{15}N$ 值不仅受干旱的影响，还受干旱和放牧相互作用的影响(Schulze 等，1991)。放牧是草地生态系统中主要的土地利用方式之一，对调节草原生态系统的氮循环有重要作用。同时适度放牧可以提高土壤的净氮矿化速率，促进淋溶、挥发和反硝化等过程，增加^{14}N 的流失，形成一个开放的氮素循环系统，从而引起土壤 $\delta^{15}N$ 值的增加(Zacheis 等，2002)。Frank 和 Evans(1997)研究发现，放牧后植物可能改变氮素利用形式，由吸收 $\delta^{15}N$ 富集的 NH_4^+-N 转变为贫化的 NO_3^--N，使叶片 $\delta^{15}N$ 值降低。叶片 $\delta^{15}N$ 可以在一定程度上指示氮的来源，但在同一区域物种间 $\delta^{15}N$ 也可能有较大的变异，而且这种变异可达到 1%(Sprent 等，1996)。因此，除了区域因素(如土壤可利用氮、氮矿化速率的区域差异)，物种本身可能也是造成 $\delta^{15}N$ 值变异的原因(Pardo 等，2006)。

7.1.2.2 草地生态系统^{15}N的大尺度研究

草原生态系统中植物或土壤 $\delta^{15}N$ 值与气候因子，特别是与降雨量之间关系密切，相关报道主要集中在非洲热带、澳大利亚和北美温带。如 Aranibar 等(2004)对土壤-植物系统中 N 循环和同位素值与空间的降水量变化之间关系的报道。一般而言，植物、土壤及动物的^{15}N 在干旱区会产生富集(Austin 和 Vitousek，1998)。Schulze(1998)沿着大范围的干旱梯度，更进一步探讨了同位素分馏与增加干旱程度之间的定量关系。此外，Cheng 等(2009)发现在区域尺度上(1 200 km)内蒙古草地植物与土壤中稳定性同位素自然丰度($\delta^{15}N$)存在着明显的梯度变化。这些研究表明，生态系统^{15}N 自然丰度随降水量增加而逐渐降低(Swap 等，2003)。此外，年平均气温对植被-土壤系统中的 $\delta^{15}N$ 值也具有一定的影响和调控作用，通常随着温度升高而增加(Craine 和 Lee,2003;Mannel 等,2007)。进一步研究还表明,非气候因子(放牧、割草、施肥等)对生态系统^{15}N自然丰度的影响有时比人们想象的要大得多(Handley 等,1999;Brenner 等,2001)。

沿着天然降水梯度的土壤和植被的$\delta^{15}N$值变化能被用来判别这些观测点样地氮素丢失的模式。Cheng 等(2009)开展了相关的研究发现:内蒙古草原生态系统土壤^{15}N自然丰度随降水量的增加而下降,这与全球尺度的研究结果一致。然而,其下降的程度比全球多元模型预测的结果要大得多,并且水分和温度变化仅能解释$\delta^{15}N$梯度变化总变异的50%,这就可以推测非气象因子在控制生态系统土壤^{15}N自然丰度的梯度变化中也具有重要作用。在南非的喀拉哈里(Kalahari)沙漠地区,已有研究发现沿着南北方向降水梯度上(978～230 mm)的$\delta^{15}N$与氮循环的开放性相关联,这在纳米比亚的研究中已经得到进一步证实(Austin 和 Vitousek,1998)。在干旱的生态系统中,养分可利用性更高,当年降水量减少时,氮素损失量相对于转化量更容易增加(Austin 和 Vitousek,1998;Swap 等,2003)。Austin 和 Sala(1999)解释了在增加干旱状况下,N 循环开放性增强,^{15}N富集的原因,但是没有对这一解释给出机理性分析,这种富集作用可能是由于一些物理化学过程引起,如减少干旱区土壤中有机质(如凋落物)的输入及其降解都可能有助于$\delta^{15}N$的富集(Handley 等,1999)。另外,工业过程能导致烟雾、气体的排放和沉降,从而增加了土壤养分含量,这种新营养物质的增加有助于增强干旱地区氮循环系统的开放性,从而使^{15}N富集。迄今为止,国际上对于非气候因子,特别是大气氮输入增加对于陆地生态系统氮循环影响的研究中,无论在大尺度上的样带研究还是小尺度的机理研究均开展较少。国内有关大气氮输入增加对陆地生态系统氮循环影响的大尺度格局研究十分缺乏,仅对少数陆地生态系统进行了土壤^{15}N转化和氮沉降林冠吸收的实验观测(徐兴良等,2004;刘学炎等,2007)。

7.1.3 碳、氮循环的耦合特征

人类活动导致生态系统的氮含量增加,影响土壤和植物体中碳的积累和重新分配,对陆地生态系统不同的碳过程产生不同的影响。由于对碳氮循环研究的不断深入,碳氮循环耦合特征的研究逐渐成为我们关注的焦点。氮素可限制植物光合、有机质分解、同化产物的分配以及生态系统对大气CO_2浓度升高的响应,大气中CO_2浓度升高对碳、氮积累量的增加减轻了大气的温室效应。在草地土壤中,CO_2通量与碳含量、全氮(TN)含量、C∶N 及N_2O通量显著正相关;N_2O通量与有机碳含量、C∶N 及CO_2通量显著正相关(耿远波等,2001)。傅利剑(2005)研究发现,不同的碳源种类是通过影响硝化还原酶以外的其他酶来影响反硝化作用过程的,该实验表明它至少影响了氧化亚氮还原酶的活性。草地生态系统中,碳氮循环密切相关,它们在相互作用和相互影响的过程中发生着复杂的变化,因此,草地碳氮循环耦合特征以及对气候变化和人类扰动响应特征需要我们继续进行深入的研究工作。现在,关于草地土壤微生物对有机物矿化分解作用的研究还比较薄弱,而且许多草地有机氮矿化低和植物可利用有效氮需求高的矛盾限制着整个草地的氮循环,因此要加强对草地微生物的研究,从而加深对草地碳氮循环机制的理解。另外,要加强草地碳氮循环对人类扰动和气候变化响应特征的研究。人为扰动和气候环境的变化改变了草地生态系统结构、功能,但是草地碳氮循环过程对这些因素的响应特征的研究还比较少。随着人类活动加强和气候特征改变,草地碳氮循环对人类扰动和气

候变化响应特征的研究显得更加必要和迫切。

7.1.4 草地氮素转化过程的大尺度研究

大气氮沉降导致的活性氮(reactive nitrogen)增加是当前全球变化的重要现象之一,已经对全球氮素循环产生了重大影响(Vitousek 等,1997;Galloway 等,2004)。自 20 世纪 60 年代以来,人类活动与土地利用变化,如氮肥的施用、化石燃料的燃烧和工业生产的 NO_x 排放等,使进入陆地生态系统的活性氮数量至少增加了一倍(Galloway 等,2004)。据估计,全球氮沉降水平预计在未来 25 年内还会加倍(Neff 等,2002)。生态系统氮循环对这种氮输入改变是如何响应与适应也已成为全球关注的重大科学问题,因为氮循环本身对生态系统功能过程来说是最为关键的生物地球化学过程,并与其他生命要素循环相耦合。目前,对生态系统水平氮输入增加的短期效应比较了解(Galloway 等,2008),而对于区域尺度长期效应的了解却十分有限。

采用样带研究方法,沿环境梯度考察植物-土壤中稳定性氮同位素自然丰度($\delta^{15}N$)与环境变量之间的关系是当前区域尺度氮循环与全球变化关系研究的主要手段和途径。植被与土壤^{15}N 自然丰度是陆地生态系统氮输入、输出与转化等过程中氮同位素组成和转化速率的函数(Nadelhoffer 和 Fry,1994),因而氮素输入与输出之间的平衡能够用植被—土壤系统中的 $\delta^{15}N$ 值变化来评估。在大尺度数据整合与相关性分析研究方面,主要通过多元回归方法建立统计学模型。对于样带上气候环境要素实测数据缺失地点,以往主要通过简单插值方法给出模拟值。目前应用地理信息系统和数据库等计算机技术,采用趋势面分析、逐步回归、地理因子模拟与小地形订正等方法,基于地理、地貌、经度、纬度及海拔高度等大地形因子数据集合,利用已有长期平均温度与降水数据,可以分区构筑大尺度地理样带上不同空缺(data gaps)地点的拟合数据,为开展这方面的研究提供更加可靠的气象与地理数据。

国际上大尺度陆地生态系统氮循环研究主要集中在非洲热带、澳大利亚和北美温带的草原生态系统中,考察植物或土壤 $\delta^{15}N$ 值与气候因子特别是降水量之间的相关关系,其范围要么是沿着大的降水梯度,要么是在既定的区域范围内(Amundson 等,2003;Austin 和 Sala 1999)。这些研究表明,生态系统^{15}N 自然丰度随降水量增加而逐渐降低(Aranibar 等,2004;Swap 等,2003)。此外,年平均气温对植被-土壤系统中的 $\delta^{15}N$ 值也具有一定的影响和调控作用,通常随着温度升高而增加(Mannel 等,2007)。然而上述研究中,多数没有将非气候因子如活性氮输入增加、人类活动干扰、植物种类变化等因素的影响分离出来。因此,在生态系统 $\delta^{15}N$ 值梯度变化的模型分析中,对其总变异性的解释程度通常很低。而近期研究表明,这些非气候因子对生态系统^{15}N 自然丰度的影响比人们想象的要大得多(Brenner 等,2001)。迄今为止,国际上对于非气候因子,特别是在大气氮输入增加对陆地生态系统氮循环影响的研究中,无论在大尺度上的样带研究还是小尺度的机理研究均开展较少。国内对大气氮输入增加对陆地生态系统氮循环影响的大尺度格局研究十分缺乏,仅对少数陆地生态系统进行了土壤^{15}N 转化和氮沉降林冠吸收的实验观测(图 7.2;Cheng 等,2009;徐兴良等,2004;刘学炎等,2007)。

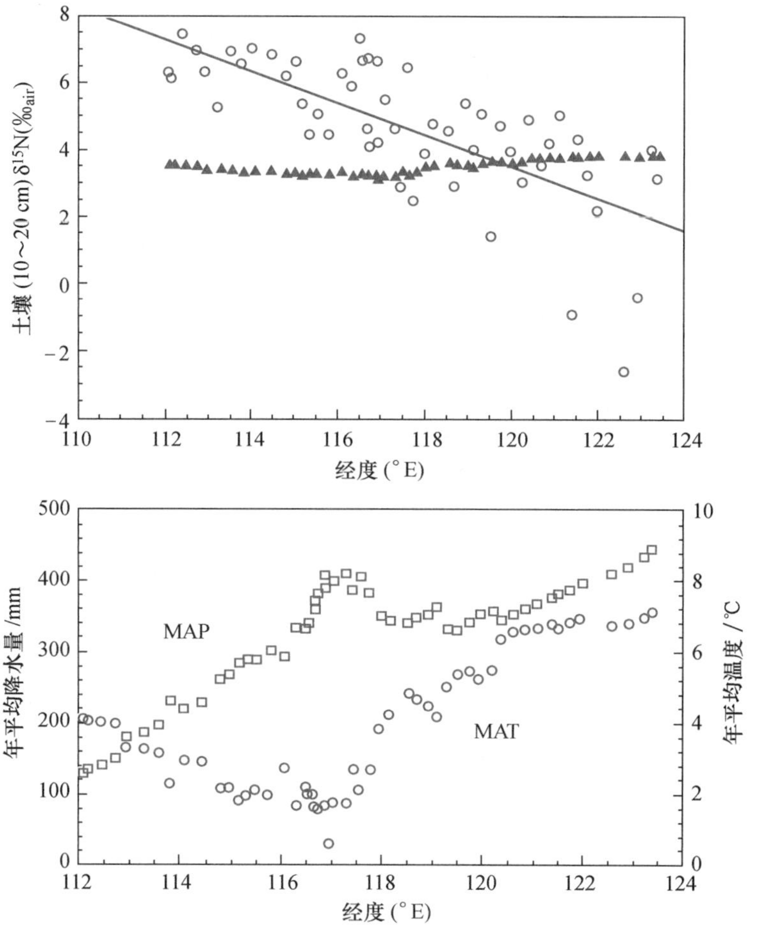

图 7.2 内蒙古草原土壤 $\delta^{15}N$ 的经向梯度变化及其与年平均温度和降水量的关系。

［上图中三角代表模型预测的 ^{15}N 自然丰度，空心圆代表实测结果(Cheng 等，2009)］

7.1.5 草地管理对氮循环过程的影响

土壤氮素转化受土地利用和管理方式的影响，可能导致土壤内碳流失和大气 CO_2 增高(IPCC，2007)。土地利用方式对土壤氮循环的影响首先改变了植被的物种组成(Bai 等，2010；Stevens 等，2004；Xia 等，2008)；其次土地利用方式转换改变了土壤的微环境(Stursova 等，2006)。改变土地利用方式以后，土壤微生物组成、植物残体、凋落物、立枯分解的物质，将改变微生物活性，影响土壤养分的变化。目前我国草地管理主要有以下几种方式：施肥，放牧，割草以及可能发生的火烧，这些草地管理方式都会对生态系统氮循环产生一定的影响。

7.1.5.1 施肥对草地土壤氮循环过程的影响

施肥已经成为现代草原管理的一项常规措施。施肥能够有效提高植物地上部分生物量和牧草质量，无机氮肥的添加能够直接提高土壤氮的有效性，影响氮素在植物地上和地下部分的分配，改变凋落物和土壤有机物的质量；氮肥的添加在增加地上生物量的同时也可能改变土壤的理化特征，如土壤 pH 和凋落物 C∶N，从而影响土壤微生物的活性，进一步影响氮素的转化。近年来，国内外众多学者进行了关于施肥对氮矿化影响的研究，但是得到的结果不尽相同。Wang 等(2011)在内蒙古多伦县弃耕 10 余年的草地研究结果表明，施肥增加了土壤净氮矿化速率。Schaeffer 和 Evans(2005)在半干旱草原进行雨后添加碳氮处理，模拟雨后土壤碳氮的瞬时增加，发现添加铵态氮肥导致土壤中硝态氮的积累。Fox 等(2004)研究结果表明，施肥对氮矿化的作用受施肥方式和施肥量的影响，少量多次的施肥方式可以提高土壤中无机氮的含量，单次大量施肥降低了土壤净氮矿化作用。于占源等(2007)研究内蒙古沙化草地生态系统土壤氮矿化和无机氮的季节变化，发现添加氮素增加了土壤无机氮含量，仅在个别月份对净氮矿化和硝化速率有促进作用。Booth 等(2005)分析了不同地点施肥对土壤养分循环的影响，他们总结出施肥对总氮矿化量没有显著影响。

7.1.5.2　放牧对草地土壤氮循环过程的影响

一般认为，草食动物能加速养分循环(Frank 和 Evans，1997)，但也有研究认为放牧减缓了养分循环(Wang 等，2006)。放牧对氮素循环的影响主要受土壤碳的有效性控制，因为它能控制微生物矿化与固定的动态循环(Schimel 等，1986)。当可利用性碳相对于氮充足时，微生物对氮的需求高，氮的固定潜能高。相反，当可利用性碳相对于氮素缺乏时，氮的固定潜能低，氮的净矿化作用增强。放牧对草地氮转化的影响也主要通过草食动物的采食、践踏以及粪便排泄三种途径来实现。由于草食动物的采食，植物残体归还到土壤中的氮素减少，从而改变了土壤的养分循环，降低了草原土壤的碳、氮储量。从长时间角度看，由于食草动物对植物的选择性采食使植物的群落结构发生变化，这种过程主要是由于食草动物对优质牧草的择食而增加了氮含量较低或具有化学防御有机化合物植物的多度(McInnes，1992)，凋落物品质降低，分解速度变慢，抑制氮素的矿化和有效性，从而也影响了草原群落养分循环动态。草食动物的践踏使植物残体变得破碎，植物盖度下降，土壤容重增加，其结果提高了土壤表面温度，这些环境因素的变化均有利于植物残体的分解，加速了养分的循环过程(Xu 等，2008)。放牧对氮循环的影响主要表现为改变了氮循环过程中氮素的输入、转化及输出速率。目前，放牧对氮循环的影响研究主要是集中在矿化作用这个转化过程。放牧对氮素输入的影响主要表现为改变了生物固氮能力。

7.1.5.3　火烧对草地土壤氮循环过程的影响

火烧作为一种自然或者人为的干扰因素，对草地生态系统产生的影响有短期和长期之分。火烧通过移走地上植物和凋落物，改变光辐射的吸收、土壤水分的蒸发和能量平衡，从而改变土壤的温度和水分。进一步影响植物生长和土壤微生物的活动(Xu 和 Wan，2008)，改变土壤氮素转化的速率。另外，草地土壤氮循环对火烧的响应还受植被类型、火烧强度、频率、可燃烧植物地上生物量以及火烧后土壤取样的时间、取样深度等因素的影响。Wan 等(2001)用Meta 分析方法对不同的陆地生态系统分析结果表明，火烧可以提高土壤氮的可利用性。Blair (1997)发现火烧降低了土壤净氮矿化速率，但是 Li 和 Hebert(2004)却发现火烧促进了净氮矿化。Zhou 等(2009)在内蒙古典型草原两年的研究表明，多年围封后的初次人工火烧处理显著降低了第一个生长季和其后冬季土壤的净氮矿化速率，第二年，火烧处理对土壤净氮矿化速率和土壤无机氮含量没有显著影响。

7.2 草地氮循环研究方法

7.2.1 传统方法测定土壤氮转化

7.2.1.1 埋袋培养法

埋袋培养法是在野外条件下估计土壤净氮矿化,使用最早也是到目前为止使用最广泛的方法之一。最早开始于20世纪50年代后期,60～70年代在欧洲得到广泛的应用,到目前仍然得到普遍的应用。

具体做法是先用环刀或土钻取土样,将土壤放在聚乙烯塑料袋中。取得土壤样品后,一部分立即用2 mol/L KCl或者0.5 mol/L K_2SO_4 溶液进行浸提,用于测定其中的铵态氮和硝态氮的含量;另一部分样品装入聚乙烯塑料袋中,放回取土的位置进行原位培育,经过4周左右,取出袋子,测定其中的铵态氮和硝态氮的含量,培养前后的差值就是净N矿化的量,一般用速率表示净氮矿化和硝化作用,即净氮矿化量/培养时间。埋袋法具有一定的优点:①简单易行,没有室内实验耗资大;②实验中的氧气(O_2)和 CO_2 可以透过聚乙烯袋,而 H_2O、NH_4^+、NO_3^- 不能透过。这样培育的土壤就处于温度、O_2 和 CO_2 的季节和日变化之中;但该方法也有一定的限制性,其不足之处是:①由于塑料袋不透水,在整个培育过程中,袋中的土壤只能保持在最初的湿度水平之下,没有表现田间土壤水分波动的季节动态;②在培育之前对土壤进行处理,取走袋中的活根,这样会破坏原状土,同样会影响土壤氮的矿化速率。因此,埋袋法对土壤中的温度机制具有较高的敏感性,而水分含量只能保持在最初的水平,不能反映土壤中的水分波动。潮湿的热带雨林与温带地区土壤温度和湿度有很大的差异。因此,在热带雨林,很少有人用埋袋法研究氮素的矿化作用。

7.2.1.2 顶盖埋管培养法

20世纪60年代开始运用顶盖埋管培育法测定土壤净氮矿化速率,用铝盒培养土壤,侧面穿孔,顶部封口,底部开放。这样的设计可以保持盒中土壤湿度与外部土壤相似,防止根系直接吸收氮素,还可以防止雨水淋溶土壤中的 NO_3^--N。到了80年代,该方法得到了改进,用成本低、容易操作的PVC管来代替铝盒,顶部用培养皿盖封顶。继他们之后,Blair等(1997)对该方法都做了不同程度的改进,顶部用聚乙烯塑料膜封口,既可防止雨水的淋溶,又可以使管中的土壤通气状况与外界保持一致。

顶盖埋管的具体方法是:首先除去土壤表面的枯枝落叶层,在每个样点埋入一个内径约5 cm,长度为5～20 cm的PVC管(视需要而定),上端用透气不透水的塑料薄膜封口,经过4周的野外培养后,取出样品,处理后测定铵态氮和硝态氮的含量。取样的同时,在每个取样点旁边再用PVC管取一个同样深度的样品,经同样的处理测定铵态氮和硝态氮的浓度,培养后的值减去培养前的值即为净矿化的数值。PVC顶盖埋管法具有一定的优点:①管中的土壤基本保持原状,与田间土壤的结构相同,可以比较直接地反映出野外条件下土壤氮素的矿化;

②管中土壤的温度动态与外界土壤中的一致;③可以减少、避免降雨淋溶对无机氮的影响;④操作简单,成本低。PVC 顶盖埋管法的缺点是:①矿化产物不能随时离开,产生的铵态氮和硝态氮会发生累积而影响进一步的矿化作用,因此在植物生长旺季,建议缩短培养时间来测定净氮矿化速率(1~2 周);②管内外土壤湿度条件的差异可能是影响估计结果的主要原因。由于该方法对土壤净氮矿化估计较可靠而且实验方法简单易行,近年来在草地生态系统得到了较为广泛的应用。

7.2.1.3 离子交换树脂袋法

20 世纪 80 年代以来,离子交换树脂袋法开始陆续用于在野外条件下估计森林、草原和沙漠生态系统中的养分有效性研究。具体做法是:先将已知重量或体积的离子交换树脂置于尼龙网袋中。尼龙网袋埋在土壤中 0~30 cm 深处培养 1 个月到 1 年,然后用 2 mol/L KCl 溶液浸提树脂来测定被交换吸收的离子数量。研究表明,树脂袋中离子量强烈依赖氮矿化速率、铵根离子(NH_4^+)、硝酸根(NO_3^-)和水分向袋中的运动,同时影响微生物和植物对养分的竞争。该方法的优点是:①比任何野外培育方法都简单;②树脂袋法在显示生态系统间和处理间氮素可利用性差异上似乎非常成功,但该方法的主要弱点是不能说明植物吸收、微生物固持之间离子交换量的差异。

7.2.2 ^{15}N 同位素法测定土壤氮素转化

^{15}N 是氮的一种稳定性同位素,它的含量可以被质谱和发射光谱准确地检测出,因而在氮循环的诸多方面得到了广泛的应用。^{15}N 自然丰度值($\delta^{15}N$),特别是氮输入、输出以及转化过程中的同位素分馏引起的 $\delta^{15}N$ 值的差异是在一定的时间和空间上综合反映氮循环特征的一个重要指标,为理解生态系统的氮循环过程提供了更加准确的信息(Templer 等,2007)。土壤中的矿化、硝化、反硝化以及挥发等都伴随着不同程度的分馏作用。

7.2.2.1 ^{15}N 库稀释法(^{15}N isotopic pool dilution technique)

氮的同位素测定法,属于生物方法。它是用质谱仪测定施入土壤中的标记 ^{15}N 肥料进行的。^{15}N 同位素法一般是用来测定土壤中总氮矿化(gross nitrogen mineralization)。近年来同位素技术在生态学领域得到了较广泛的应用,尤其是在土壤总氮矿化方面的研究,一般依据的是自然丰度法。由于同位素 ^{15}N 的生产成本很高,实验只能小规模进行;测定用的质谱仪价格贵、操作技术要求高等因素限制了它的应用。

这种方法主要原理是通过在土壤中加入 $^{15}NH_4^+$-N 来观察 NH_4^+ 库中由于微生物矿化有机 ^{14}N 为 $^{14}NH_4^+$-N 致使 $^{15}NH_4^+$ 的原子百分数下降来完成的。硝态氮(NO_3^-)通过微生物和高等植物的吸收引起的同位素效应显示出很宽的变化范围(0%~2.7%)。硝化速率的测定是通过在土壤中加入 $^{15}NO_3^-$ 来观察由于自氧硝化细菌活动将土壤中的 $^{14}NH_4^+$ 转化为 $^{14}NO_3^-$ 或由异养硝化菌将有机 ^{14}N 转变为 $^{14}NO_3^-$ 致使 $^{15}NO_3^-$ 原子百分数下降来测定的。利用这些下降速率计算总的氮矿化和硝化速率。NH_4^+ 的同化速率通过测定 NH_4^+ 消耗与硝化作用消耗 NH_4^+ 之间的差值来计算。运用 ^{15}N 库稀释法测定土壤微生物对氮素的转化,该方法的优点是对土壤的扰动很小,同时能够直接测定氮素的转化速率。Davidison 等(1992)在前人工作的基础上对^{15}N库稀释技术进行了改进，测定和比较了草地与森林土壤氮矿化、硝化以及铵的同化几个氮素转化过程的速率。

7.2.2.2 ^{15}N库稀释技术

将土壤分别标记一定浓度的$(^{15}NH_4)_2SO_4$和$K^{15}NO_3$的同位素溶液，测定培养一段时间后样品(通常为24～48 h)的^{15}N丰度与培养前的^{15}N丰度，来计算总的铵化和硝化速率。微生物对NH_4^+和NO_3^-的固定速率是通过NH_4^+和NO_3^-的消耗来估算的，前提是假设没有气体形式的氮损失，并且无机氮的其他去向也是可以忽略不计的。有很多研究证实了这个假设，NH_4^+产生后有两个去向，一个是被微生物固定，另一个是被硝化成NO_3^-。微生物固定NH_4^+的速率等于消耗的NH_4^+减去总硝化速率，而NO_3^-的固持基本上等同于消耗速率。值得一提的是，NH_4^+的固持会被高估，因为铵固持是矿化过程中消耗的铵减去硝化作用消耗的铵，铵消耗的量是根据加入$^{15}NH_4^+$后铵的消耗来计算的(包括微生物固定的铵和硝化菌硝化的铵)，由于加入了$^{15}NH_4^+$底物，铵的固定和硝化会增加，但是用来计算的硝化却不会增加，因为加入的$^{15}NO_3^-$是产物而不是底物，不会刺激硝化的增加。

总N矿化的计算是根据Kirkham和Bartholomew(1954)提出的公式：

$$m=\frac{M_0-M_1}{t}\,\frac{\log(H_0M_1/H_1M_0)}{\log(M_0/M_1)} \tag{7-1}$$

$$c=\frac{M_0-M_1}{t}\,\frac{\log(H_0/H_1)}{\log(M_0/M_1)} \tag{7-2}$$

式中：M_0为野外培养18 h后的$^{14+15}NH_4$库(mg/(kg·d))；M_1为野外培养42 h后的$^{14+15}NH_4$库(mg/(kg·d))；H_0为野外培养18 h后高于自然丰度的$^{15}NH_4$库(mg/(kg·d))；H_1为野外培养42 h后高于自然丰度的$^{15}NH_4$库(mg/(kg·d))；m为总N矿化速率(mg/(kg·d))；c为总NH_4^+的消耗率(mg/(kg·d))；t为培养时间间隔(h)。

7.2.2.3 ^{15}N库稀释法测定总氮矿化步骤

(1)将取回的土壤过筛，去掉粗根后用$^{15}N((^{15}NH_4SO_4)_2$和$K^{15}NO_3$溶液)进行标记，并培养24 h，通过标记后(t_2)的^{15}N含量与标记前(t_1)的^{15}N含量之差，来计算总氨化、总硝化速率。

(2)实验室标记：每个取回的样品分成两份，每份称230 g土(按照实验需要称重)，分别用$^{15}NH_4^+$、$^{15}NO_3^-$进行标记，230 g的土用^{15}N溶液标记，标记时将土平铺在托盘上，用小喷壶装^{15}N溶液，均匀地喷到土上，混合均匀。

(3)称样：将标记好的230 g土样，分装到6个塑料方瓶中，每个瓶中30 g，剩余的土用来测土壤水分含量。放的时候注意：因为分为t_1、t_2不同的时间，3个用来测t_1时的^{15}N含量，3个用来测t_2时的^{15}N含量。

(4)培养：将装好30 g土的塑料瓶用封口膜封好，在样地中挖一个与取样深度相同深度的坑，将塑料瓶放回原来的样地培养，第二天早上取出t_1的样品，过24 h第三天早上取出剩下t_2时间的样品。

(5)浸提：取回的样品分别加0.5 mol/L K_2SO_4溶液60 mL浸提，浸提出来的溶液留10 mL用来分析NH_4^+-N、NO_3^-N浓度，另外加30 mL提取液到250 mL玻璃瓶中，加入两个玻璃球，再将加了 20 μL 草酸的无灰滤纸刮在内置挂钩的瓶盖上，加入 NaOH 使得溶液呈碱性，迅速将内置挂钩的瓶盖盖上并密封，上摇床摇，24 h 后收取滤纸片，测定滤纸片上^{15}N 的丰度值，用于测量^{15}N 含量。

(6)测定^{15}N：原理是 NO_3^- 在 Devardas 合金存在下能转化成 NH_4^+，NH_4^+ 在碱性条件下能转化成 NH_3，然后将 NH_3 收集到 1 mol/L 草酸酸化的无灰滤纸上，最后测量滤纸上收集到 NH_3 的^{15}N 含量来计算总 N 矿化。

7.2.2.4 ^{15}N 示踪法测定植物-微生物竞争养分的关系

该方法适用于空间抑制性较小的草地生态系统和农田生态系统，具体步骤：在每个实验小区设置 1 m^2 样方 1 个，在每个样方里分别插入 4 个内径 15 cm，长 20 cm 的不锈环刀，组成了土壤、根以及地上植物生物量的微区。不锈钢管砸入土壤中后，在土柱中浇两次水，以防止插入钢管时切断植物根系引起植物死亡。土柱在土壤中大概放置一年，放置一年的目的是使根以及地上植物充分恢复到与周围植物群落一致的状态。一年后正式实验，其中的一组环刀用来标记$^{15}NH_4$，另一组环刀标记$^{15}NO_3$，标记的^{15}N 溶液分别为$(^{15}NH_4)_2SO_4 + KNO_3$ 和 $K^{15}NO_3 + (NH_4)_2SO_4$ 溶液，标记的^{15}N 丰度依据土壤含氮量来计算，一般为 2 μg/g。将^{15}N 溶液用注射器均匀地注入不同层次的土柱中。^{15}N 标记需要同时进行以保证土柱在较短的时间内标记完成。有数据表明标记的^{15}N 不会渗透到 20 cm 的土柱下面，这样可以保证植物土壤系统的完整。验证标记过的溶液不能渗透到 20 cm 下的土层中，可以采用两种方法：①用有颜色的溶液代替标记液看渗透速度；②测定 20 cm 土层下土壤中的^{15}N。在标记同位素^{15}N 后的第 1、3、6、11、21 天和 1 年收集土样、根和地上部植物。每个土柱中的土样分成两份，其中的一份马上用 0.5 mol/L K_2SO_4 溶液迅速提取，另一份土样用氯仿熏蒸 24 h 后再用0.5 mol/L K_2SO_4 溶液浸提，熏蒸和未熏蒸的样品过 0.45 μm 的过滤器后迅速冷冻，分析铵态氮和硝态氮。混合溶液用 Dannenmann(2009)的方法处理后测定^{15}N，原理是 NO_3^- 在Devardas alloy 存在下能转化成 NH_4^+，NH_4^+ 在强碱条件下能转化成 NH_3，然后将 NH_3 收集到1 mol/L草酸酸化的无灰滤纸上，最后测量滤纸上收集到的 NH_3 的^{15}N 含量来计算总 N 矿化。第三步测定 DON 中的^{15}N。微生物生物量^{15}N 的丰富度通过熏蒸前后的差值来计算。同样测定根和地上植物的^{15}N 含量。在 1 年的样品中，估算氮库中^{15}N 的回收率，从最后一次的数据中^{15}N 可以用较长的时间计算植物和微生物竞争无机氮。

7.3 内蒙古草原生态系统氮循环过程研究

7.3.1 草地氮素转化的季节动态

7.3.1.1 土壤无机氮的季节动态

在中国科学院内蒙古草原生态系统定位研究站 2003—2009 年的研究结果表明，草地无机氮浓度的变幅为2.49～14.57 μg/g，占总氮的比例不到 2.6%(Wang 等，2006；Xu 等，2008；Zhou 等，2009)。该值比我国华北地区人造野黑麦地的无机氮含量(6.95～37.93 μg/g，Bai

等,1999),以及百慕大群岛的放牧草地无机氮浓度(14.0～100.4 μg/g,Wright 等,2004)都低。这表明内蒙古草原维持在一种相对低的氮素可利用性水平。

由于年降雨量分配格局的差异,不同季节、不同年际间土壤无机氮浓度存在显著的差异(Zhou 等,2009)。2003—2010 年间,在内蒙古锡林浩特典型羊草草地的研究结果表明,多雨年份的无机氮含量显著高于干旱年份,但总的来说,生长季(5—9 月)铵态氮的浓度变化在 0.1～6.0 mg/kg;硝态氮变化在 0.2～15 mg/kg。总无机氮含量在不放牧条件下的变幅为 2～20 mg/kg,占总氮含量的 0.49%～2.6%。放牧条件下的变幅为 2.49～10 mg/kg,占总氮的 0.35%～1.21%。无机氮浓度随季节的变化趋势与硝态氮相似。另外,不放牧条件下的土壤无机氮比放牧条件下显著高($P>0.05$)。年际间,虽然铵态氮和硝态氮以及总无机氮浓度变化范围不大,但它们随着季节的变化趋势不同(图 7.3)。

7.3.1.2 净氮矿化和硝化速率的季节动态

生长季间,净氮矿化速率的变化范围是 −0.61～0.27 μg/(g · d)。净硝化速率在 −0.32～0.16 μg/(g · d)之间变动。净氮矿化速率峰值与年际间降雨格局的分配有关,例如 2004 年与 2005 年出现在夏季(图 7.3,王常慧,2005;Xu et al,2007),而 2006 年出现在春季和秋季(Xu 等,2008)。夏季的高峰值通常与此期间温度和湿度相对应,春季的峰值可能与冻融、气温的逐渐转暖以及充足的水分条件下高的微生物活性相关联。夏末秋初季节,来自根系和地上凋落物的高 C∶N 基质以及高的水分含量能导致净氮固持作用的发生,因为 C∶N 比值大,可利用碳多,能刺激微生物的生长,使更多的无机氮被吸收为微生物生物量。

7.3.1.3 总氮矿化和硝化速率的季节动态

在内蒙古典型草原,有关总氮矿化的研究较少,Wu 等(2011)进行了为期一年的总氮矿化研究,结果发现,1999 年围封样地和冬季放牧草地全年总氮矿化速率分别是 240 kg/(hm^2 · 年)和 215 kg/(hm^2 · 年),总硝化速率分别是 31 kg/(hm^2 · 年)和 19 kg/(hm^2 · 年)。他们人为地把全年氮矿化分为四个不同的时期发现:在生长季,总矿化和总硝化分别占全年总矿化和总硝化的 46%和 30.5%;在冬季冻融交替阶段,总矿化和总硝化分别占全年总矿化和总硝化的 6.5%和 27.5%;在冬季冻土阶段,总矿化和总硝化占全年矿化和硝化的 8.5%;在春节冻融交替阶段,总矿化和总硝化占全年总矿化和总硝化的 39%和 33.5%。在此阶段较高的土壤含水量和冻融交替对微生物的激发效应使得土壤总氮矿化和总硝化达到一个高峰,因为关注冻融交替阶段土壤氮转化对于我们理解总氮矿化的模式和量是一个非常关键的突破口。

7.3.2 放牧对草地氮素转化的影响

7.3.2.1 放牧对土壤无机氮库及矿化速率的影响

放牧显著影响内蒙古草原土壤氮素的转化(Xu 等,2007)。不同放牧强度下土壤铵态氮浓度一直都比较稳定,硝态氮浓度变化幅度比较大,在 2005 年 6 月份开始逐渐增加,在 10 月份以后又有所下降,在 2006 年表现出降低趋势。夏季硝态氮的增加主要是由于裸地缺乏植物对

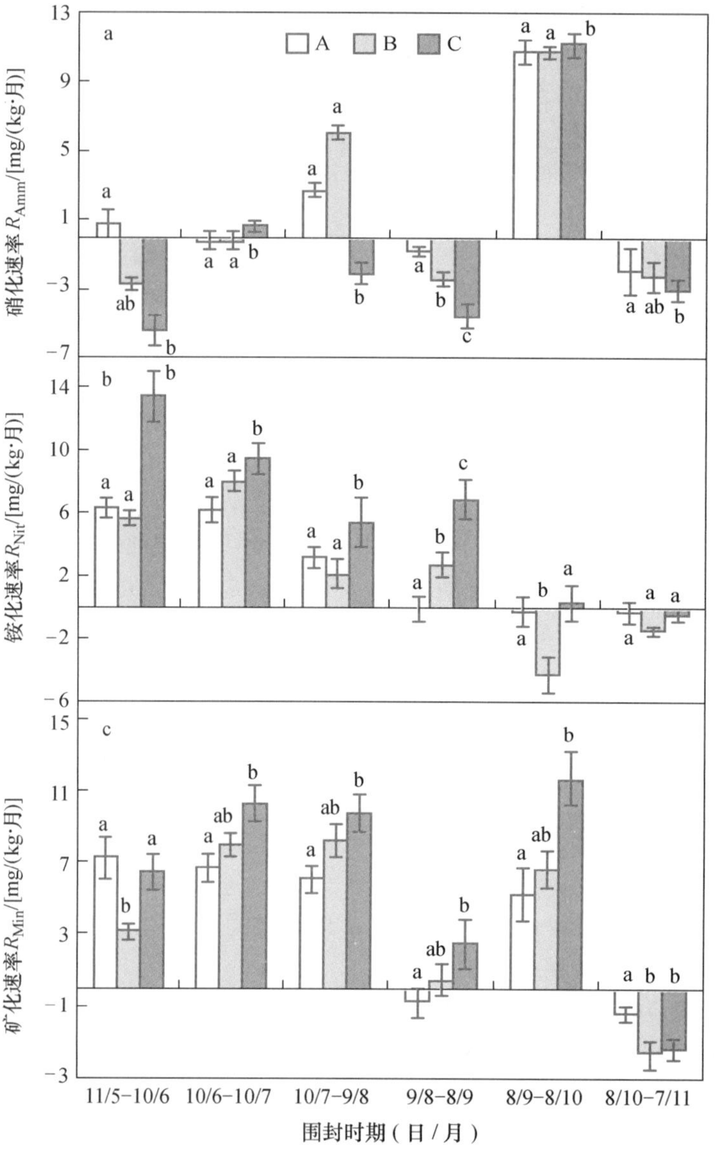

图 7.3 自由放牧羊草草地(A)、围封 5 年羊草样地(B)和围封 25 年羊草样地(C)土壤净硝化、铵化和净氮矿化速率的比较

（引自王常慧博士论文，2005）

铵态氮的吸收。然而，在我们的研究中，2005 年不寻常的干旱(降雨量为年均降雨量的 50%左右)可能实质性地降低了植物对氮素的吸收，导致硝态氮的累积。土壤水分含量的增加则导致了硝态氮的固持。2006 年，雨水相对充足，植物随着季节的变化对土壤硝态氮的吸收逐渐增加，使得硝态氮浓度逐渐降低。此外，不放牧比放牧条件下的硝态氮浓度高，也可能是由于不放牧条件下更高的含水量所致。因为高的土壤水分含量可能有利于更强的微生物硝化作用发生，而微生物氮吸收却不增加，从而致使硝态氮浓度增加。

以徐雨晴等(2005—2006 年)在内蒙古草地生态系统定位站长期放牧样地的研究为例，他们的研究结果表明放牧强度显著地影响土壤无机氮的季节动态分布。在 8 月上旬、8 月下旬以及9月份，放牧显著影响净氮矿化速率。放牧显著影响硝化速率的时期为7月上旬、8月上旬、8月下旬以及9月份。季节变化以及季节与放牧强度交互作用显著影响无机氮及净氮矿化速率。采用协方差分析可以区分放牧强度的直接影响和间接影响。结果表明，通过控制土壤温度和水分，放牧对氮素转化的影响不显著。可见，放牧是通过影响土壤环境而对净氮矿化和硝化速率产生间接的影响。放牧强度对净氮矿化和硝化速率的影响在年际间有很大的差异。2006年，放牧对净氮矿化速率没有影响，季节变化显著地影响氮素的转化。放牧强度对总无机氮浓度能产生显著的影响，特别是在2005年这种影响更突出，但2006年放牧强度只对硝态氮浓度有显著的影响($P<0.05$)。

单玉梅等(2011)在内蒙古草地生态系统定位站不同梯度放牧强度样地的研究结果表明，在非生长季，轻度和中度放牧导致土壤净氮矿化速率降低181%，重度放牧则降低141%；然而，在生长季初期，轻度和中度放牧导致土壤净氮矿化速率升高107%，重度放牧升高128%；在生长旺季，轻度和中度放牧导致土壤净氮矿化速率降低71%，重度放牧降低108%。放牧对土壤氮转化速率影响的季节性变化受土壤的水分、温度的影响，同时地上生物量、氮素分配、氮素利用效率和土壤全氮变化也会影响土壤氮的转化。

7.3.2.2 放牧对土壤N_2O排放的影响

N_2O是工业革命以来温室气体的重要组成部分，其来源主要是由于人类干扰自然生态系统(施肥、放牧等)而产生的。在内蒙古草原2007—2008年的实验研究表明，寒冷的冬季和生长季N_2O的排放都很低，但是在冻融交替的季节，Wolf等(2010)发现N_2O排放时间长达8周，排放量也很高，尤其是在围封样地占全年总排放的72%，但是在过度放牧样地，冻融期N_2O的排放仅占全年总排放的8%(图7.4)。Ma等(2006)的研究表明，放牧增加了生长季N_2O的排放。这与Wolf等(2010)的研究结果并不矛盾，Wolf等(2010)同样发现在生长季放牧强度与N_2O的排放呈显著正相关，但是放牧显著抑制了春季冻融交替阶段N_2O排放，因此通过计算比较放牧和不放牧样地全年N_2O排放的均值，他们认为放牧减少而不是增加年度N_2O的排放。

7.3.2.3 放牧对土壤^{15}N丰度的影响

大多数研究表明，土壤$\delta^{15}N$值随土层加深而增加。另外，由于土壤表层有^{15}N含量较低的凋落物输入，导致表层土壤^{15}N含量比深层土壤低。随着有机质的分解，轻的^{14}N流失，剩余富集的^{15}N，并且随着时间推移，^{15}N沉积，随土层加深土壤$\delta^{15}N$升高。富集^{15}N的微生物化合物也可能增加土壤的$\delta^{15}N$值，尤其是将^{14}N转移给宿主后本身富集^{15}N的菌根真菌死细胞不断在土壤中积累就会引起$\delta^{15}N$升高。但是，吴田乡和黄建辉(2010)在内蒙古草原生态系统长期放牧样地的研究发现，放牧后土壤$\delta^{15}N$值降低。而以往的研究大多认为，放牧导致氮的流失，使得原本相对封闭的氮系统转变成相对开放的氮系统，所以放牧对$\delta^{15}N$值的增加有促进作用，而^{14}N和^{15}N不成比例的流失导致系统在从封闭向开放的转变过程中，土壤^{15}N的含量也相应地发生了变化(Frank和Evans，1997)。

控制土壤$\delta^{15}N$大小的因素主要是土壤氮输入、输出以及转化过程中的分馏作用。长期放牧导致氮循环速率降低，土壤$\delta^{15}N$值也呈现出降低趋势。因此，内蒙古草原放牧后土壤$\delta^{15}N$值的显著降低可能与长期放牧引起的氮循环速率减小有关。植物叶片$\delta^{15}N$值低于植物根际

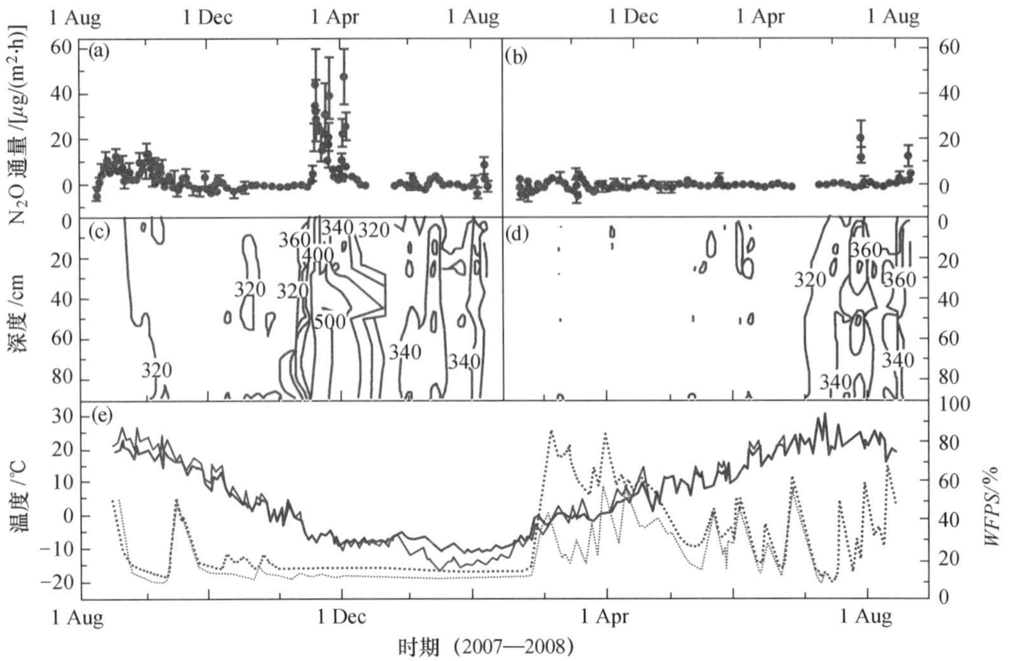

图 7.4　N_2O 通量的季节变化，土壤空气浓度和环境系数

(a,c 1999 年围封样地；b,d 冬季放牧样地；e,土壤环境条件，
包括温度(实线)，田间持水量(*WFPS*,虚线)；1999 年围
封样地-黑色虚实线，冬季放牧地-红色虚实线)
(引自：Wolf 等，2010《Nature》)

土壤中的值。作为植物主要氮源的土壤无机氮由于转化过程中的同位素分馏，$\delta^{15}N$ 值低于土壤有机质，而植物在吸收氮时发生分馏很小，所以植物 $\delta^{15}N$ 值一般小于土壤，这可以较好地指示土壤中可利用氮源 ^{15}N 的情况。植物主要吸收的是土壤中的 NO_3^--N 和 NH_4^+-N。由于分馏作用引起 NO_3^--N 中 ^{14}N 比例降低，植物对 NO_3^--N 和 NH_4^+-N 的偏好性可能引起 $\delta^{15}N$ 的差异。Frank 和 Evans(1997)在美国黄石国家公园的研究也发现放牧后植物叶片的 $\delta^{15}N$ 值显著降低，认为这是因为放牧条件下植物更倾向于利用更易吸收的 NO_3^--N，节省能量的消耗。高英志等(2004)在内蒙古草原的研究证明 NO_3^--N 是该地区植物生物量形成的重要氮源。

深根系植物可以利用土层较深处富集 ^{15}N 的无机氮，$\delta^{15}N$ 值比浅根系的植物高。通过在内蒙古典型草原生态系统比较有近 20 年围封历史的草原和长期自由放牧草地，发现放牧改变了植物和土壤的 $\delta^{15}N$，并显著影响草地生态系统氮循环。和过去大多数研究结果不同的是，放牧降低了土壤 $\delta^{15}N$ 值，正如前述，我们推测这种变化可能与长期放牧导致氮循环速率降低有关，原因有待进一步验证。植物叶片 $\delta^{15}N$ 值受放牧的影响呈现出一定的变化格局，表现在不同功能性、不同氮利用方式的植物叶片 $\delta^{15}N$ 值对放牧的响应具有显著的差异。研究结果还表明，豆科植物的共生固氮和羊草的联合固氮可能同时为氮限制的草原系统提供氮源。通过结合氮转化速率的测定，运用 ^{15}N 的示踪等手段可以进一步分析土壤和叶片 ^{15}N 变化的具体机制，建立相关模型，帮助我们了解放牧草原生态系统氮循环的详细过程。

7.3.3 火烧对草地土壤 N 素转化的影响

火烧是草地管理的一项重要措施。许多科学工作者在内蒙古草原生态系统定位研究站建立的实验平台进行了火烧对草地影响效应的实验研究。1990—1995 年间李政海等在内蒙古典型草原进行火烧对草原影响效应的研究表明:连年重复火烧会显著降低土壤有机质的含量;然而,对优质根茎禾草-羊草的增长有显著促进作用,认为有计划的火烧可以提高草群质量和利用价值(李政海等,1994;李政海和绛秋,1994)。鲍雅静等(2000,2001)通过设置对照处理试验推测羊草的显著增加与火烧后大针茅的受害及土壤有效氮的变化密切相关,进一步发现,火烧改变了羊草群落的物种组成,显著降低大针茅的地上生物量,促进羊草种群的生长发育。吴清凤和刘华杰(2008)报道了火烧对内蒙古草原中坚韧胶固氮活性的影响具有双重性,温度水分条件的改变抑制个体的固氮活性,然而光照条件的改善促进未烧损个体的固氮活性。2010—2011 年,崔强、吕晓涛等进行了火烧影响内蒙古典型草原植物化学计量和养分回收利用的研究,发现连年火烧显著增加了植物叶片的氮素含量,但降低了氮素的回收度(Cui 等,2010;Lü 等,2011)。

土壤微生物对火烧频率和时间有着不同的响应。火烧导致的地上植物组成、植物氮素利用吸收、光照、土壤水分和温度的变化将影响土壤微生物的活动,从而调节土壤氮素转化过程。2006—2009 年周立石等在内蒙古长期火烧实验平台的研究结果显示,地上植被火烧显著影响内蒙古典型草原的土壤氮素转化过程(Zhou 等,2009),季节和年际间的气候变化参与调节火烧对氮循环过程的影响。Xu 和 Wan(2008)在多伦典型草原两个生长季的实验发现,火烧使得土壤微生物呼吸显著增加了 23.8%,说明在该地区火烧有利于土壤微生物活动,从而可以促进氮素的转化。多数研究表明,火烧处理对草原的土壤无机氮库有显著影响(Blair,1997;Li 和 Herbert,2004)。但是,在内蒙古典型草原,周立石等(2009)的研究结果与其并不一致,在生长季,火烧并未引起无机氮含量的显著变化,仅导致冬季土壤无机氮的降低,但是,无机氮含量在冻融期呈现较高水平。冻融期火烧样地和未火烧样地的铵态氮、硝态氮和总无机氮含量的显著差异与水分变化密切相关。火烧过程去除了植物地上部分和大部分的凋落物,未火烧样地凋落物量比火烧样地凋落物量平均高出 7 倍,所以在冬季未火烧样地可以比火烧样地保持更多的降雪,这样未火烧样地的水分条件要好于火烧样地。一些研究认为持续的积雪覆盖可以在冻融期对无机氮向表层水的输出提供一个有效的缓冲(Brooks 等,1998),致使火烧处理在冻融期显著降低土壤可利用氮的含量。另外,冻融过程可以导致微生物细胞壁的裂解,在这个过程中释放的无机氮增加了无机氮库的量。在冻融期,植物减少了对无机氮的吸收,这些可能共同导致冻融期无机氮含量保持较高的水平。火烧处理引起火烧后第一个生长季和其后冬季的净氮矿化速率降低,然而,在第二个生长季,火烧对净氮矿化速率没有影响。年际间降雨的时空格局和土壤温度差异是导致两年结果差异的可能原因,因为净氮矿化作用对土壤水分和温度都很敏感(Sierra,1997;Wang 等,2006)。水分是半干旱草原的主要限制因子,随着降水的减少,水分作为限制因子扩大了其在土壤氮动态和其他生态系统过程中的作用,而其他因子的作用被相对减弱(Burke 等,1998)。在生长季,土壤含水量与降水显著相关,火烧后第二年生长季的降水比第一年生长季的降水低 27%,土壤氮的转化在干旱年份对土壤湿度变得更加敏感,所以,火烧作用在第二个生长季就相对减弱了。火烧作用在第二个生长季减弱的原因可能是因为火烧本身就是一个短期效应(Ford 等,2007),尤其是在火烧强度相对较小的时候。

土壤氮素转化过程对火烧作用响应的研究结果还受植被类型、火烧强度、火烧频率、可燃烧植物量、火烧后时间和土壤取样深度等多个因素变化的影响(Blair,1997;Wan 等,2001)。火烧对土壤氮动态影响的研究主要集中在降水量和生物量相对较高的草原类型,在较为干旱的内蒙古草原开展火烧对土壤氮素转化过程影响的研究,将为评估火烧对土壤可利用性氮供应的影响提供帮助,然而关于火烧的长期效应及其作用机理的了解目前仍然十分有限,需要进一步进行深入系统的研究。

7.3.4 施肥对草地土壤 N 素转化的影响

最近几年,在内蒙古草原站几个大型的实验平台进行了长期氮素添加实验。在草地生态系统中,增加氮输入量对于生态系统的稳定性和生产力的提高十分重要。在国外,草地施肥是维持草地生态系统养分平衡的常规管理措施之一,施氮肥可以显著提高土壤的供氮能力,施氮肥样地土壤氮矿化大都高于不施氮样地。在内蒙古草原生态系统定位研究站的实验发现,典型草原羊草群落添加氮素,不仅促进植物对肥料氮素的吸收,同时也显著促进植物对土壤氮素的吸收(Bai 等,2010)。土壤施氮可提高草地生态系统的初级生产力已经是一个不争的事实。在放牧样地提供的动物粪便与氮肥相比,它可以额外提供有机碳,改变了土壤的主要碳氮比例,其中易分解脂肪酸降解引起氮矿化增加,硝化反应得到加强。所以适量适度放牧可以提高土壤养分供应能力,促进氮素的吸收。增加的土壤碳库给土壤微生物提供了更多的能量,因为微生物活性得到提高,从而增强铵吸收和反硝化作用,降低了硝态氮的淋溶。对比试验和 ^{15}N 同位素示踪发现,草地土壤施用牛粪稀释液后硝化率为 0.78 μmol/(g · d),而不施肥的硝化速率仅为 0.04 μmol/(g · d),表明牛粪稀释液明显提高了 NH_4^+-N 氧化为 NO_3^- 的硝化作用。Hayne 等(1999)通过三年草原施肥试验发现,土壤有机氮的净氮矿化速率随着施 N 量的增加而升高,然而,即使施肥量很大这种增加也只是暂时的,而过量施用有机肥时,由于铵的固持和反硝化作用趋于饱和,无机氮超过了植物需求时会加剧硝态氮的淋失。

在内蒙古多伦县弃耕地 5 年的氮素添加和割草实验发现,同时割草和进行氮素添加可以显著提高土壤氮素有效性,即提高了土壤净氮矿化速率(图 7.5)。因此,草原施肥和割草同步进行不仅可以提高草地生产力还能促进草地 N 素的良性循环。

施肥增加土壤无机氮含量,并且与施肥量呈正相关。无机氮肥的添加虽然可以显著提高土壤中无机氮的含量,满足植物生长的需要。但是,我们在内蒙古草原的研究结果表明,围封 20 年后首次施氮,发现低浓度的添加 NH_4NO_3(5.25 g/m)没有显著提高土壤的铵态氮含量,即使高浓度的氮肥添加(28 g/m)对土壤铵态氮含量的影响也是短暂的,铵态氮很快经过硝化作用转化成了硝态氮,研究结果表明添加铵态氮肥后可以促进硝化作用;另外可能的原因是在缺乏降雨的草原施氮后,氨的挥发增加了。Xu 等(2008)在内蒙古草原放牧样地的实验结果表明,干旱促进了反硝化过程。而周立石等的实验结果表明高浓度施氮处理促进了土壤硝化作用,增加了净硝化速率(周立石,2009)。Zhang 等(2010)在内蒙古典型草原羊草和黄囊苔草草地添加氮肥,发现生物量和氮磷化学计量学特征发生变异,说明生态系统中不同物种对添加氮素的响应是不同的,笼统地界定一个生态系统受某种元素的制约是不恰当的。不同类型的草地生态系统对氮的需求是不一样的，因此应加大基础研究，筛选出适合不同草地生态系统的施氮量，同时避免氮肥的大量施用对生态系统造成不良的环境和经济效果，为大面积实施草地施肥提供可靠的科学依据。

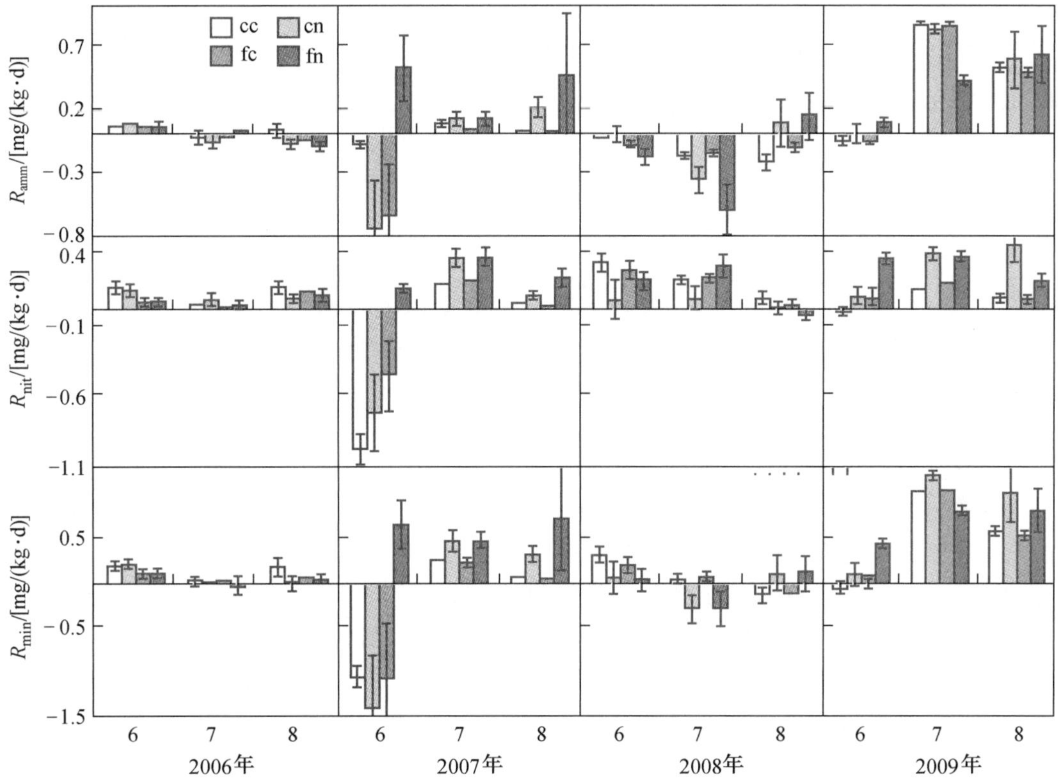

图 7.5 2006—2009 年施肥和割草对净铵化、净硝化和净 N 矿化速率影响的季节动态

（R_{amm}，铵化速率；R_{nit}，硝化速率；R_{min}，矿化速率；cc，对照；cn，氮；cf，割草；fn，氮＋割草）

因此，氮输入增加对草地生态系统氮循环相关过程的可能影响在于以下两个方面：①对植被结构与功能的影响。氮输入增加可导致植物组织氮素含量、植物群落种类组成和功能群优势度的变化。近期 *Nature* 上的一篇文献报道，少量的长期氮输入增加已经显著地改变了北美温带草原的生物多样性和群落优势物种的组成（Clark 和 Tilman，2008）。在内蒙古农牧交错区，克氏针茅（*S. krylovii*）群落在氮添加的第三年后，随氮施肥入量的增加不同植物的相对生物量和优势度就发生了显著变化，禾本科植物的优势度明显增加，而豆科和杂类草的优势度却显著降低，优势物种的 C∶N 也发生了改变，主要是由于氮输入增加导致了不同植物氮素利用效率（*NUE*）的分异性变化（Huang 等，2008）。②对土壤中氮素转化过程的影响。氮素添加（施氮肥）导致土壤 pH 值的变化可能是影响土壤中氮素转化过程的重要因素，因为持续氮输入可使土壤酸化，降低土壤微生物氮固持能力，进而影响到土壤有机质分解和氮矿化速率（吕超群等，2007）。高的氮沉降速率可能加速含氮痕量气体的释放（Zhang 等，2008）。从以上的不同研究结果可以看出，氮输入增加对陆地生态系统氮循环的影响方式与作用机理的了解目前仍然十分有限。

7.4 影响草地氮循环过程的因素

影响氮循环过程的因素大体上可分为两种：生物因素和非生物因素。生物因素主要包括动物、微生物、植物。非生物因素主要指环境因子。

7.4.1 生物因素

1. 土壤动物的影响

土壤动物(如蚯蚓、线虫)可以通过自身活动来直接促进土壤有机氮N的矿化作用，而且这种影响与动物的数量多少及个体大小正相关(Ferris 等，2000)。它们也可以通过取食细菌来间接地影响细菌对生物氮的矿化和转化作用。

2. 土壤微生物的影响

土壤微生物种类、结构及功能与土壤有机氮的分解、矿化有密切的关系。土壤微生物生物量氮是土壤可矿化氮的一种，占土壤全氮的5%～10%，其比例虽低，但由于具有较快的周转率，在土壤氮素转化过程中仍然起着极为重要的作用。Bonde 等(1988)发现，土壤微生物量氮的矿化常数(0.36～0.61/周)与土壤易矿化氮的矿化常数(0.45～0.56/周)相近，据此推断，土壤微生物氮是土壤易矿化氮的主体。农田、草地、森林的土壤微生物量最高和活性最大几乎都在表面2.5 cm土层内，并随着土壤深度的增加呈下降趋势，从而导致氮素的矿化势也随之迅速下降。不过，这种关系在天然草原尚未得以表现(Fynn 等，2003)。氮矿化存在明显的季节差异，而微生物生物量氮库相对比较稳定，在微生物不是大量集中的地方，微生物生物量氮库的大小可以用来预测氮素矿化速率。不过，微生物生物量对氮素矿化的影响只占小部分(Puri和 Ashman，1998)，微生物活性更能表明氮素的矿化，尤其是在沙质结构的土壤中(Olfs，1993)。

7.4.2 非生物因素

非生物因素主要是指环境因子，包括土壤的理化特性(土壤质地、土壤深度以及土壤pH等)、基质(凋落物C∶N和土壤有机质含量)以及气候因子(温度与降水)等。土壤质地的影响主要通过控制好氧菌活动以及控制土壤黏粒与土壤有机质含量来实现。Groffman 等(1996)发现微生物随土壤类型而变化，土壤质地的不同能影响微生物生物量及其活性，从而影响N矿化。一般而言，细质土相对于粗质土的矿化速率较高，即沙土的氮矿化速率低于壤土和黏土(Groffman 等，1996)。土壤深度对氮素的矿化和硝化作用也有很大的影响，氮矿化80%～90%是发生在0～10 cm的表层土中，通常随土层深度增加而降低，尤其是在淹水地区。不同土层中的有机质含量、土壤透气性以及根的空间分布的不同也是影响土壤氮矿化的原因。此外，一定范围内，土壤pH升高能促进氮素的矿化，特别是硝化作用会随着pH增加而线性增加。这主要是因为pH升高增加了土壤有机质的可溶性，为微生物提供了大量富含碳、氮基团的物质，从而促进了氮素的矿化。一般认为，铵态氮比硝态氮更易被固持，但低的pH更有利于硝态氮的固持。矿化和硝化作用有最适 pH 值范围，通常认为矿化最适宜的 pH 在 4.8～5.2，而硝化作用最适宜的 pH 为 7～9(李玉中，2002)。

土壤有机质含量以及 C:N 对矿质氮的影响都很显著(Wang 等，2001)。前者对土壤氮矿化有着更实质性的影响，因为它直接关系到参与分解的微生物是否容易获得自身所需的氮素。不过，由于微生物活性受温、湿度的影响，故土壤有机质含量的影响也受温、湿度的调控。C、N 与矿化作用和微生物同化作用之间的关系表现为：当 C:N 大于 30∶1 时，微生物同化作用占主导；介于(20～30)∶1 时，微生物同化与矿化作用大体相当；当 C:N 小于 20∶1 时，矿化作用占优势。植物凋落物在矿化过程中也起着至关重要的调节作用。当植物凋落物中的 C:N 较高，则意味着进入土壤的碳多，使得土壤微生物的生物量增加，则将有更多的铵态氮被土壤微生物固持，从而降低了净矿化速率(Vitousek 等，1982)。土壤温度和湿度都是直接影响氮素矿化的重要因子(Wang 等，2006)。一般来讲，相对高的温度对矿化和硝化作用均有利，但同时还受到水分的调控。野外原位加热实验发现，在干燥的环境中，升温会使净氮矿化速率在一年后提高 60%，而硝化速率没有变化；在湿润的环境中，无论是净氮矿化速率还是净硝化速率都没有受到影响。以上研究中，温度的影响要高于湿度，二者有明显的正交互作用。

7.4.3 人类活动

人类活动主要包括放牧、施肥、火烧、割草以及人为开垦等，它们对氮矿化都会产生直接和间接的影响。放牧对草地氮矿化有重要的影响，一般来说，适度放牧会增加土壤氮矿化，而重牧则会使土壤等你矿化速率下降。最大土壤氮矿化出现在轻牧-适牧的水平上，但是土壤总氮随着放牧强度的增加而呈下降趋势。在草原上停止放牧能使土壤中微生物转化率和土壤净氮矿化下降，因为停牧导致了凋落物氮的固持和地上立枯生物量的增加(Holland 等，1990)。

施氮肥对氮矿化作用有促进作用，但其机理尚不十分清楚。目前的推测主要有以下几个原因：①施入的无机氮被微生物固定，促使有机氮矿化、释放；②施氮肥促进植物根系发育，从而通过根系的生物作用促进氮的吸收；③施入无机氮后，由于盐效应引起化学和物理性质变化，如渗透压、pH 值等变化。此外，施肥能调控土壤 C:N，能暂时而并不能永久性地改变土壤氮素矿化的格局。

火烧也能够提高土壤的氮矿化作用。一般认为，火烧后土壤中 NH_4^+ 浓度有较大程度的增加，而 NO_3^- 浓度则略有增加或者变化不大。火烧的影响程度因火烧强度、频度和火烧时间而有所不同。轻度火烧样地的年度氮矿化比重度火烧高。火烧频度高的处理似乎更倾向于产生较低的净氮矿化速率和固持速率。长期火烧能导致土壤有机质的大量消耗，反而降低氮素循环速度(Blair，1997)。

7.4.4 大气氮沉降对土壤氮转化过程的影响

生态系统氮素循环是一个相对封闭的过程，生态系统存在氮的输入和损失，也存在叶片衰老之前的养分转移。凋落物中的 C:N 和植物活组织中的 C:N 是不一样的。氮素对陆地生态系统净初级生产力 (*NPP*) 的限制非常明显(Xia 等，2008)，外加氮源可使土壤有效氮的可利用性增加，但增加的程度因生态系统类型的不同而有所差异。土壤氮转化是陆地生态系统中非常重要的养分循环过程(Vitousek 等，1997)。氮循环的改变会对植物营养吸收、微生物活动以及其他生态系统过程产生很大的影响。近几十年来，随着含氮化合物的加速排放，沉降在植物冠层和土壤表面的氮素增加(周晓兵等，2009)。这些氮素经过化学转化产生大量可利用氮，促进了土壤的氮循环过程(Treseder，2008)。大量的研究表明土壤氮的矿化速率和硝化速率在土壤氮饱和之前都会随着氮输入的增加而增加(Aranibar 等，2004)。Vourlitis 等(2007)在半干旱灌木群落添加氮素的实验中发现，增氮处理一年后，在氮增加区域 0～10 cm 层土壤的矿化速率增加，有更多的无机氮产生。这与森林等生态系统的长期氮沉降能够增加土壤矿化速率，增加分解过程中氮素释放的研究结果相一致。虽然大部分研究表明氮沉降能够增加土壤的含氮量，但是可能也会由于氨的挥发，以及植物、微生物等对氮的吸收和利用，使得土壤中的氮含量保持一个相对稳定的状态，而不会出现明显增加(Horrison 等，2008)。植物和微生物是生态系统中对氮沉降响应比较明显的两大主体，因此对它们响应氮沉降的研究显得尤为重要(周晓兵等，2009)。

土壤中有机碳的分解受土壤微生物碳氮平衡的影响，土壤的 C∶N 在很大程度上影响其分解速率(Zhang 等，2008；Treseder，2008)。原因是微生物对有机质正常分解的 C∶N 约为 25∶1，C∶N 高的有机质分解矿化较困难或者速度很慢。如果 C∶N 过高，微生物的分解作用就慢，而且要消耗土壤中的有效态氮。在陆地生态系统中碳、氮过程一个微小的变化都会对碳贮量和碳通量产生较大的影响(于贵瑞等，2003)。

微生物控制着几种重要温室气体在大气中的浓度(Dannenmann 等，2009)。例如，细菌和菌根真菌死亡后降解时会释放大量的 CO_2。这个问题并未被夸大，因为人为固定和引起沉降的氮是自然界固定氮的几倍(Vitousek 等，1997)。植物的净初级生产力受氮素限制，在氮沉降条件下，净初级生产力可能增加 30%(Horrison 等，2008)。但植物受氮限制，菌根真菌和细菌不一定受氮限制(Reich 等，2006)。它们可能更多地受碳或者磷的限制。事实上，大量的野外和实验室研究均表明添加氮素后抑制了微生物的生长(Treseder，2008)，这就说明微生物不是一直受氮素限制。已经证明在氮素富集的条件下微生物和菌根生物量都下降(Reich 等，2006)。土壤溶液的渗透力可能由于通过肥料的添加产生有毒的离子。这样，氮素添加直接抑制了微生物的生长(Treseder，2008)。氮饱和也可能会降低土壤 pH 值，导致钙和镁的淋溶损失以及铝的转移(Vitousek 等，1997)，这样微生物可能受钙和镁的限制或者铝的毒害。

在 CO_2 浓度升高、气候变暖、生物入侵等全球变化现象受到重视的同时，大气氮沉降对生态系统结构与功能的影响，以及所带来的生态效应也逐渐成为科学家共同关注的问题。氮循环改变也是影响全球变暖、碳循环和生物多样性丧失的重要原因(Clark 和 Tilman，2008)。国内外学者有关这方面内容的综述资料大都来自氮沉降较高的区域(Galloway 等，2004；吕超群，2007)，而针对受水分和氮素营养限制的干旱半干旱地区的氮沉降效应尚未进行深入的研究(周晓兵等，2009)。我国在陆地碳、氮耦合循环研究方面也开展了一些工作，例如，在我国南方亚热带森林(鼎湖上)近 5 年的实验研究表明，氮沉降增加了成熟林土壤微生物难分解有机碳含量，抑制森林土壤 CO_2 的排放和 CH_4 的吸收，从而间接地提高了生态系统的固碳潜力(Mo 等，2008)。事实上，全球干旱半干旱地区约占陆地面积的 1/3，这些区域土壤氮含量较低，氮沉降增加引起氮素等营养元素的变化直接影响该地区生态系统的生产力。有必要在半干旱区系统研究氮沉降对碳-氮耦合过程及生态系统结构和功能的影响。

7.4 结语与展望

近10年来,我们在内蒙古典型草原进行了一系列有关人为干扰(放牧、施肥、火烧、割草等)对氮循环影响的研究,也取得一些创新性成果,但是,由于草地生态系统对气候变化(如升温、降水以及极端气候事件)和人为干扰非常敏感,短期的研究结果并不能代表整个生态系统的响应。鉴于我们对内蒙古草地取得的都是短期研究结果,所以我们应该更加注重多尺度、长期以及多种因子交互作用对草地氮循环的影响,未来对草地氮循环应该从以下几方面进一步完善。

(1)草地生态系统碳-氮耦合作用研究。陆地生态系统碳循环因与全球变化密切相关成为备受关注的问题之一,而碳循环和氮循环是两个相互作用的过程,陆地生态系统氮水平直接影响到碳汇和碳源的问题。位于我国北方半干旱区的内蒙古典型草原是受全球变化和人类活动影响剧烈和十分敏感的区域,近年来,随着各类大型工矿、火电和化工等项目的引进和建设,氮沉降量在明显不断增加。以大气氮沉降为主的活性氮输入增加是当前全球变化的重要现象之一,已经对全球碳-氮循环产生了重要影响。生态系统碳循环对这种氮输入改变是如何响应和适应的?已经成为科学家共同关注的科学问题,因为氮循环本身是最为关键的生物地球化学过程质疑,并且与其他生命要素的生物地球化学循环相耦合,决定着整个陆地生态系统碳储存。目前关于土壤有机碳动态变化的研究大多关注大气 CO_2 浓度变化及其由此引起的气候变化的作用,而较少考虑氮沉降对土壤有机碳及碳循环的影响,而且对于氮素有效性的变化是否会改变陆地生态系统碳平衡尚无定论。因此,有必要对陆地生态系统碳-氮循环过程与氮素有效性之间的关系进行深入研究。

(2)草地生态系统非生长季氮循环研究。在内蒙古典型草原一年的研究结果发现,放牧对总氮矿化、净氮矿化、N_2O 排放以及微生物生物量的影响,主要表现在冻融交替阶段(Wolf等,2010;Wu等,2011)。说明非生长季期间放牧强度对氮素转化存在遗留效应,放牧减少了地上植被的盖度和高度,与不放牧样地比较,由于在内蒙古草原冬季不仅寒冷而且季节性的风很大,所以在放牧地积雪显著减少。由于积雪的厚度影响冻融交替阶段土壤的温湿度,进一步影响土壤微生物的活性,所以能够对土壤氮素的转化的各个过程产生重要影响。但是,冻融交替对土壤氮转化的潜在机制是什么?对上述问题的解答,需要室内控制实验与野外原位实验相结合,进而从机理上解释非生长季不同过程氮素转化对草地生态系统氮循环的贡献。

(3)植物-土壤-大气生态系统氮循环研究。植物-土壤-微生物的相互作用是陆地生态系统生产力形成、生态功能建立与稳定性维持中最重要的生态学过程,其中植物与微生物间的氮素竞争作用是植物-土壤-微生物的相互作用的最重要的表现形式之一,并普遍存在于各种生态系统中。已有的研究已经证明土壤中的无机氮及小分子有机态氮既能被植物直接吸收,也能被土壤微生物所利用,是它们共同的氮源。一般认为土壤微生物利用有机氮的能力比植物强,主要是由于微生物在土壤中普遍存在,并且有很高的表面积、底物亲和力和生长率比根系高。植物能否有效地获取有机氮源,关键取决于氮素的可利用性,以及植物根系和土壤微生物在时间和空间分布上的差异。但近年来的研究结果表明,植物能够从土壤吸收完整的有机氮复合物,如氨基酸,而氨基酸是微生物极好的碳、氮源,所以土壤中通常没有多余的氨基酸存在,意味着植物与土壤微生物之间对氮素营养存在竞争关系，特别是在氮限制生境中，这种竞争关系可能会加强，从而影响生态系统的结构与功能。氮素草地生态系统中重要的限制因子质疑，因此研究植物与微生物间的氮素竞争关系对于阐明草地生态系统结构与功能以及稳定性具有重要意义。

本章编写人：王常慧，周立石，邢雪荣，韩兴国，程维信

参考文献

鲍雅静，李政海，刘钟龄. 2000. 羊草草原火烧效应的模拟实验研究. 中国草地，1:7-11.

鲍雅静，宁柱，李政海，等. 2001. 火生态因子对大针茅种群的影响. 中国草地，23:17-22.

傅利剑，郭丹钊，史春龙，等. 2005. 碳源及碳氮比对异养反硝化微生物异养反硝化作用的影响. 农村生态环境，21:42-45.

高英志，汪诗平，韩兴国，等. 2004. 退化草地恢复过程中土壤氮素状况以及与植被地上绿色生物量形成关系的研究. 植物生态学报，28:285-293.

耿远波，章申，董云社，等. 2001. 草原土壤的碳氮含量及其与温室气体通量的相关性. 地理学报，56:44-53.

李思亮，刘丛强，肖化云. 2002. 地表环境氮循环过程中微生物作用及同位素分馏研究综述. 地质地球化学，30:40-45.

李玉中. 2002. 羊草草地氮循环研究. 北京：气象出版社，12-13.

李政海，绛秋. 1994. 火烧对草原土壤养分状况的影响. 内蒙古大学学报：自然科学版，4:444-449.

李政海，王炜，刘仲龄. 1994. 火烧对典型草原改良的效果. 干旱区资源与环境，4:51-60.

刘学炎，肖化云，刘仲龄，等. 2007. 碳氮稳定同位素指示苔藓生境特征以及树冠对大气氮沉降的吸收. 地球化学，36:286-294.

吕超群，田汉勤，黄耀. 2007. 陆地生态系统氮沉降增加的生态效应. 植物生态学报，31:205-218.

王常慧. 2005. 内蒙古典型草原土壤净氮矿化作用. 博士论文.

吴清凤，刘华杰. 2008. 火烧对内蒙古草原中坚韧胶衣固氮活性的影响. 植物生态学报，32:908-913.

吴田乡，黄建辉. 2010. 放牧对内蒙古典型草原生态系统植物及土壤^{15}N的影响. 植物生态学报，34:160-169.

徐兴良，欧阳华，裴志永，等. 2004. 较长时间内^{15}N标记的氨态氮和硝态氮在小蒿草草甸中的运移规律. 植物学报，46:279-283.

于贵瑞. 2003. 全球变化与陆地生态系统碳循环和碳积蓄. 北京：气象出版社.

于占源，曾德慧，艾归艳. 2007. 添加氮素对沙质草地土壤氮素有效性的影响. 生态学杂志，26:1994-1997.

周晓兵，张元明. 2009. 干旱半干旱区氮沉降生态效应研究进展. 生态学报，29:3835-3845.

Amaty G, Chang S X, Beare M, et al. 2002. Soil properties under a Pinus radiata-ryegrass silvopastoral system in New Zealand. Part Ⅱ. C and N of soil microbial biomass and soil N dynamics. Agroforestry Systems, 54: 149-160.

Amundson R, Austin A T, Schuur E A G, et al. 2003. Global patterns of the isotope composition of soil and plant nitrogen. Global Biogeochemical Cycles, 17: doi:10.1029/2002GB001903.

Aranibar J N, Otter L, Macko S A, et al. 2004. Nitrogen cycling in the soil-plant system along a precipitation gradient in the Kalahari sands. Global Change Biology, 10:359-373.

Austin A T, Sala O E. 1999. Foliar $\delta^{15}N$ is negatively correlated with rainfall along the IGBP transect in Australian. Journal of Plant Physiology, 26: 293-295.

Austin A T, Vitousek P M. 1998. Nutrient dynamics on a rainfall gradient in Hawaii. Oecologia, 113: 519-529.

Bai K Y, Han J G, Wang P, et al. 1999. The distribution and growing seasonal dynamics of soil nitrogen fraction on Russian wild rye grass pasture under different grazing intensities. Acta Agrestia Sinica, 7:308-318.

Bai Y F, Wu J G, Clark C M, et al. 2010. Tradeoffs and thresholds in the effects of nitrogen addition on biodiversity and ecosystem functioning : Evidence from Inner Mongolia Grassland. Global Change Biology, 16: 358-372.

Blair J M. 1997. Fire, N availability, and plant response in grasslands: A test of the transient maxima hypothesis. Ecology, 78:2359-2368.

Bonde T A, Schnurer J, Rosswall T. 1988. Microbial biomass as a fraction of potentially mineralizable nitrogen in soils from long-term field experiments. Soil Boilogy & Biochemistry, 20: 447-452.

Booth M, Stark J, Rastetter E. 2005. Controls on the nitrogen cycling in terrestrial ecosystems: A sunthetic analysis of literature data. Ecological Monographs, 75: 139-157.

Brenner D L, Amundson R, Baisden W T, et al. 2001. Soil N and ^{15}N variation with time in a California annual grassland ecosystem. Geochimica et Cosmochimica Acta, 65: 4171-4186.

Brooks P D, Williams M W, Schmidt S K. 1998. Inorganic nitrogen and microbial biomass dynamics before and during spring snowmelt. Biogeochemistry, 43: 1-15.

Burke I C, Lauenroth W K, Vinton M A, et al. 1998. Plant-soil interactions in temperate grasslands. Biogeochemistry, 42: 121-143.

Cheng W X, Chen Q S, Xu Y Q, 2009. Climate and ecosystem ^{15}N natural abundance along a transect of Inner Mongolia grasslands: Contrasting regional patterns and global patterns. Global Biogeochemical Cycles, 23: GB2005, doi:10.1029/2008GB003315.

Clark C M, Tilman D, 2008. Loss of plant species after chronic low-level nitrogen deposition to prairie grasslands, Nature, 451:712-715.

Craine J M, Lee W G. 2003. Covariation in leaf and root traits for native and non-native grasses along an altitudinal gradient in New Zealand. Oecologia, 134: 471-478.

Cui Q, Lü X T, Wang Q B, et al. 2010. Nitrogen fertilization and fire act independently on foliar stoichiometry in a temperate steppe. Plant and Soil, 334: 209-219.

Dannenmann M, Simon J, Gasche R, et al. 2009. Tree girdling provides insight on the role of labile carbon in nitrogen partitioning between soil microorganisms and adult European beech. Soil Biology & Biochemistry, 41: 1622-1631.

Davidson E A, Hart S C, Firestone M K. 1992. Internal cycling of nitrate in soils of a mature coniferous forest. Ecology, 73: 1148-1156.

Davidson E A. 2009. The contribution of manure and fertilizer nitrogen to atmospheric nitrous oxide since 1860. Nature Geoscience, 2: 659-662.

Durka W, Schulze E, Gebauer G, et al. 1994. Effects of forest decline on uptake and leaching of deposited nitrate determined from ^{15}N and ^{18}O measurements. Nature, 372: 765-767.

Ferris J C. 2000. Growth and nitrogen mineralization of selected fungi and fungal-feeding nematodes on sand amended with organic matter. Plant and Soil, 218: 91-101.

Ford D J, Cookson W R, Adams M A, et al. 2007. Role of soil drying in nitrogen mineralization and microbial community function in semi-arid grasslands of north-west Australia. Soil Biology & Biochemistry, 39: 1557-1569.

Fox T R. 2004. Nitrogen mineralization following fertilization of Douglas-fir forests with urea in western Washington. Soil science society of America Journal, 68: 1720-1728.

Frank D A, Evans R D. 1997. Effects of native grazers on grassland N cycling in Yellowstone National Park. Ecology, 78: 2238-2248.

Fynn R W S, Haynes R J, O'Connor T G. 2003. Burning causes long-term changes in soil organic matter content of a South African grassland. Soil Biology & Biochemistry, 35: 677-687.

Galloway J N, Dentener F J, Capone D G, et al. 2004. Nitrogen cycles: past, present and future. Biogeochemistry, 70: 153-226.

Galloway J N, Townsend A R, Erisman J W, et al. 2008. Transformation of the Nitrogen cycle: Recent trends, questions, and potential solutions. science, 320: 889-892.

Grofman P M, Eagan P S. 1996. Grass species and soil type effects on microbial biomass and activity. Plant and Soil, 183: 61-67.

Handley L L, Austin A T, Robinson D, et al. 1999. The ^{15}N natural abundance of ecosystem samples reflects measures of water availability. Australian Journal of Plant Physiology, 26: 185-199.

Haynes R J. 1999. Labile organic matter fractions and aggregate stability under short-term, grass-based leys. Soil Biology and Biochemistry, 31: 1821-1830.

Högberg P. 1997. ^{15}N natural abundance in soil-plant systems. New Phytologist, 137: 179-203.

Holland E A, Detling J K. 1990. Plant response to herbivory and belowground nitrogen cycling. Ecology, 71: 1040-1049.

Horrison K A, Bol R, Bardgett R D. 2008. Do plant species with different growth strategies vary in their ability to compete with soil microbes for chemical forms of nitrogen. Soil Biology

& Biochemistry, 40: 228-237.

Huang J Y, Zhu X G, Yuan Z Y, et al. 2008. Changes in nitrogen resorption traits of six temperate grassland species along a multi-level N addition gradient. Plant and Soil, 306: 149-158.

Kirkham D, Bartholomew W V. 1954. Equations for following nutrient transformations in soil utilizing tracer data. Soil Science Society of America Proceedings, 18: 33-34.

Li Y, Herbert S J. 2004. Influence of prescribed burning on nitrogen mineralization and nitrification in grassland. Communications in Soil Science and Plant Analysis, 35: 571-581.

Ma X Z, Wang S P, Wang Y F. 2006. Short-term effects of sheep excrement on carbon dioxide, nitrous oxide and methane fluxes in typical grassland of Inner Mongolia. Newzerland Journal of Agriculture Research, 49: 285-297.

Mannel T T, Auerswald K, Schnyder H. 2007. Altitudinal gradients of grassland carbon and nitrogen isotope composition are recorded in the hair of grazers. Global Ecology and Biogeography, 16: 583-592.

McInnes P F. 1992. Effects of moose browsing on vegetation and litter of the boreal forest. Ecology, 73: 2059-2075.

Nadelhoffer K J, Fry B. 1994. Nitrogen isotope studies in forest ecosystems. Chapter 2 in: Lajtha K and Michener R (eds.), Stable Isotopes in Ecology, Blackwell Scientific Publications, Oxford, UK, 22-44.

Neff J C, Townsend A R, Gleixner G, et al. 2002. Variable effects of nitrogen additions on the stability and turnover of soil carbon. Nature, 419: 915-917.

Olfs W. 1993. Suitability of microbial biomass as an indicator for the N mineralization capacity of soils: Influence of immobilizing conditions. In Nitrogen Mineralization in agriculture Soils. ed. J. J. Neeteson and J. Hassink. DLO-Institute for Soil Fertility Research Haren, 175-183.

Pardo L H, Templer P H, Goodale C L, et al. 2006. Regional assessment of N saturation using foliar and root ^{15}N. Biogeochemistry, 80: 143-171.

Power J F. 1971. Evaluation of water and nitrogen stress on bromegrass growth. Agronomy Journal, 63: 726-768.

Puri G, Ashman M R. 1998. Relationship between soil microbial biomass and gross N mineralization. Soil Biology & Biochemistry, 30: 251-256.

Reich P B, Hobbie S E, Lee T, et al. 2006. Nitrogen limitation constrains sustainability of ecosystem response to CO_2. Nature, 440: 922-925.

Schaeffer S M, Evans R D. 2005. Pulse additions of soil carbon and nitrogen affect soil nitrogen dynamics in an arid Colorado Plateau shrub land. Oecologia, 145: 425-433.

Schulze E D, Williams R J, Farquhar G D. 1998. Carbon and nitrogen isotope discrimination and nitrogen nutrition of trees along a rainfall gradient in northern Australia. Australian Journal of Plant Physiology, 25: 413-425.

Schimel D S, Parton W J, Adamsen F J, et al. 1986. The role of cattle in the volatile loss of nitrogen from a shortgrass steppe. Biogeochemistry, 2: 39-52.

Schulze E D, Gebauer G, Ziegler H, et al. 1991. Estimates of nitrogen fixation by trees on an aridity gradient in Namibia. Oecologia, 88: 451-455.

Shan Y M, Chen D M, Guan X X, et al. 2011. Seasonally dependent impacts of grazing on soil nitrogen mineralization and linkages to ecosystem functioning in Inner Mongolia grassland. Soil Biology & Biochemistry, 43: 1943-1954.

Sierra J. 1997. Temperature and soil moisture dependence of N mineralization in intact soil cores. Soil Biology & Biochemistry, 29: 1557-1563.

Sprent J I, Geoghegan I E, Whitty P W. 1996. Natural abundance of ^{15}N and ^{13}C in nodulated legumes and other plants in the cerrado and neighbouring regions of Brazil. Oecologia, 105: 440-446.

Stevens C J, Dise N B, Mountford J O, et al. 2004. Impact of nitrogen deposition on the species richness of grasslands. Science, 303: 1876-1879.

Stursova M, Crenshaw C L, Sinsabaugh R L. 2006. Microbial responses to long-term N deposition in a semi-arid grassland. Microbial Ecology, 51: 90-98.

Swap R J, Aranibar J N, Dowty P R, et al. 2003. Natural abundance of ^{13}C and ^{15}N in C_3 and C_4 vegetation of southern Africa: patterns and implications. Global Change Biology, 10: 350-358.

Templer P H, Arthur M A, Lovett G M, et al. 2007. Plant and soil natural abundance $\delta^{15}N$: indicators of relative rates of nitrogen cycling in temperate forest ecosystems. Oecologia, 153: 399-406.

Treseder K K. 2008. Nitrogen additions and microbial biomass: a meta-analysis of ecosystem studies. Ecology Letters, 11: 1111-1120.

Vitousek P M, Aber J D, Howarth R W, et al. 1997. Human alteration of the global nitrogen cycles: Sources and consequences. Ecological Application, 7: 737-750.

Vourlitis G L, Pasquini S, Zorba G. 2007. Plant and soil N response of southern californian semi-arid shrublands after 1 year of experimental N deposition. Ecosystems, 10: 263-279.

Wan S, Hui D, Luo Y. 2001. Fire effects on nitrogen pools and dynamics in terrestrial ecosystemso: a meta-analysis. Ecological Applications, 11: 1349-1365.

Wang C H, Butterbach-bahl K, Han Y, et al. 2011 The effects of biomass removal and N additions on microbial N transformations and biomass at different vegetation types in an old-field ecosystems in northern China. Plant and Soil, 340: 397-411.

Wang C H, Wan S Q, Zhang L, et al. 2006. Land use history, temperature and moisture interactively affect soil net N mineralization in temperate grassland in Northern China. Soil Biology & Biochemistry, 38: 1101-1110.

Wolf B, Zheng X H, Bruggemann N, et al. 2010. Grazing-induced reduction of natural nitrous oxide release from continental steppe. Nature, 464: 881-884.

Wright A L, Hons F M, Rouquette Jr F M. 2004. Long-term management impacts on soil carbon and nitrogen dynamics of grazed bermudagrass pastures. Soil Biology & Biochemistry, 36: 1809-1816.

Wu H H, Dannmenmann M, Fanselow N, et al. 2011. Feedback of grazing on gross rates of N mineralization and inorganic N partitioning in steppe soils of Inner Mongolia. Plant and Soil, 340: 127-139.

Wu H H, Dannenmann M, Yu Q, et al, 2012. Freeze-thaw dominates the annual budget of N turnover in ungrazed and grazed steppe of Inner Mongolia Ecosphere. (in press)

Xia J Y, Wan S Q. 2008. Global response patterns of terrestrial plant species to nitrogen enrichment. New Phytologist, 179: 428-439.

Lü X T, Cui Q, Wang Q B, et al. 2011. Nutrient resorption response to fire and N addition in a semiarid grassland. Ecological Engineering, 37: 534-538.

Xu W, Wan S. 2008. Water- and plant mediated responses of soil respiration to topography, fire and nitrogen fertilization in a semiarid grassland in northern China. Soil Biology & Biochemistry, 40: 679-687.

Xu Y Q, Li L H, Wang Q B, et al. 2007. The pattern between nitrogen mineralization and grazing intensities in an Inner Mongolian typical steppe. Plant and Soil, 300: 289-300.

Xu Y Q, Wan S Q, Cheng W X, et al. 2008. Impacts of grazing intensity on denitrification and N_2O production in a semi-arid grassland ecosystem. Biogeochemistry, 88: 103-115.

Zacheis A, Ruess R W, Hupp J W. 2002. Nitrogen dynamics in an Alaskan salt marsh following spring use by geese. Oecologia, 130: 600-608.

Zhang N L, Wan S Q, Li H, et al. 2008. Impacts of urea N addition on soil microbial community in a semi-arid temperate steppe in northern China. Plant and Soil, 311: 19-28.

Zhang X L, Wang Q B, Li L H, et al. 2008. Seasonal variations in nitrogen mineralization under three land use types in a grassland landscape. Acta Oecologia, 34: 322-330.

Zhou L S, Huang J H, Lv F M, et al. 2009. Effects of prescribed burning and seasonal and interannual climate variation on nitrogen mineralization in a typical steppe in Inner Mongolia. Soil Biology & Biochemistry, 41: 796-803.

第8章

草地植物养分利用策略

经过300多万年的进化过程，目前全世界大约有25万种大小、形态、结构各不相同的被子植物，其中草原生态系统约有1万种，而内蒙古草原大约有1 519种野生被子植物。这些陆地植物往往生长在各种不同的胁迫环境中，如动物及昆虫取食、病原物侵染、环境因子不适（包括温度、光照、水分、养分、CO_2浓度、空气湿度等）。在长期的适应过程中，植物逐渐形成了不同的生存策略，如有些植物可生存在−80℃的低温或70℃的高温环境下，有些植物生长于养分贫瘠的沙漠中。通过自然选择，只有那些适应各种自然生境、产生相应策略的植物才能生存下来。例如，在降水量较少的干旱环境下，相对于浅根系的植物，具有深根系的植物会有明显的竞争优势；在养分贫瘠的土壤上，有些植物在长期适应环境胁迫的过程中逐步形成了高效利用养分的特殊机制，如产生一种特殊的根形态结构的排根（cluster root）。植物要适应环境胁迫并不断进化，必须产生各种不同的生存策略，特别是植物对光照、水分、养分等资源变化的相应策略，一直是生态学研究中的一项重要内容。本章着重分析植物养分策略研究方面的进展。在自然生境中，虽然植物生长一般受多种养分的限制（Harpole，2011），但是，由于氮（N）和磷（P）是陆地生态系统中植物生长的主要限制性养分，与植物新陈代谢的关系较密切，并且相关文献也相对丰富，因此，本章主要以N和P为例来讨论内蒙古草地植物对养分变化的适应策略。由于植物适应策略包含资源策略（resource strategy），而资源策略又包含养分策略（nutrient strategy），本章内容中如不作特别说明，其中对植物策略的讨论也适用于植物的养分策略。在自然生态系统中，植物的生长往往是受资源的限制而不是受资源过剩的影响，因此本章中所说的养分策略主要是指在前者条件下植物所产生的相应养分策略。首先，本章对植物养分策略的研究历史作一些回顾，然后对相关概念作一些澄清，最后以内蒙古草原为例总结相关研究进展。

8.1 养分策略研究历史

生态学上对植物养分策略的研究是个不断发展的过程，由于至今对一些相关概念还存在模糊认识，特别是初学者，因此有必要先对植物养分策略的研究历史作一些概括，然后再来讨论相关的概念定义及计算。

植物的养分研究具有悠久的历史，从 15 世纪的 Nicholas，16 世纪的 Van Helmont，17 世纪的 Woodward，19 世纪的 de Saussure、Von Thaer、Boussingault、Ingen-Housz，到 20 世纪的 Hoagland、Epstein、Barber、Marschner、罗宗洛、Rorison，特别是 Von Liebig，对植物养分研究做出了重要贡献，相关历史可以参考有关植物营养学的教材。但是这些研究大多属于农业与肥料学研究的范畴，注重于植物（特别是经济作物）对养分吸收、运输、转化和利用以提高作物产量或改善品质，常称为植物营养学，还没有和自然条件下野生植物的分布、养分策略和进化等生态学问题联系起来。而与生长于高养分、强干扰的农作物和农田杂草相比，自然生境下生长的植物对养分的适应策略有很大的不同。本章所讨论的是后者。

回顾植物养分策略的研究历史，会发现对现代野生植物养分策略理论最有影响的应该是英国 Sheffield 大学的 J. Philip Grime、美国阿拉斯加 Fairbanks 大学的 F. Suart Chapin 和 Minnesota 大学的 David Tilman，特别是 30 多年前 Chapin Ⅲ 发表的“The mineral nutrition of wild plants”可认为是本领域的一个里程碑，以下主要对他们的研究作一个简要介绍。

8.1.1 20 世纪 70 年代以前

在生态学上，达尔文应该是最早论述植物策略的人，但达尔文对植物的适应性论述并不充分，他的《物种起源》一书对此很少提及，他随后写的 3 本植物学的书籍论述的也是植物的迁移、性别选择及食虫植物。随后丹麦著名植物生态学家 Eugenius Warming 注意到生长在养分丰富和贫瘠生境上的植物有所不同，但他还未意识到养分对植物生存、分布乃至进化上的重要意义。其后很长时间内，在生态学领域几乎无人提及植物养分，虽然其间在农业及肥料学上的养分（或营养）研究却蓬勃发展。直到 71 年后，Warming 的第六代弟子 Chapin（其导师为 Hal Mooney，再往上依次是 Dwight Billings、Henrry Oosting、Williams Cooper 和 Henrry Cowles，都是生态学史上重要的研究者），重新审视养分在植物生态学中的作用，这也意味着现代植物养分生态学研究的开始。

8.1.2 20 世纪 70 年代

8.1.2.1 Hirose T

広瀬忠樹教授（时任日本东京农业大学，现任日本东北大学教授）是较早研究野生植物养分策略的学者。他在 1971 年的论文中曾提出“N 素效用”（nitrogen utility）的概念，并用此参数计算了北美一枝黄花的养分策略特性（Hirose，1971），他在这篇文章中提出的概念已接近现代生态学中养分利用效率（nutrient use efficiency，NUE）的定义，但是这篇文献因为是用日文发表，并未得到欧美学者的广泛关注。在 1975 年，広瀬忠樹明确提出 NUE 的概念，并比较了不同生活型植物的养分策略的差异，发现多年生植物由于存在养分内部循环，因而其 NUE 要高于一年生植物（Hirose，1975）。这与 Grime（1979）提出的在养分贫瘠的环境中多年生植物种类要多于一年生植物的现象一致。

8.1.2.2 Grime J P

1974 年，Grime 首先在 *Nature* 上介绍了他的植物策略思想。尔后在 1979 年，Grime 发表了专著 *Plant strategies and vegetation*（2002 年第二版出版，更名为 *Plant strategies, vegetation processes and ecosystem properties*），其中的植物策略思想在生态学界有重要影响。在他这本书中，Grime 提出了有名的"三策略"模型（CSR 理论），认为植物针对资源过剩或不足形成了各自的相应策略：适应资源不足的植物不能适应强干扰，但适应资源充足或过剩的植物则可以适应或强或弱的干扰，即资源足、干扰小下的竞争型 C 策略；资源少、干扰强下的干扰型 R 策略和资源少、干扰弱下的胁迫忍耐型 S 策略。干扰与胁迫程度共同决定物种在生境三角形连续体中的位置。这里所说的资源泛指植物周围环境中的养分、光、水分、气以及温度。在养分贫瘠的环境中，植物在周围环境中的光、温、气、水等有限时所形成的策略与适应养分贫瘠所形成的策略类似，因此在 Grime 的 CRS 三角关系中，养分处于核心位置。并且 Grime 注意到了低养分环境对植物生存、分布乃至进化上的作用。

对 Grime 的植物策略理论，目前虽然还存在不少的批评和怀疑，但它在生态史上无疑具有重要的地位。

8.1.3 20 世纪 80 年代

8.1.3.1 Chapin FS Ⅲ

Chapin 的博士论文是研究在养分稳定的阿拉斯加苔原和养分波动较大的南加州沙漠绿洲上植物根系养分吸收速率的异同，这些前期工作为他后来的工作奠定了基础。如前所述，1980 年，也就是在 Grime 的专著出版一年后，Chapin 发表了在野生植物养分策略研究领域中具有重要里程碑性的文章"The mineral nutrition of wild plants"（Chapin Ⅲ，1980），也是本领域引用最多的论文（迄今已超过 2 000 次）。到此时，Chapin 提出的理论与 Grime 的理论并无大的不同。Chapin 在这里所说的植物与农业研究中那些生长于养分供应充足、受干扰较多的农作物和农田杂草不同，野生植物为适应养分不足的生境，逐渐形成了相应的养分策略。在 Chapin 发表此文章以前，植物养分只不过被认为是植物生长发育及新陈代谢的必要营养元素而已，而在此文以后，生态学领域对植物养分的作用有了全新的认识。

Chapin 在 1980 年的这篇文章中，主要是讨论植物在养分贫瘠的生境中的相应策略。在这种生境中，植物根系对养分的吸收速率低，组织养分浓度也低，但是根系（实际上指的是细根）寿命也短。与之类似，叶片的养分浓度和光合速率虽然也较低，但是与在养分充足的生境相比，植物落叶时从枯黄叶中回收转移的养分比例（即回收率）要高。在植株水平上，生长在贫瘠生境上的植物，由于较多的物质分配到根系以及其寿命较长的根系，其根/冠比增大。针对植物在养分贫瘠的生境中为什么长得慢（也就是相对生长速率 *RGR*）这个问题，Chapin 提出了 3 个假说：①从土壤中吸收的养分少，但是这样留在土壤中养分就会被其他快速生长的植物所吸收利用，这与自然界中的观察和植物长期进化的规律不符合；②具有较低的最大相对生长速率（RGR_{max}）以适应其最佳速率，但这里的"最佳"是个模糊且难以衡量的概念，这在 Pugnaire 2007 年编著的《Functional plant ecology》有详细的讨论；③较低的相对生长速率可减少植物对贮藏养分(主要指通过回收转移的那部分)的消耗。11 年后(1991 年)Chapin 又提出了 3 个新的假说:①较低的相对生长速率是植物对养分的吸收速率较低的结果;②较低的最大相对生长速率与植物在这种低养分生境中用于结构性生长(或其他与生长无直接关系的东西,如贮藏、防御性物质)上的分配比例较大有关;③植物的一些内部因素限制了植物的最大相对生长速率,如贫瘠生境上的植物一般具有较低的养分浓度。但是一些控制实验却发现虽然养分供应减少,长得慢的植物往往仍然有较高的养分浓度。Chapin 也认为在养分贫瘠的环境中,植物可维持较高的养分浓度(即较低的养分利用策略),这与许多实验结果不符。实际上,不论是大尺度的自然养分梯度,还是养分添加实验,都证明植物的养分浓度与养分供应能力呈正相关(Lambers,2008)。另外,脱落酸 ABA 也可能是控制植物生长速率的内部因素之一。两年后的 1993 年,Chapin 又发文提出与贫瘠生境上植物低 *RGR* 的相关因素:①组织更新周转慢;②生长呼吸速率较低;③用于非生长性上的分配较大(如次生代谢)。

Chapin 在 1980 年发表这篇里程碑文章后,继续研究植物的低养分策略,如发现植物在高养分或低养分下的养分回收转移率并无不同,他也是第一个报道植物可吸收有机形态 N 的人,并与 Bloom、Mooney 及 Vitousek 等著名生态学家提出了"多养分共同限制"的理论。但是,从 20 世纪 90 年代中期,虽然在植物养分策略研究中还有许多悬而未决的问题,Chapin 基本上不再研究养分问题,而是转注于生态系统的结构与功能,特别是社会生态系统(social-ecological systems)的研究,这可能与植物养分策略研究在缺乏新思想和新方法的情况下难以有所突破有关,后面将详细叙述。

8.1.3.2 Tilman D

Tilman 与 Chapin 大致同一个时期开展研究,从 20 世纪 80 年代初到 90 年代中期,Tilman 主要利用他在明尼苏达 Cedar Creek 的草地多样性实验,用数学的方法建立了自己的植物策略理论。其中的主要观点有:①在养分贫瘠的生境中,竞争对植物群落建成有重要作用;②随着养分供应的不断增加,植物从对养分的竞争逐渐转向对光的竞争;③在养分供应较少时,优势植物将较多的资源分配到地下部分以更好地竞争养分,因而生长得慢;而在养分供应充足时,优势植物生长得慢是因为其将较多的资源分配到地上部分以更好地竞争光。

Tilman 的早期实验是选择了在密歇根湖上一个硅藻丰富度不同且 Si、P 供应也不同的梯度,通过实验他逐渐提出了他的 R^* 概念:对于单物种群落,这种植物的生长需要一个最低的养分需求,即 R^*,每种植物都有相应的 R^*,对于多物种共存的混合群落,如果所有物种都受同一种资源的限制,则那些对这种资源 R^* 最小的植物因为有竞争优势而会成为优势种,实际上 R^* 与 *NUE* 的概念类似(详见后面解释)。后来,Tilman 在明尼苏达的 Cedar Creek,发现了一个土壤 N 供应、优势物种及生产力都不同的草地演替梯度,利用这个草地多样性实验,Tilman 进一步发展了他的资源利用比率理论(resource ratio hypothesis),即植物在这个演替梯度上对养分和光两种限制性资源的利用转换理论。此时 Tilman 把演替与竞争已融合进他的植物策略理论中。在 1994 年,Tilman 明确指出资源利用效率对于理解生长速率、资源分配、竞争与演替具有重要的作用。但是对于什么是和怎么计算资源利用效率,Tilman 并未给出进一步的答案,可能他认为这个问题过于简单了,但实际上资源利用效率,包括 *NUE*,如下面所述的那样,其理解和衡量方法从那时至今一直非常混乱。

Tilman 的理论在生态学上具有重要地位,截至目前这一理论仍然是群落生态学中最具有综合性、系统性的理论，但是对该理论的批评也一直未间断过，特别是与 Grime 的理论抵触较多。Grime 从竞争效果和资源捕获能力的角度，Tilman 则是从竞争反应与忍耐低资源水平的能力角度来论述竞争。产生这种差异的原因也与各自采用不同的竞争测度参数和不同的实验梯度有关。

8.1.3.3 Vitousek P M

美国科学院院士、斯坦福大学的 Vitousek 教授虽然没有像 Grime、Tilman 那样提出影响深远的植物策略理论，但是当他还在北卡大学执教时于夏威夷岛利用一个火山喷发形成的土壤自然演替梯度所开展的研究，特别是对土壤和植物 P 的研究，使他成为研究养分利用策略较早的且比较有名的研究者之一。

考虑到生物量和养分在生态系统中的流通量，包括生产力、养分的吸收和损失，Vitousek (1982)明确提出了 *NUE* 的概念，认为 *NUE* 等于枯落物干重与通过枯落物返回土壤的养分量的比值，因而他将 *NUE* 定义为单位吸收养分所产生的初级生产力，即

$$NUE = \frac{\mathrm{d}W}{\mathrm{d}N} = \frac{\mathrm{d}W}{\mathrm{d}t} \cdot \frac{1}{[N] \cdot RE \cdot W}$$

式中，*RE* 为养分回收效率(nutrient resorption efficiency)。在森林生态系统，如果用枯落物代替生产力，他发现生态系统的 *NUE* 与枯落物的养分含量呈反函数关系(图 8.1)。

可见，Vitousek(1982)提出的 *NUE* 概念与 Hirose(1975)所提出的“nitrogen utility”类似。Vitousek 认为对于 20 年以上的森林(即稳定的生态系统)，*NUE* 等于枯落物干重与其养分含量之比，即

$$NUE = \frac{e \cdot W}{[N]_{\mathrm{loss}} \cdot e \cdot W} = \frac{1}{[N]_{\mathrm{loss}}}$$

从这个公式可以看出，Vitousek(1982)提出的 *NUE* 实际上就是枯落物中养分浓度的倒数。Vitousek(1982)用枯落物的养分含量代替土壤养分供应能力，有其局限性，因为 Vitousek (1982)的概念只适用于稳定的生态系统，即在单位时间内生物量的产生量与其损失量相等，养分的吸收量等于损失量，也就是说，不管是生物量还是养分，它们的净通量都是零。只有在这种情况下，才能用年凋落量代替生产力，用枯落物中养分总量代替植物从土壤中吸收率。并且 $\mathrm{d}W/\mathrm{d}N$ 与 $\mathrm{d}N$ 之间存在反函数关系从数学上看是必然的，类似于推证 $1/x$ 与 x 之间的关系，两个变量之间存在自相关性(autocorrelation)。由于 Vitousek(1982)的这篇文献发表较早，并且用生物量和养分在一个生态系统中单位时间内的动态流通量来表示 *NUE*，相比之前通常所用的静态计算，可以说是前进了一大步。另外，用枯落物养分浓度的倒数远比用生产力与养分吸收率来计算 *NUE* 要简单得多，所以这篇文章目前仍是被引用较多的文献之一(已超过 600 次)。Vitousek(1982)用此参数发现，温带落叶林受养分的限制比热带雨林要大。

应该注意的是，Chapin(1980)和 Vitousek(1982)虽然都是用养分浓度的倒数来计算 *NUE*，但二者含义不同，前者是指植物的绿体组织，而后者是指枯落物，并且二者成立的条件也不同，前者是假设不存在生物量损失，后者是假设系统处于稳定状态，可以说 Vitousek (1982)的 *NUE* 概念更具有生态意义，所以，此后的大多数研究中 *NUE* 的计算都是基于这一概念。

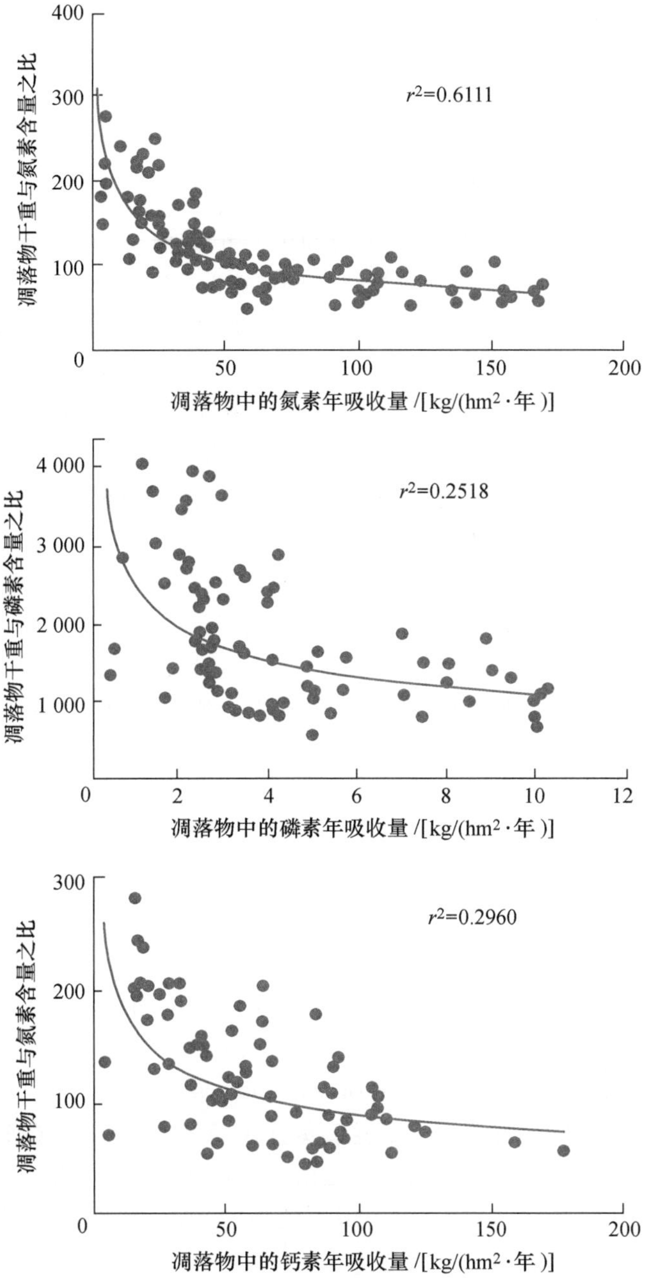

图 8.1　养分利用效率与养分供应能力呈倒数关系

（根据 Vitousek(1982)文章重绘）

8.1.3.4　Berendse F

Berendse 在 Vitousek(1982)的 *NUE* 概念基础上提出了一种新的 *NUE* 概念。他们认为 *NUE* 由两部分组成：一是养分生产力 *NP*；二是养分在植物中的平均滞留时间 *MRT*(Berendse,1987)。根据上面的公式可得

$$NUE = NP \times MRT = \frac{\mathrm{d}W}{N \cdot \mathrm{d}t} \times \frac{N\mathrm{d}t}{\mathrm{d}N} = \frac{1}{N} \times \frac{\mathrm{d}W}{\mathrm{d}t} \times \frac{N}{[N]_{\mathrm{loss}} \cdot e \cdot W}$$

$$= \frac{\mathrm{d}W}{\mathrm{d}t} \times \frac{1}{[N]_{\mathrm{loss}} \cdot e \cdot W}$$

$$= \frac{e \cdot W}{[N]_{\mathrm{loss}} \cdot e \cdot W} = \frac{1}{[N]_{\mathrm{loss}}}$$

养分生产力 *NP*(nutrient productivity)反映的是植物的一种"迅速生长策略"，而养分平均滞留时间 *MRT* 反映的是植物的一种"养分保持策略"。由于 *NP* 和 *MRT* 二者之间存在协调关系(trade-off)，在养分贫瘠生境中的植物其养分策略主要是维持较高的 *MRT*；而在养分丰富的生境中的植物，其养分策略主要是维持较高的 *NP*，这种协调关系反映了植物对不同养分生境的适应策略。因为提高养分保持能力、增加养分滞留时间对植物适应贫瘠生境具有重要意义，所以将 *NUE* 进一步分解为 *NP*、*MRT* 在生态学上具有一定的研究意义。如果是这样的话，在养分贫瘠的生境中的植物的 *NUE* 不一定高，或者说增加养分供应能力(如养分添加实验)并不一定降低植物的 *NUE*。

虽然 Berendse 提出的 *NUE* 概念有助于我们更好地理解自然生境中植物的养分策略，但是他提出的概念并没有突破生态学上 *NUE* 的原始定义，对野生植物养分策略研究的实际贡献也远没有 Grime、Chapin、Tilman 或 Vitousek 的大，并且在某些情况下还有悖于 *NUE* 的原始定义。并且在计算 *NP* 和 *MRT* 时，目前所有的研究都是假设系统处于稳定状态，但对非稳态的系统，却缺乏相关的计算公式。稍后会对此问题作一些详细的描述。

8.1.4 21 世纪

8.1.4.1 Aerts R

事实上，阿姆斯特丹 Vrije 大学的 Aerts 早在 20 世纪 80 年代后期即开始有关冻原植物养分利用策略的研究(当时是在瑞典的 Wageningen 大学)，但是他的成名之作应该是 2000 年与 Chapin 合作发表的"The mineral nutrition of wild plants revisited: a reevaluation of processes 和 patterns"(Aerts 和 Chapin, 2000)。这篇综述文章是对 Chapin 在 1980 年那篇文章的进一步总结，虽然并未提出新的概念和理论，但是由于这篇文章是继 Chapin 的文章发表 20 年后对此领域的又一次系统总结，仍然是一篇引用率较高的文章，到现在已有近 700 次的引用率，目前仍保持年均约百次的高引用率。

8.1.4.2 Craine JM

Craine 于 2009 年出版了《Resource strategies of wild plants》(Craine, 2009)一书。本书是以前研究的集成总结，没有提出新的概念或方法。并且，这本书虽然是立足于草原生态系统而成，但书中对限制草原生态系统的主要因子，如水分、温度等的讨论并不多。书中对前人的研究认为同等重要，如第 116 页，作者只是说"(there is no) way to reject(existing) hypotheses"，却未提出自己的观点或进一步系统化出自己的理论，也没有新的公式和对未来的研究提出方向性建议。因此本书对以前的研究只是"总"而未"结"。另外，植物个体大小(即异速生长)与植物的策略(如书中所说的 *RGR*、资源分配、组织密度、比叶面积等)具有密切关系,但本书对此却只字未提。不过对于要了解此方面的有关基本知识的研究者,特别是研究生,还是值得一读的。

国外其他研究植物策略较有名的研究人员还有澳大利亚的 Lambers P 和 Westoby M、荷兰的 Poorter H 等。如上所述,他们的研究还是集中于某一方面,在理论建成上远不如 Grime、Chapin 和 Tilman 的影响大。

8.1.5 国内的相关研究

国内研究植物策略的主要有复旦大学的李博、北京师范大学的张大勇,其研究主要集中于植物养分内循环(或再吸收)方面,对植物的养分策略研究较少。自 20 世纪 90 年代开始,中国科学院沈阳应用生态研究所的沈善敏、陈欣、徐福余等对北方落叶树,中国科学院植物研究所的陈灵芝、孙书存对东灵山辽东栎及韩兴国、李凌浩等对内蒙古草地植物,厦门大学的林鹏、王文卿、林益明对红树林,华南植物所的李志安对鼎湖山热带人工林,华东师范大学的王希华、黄建军、闫恩荣对天童常绿阔叶林的养分内循环进行了研究。

在此,我们对植物策略的历史回顾并不是为了评断孰是孰非,而是从这些研究历史中可以看到植物策略研究的不断发展过程,从而对相关概念有一个更好的理解。下面进行一些详细解释。

8.2 相关概念

下面分别讨论植物策略(plant strategy)、植物资源策略(resource strategy)和植物养分策略(nutrient strategy),由于植物资源策略属于植物策略的一部分,而植物养分策略又属于上面两者的一部分,因此对植物策略的讨论也适合于植物资源策略和植物养分策略。

8.2.1 植物策略

Grime(2002)把植物策略定义为"在物种或群落水平上植物广泛存在的一组在生态学上相似的特性"。但是 Grime 在这里所说的生态学上"相似的特性"比较模糊。例如,一些植物在极端干旱或养分贫瘠的环境中都会表现为死亡,但其在细胞或分子水平上的相应机制并不一定相似。Craine(2007)认为植物策略的定义应该反映:①植物的多重属性的集合;②自然选择的结果;③一定环境下植物的有效生存特性。因此,Craine(2007)把植物策略定义为"在一定环境条件下,作为自然选择的结果,植物所形成的有利于其生长和繁殖的、具有相互内在联系的一系列适应性特征"。实际上,自然选择会作用于植物的各种层次,如特殊生化物质的合成及特殊组织结构和器官的形成等。

值得我们思考的是,植物为什么会有不同的生存策略?为什么某一种策略往往对许多植物具有普适性?在一种环境中对植物生存有利的特性在另一种环境中却不一定有利,所以植物必须形成不同的策略。例如,在草原上,植物为适应经常放牧的环境会长得较矮,反之亦然。

但这并不是说植物的高矮完全决定于放牧。在这个复杂多变的世界，一种植物可能同时具有多种策略，但不可能具有能适应各种环境的所有策略。

但是，如何从植物的众多特性中确定哪些特性与生存策略有关呢？主要方法是先测定一系列植物的众多特性，再在各种植物之间进行比较并确定。这种方法较繁琐，难以操作。如上面所说的植物高度特性，它受环境因素的影响较大：植物在水分、养分充足时的生长会比这些条件缺乏时要高。要确定一种栽培苜蓿品种的高度特性，应该在水分、养分充足时的环境下测量，而如果要确定一种野生草地植物在水分不足、养分贫瘠的生境中的相应生长高度策略，则也要在相应的条件下测定。同样，如果两种植物在养分过度贫瘠时都可能表现为死亡，它们也可能有不同的养分利用策略特征。但是，在分子水平上，它们的内在特性并不一定不同。虽然本章在宏观水平上讨论植物的养分策略，但读者在阅读时也要思考植物在微观水平的一些可能的异同。

8.2.2 植物资源策略

植物生长所需的资源包括水分、养分（主要是 N 和 P）、光照、二氧化碳等。植物的资源策略是指植物在特定资源环境条件下有利于其生长和繁殖的一系列特性，或者说是指在特定资源环境条件下，作为自然选择的结果，植物形成的那些有利于其生长和繁殖的一系列有内在联系的适应性特征，这里的特性是指那些可遗传的特性。如上所述，这些资源策略性特征可通过比较不同植物而确定，也可通过同一种植物在不同环境条件下的表现而确定。植物策略包括从细胞生化到组织结构功能等各种层次上相关特征。

世界上有几十万形形色色的植物，它们生存于资源各不相同的环境中。每种植物都有一些独特的特性能使其与其他植物区分开来，但这并不表示每种植物都有其独特的资源策略。可是，如何从许多特殊性中归纳总结出具有普适性的规律来？即使能总结出有普遍性的资源策略，由于这些策略往往并不是同等的，又如何根据其相对重要性进行分类？例如，同属不同种的植物具有明显不同的花结构，但它们的资源策略却一般没有太大的差异。所以植物分类学方法并不适用于资源策略分类。实际上，具备某种资源策略的植物数目越多，一般说明这种资源策略越重要。如有超过 7 000 多种植物存在 C_4 光合途径，说明 C_4 途径是植物一种重要的光和 CO_2 利用策略。当然，这只是可能说明有众多的植物在历史上曾面对相似的环境压力，并不排除为少数植物所拥有的某些特性不重要。因此，在分析某种植物策略时，首先要看有多少种植物拥有这种特性。

在不同的环境中，不同的植物形成了适应干旱、贫瘠、低温等的不同策略，这些策略很难说哪种更重要，需要因地、因物而论。面对不同的干扰或胁迫，植物必须利用其周围的各种资源并形成相应的资源策略才能生存下去。广义上说，这些策略可划分为生长和生殖策略。值得说明的是，植物这两种策略往往得是相互联系的（Lambrecht，2007），如羊草（内蒙古草地上的主要物种之一）所吸收的 N 有相当部分（约 10%）用于生殖部分。但生长和生殖策略对环境的适应也有其相互独立性，遵循其各自的规律。植物的营养生长对与同化有关的条件如气候环境适应性较快，而生殖结构的变化则较保守。虽然本章侧重于与营养生长有关的植物养分策略，读者在阅读时也要思考相应的植物生殖策略。

另外一点值得说明的是，现代植物的资源（包括养分）策略并不一定完全反映古植物的资源策略，如在距今180万年前的更新世，空气CO_2浓度是现在的2～5倍，但由于缺少固N植物，环境供N能力远低于现在，那时的气温较高、降水量也多。因此，古植物策略可能与现代植物有较大的不同。

人们对植物养分和光利用策略的研究较多，特别是在养分、光照不足条件下的“低资源”策略，而对资源过剩下的植物相应资源策略研究较少，这当然与植物生存的自然生境一般是资源不足而不是过剩有关。在资源有限时，植物是否存在具有普适性的通用策略？在不同的资源（如水分、养分、光照和CO_2）不足时，植物是否有不同的策略？实际上，自然生境中的资源往往因地、因时而异，因此，植物难以存在一种放之四海而皆准的策略通则，而是逐渐发展出针对不同资源限制的各种策略，但这4种资源策略不是独立的而是有相互制约联系的（图8.2），这些低资源策略可能都表现为低生长速率，但是，在一种环境下形成的策略在另一种环境下并不一定适用。

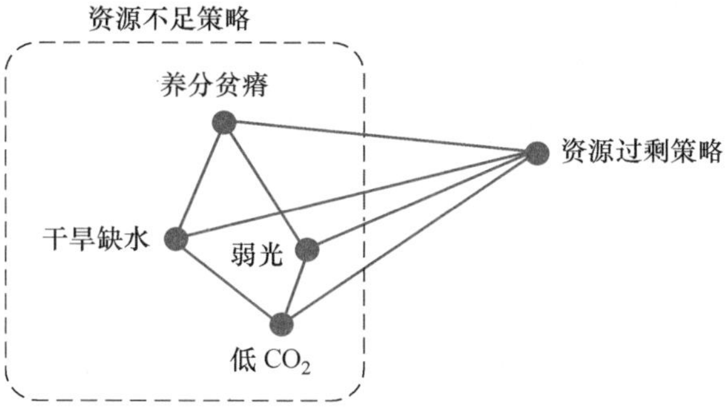

图8.2 植物的资源策略示意图

8.2.3 植物养分策略

在欧洲又称“养分经济学”（nutrient economy），国内相关研究往往采用不同的术语来表述，有必要统一称谓。植物的养分策略概念可套用上面的植物策略（或植物资源策略）来定义。广义上讲，如上所述，植物的养分策略也包括植物为适应其养分环境而发展出来的生长策略和生殖策略，本章的讨论主要指前者。植物的养分策略包括对养分的吸收、运移、利用及回收策略，前二者属于肥料学和微观生物学的研究领域，下面对后二者进行讨论。

8.2.3.1 植物对养分的利用

植物对养分的利用主要用*NUE*这一指标来衡量。在有关的文献中，*NUE*有多种不同的名称和定义，相同的名词往往有不同的定义，而同一定义也往往有不同的名词，这与各学科的习惯用语不同有关。不同教科书对*NUE*也有不同的定义，如在Marschner（2012）主编的《Mineral nutrition of higher plants》第309页，*NUE*指“a unit dry matter produced (by a plant) per unit nutrient in the dry matter”。而在Ricklefs和Miller（1999）主编的《Ecology》中，*NUE*指“dry matter flux per unit nutrient flux in a whole stand”。在国内的农学、生态学等教材上，对*NUE*的定义也同样存在诸多名词与解释，在此不作赘述。不同学科虽然都在研究*NUE*，但它们所研究的重点不同，例如植物生理学领域着重于对养分的生理效率的研究；农学、农业化学和植物营养学领域较重视对肥料利用效率、养分收获指数等有关经济指标的研究；土壤学更重视对包含土壤养分的供应、植物对养分的吸收在内的 NUE 的研究；而生态学则着重于对自然条件下的 NUE 与野生植物适应策略的关系的研究。如上所述，NUE 在文献中有众多的名称和定义，这主要是因为不同学科之间研究的角度和范畴有所不同。除了农学上常用的以肥料为研究目标的 NUE 参数外，即使在生态学上，虽然 NUE 的定义比较清晰一致，即指植物的生物量与养分通量之比（单位时间内的生产力与养分吸收量之比），但是文献中在计算 NUE 上却有众多的参数。

1. 叶片水平

（1）光合产量（photosynthetic production）：指饱和净光合速率、展叶时间与养分含量的乘积。

（2）潜在光合养分利用效率（potential photosynthetic nutrient use efficiency，*PPNUE*）：指叶片中单位养分含量的最大光合速率。

（3）累积光合养分利用效率（cumulative photosynthetic nutrient use efficiency，*CPNUE*）：指叶片生长期内单位有效养分的碳同化积累。

2. 植株水平

（1）利用商数（utilisation quotient）：指组织养分含量的倒数。

（2）养分效用（nutrient utility）：指植物吸收单位养分所产生的干物质量。

（3）养分利用效率（nutrient use/utilization efficiency）：这是生态学上最常用的一个参数，它的定义比较单一，即植物利用单位养分所形成的生物量，但是却没有一个统一的计算公式（详见下文）。

（4）养分生产力（nutrient productivity）：也指植物利用单位养分所形成的生物量，实际上，它只是养分利用效率的一部分。

（5）养分生长效率（nutrient growth efficiency）：指植物利用单位养分所形成的枯落物量，一般用多年生植物。

（6）养分吸收效率（nutrient uptake efficiency）：指植物利用土壤中单位养分所增加的养分含量。

（7）养分回收率或内吸收率（resorption/retranslocation/recovery efficiency）：指植物在枯死凋落时转移到其他新生组织或贮藏组织去的养分部分。对于一年生植物，是指转移到种子中去的养分量，在生态学研究得较少。对多年生植物，是指组织枯落时转移到其他组织中去的养分量。对于多年生的木本植物，其枯落的部分一般是秋天的叶片，因而养分回收率一般在叶片水平上计算。但对于多年生的草本植物，如内蒙古草原上的植物，仅在叶片水平上计算并不合适，因为在秋天时枯死的部分不仅是叶片，而是整个地上部分。所以在植株水平上计算草原上多年生植物的养分回收率更为合适。

（8）养分回收度（nutrient resorption proficiency）：也是指植物在枯死凋落时转移到其他新生组织或贮藏组织去的养分部分。因为多数研究发现养分回收率这一参数与土壤养分供应能力之间的关系并不清晰，所以 Killingbeck（1996）提出养分回收度这一指标。

3. 生态系统水平

（1）枯落物养分利用效率（litterfall nutrient use efficiency）：指森林生态系统单位养分变化所对应的生产力（枯落物）变化。

（2）养分利用效率系数（nutrient use efficiency quotient）：指土壤中单位养分含量所对应

的生产力。

(3)生产效率(production efficiency):指吸收单位可利用养分所形成的生产力。

(4)养分利用效率(nutrient use efficiency):指土壤供应单位养分所产生的生产力。

这些参数大同小异,其中用得最多的是 *NUE* 这一参数。需要注意的是,既然存在这么多的描述参数,因此在研究 *NUE* 时,就应明确所研究的目的和系统,并给以明确的概念及定义。

图 8.3 表示一个生物量为 W 的系统,这个研究系统可以是叶片、植株、群落甚至一个生态系统。有关字母表示:$[N]$为植物的养分浓度,e 为生物量损耗速率,R 为生长速率,$[N]_{loss}$或$[N]_{out}$为枯落物中的养分浓度。假设这个系统从外部养分库中以$[N]_{in}\cdot e\cdot W$ 的速率吸收养分,植物的养分量可记为 $W\cdot[N]_{in}$,在一定时间内植物损失的生物量可记为 $e\cdot W$,损失的养分可记为$[N]_{out}\cdot e\cdot W$。如果忽略通过分泌、淋洗、挥发而损失的养分,则系统的生物量和养分量变化率可表示为

$$\frac{\mathrm{d}W}{\mathrm{d}t}=R\cdot W-e\cdot W$$

$$\frac{\mathrm{d}N}{\mathrm{d}t}=R\cdot W\cdot[N]_{in}-e\cdot W\cdot[N]_{out}$$

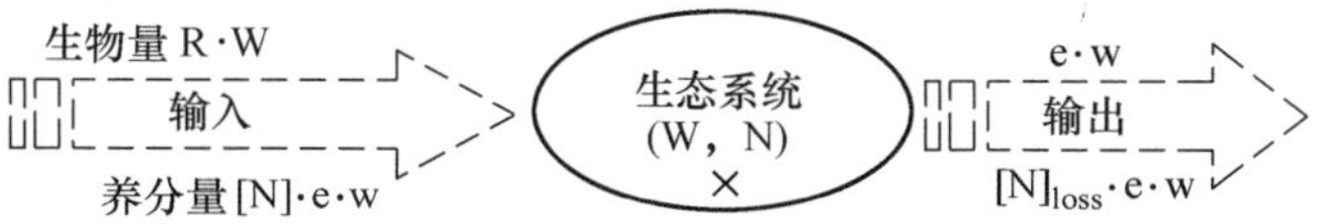

图 8.3 生态系统中生物量和养分流通示意图

下面利用这两个基本公式对上述 *NUE* 的概念作进一步的细化分析。在有关文献中,*NUE* 可表示养分利用效率(nutrient use efficiency),也可表示氮素利用效率(nitrogen use efficiency),在本章中,除特别说明外,*NUE* 一般指养分利用效率,并且本章中的 *NUE* 指与植物生产力有关的植物养分利用策略,而"recovery fraction"、"efficiency of nutrient uptake"这些概念指植物根系从土壤中截获养分的能力,不在本章讨论范围。

光合养分利用效率(photosynthetic *NUE* 或 *PNUE*)是指光合速率与叶片光合养分利用效率浓度之比,即

$$PNUE=\frac{P}{[N]_{leaf}}=\frac{1}{W}\times\frac{\mathrm{d}W}{\mathrm{d}t}\times\frac{[C]_{leaf}}{[N]_{leaf}}=\frac{1}{W\times[N]_{leaf}}\times\frac{\mathrm{d}W}{\mathrm{d}t}\times[C]_{leaf}$$

$$=\frac{1}{[N]}\times\frac{\mathrm{d}W}{\mathrm{d}t}\times[C]_{leaf}$$

PNUE 还可以分为 *PPNUE*(potential *PNUE*)和 *CPNUE*(cumulative *PNUE*),文献中对影响 *PNUE* 的因素有详细的讨论,并且 *PNUE* 只是衡量叶片水平 *NUE* 的一种参数,不在本章研究范围内,故不作详细讨论。

利用系数(utilisation quotient)是人们在早期研究中用于衡量 *NUE* 的一种参数,一般指植株养分浓度的倒数,有时仅指叶片养分浓度的倒数。Chapin(1980)认为 *NUE* 是植物利用单位养分所产生的干物质量,即

$$NUE=\frac{1}{N}\times\frac{\mathrm{d}W}{\mathrm{d}t}$$

同时 Chapin 指出，NUE 就是植物组织中养分浓度的倒数，即

$$NUE = \frac{1}{[N]} = \frac{W}{N}$$

Gerloff(1976)认为 NUE 是“mg dry weight produced for each mg of N absorbed by a plant”，即

$$NUE = \frac{\mathrm{d}W}{\mathrm{d}N}$$

只有当一定时间内植物产生的生物量($\mathrm{d}W/\mathrm{d}t$)与最后的生物量(W)相等时，上面两个公式才相等。如果忽略通过分泌、淋洗、挥发而损失的 N，则 $N=\mathrm{d}N/\mathrm{d}t$，这时

$$\frac{1}{[N]} = \frac{W}{N} = \frac{1}{N} \times \frac{\mathrm{d}W}{\mathrm{d}t} = \frac{\mathrm{d}W/\mathrm{d}t}{\mathrm{d}N/\mathrm{d}t} = \frac{\mathrm{d}W}{\mathrm{d}N}$$

所以，只有当 $W=\mathrm{d}W/\mathrm{d}t$，$N=\mathrm{d}N/\mathrm{d}t$ 时，上面公式才成立，即满足条件：①由种子萌发产生的植株；②植株生长时间足够长从而使生物量远大于种子的重量；③不存在生物量损失($e \cdot W=0$)和养分的损失。这些 NUE 概念实际上是 N 浓度的倒数，因此即使满足上述条件，它们也并不比[N]本身提供更多的信息，并且更重要的是，这些 NUE 概念仅考虑植物的绿体部分，未考虑生物量和养分的损失及养分的回收转移。另外，公式 $NUE=\mathrm{d}W/\mathrm{d}N$ 实际上是 Ingested(1979)所提出的 NP，它只是 NUE 的一部分(见后文)，但仍有许多研究将之称为 NUE。

Siddiqi 和 Glass(1981)曾提出一种类似的 NUE 参数，即

$$\text{Efficiency of N-utilisation}(E) = \frac{W}{[N]}$$

这一参数也存在类似的缺陷。

在以上的 NUE 定义中，分子均为生物量，但分母却各不相同(或养分数量或 N 吸收量、N 损失量、净增加量)。综上所述，NUE 可定义为一定时间内进入(或离开)系统的单位养分所对应产生(或损失)的生物量，即

$$NUE = \frac{\text{生物量通量(biomass flux)}}{\text{养分通量(nutrient flux)}} = \frac{\mathrm{d}W}{\mathrm{d}N}$$

这是从 NUE 的定义引出的通用计算公式。目前，大多数 NUE 研究是基于 Vitousek(1982)、Berendse 和 Aerts(1987)所提出的 NUE 概念，在这些 NUE 概念中，生物量通量即枯落物量，养分通量即离开系统的 N 量($[N] \cdot e \cdot W$)，因此 NUE 为一定时间内系统产生的生物量除以同一时间内系统所损失的 N 量，而上面的有些公式所计算的 NUE 实际上只是 NP。

不同的文献中，对 NP、MRT 的计算方法有所不同，甚至有误，从而造成不同结果之间难以直接比较，这也是造成不同文献所得结论各异的原因之一。下面对有关计算方法进行归纳整理。

假设图 8.4 是一个类似于水库(同时有进水和出水)的黑箱系统，它在时间 t_1 时的生物量和 N 库分别为 W_1、N_1，X 表示生物量 W 或养分库 N，X_{in}、X_{out} 分别表示输入速率、输出速率，到时间 t_2 时，其生物量和 N 库分别为 W_2、N_2。因此，X 的变化速率为

$$\frac{\mathrm{d}X}{\mathrm{d}t} = X_{\text{in}} - X_{\text{out}}$$

因此，$NUE = \frac{\mathrm{d}W}{\mathrm{d}N} = \left(\frac{1}{N} \times \frac{\mathrm{d}W}{\mathrm{d}t}\right) / \left(\frac{1}{N} \times \frac{\mathrm{d}N}{\mathrm{d}t}\right)$

根据养分生产力 NP 的定义(Ingestad，1979)，可知

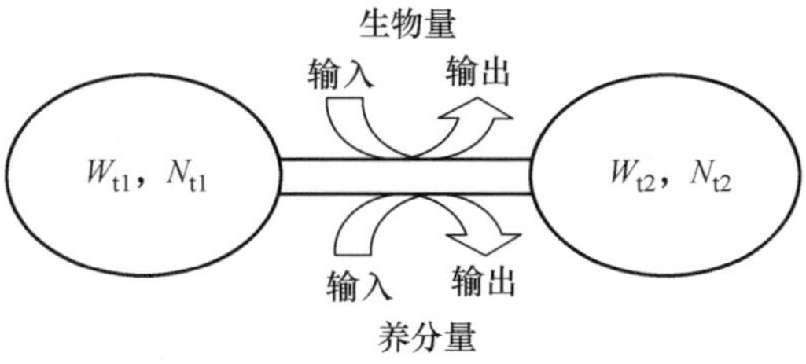

图 8.4 生态系统中生物量和养分库的变化示意图

$$NP = \frac{1}{N} \times \frac{\mathrm{d}W}{\mathrm{d}t}$$

虽然根据定义表达出来的公式比较简单，但是由于 W 和 N 是时时变化的，在实际应用中却比较困难，需要根据情况来具体计算。

如果 NP 为常数，则

$$\Delta W = W_2 - W_1 = \int_{W_1}^{W_2} (NP \times N)\mathrm{d}t = NP \times \int_{t_1}^{t_2} N\mathrm{d}t = NP \times \overline{N} \times (t_2 - t_1)$$

因此，$NP = \frac{W_2 - W_1}{\int_{t_1}^{t_2} N\mathrm{d}t} = \frac{W_2 - W_1}{\overline{N} \times (t_2 - t_1)}$

对于稳定的生态系统，养分库平均值 $\overline{N} = \frac{N_t + N_0}{2}$；而对于非稳态的系统，如植物幼苗或已施肥的植物呈指数生长，养分库也呈指数增加，可设 $N = p \cdot \mathrm{e}^{qt}$($p$ 为常数，q 为养分库相对增加率)，则 $\frac{N_2}{N_1} = \frac{p \times \mathrm{e}^{qt_2}}{p \times \mathrm{e}^{qt_1}} = \mathrm{e}^{q(t_2 - t_1)}$

由之可得，$q = \frac{\ln N_2 - \ln N_1}{t_2 - t_1}$

所以

$$\begin{aligned}\overline{N} \times (t_2 - t_1) &= \int_{t_1}^{t_2} N\mathrm{d}t = \int_{t_1}^{t_2} p \times \mathrm{e}^{qt}\mathrm{d}t = p \times \int_{t_1}^{t_2} \mathrm{e}^{qt}\mathrm{d}t = \frac{p}{q} \times \mathrm{e}^{qt}\Big|_{t_1}^{t_2} \\ &= \frac{p}{q} \times (\mathrm{e}^{q_2 t} - \mathrm{e}^{q_1 t}) = \frac{p\mathrm{e}^{q_2 t} - p\mathrm{e}^{q_1 t}}{q} = \frac{N_2 - N_1}{q} \\ &= \frac{N_2 - N_1}{(\ln N_2 - \ln N_1)/t_2 - t_1} = \frac{(N_2 - N_1) \times (t_2 - t_1)}{\ln N_2 - \ln N_1}\end{aligned}$$

从而求得

$$\overline{N} = \frac{N_2 - N_1}{\ln N_2 - \ln N_1}$$

$$NP = \frac{W_2 - W_1}{t_2 - t_1} \times \frac{\ln N_2 - \ln N_1}{N_2 - N_1}$$

如果 NP 为变量，则

$$\overline{NP}\times(t_2-t_1)=\int_{t_1}^{t_2}NP\,\mathrm{d}t=\int_{t_1}^{t_2}\frac{1}{N}\times\frac{\mathrm{d}W}{\mathrm{d}t}\mathrm{d}t=\int_{W_1}^{W_2}\frac{\mathrm{d}W}{N}$$

如果养分库恒定不变,则上式可变为

$$\overline{NP}\times(t_2-t_1)=\frac{1}{N}\times\int_{W_1}^{W_2}\mathrm{d}W=\frac{W_2-W_1}{N}$$

所以,

$$\overline{NP}=\frac{W_2-W_1}{\overline{N}\times(t_2-t_1)}=\frac{\mathrm{d}W}{N}\times\frac{1}{\mathrm{d}t}$$

如果养分库也是变量,假设养分库与生物量直线相关,即 $N=a+kW$(a、k 为常数),等式两边求导,得 $\mathrm{d}N=k\mathrm{d}W$,代入上面公式可得

$$N\overline{P}\times(t_2-t_1)=\int_{W_1}^{W_2}\frac{\mathrm{d}W}{N}=\frac{1}{k}\times\int_{N_1}^{N_2}\frac{\mathrm{d}N}{N}=\frac{1}{k}\times(\ln N_2-\ln N_1)$$

又因为 $N_2-N_1=(a+kW_2)-(a+kW_1)=k\times(W_2-W_1)$

所以,

$$k=\frac{N_2-N_1}{W_2-W_1}$$

代入上面公式可得,

$$\overline{NP}=\frac{W_2-W_1}{t_2-t_1}\times\frac{\ln N_2-\ln N_1}{N_2-N_1}$$

可见所得公式相同,在其他情况,如养分库与生物量呈二次函数关系,与上类似可求得

$$\overline{NP}=\frac{W_2-W_1}{\overline{N}\times(t_2-t_1)}=\frac{2(W_2-W_1)}{(N_2+N_1)\times(t_2-t_1)}$$

如果养分库随时间呈指数增加,并且养分库与生物量直线相关,可得到相同的公式。更复杂情况的推导过程与上类似,但结果都可写为相同的一般形式:分子为生产力,分母为平均 N 库与时间的乘积,即:

$$\overline{NP}=\frac{W_2-W_1}{\overline{N}\times(t_2-t_1)}$$

根据定义,如果生态系统中的养分输入和输出函数分别为 $f(t)$ 和 $g(t)$,则 MRT 的通用公式可表示为

$$MRT=\frac{N}{\mathrm{d}N}=\frac{1}{f(t_2)}\cdot\int_{t_1}^{t_2}[N_0+f(t)-g(t)]\mathrm{d}t$$

同样,根据定义表达出来的 MRT 公式比较简单,但是由于 N 一般是在不断变化的,在实际应用中也比较困难,需要根据情况来具体计算。

根据 Berendse 和 Aerts(1987)提出的 NUE 概念,MRT 为植物养分库除以养分损失速率

$$MRT=\frac{N}{N_{\text{loss}}}=\frac{N}{W\times e\times[N]_{\text{loss}}}=\frac{[N]}{e\times[N]_{\text{loss}}}$$

其中生物量损耗速率 e 可用植物年均生物量除以生物量年损失量得出，即组织寿命的倒数。由于植株单位叶面积的重量在落叶前后一般变化不大，养分回收率（nitrogen resorption efficiency，*RE*）可用下式计算

$$RE=\frac{[N]-[N]_{\text{loss}}}{[N]}\Rightarrow\frac{[N]_{\text{loss}}}{[N]}=1-RE$$

因此，

$$MRT=\frac{[N]}{e\times[N]_{\text{loss}}}=\frac{1}{e}\times\frac{1}{1-RE}=\frac{\text{lifespan}}{1-RE}$$

由上述公式可以看出，养分在植物体内的滞留时间与组织寿命、养分回收效率有关，但是叶片寿命、养分回收效率对 *MRT* 的影响并不是同等的，下面根据上面的公式进一步分析一下叶片寿命、养分回收效率对 *MRT* 的影响。

首先，以叶片寿命为自变量，以 *MRT* 为因变量，对公式求一阶导数，则 $f'_{\text{lifespan}}=\frac{1}{1-RE}$，由于 f'_{lifespan} 为常数，说明 *MRT* 与叶片寿命之间为一次线性函数，*MRT* 随着叶片寿命的延长呈线性增加。然后，以养分回收效率 r 为自变量，以 *MRT* 为因变量，对公式求一阶导数，则 $f'_r=\frac{\text{lifespan}}{(1-RE)^2}$，其中 f'_r 为正值，说明为增函数，即 *MRT* 随 *RE* 的增加而增加。从公式还可以看出，*MRT* 为养分回收效率 RE 的幂函数，因此相对于叶片寿命来说，*MRT* 对养分回收效率的反应更敏感。例如，当叶片寿命增加 1.5 倍时，由于 *MRT* 为叶片寿命的一次线性函数，*MRT* 也增加 1.5 倍；而当养分回收效率从 50%增加到 75%，也增加了 1.5 倍时，由于 *MRT* 为养分回收效率 r 的幂函数，这时 *MRT* 值翻了一番。从上面的公式还可以看出，*MRT* 对较高值处的养分回收效率变化反应更敏感，如当 $RE=50\%$ 时，$MRT=\text{lifespan}/(1-0.5)=2\ \text{lifespan}$，当 $RE=60\%$ 时，$MRT=\text{lifespan}/(1-0.6)=2.5\ \text{lifespan}$，因此当养分回收效率 *RE* 从 50%增加到 60%时，*MRT* 增加了 25%；当 $r=80\%$ 时，$MRT=\text{lifespan}/(1-0.8)=5\text{lifespan}$，当 $RE=90\%$ 时，$MRT=\text{lifespan}/(1-0.9)=10\ \text{lifespan}$，因此当养分回收效率 *RE* 从 80%增加到 90%时，*MRT* 增加了 1 倍。

MRT 受养分回收效率和叶片寿命二者的共同影响，如果植物的养分回收效率较低，植物可通过延长叶片寿命仍然维持较高的 *MRT*。虽然相对于叶片寿命来说，*MRT* 对养分回收效率的反应更敏感，但是，不同物种或不同生活型植物的养分回收效率的变动系数分别为 1.4 和 1.5，而叶片寿命的变动系数却很高（>200）（Eckstein，1999），因此，养分回收效率对种内养分滞留时间的影响要比叶片寿命的影响更大一些，但对于种间或不同生活型植物来说，叶片寿命的影响可能更大。

须指出的是，上述对 *MRT* 的计算是假设养分库处于稳定状态，即养分的吸收速率与损失速率相同。对处于幼苗期等快速生长的植物及刚施肥后的植物，其生物量和养分库大小在不断的增加，因而不符合稳态假设，这时可利用前述方法计算平均养分库 $\overline{N}=\frac{N_2-N_1}{\ln N_2-\ln N_1}$。

由之可求得 $MRT = \dfrac{N}{N_{\text{loss}}} = \dfrac{N_2 - N_1}{(\ln N_2 - \ln N_1) \times N_{\text{loss}}}$。

记更新速率(turnover rate)为 $r_{\text{in}} = \dfrac{X_{\text{in}}}{X}$,$r_{\text{out}} = \dfrac{X_{\text{out}}}{X}$,当 X 表示为养分时,则 MRT 为 r_{out} 的倒数,即 $MRT = \dfrac{1}{r_{\text{out}}} = \dfrac{N}{N_{\text{out}}}$。

另外,可以用周转率(turnover, T)来描述植物的养分利用策略。生物量周转率(T_W)、养分周转率(T_N)分别是指生物量和养分库的输入、输出情况,可用通量与库之比表示。因而养分周转率实际上就是 MRT 的倒数。其中的 T_W 从概念上讲与相对生长速率类似。对于稳定的生态系统(即净生物量通量和养分通量均为 0),根据上述概念,NUE、NP 和 MRT 可分别表示为:

$$NUE = \frac{NPP}{N_{\text{absorbed}}} = \frac{NPP}{N_{\text{loss}}} = \frac{NPP}{NPP \times [N]_{\text{litter}}} = \frac{1}{[N]_{\text{litter}}}$$

$$NP = \frac{NPP}{N} = \frac{NPP}{W \times [N]_{\text{plant}}}$$

$$MRT = \frac{N}{N_{\text{absorbed}}} = \frac{N}{N_{\text{loss}}} = \frac{W \times [N]_{\text{plant}}}{NPP \times [N]_{\text{litter}}}$$

其中,NPP 与 W 之比即生物量周转率 T_W,因此

$$NP = T_W \times \frac{1}{[N]_{\text{plant}}}$$

$$MRT = \frac{1}{T_W} \times \frac{[N]_{\text{plant}}}{[N]_{\text{litter}}}$$

因为养分回收率 RE 表示为

$$r = \frac{[N]_{\text{leaf}} - [N]_{\text{litter}}}{[N]_{\text{leaf}}} \Rightarrow [N]_{\text{litter}} = [N]_{\text{leaf}} \times (1 - RE)$$

这样 MRT 可表达为

$$MRT = \frac{1}{T_W} \times \frac{[N]_{\text{plant}}}{[N]_{\text{leaf}} \times (1 - RE)} = \frac{1}{T_W \times (1 - RE)} \times \frac{1}{\dfrac{[N]_{\text{leaf}}}{[N]_{\text{plant}}}}$$

其中的 $\dfrac{[N]_{\text{leaf}}}{[N]_{\text{plant}}}$ 可定义为叶片相对浓度 $[N]_{\text{leafR}}$,所以,

$$MRT = \frac{1}{T_W \times [N]_{\text{leafR}}(1 - RE)}$$

从上面的公式可以看出,养分利用效率 NUE 其实与生物量周转 T_W(或者相对生长速率)无关,而养分生产力 NP 和养分滞留时间 MRT 则分别与 T_W 呈正相关和负相关,所以植物在不同生境中的 NP 与 MRT 变化实际上是相对生长速率的反应。

下面根据水体流动学原理(刘昌明,1988)介绍一个可能更准确的计算方法,因为未见过相关文献曾使用这种方法,推理可能存在一些问题,故仅供参考。

基本原理还是根据图 8.4,在这个系统中(叶片、植株、群落或整个生态系统),养分的输

入、输出都对应着一个养分周转率 T_{in} 和 T_{out}，

$$T_{in}=\frac{输入速率}{养分库}$$

$$T_{out}=\frac{输出速率}{养分库}$$

当然，在一个系统中，养分的输入和输出是同时进行的，难以将两个过程分开。并且输入速率和输出速率一般也不是恒量，而是变量，因而难以实际计算。当一个系统如果只有养分输出(即输入速率=0)，或者说养分输出远大于输入(如秋天正在枯黄的草原)，则

$$-\mathrm{d}N\propto N\mathrm{d}t$$

如果设养分的输出常数为 k，则

$$-\mathrm{d}N=kN\mathrm{d}t\Rightarrow-\frac{\mathrm{d}N}{N}=k\mathrm{d}t$$

对此式进行积分，则

$$-\int\frac{\mathrm{d}N}{N}=k\int\mathrm{d}t\Rightarrow\ln N=-kt+C\Rightarrow N=\mathrm{e}^{-kt}\cdot\mathrm{e}^{C}$$

当 $t=0$ 时，$N_0=\mathrm{e}^C$，因此

$$N=N_0\cdot\mathrm{e}^{-kt}$$

当 $N_t=\frac{N_0}{2}$ 时，$T_{50\%}=\frac{\ln 2}{k}=\frac{0.693}{k}$。

$N_t=95\%N_0$ 时，$T_{95\%}=\frac{\ln 0.05}{k}=\frac{2.996}{k}$。

k 值要通过实验确定，这时的养分周转率等于 k 值的倒数。

对于稳定的生态系统(养分输入等于输出)，如成熟的群落，在单位时间内的养分变化量为0，这时的养分周转率为 $T_{out}=\frac{输出速率}{养分库}$。

对于既有养分输出又有输入的系统，计算养分周转率则较为复杂。设养分的输入和输出速率分别为 N_{in} 和 N_{out}，则系统的养分周转率可表示为

$$T=\frac{N_{in}+N_{out}}{\alpha N}$$

其中，α 为修正常数，当养分的输入和输出速率相等时，$\alpha=2$，因此上面的几个公式只是此公式的特例。但是怎样计算 α?

系统中的养分变化为

$$\frac{\mathrm{d}N}{\mathrm{d}t}=N_{in}-N_{out}$$

为了简化计算，设 $\mu=\beta N$，其中 β 为单位时间内前期养分量占养分总量的比值。特别的，在起初时间 t_1 时，$\beta_{t_1}=1$，因而 $\mu_{t_1}=\beta_{t_1}N_{t_1}=N_{t_1}$。

单位时间内前期养分量的周转或滞留变化 N_t 主要受养分输出率的影响，则

$$N_t = \frac{d\mu}{dt} = -\beta \cdot N_{out}$$

展开此式，

$$-\beta \cdot N_{out} = \frac{d\mu}{dt} = \frac{d\beta N}{dt} = \frac{d\beta}{dt} \cdot N + \beta \cdot \frac{dN}{dt} = \frac{d\beta}{dt} \cdot N + \beta(N_{in} - N_{out})$$
$$= \frac{d\beta}{dt} \cdot N + \beta \cdot N_{in} - \beta \cdot N_{out}$$

因此，$\frac{d\beta}{dt} \cdot N = -\beta \cdot N_{in} \Rightarrow \frac{d\beta}{\beta} = -\frac{N_{in}}{N} dt$

两边积分，则

$$\int_{t1}^{t2} \frac{d\beta}{\beta} = -\int_{t1}^{t2} \frac{N_{in}}{N} dt \Rightarrow \beta = \beta_{t1} \cdot e^{-\int_{t1}^{t2} \frac{N_{in}}{N} dt} = e^{-\int_{t1}^{t2} \frac{N_{in}}{N} dt}$$

所以，单位时间内系统中周转更新的养分量（或累积更新量）为

$$D_t = \int_{t1}^{t2} N_t dt = \int_{t1}^{t2} \frac{d\mu}{dt} = \int_{t1}^{t2} (-\beta \cdot N_{out}) dt = -\int_{t1}^{t2} N_{out} \cdot e^{-\int_{t1}^{t2} \frac{N_{in}}{N} dt} dt$$

因此，养分的更新率 γ（或特征系数）为养分累积更新量与初始养分量的比值，即

$$\gamma = \left| \frac{D_t}{N} \right| = \frac{1}{N} \int_{t1}^{t2} N_{out} \cdot e^{-\int_{t1}^{t2} \frac{N_{in}}{N} dt} dt$$

当养分的输入与输出相等时，

$$D_t = -\int_{t1}^{t2} N_t dt = -\int_{t1}^{t2} N_{in} \cdot e^{-\int_{t1}^{t2} \frac{N_{in}}{N} dt} dt = -\int_{t1}^{t2} (N_{in} \cdot e^{-\frac{N_{in} t}{N_{t1}}}) dt$$
$$= N_{t1} \cdot e^{-\frac{N_{in} t}{N_{t1}}} \Big|_{t1}^{t2} = -N_{t1} \left(1 - e^{-\frac{N_{in} t}{N_{t1}}}\right)$$
$$\gamma = \frac{1}{N} \int_{t1}^{t2} N_{out} \cdot e^{-\int_{t1}^{t2} \frac{N_{out}}{N} dt} dt = 1 - e^{-\frac{N_{in} t}{N_{t1}}}$$

两边取对数，得 $\ln e^{\frac{N_{in} t}{N_{t1}}} = \ln(1-\gamma)$ 。

这时的养分滞留时间（或更新时间）为

$$MRT = t = \ln(1-\gamma) \cdot \frac{N_{t1}}{N_{in}}$$

但是当养分的输入与输出不相等时，情况则较复杂。因为实际养分取样获得的数据为离散型数据，可以将公式离散化，即：

$$\gamma_{t1} = \frac{1}{N_{t0}} \cdot \sum_{i=0}^{t1} N_{out} \cdot \Delta\tau_i \cdot \exp\left(-\sum_{j=0}^{\tau j} \frac{N_{in}(s_j)}{N(s_j)} \cdot \Delta s_j\right)$$

具体计算步骤可参考高等数学教材中有关迭代分析方法。

总而言之，MRT 是养分库与养分通量之比，关键是怎么计算这二者，大多数情况下是用平均值代替变化值。

在养分贫瘠生境中，植物趋向于较低的比叶面积和 N、P 浓度，在养分丰富时则相反，这种转换被认为是植物生长和养分保持策略之间具有权衡消长关系的反映。但 N、P 的表现并不

同，如比叶面积与N供应的关系更密切，土壤N和P供应都会影响植物的N浓度，而植物的P浓度及N:P与P供应的关系更密切。当采用Berendse和Aerts (1987)的概念时，大多数研究都用 $N:N_{loss}$ 来计算养分在植物体内的滞留时间，这种方法可称为生长分析法(growth analysis)，Reich等(2001)还用这种方法分析了养分在根系中的滞留时间，并认为根系的养分回收率值等于零，因此 *MRT* 即根系寿命，*MRT* 的倒数等于根系更新速率，他们发现根系寿命(*MRT* 值)与火烧频率呈直线正相关，森林群落的根系更新速率高于草地群落。计算 *MRT* 的更精确的方法是利用稳定同位素技术(如 ^{15}N)。Vázquez de Aldana 和 Berendse (1997)将6种禾本科植物的根系经冲洗后用 ^{15}N 饲喂一段时间，然后移植培养，*MRT* 用初始 ^{15}N 量与 ^{15}N 的减少量之比计算。结果表明，低N处理的植物具有较高的 *MRT*，而高N处理的植物具有较低的 *MRT*。Rothstein 和 Zak (2001)用 ^{15}N 方法对百合科的三苞葱(*Allium tribracteatum* Torr.)、堇菜科的柔毛堇菜(*Viola pubescens*)、虎耳草科的心叶黄水枝(*Tiarella cordifolia*)三种具有不同生活史植物的 *NP* 和 *MRT* 进行了测定，发现三苞葱、柔毛堇菜和心叶黄水枝的 *NP* 依次递增，而 *MRT* 依次递减，其NUE没有显著差异。另一种测定养分在植物体内滞留时间的方法为追溯分析法(retrospective analysis)，Eckstein(2000)用生长分析法、同位素示踪法和追溯分析法三种方法对塔藓的 *MRT* 进行了分析。结果表明，用不同方法计算出的 *MRT* 存在很大不同：用生长分析法得出的 *MRT* 值最低，这可能与养分损失量的估计值偏高有关；用追溯法得出的 *MRT* 值最高，这可能与养分损失量的估计值偏低有关；用同位素示踪法得出的 *MRT* 值居中。综合上述三种方法，同位素示踪法应是一种最可靠的方法。

目前利用Berendse和Aerts (1987)提出的 *NUE* 概念进行研究的论文很少，对 *NP* 和 *MRT* 之间是否存在协调关系(trade-off)还没有一致的结论。在种间，*NP* 和养分保持能力之间存在协调关系，而在种内则不存在这种拮抗关系。*NP* 和 *MRT* 在种内和种间表现出不同的相关性可能有以下原因：①*NP*、*MRT* 及相关特性在种内的变化比在种间的变化要小，*NUE* 的两种组成部分变化太小而难以在种间检测出，从而造成数据中的干扰“噪声”过高，根据上面的公式可以看出，当 T_W 变化很小时，*NP* 与 *MRT* 的相反关系会变弱；②*NP* 和 *MRT* 的关系并非直接相关，而可能是受其他相关因素调控的一种间接关系，这一点可能更为重要，例如，*MRT* 与叶片寿命呈正相关，种内不同植物可通过改变叶片寿命来提高养分的保持能力而无需改变叶片结构和生产力；③因为N库是用 *NP* 作分母、*MRT* 作分子来衡量的，从而会产生自相关性问题，这样 *NP* 和 *MRT* 之间也会表现出负相关。

从进化的角度看，植物提高 *NP* 的特性与增加养分滞留时间的特性之间存在相互协调关系。快速生长的植物其组织更新一般较快，养分周转因而也较快。叶片的快速更新可以防止植物自我遮阳作用和维持较高的光合速率。相反，如果植物的组织寿命较长，养分滞留于植株内的时间也会较长，因此就会阻碍植物的快速生长。养分丰富的生境有利于选择具有较高生产力的植物，在这种生境中，植物生长迅速，养分周转快，有利于竞争到更多的养分，相比而言，在养分贫瘠的生境中，植物生长较慢，但植物滞留所吸收养分的能力较强，可以防止养分损失而被其他竞争植物吸收利用，因而较高的养分存留时间对生长较慢的植物有利。所以 *NP* 和 *MRT* 之间的负相关关系是植物对不同养分生境具有不同适应策略的反映，在养分贫瘠的生境中，植物具有较长的 *MRT* 和较低的 *NP*，在养分丰富的生境中，植物则具有较短的 *MRT* 和较高的 *NP*。

NP 与植物的许多生理过程有关，主要取决于光合速率与叶片N浓度之比($P/[N]_{leaf}$)，

NP 是描述植物生物量或者是说初级生产力的一种参数，虽然许多研究并未明确提出 *NP* 这一概念，但对 *NP* 的间接研究还是相对较多，人们对之也相对比较熟悉，本章不作详细分析，具体内容见 Garnier 等(1995)的文章。

MRT 是用于衡量养分保持状况的一种参数，根据上述公式，它取决于植物组织的寿命及养分回收效率。叶片寿命与植物的许多生理生态特性有关。Reich 等(1997)发现叶片寿命与饱和光合速率、叶片养分含量、比叶面积呈负相关。叶片寿命较长、比叶面积较低、叶片养分含量较低、饱和光合速率较低的植物要么是分布在低温、干旱和(或)养分贫瘠的生境中的针叶林，要么是分布于养分贫瘠生境中的常绿阔叶林。Reich 等(1997)在对 280 种植物进行分析后进一步指出，叶片寿命与生产力也密切相关。除此之外，叶片寿命对 *MRT* 也具有重要的影响，叶片寿命增加时可降低因产生新叶所引起的养分消耗或提高 *MRT*，延长叶片寿命可能是植物提高 *NUE* 的一种重要机制。植物的叶片寿命因物种、生境、年份的不同而有所变化。常绿木本植物的叶片寿命介于 1.3～17 年，其中以针叶树的叶片寿命为最长(Eckstein, 1999)。环境因子对落叶木本植物和草本植物的叶片寿命影响较大，例如，在干旱的年份或冬天较短的地区，非禾草(herb)的叶片寿命可接近 1 年，而北极与高山植物的叶片寿命却只有 40～90 d。落叶木本植物与禾草植物的叶片寿命一般高于非禾草植物的叶片寿命，对于欧洲常绿木本植物，高纬度(瑞典)植物的叶片寿命比低纬度(奥地利)植物的叶片寿命高，并且同一纬度上不同地点也不同，叶片寿命与土壤养分也密切相关，许多研究发现，生长于贫瘠生境中的植物具有较长的叶片寿命，施肥或灌溉会降低叶片的寿命，但也有证据表明，施肥并不影响叶片寿命(Eckstein, 1999; Aerts, 2000)。

总而言之，植物为了适应贫瘠的养分生境，一是增强对养分的吸收及同化能力，二是减少养分损失。植物为了适应养分贫瘠的生境所采取的这两种策略可用 Berendse 和 Aerts(1987)提出的 *NUE* 概念来阐述，他们认为 *NUE* 由两部分组成，即 *NP* 和 *MRT* 二者的乘积。*NP* 反映的是植物的一种“迅速生长策略”，而 *MRT* 反映的是植物的一种“养分保持策略”。由于 *NP* 和 *MRT* 二者之间存在协调关系，在养分贫瘠的生境中的植物具有较高的 *MRT* 和较低的 *NP*，在养分丰富的生境中的植物则具有较高的 *NP* 和较低的 *MRT*，这种协调关系反映了植物对不同养分生境的适应策略。从上面的讨论来看，植物养分利用策略的各种描述参数其实就是植物养分浓度(注意养分浓度与养分含量不同)，因而有人反对用一些人造的术语或名词来描述植物养分策略，用简单易懂的植物养分浓度可能更好。

8.2.3.2 植物对养分的回收

1. 养分回收的概念

养分回收(resorption/retranslocation/recovery efficiency)是指在植物将衰老组织中的养分转移到其他生长组织，从而实现养分的重复利用，提高植物保持养分的能力，因此养分回收是植物适应周围生长环境的一种养分策略。在植物组织衰老的过程中，植物养分通常会通过两种途径进入养分循环。①养分的回收或内循环：即养分从衰老组织中回收转移至其他活的组织中储藏起来，这一过程能使植物重新利用衰老组织中的养分元素，降低以凋落物形式损失的养分，因此可以降低植物从土壤摄取养分的需求，同时提高植物对生境的适应性。②凋落物养分，即没有被回收转移的养分，以凋落物的形式进入植被-土壤系统的养分循环，在这一过程中，首先凋落物需要经过分解，同时凋落物中的养分化合物需要被矿化，只有这样，凋落物中的养分才能被植物再次利用，一般来说，这种过程通常需要经历若干年。因此，短期来看，凋落物中的养分可以认为是植物群落的养分损失。上述二者是相互联系的，养分回收的多少影响到凋落物质量，并进一步对分解速率和养分可利用性产生影响。因此，无论是在植株个体水平，还是在整个生态系统水平上，养分回收对养分循环都具有重要意义

植物可从各种衰落组织，包括枯老(落)的叶、茎、根及生殖器官中回收再利用养分，其中由于研究方法的限制，对植物能否从枯死的细根中回收养分还有争议。部分研究表明草本植物也能从枯死的茎中回收养分，从理论上讲，植物(特别是草本植物)，从枯死的生殖器官中也能回收其中的养分。目前大多数研究集中于植物叶片的养分回收能力，特别是木本植物。植物从落叶中回收养分是植物有效利用有限养分的一种重要机制，植物通过养分回收转移可以重新利用这些养分并提高养分保持能力、减少养分损失、降低对养分的需求和提高对环境的适应性，从而提高 NUE 的 MRT 部分。从公式 $MRT=\dfrac{1}{T_{W}\times[N]_{leafR}(1-RE)}$ 也可看出 MRT 与养分回收呈正相关。总起来讲，虽然人们早就注意到植物的养分回收，但目前对养分回收效率的研究绝大多数限于多年生木本植物的地上部分(尤其是叶片)，植物养分回收的特征与机制，特别是与养分供应之间的关系，至今也不清楚。对多年生植物而言，对养分的获取不仅取决于植物从土壤中摄取养分的能力，而且还受植物回收养分能力的影响。养分回收延长了养分在植物体内的滞留时间，同时养分回收的多少，直接影响到凋落物的分解特性。因此，养分回收对于植物个体水平养分保持乃至整个生态系统养分循环都具有重要意义。

养分回收过程受内因(如组织特性及源库关系等)和外因(环境条件)的调控。在组织生化水平上，养分回收是以下几个过程的综合结果：酶催化作用下植物组织中的含 N 化合物和含 P 化合物发生水解；韧皮部装载并运输。参与光合作用过程的蛋白质形态的 N 化合物经水解形成氨基酸，这其中总计有 90%的 N 可以被再吸收利用。氨基酸又在韧皮部中被装载并运输至多年生组织(如根茎)中保存。水解作用和韧皮部运载是两个动态的过程，因此养分再吸收只在活的机体中进行。并非所有的 N 都可以被回收利用，这是因为植物体必须保留一部分，用以维持源库间的渗透差。核酸以及形形色色的磷酸酯等是植物体中最主要的 P 库。除此之外，细胞质中周转速度较快的无机 Pi(占总数的 1%～5%)、占极小部分的 P 库和液泡中不定大小的储藏库也可以提供一部分 P。已有研究表明，液泡中的磷酸酯可能为植物的枯落组织中磷酸化合物转化的过程提供了 Pi。一般而言，在叶片衰落过程中，叶片生长快速的植物可能倾向于有高的养分回收效率。关于内因和外因如何共同影响植物的养分回收转移及再利用能力，还需要更多的研究来确定。

2. 描述养分回收的参数和计算方法

目前主要有两种参数用来描述植物的养分回收能力：一是养分回收效率(nutrient resorption efficiency，*RE*)，指植物从枯落组织中回收的养分比例。一般而言，植物大约可回收 50%以上的养分(N 和 P 分别为 50%和 52%)重新利用。但是不同植物种的 *RE* 差异很大，这一数值可在 5%～80%变化。如果将干重损失和叶面积皱缩考虑进去，那么实际的 *RE* 可能会高些，这也意味着养分回收在延长养分在陆地植物体内滞留时间上的作用上可能比以前认为的重要得多。一般认为在贫瘠的生境中，植物具有较高的养分回收效率。但是许多研究表明养分回收效率与土壤提供养分能力之间并不存在明显的相关性。针叶植物也不像理论上认为的那样比阔叶植物具有更高的养分回收效率，而是各种生活型的植物都可能具有较高的养分回

收效率。因此，单纯利用养分回收效率并不能很好地衡量植物对养分的保持能力。二是 Killingbeck(1996)提出的养分回收度(nutrient resorption proficiency，*RP*)，以枯落组织中的养分浓度衡量。他认为这是评价回收的一个比较好的指标。他对养分回收度(指叶片水平)的定义是指植物能最大限度地减低枯叶中的养分浓度(the minimum level to which a plant can reduce an element in senescing leaves)，一般以枯叶中的养分浓度衡量。枯叶养分浓度越低，表明其养分回收度越高。Killingbeck(1996)还提出了"潜在回收"(potential resorption)的概念，并给出了具体的临界值。他认为，如果植物枯叶 N、P 浓度分别小于 0.3%(3 mg/g)和 0.01%(0.1 mg/g)，则达到了该物种的最大潜在回收。如果物种枯叶的 N 浓度低于 0.7%(7.0 mg/g)，P 浓度低于 0.05%(0.5 mg/g)，那么该物种具有较高的养分回收度。通过分析和测定养分回收度，并结合养分回收效率和潜在回收，可以方便快速地阐明关于环境限制的一系列复杂问题，这些环境限制影响了回收乃至调控回收过程演变的选择压力。作为一个衡量养分回收能力的新参数，在数值上，养分回收度实际上就是以前提出的植物叶片水平上养分利用效率的倒数，但在意义上，二者之间应该是正相关关系。与养分回收效率相比，养分回收度对土壤养分有效性变化的反应更加敏感。一般而言，生长于养分贫瘠地区的植物期望有高的养分回收度。这在许多研究中已有证实，如有些施肥实验表明，添加养分可提高植物枯落组织中的养分浓度，说明施肥会降低养分回收度及养分利用率。在自然条件下，养分回收度与土壤有效性也有类似的关系。同时，养分回收度在不同生活型植物间也有显著差异：通常按常绿木本、落叶木本、草本、豆科植物依次递减，这种现象说明养分回收对整个生态系统的养分循环具有重要意义。由此可见，养分回收度比养分回收效率更适于衡量养分保持机制，因而更具有生态学意义。但同时，这两个参数又是相互统一，相互补充的。

到目前为止，文献中出现了多种测度养分回收效率的方法，如在植物叶片水平、地上部水平、整株水平，但绝大多数研究集中于前者。即使在叶片水平上，也存在利用叶片干重、叶面积、单位叶片数、单位叶片长度以及叶片钙浓度等不同的方法，这些基于叶片水平上的方法的假设前提是叶片衰老前后这些量值不会发生变化。在这些方法中，比较常用的方法是基于叶干重(leaf mass)的方法，然而，由于叶片衰落过程中发生的干物质转移导致衰落前后叶片干重发生改变，因此该方法存在一定的误差。以前，有学者认为这种方式导致的干重损失仅为 0~10%，因此由该方法计算出的回收效率误差较小甚至可以忽略不计。然而，随后开展的大量关于叶片衰落前后干重变化的研究表明，由干物质转移引起的干重损失是不容忽略的。因此在评价养分回收效率时必须考虑到凋落前后组织的干重变化。但由于该方法简便且易于在野外实验中操作，因此依然被广泛采用。但只有对那些干重损失很少的物种来讲，该方法才是适合的，计算出的回收效率值也较能真实地反映其回收能力。鉴于叶干重方法存在的缺点，学者们尝试了一些比较适合的方法来估计养分回收。另一个使用叶面积方法的前提条件，必须是叶面积不发生或者发生很少变化。自然界中，对于有些物种来说，叶片衰落前后发生的变化是不稳定的。例如在叶片凋落时，一些草本植物的叶片发干并且皱缩，一些禾本科植物的叶片会发生卷曲，因此这些物种衰落前后的叶片面积变化可能会很大，尤其是禾本科植物。当叶片衰老时，植物机体分离或者细胞间组织破裂使叶片细胞不能维持紧张状态，因此本质上叶片皱缩是一个物理问题。一般而言，与硬叶"sclerophyllous leaves"物种(如常绿物种)相比，软叶"soft leaves"物种枯落前后叶片面积变化更大。由此可见，在评价植物养分回收效率时，叶面积方法和叶干重方法都存在缺陷。此外，木质素也是一个常用的测量方法。但该方法费力且不适合于木质素含量少的物种。还有人提出预先选择一些成熟“叶片群”(leaf cohorts),待到衰老时,以这些叶片衡量养分回收效率。这种做法的优点在于可以缩小绿叶群与枯叶群间的差距。“绿叶群”和“枯叶群”二者必须在所处于植物体的位置、叶龄、叶片大小、养分状况等方面基本相似。这种方法和以前随机选择即将凋落和轻微摇动获得的枯叶,或从地面收集叶片凋落物要更合适。作为一个比较好的选择,“叶片群”已被一些研究中采用。对叶片较大且容易监测的物种来说,无疑该方法是合适的。然而,对多年生草本植物来说,他们的叶片往往较小,田间实验时不容易随时追踪所选叶片的变化情况。对这些植物而言,进入冬季时其地上部分完全枯死,贮藏在这些组织中的养分会转移给非叶组织(如根或者根茎)保存起来。因此,单纯考虑叶片水平的养分回收能力,可能很难真实地反映单株水平上的养分回收特性。如果将全株(可包括地下部分)看做一个养分库,在此基础上计算全株水平养分回收效率,应该更好一些,因为该方法的优点在于它考虑到了非叶组织并在整体上计算养分回收。可惜目前在整株水平上量度植物养分回收能力的研究还极少。

总而言之,养分回收度在测定方面比养分回收效率客观而又直接,但养分回收效率的度量方法众多。由于各种方法均存在一些缺点,虽然养分回收度较养分回收效率能更好地描述养分回收能力,但是,这两个参数又是相互补充,相互关联的。

3. 植物养分回收特性

养分回收度和养分回收效率在生活型以及生境间有着较大的差异。从理论上讲,针叶植物一般生长于养分贫瘠的环境中,因此一般认为它们应该具有比阔叶植物更高的养分回收能力。对草本植物而言,禾本科植物从枯叶中回收养分的能力应该高于固 N 植物。但是,许多研究表明,不论是 *NRE* 还是 *PRE*,在各生活型之间没有显著性的差异。Aerts 和 Chapin(2000)发现植物的平均 *NRE* 和 *PRE* 分别为 50%和 52%,他们通过对诸多文献的统计,发现不同生活型之间的养分回收效率没有差异,用养分回收效率还不能解释不同养分生境具有不同的生活型植物分布,因此用养分回收效率是否适合于衡量养分回收和养分更新受到质疑。我们的总结研究发现针叶植物和阔叶植物之间的 *NRE*、*PRE* 都没有显著差异(Yuan 和 Chen,2009)。因此,尽管在物种水平上养分回收是一种重要的养分保持机制,但并不能解释不同生活型在不同土壤肥力生境的分布。*NRE* 与 *PRE* 的变异范围不同,如 *PRE* 的最大值大于 *NRE* 的最大值,而最小值小于 *NRE* 的最小值。因此,不同生活型间 *PRE* 的差异幅度大于 *NRE* 在生活型间的差异幅度。这种差异将直接对叶片水平上的 *NUE* 和 P 素利用效率(*PUE*)产生重要影响。因此,Aerts(1996)认为尽管各生活型的分布与土壤肥力紧密相关,但这并非是因为各生活型具有不同的养分回收效率。与养分回收效率相比,养分回收度在生活型间有显著差异。平均而言,木本落叶植物的 *NRP* 高于常绿植物,但是低于草本植物。反过来,落叶植物和草本植物凋落物归还给土壤的养分要高于常绿植物,因此,养分回收度在生活型间的差异对土壤养分循环有重要意义。这又是物种优势度与生态系统养分可利用性间正反馈的一个重要方面。养分回收度在生活型间的差异,在其他文献中也有报道。在内蒙古典型草原生态系统,我们(注:以下如不特别说明,泛指引自袁志友 2004 和黄菊莹 2008)发现 5 个生活型共 28 个物种的 *NRP* 从低到高的顺序为:固 N 植物(16.3 mg/g)<非禾本科草(12.6 mg/g)<灌木(12.4 mg/g)<禾本科草本(10.8 mg/g),说明草本植物各生活型间,固 N 植物养分回收度最低,而禾本科植物回收 N 的能力最高。生活型间养分回收度的差异,不但影响养分回收效率,还对凋落物质量产生影响。因此,不同物种生长在不同养分状况的生境

上，不是由养分回收效率的大小决定的。养分回收度的大小与养分可利用性紧密相关。与养分回收度不同，养分回收效率与养分可利用性没有一致性的关系。

由于养分回收降低了植物对土壤养分库的依赖性，因此以前大多数学者认为生活在养分贫瘠生境中的植物比生长在土壤肥沃生境的植物有更高的养分回收效率。但随后的研究结果并不支持这个观点，并总结出养分回收效率与养分回收度对土壤养分反应的差异性。到目前为止，国内外对各种生态系统的研究表明，植物对养分的回收效率与土壤养分可利用性没有一致的关系。例如，在对内蒙古草原生态系统优势种克氏针茅 *NRE* 与土壤指标的研究表明，该物种 *NRE* 与任何土壤指标（包括总 N、氨态 N、硝态 N、土壤水分以及土壤 pH）均无显著关系。内蒙古沙地小黄柳在流动沙丘、固定沙丘和丘间低地三种生境中的 *NRE* 分别为 55.4%、41.7%和 35.2%，而这三个生境无机 N 含量分别为 4.20 mg/kg、4.78 mg/kg 和5.41 mg/kg，表明该物种 *NRE* 依赖于所处生境土壤 N 库的大小。基于前人的文献，Aerts（1996）总结了 *NRE*（包含 60 个植物种）与 *PRE*（包含 37 个物种）分别与养分可利用性的关系。分析表明，平均的 *NRE*（包括 287 个值）和 *PRE*（包括 226 个值）分别为 50%和 52%，说明大约 50%的 N 和 P 可以通过回收重复利用。就 *NRE* 与 N 可利用性的关系而言，在分析的所有文献中 63%的实验报道了二者无显著性关系，32%的文献表明 N 回收随 N 可利用性增加而降低。对 P 而言，57%的文献表明二者无关联，同时 35%的文献表明 *PRE* 随 P 可利用性增加而降低。由此可见，种内水平上的回收效率对养分可利用性的改变反应不敏感。而所有生活型中，这种对养分变化反应不敏感性尤以常绿树种最为突出（包括灌木和乔木）。

对于养分回收是否受养分可利用性的控制，除了内因外，与植物所处的养分状况也有关。当植物处于极端高浓度的养分环境下，就会表现出极低的回收效率。但在自然养分供给条件下，植物养分利用效率则与其体内含 N（或 P）化合物不稳定性无相关性。因此，自然生境下，植物的养分回收特性不受养分有效性控制。由此，许多学者提出了很多可能对养分回收产生影响的因素，包括植物器官接受库的相对能力（即源库关系），韧皮部的运输速率以及土壤水分有效性（直接影响养分离子的运输）。无论如何，用一种简单的影响因素去解释养分回收效率差异性是不合理的。如果以上的推测是正确的，也即有多个因素控制着养分回收效率的大小，那么文献中已报道的回收效率值将可能不是物种所能达到的最大值。

在自然选择条件下，物种更倾向于控制枯叶 N 和 P 最小浓度（养分回收度）而非从枯叶向绿叶转移的 N 和 P 百分比（养分回收效率）。因此，生长于养分贫瘠生境的植物比生长于养分肥沃生境的植物期望有高的养分回收度。该论点在大多数文献中得到了支持：例如，在内蒙古草原生态系统，沿着自然土壤 N 梯度，优势物种克氏针茅枯叶 N 浓度从 2.3 mg/g 增加到 4.7 mg/g，表现出与养分可利用性正相关的特性。

养分回收效率在物种、生境、生活型之间并没有显著的差异（Aerts，1996；Killingbeck，1996），但是另一个衡量养分回收能力的新参数，即养分回收度，当用来衡量植物养分保持机制时，却往往与理论推测表现出较好的一致性。养分回收度因物种、树龄、生境、年份的不同而有所变化，叶片养分浓度高的植株个体具有较低的养分回收度，由于常绿种落叶中的养分浓度低于落叶种，根据 Killingbeck（1996）提出的养分回收度概念，常绿种的养分回收能力要比落叶种的养分回收能力强。并且养分回收效率与养分回收度之间一般呈正相关关系（Eckstein，1999）。但是，养分回收度实际上用枯落组织养分浓度的负值来描述，而枯落组织的养分浓度与绿色组织养分浓度正相关，绿色组织养分浓度又与土壤养分供应能力正相关，所以养分回收度与土壤养分供应能力之间为负相关关系是必然的。植物的养分回收能力应该受多种内外因素的共同作用，而养分回收率的计算公式过于简单化，未把生境、物种、年份等有关因素考虑进去，造成计算出的养分回收效率缺乏规律性。例如在大尺度上，我们发现植物的 N 和 P 回收效率与降水量存在显著性相关关系，即随着降水量的增加，N 回收效率下降而 P 回收效率上升，降水量可分别解释 23%、7%的氮、磷回收效率变化(Yuan 和 Chen，2009)，说明植物的内部因素外，气象和土壤等外部环境因素也会影响植物的养分回收策略，未来的研究应该着重于如何精确量度这些参数的影响并给出关键的、简单的模型。

8.3 内蒙古草地植物养分策略案例分析

有两种途径可以确定与生存策略有关的植物养分特征：一是利用不同自然生境进行比较；二是通过人工野外控制实验(主要为养分添加、火烧、放牧、模拟气候变化等)进行分析确定。下面以内蒙古草原为例，说明植物的相关养分策略。

8.3.1 自然生境中的植物养分策略

8.3.1.1 自然生境中的植物养分浓度

植物养分浓度(包括化学计量学)的研究有很长的历史，如 Liebig、Lotka、Redfield 等开展的一系列相关研究。大尺度的植物养分规律研究起始于 Peter B. Reich 和 David D. Ackerly 所启动的 Glopnet(Global Plant Trait Network)协作网，2002 年后由 P. B. Reich 和 I. J. Wright(包括 M. Westoby)领导此项工作。其数据库包括了全球范围内 175 个点、2 000 多种植物、2 500 多个植物叶片性状(包括比叶面积、寿命、厚度、大小、光合作用特性及 N、P、K 等)的观测数据。根据该数据库发表的第一篇文章(Wright，2004)目前已被引用超过 800 次。由 Naeem、Bunker 和 Ahrestani 在 2007 年建立的 TraitNet 扩展到更多植物性状，目前 100 多个全球各地的研究者加入了该组织协作网，但还没有来自中国的学者参加。另外，由 Sandra Diaz、Sandra Lavorel、Colin Prentice、Paul Leadley、Cristian Wirth、Jens Kattge 发起的 TRY 是目前世界上最大的关于植物特性的数据库，包含 6.9 万种植物的 300 万个性状。有意思的是，TRY 并不是通常的首字母缩写，而只是简单的英文字面意思，即“试一试”。TRY 由德国马克斯·普朗克研究所主管和来自全球研究机构的 204 位科学家合作完成，其中北京大学和中国科学院植物研究所的方精云院士参加了该项工作，此数据库将是生物多样性研究和地球系统科学研究的基础。

生态化学计量学(ecological stoichiometry)是近年来新兴的一个生态学研究领域，是生态学与生物化学、土壤化学研究领域的新方向，主要研究生态系统能量平衡和多种化学元素(主要是 C、N、P)平衡关系，是研究土壤一植物相互作用与 C、N、P 循环的新思路和新研究手段。《Ecological stoichiometry: the biology of elements from molecules to the biosphere》一书(Sterner，2002)的出版可认为是植物化学计量学领域的阶段性总结(2009 年此书的第二版已经出版)。一些国际生态学杂志曾出版专辑介绍植物化学计量学方面的进展，如 2004 年的

《Ecology》、2005 年的《Oikos》。国内的植物化学计量学研究起始于 21 世纪初，集中于中国科学院植物研究所韩兴国研究组和北京大学方精云、贺金生研究组及中国科学院水利部水土保持研究所的上官周平研究组，特别是 2003 年植物所张丽霞的博士论文，可以说是国内该领域最早的系统研究。曾德慧和陈广生(2005)也曾综述介绍相关方面的概念与应用。国内的《植物生态学报》在 2010 年出了专题介绍国内相关进展。近年来，植物化学计量学的研究在国外可以说已经降温，但在国内仍然方兴未艾，特别是植物绿色叶片养分的研究。植物养分计量学实际上就是研究植物不同养分的比例，或者说是植物不同养分(主要为 C、N、P)之间的协同变化，也属于植物养分策略的一部分。因为本书有专门一章来讨论，在此只作一下简单总结。

早在 1959 年，侯学煜与林厚萱、章慧麟积 30 年科研成果合著的《中国 150 种植物学成分及其分析方法》一书(侯学煜，1959)，涵盖了一部分内蒙古草原植物。该书是一部关于中国植被地理和植物化学地理专著，是我国全国性植物元素化学地理的首次报道，内容丰富，资料翔实，图文并茂。在该书的基础上，1982 年侯学煜编写的《中国植被地理及优势植物化学成分》一书又扩大到农作物、荒漠植物等其他植物。后来，有更多的研究报道内蒙古草原植物的化学成分，如中国科学院植物研究所的孔令韶、刘一鸣(1964)对内蒙古鄂尔多斯东南部沙区各种生态类型植物化学成分的报道。特别值得一提的是，陈佐忠等(1985)对内蒙古锡林河流域 122 种植物的化学元素特征的研究，他们发现不同类群的植物其化学元素含量(实际上指浓度，以下同)特征不同。例如豆科植物属于高 N、中等 Ca、Fe、Al 以及低 K、S、Na、Si 和灰分类型的植物类群，禾本科植物属于高 Si、低 N-K 类型植物类群，而菊科植物属于高 P、K、Na 的植物类群。黄德华等(1989)报道了内蒙古荒漠草原地区 37 种植物 N、Si 与灰分含量的组成特征：荒漠草原区植物平均 Si 含量(1.0%)和灰分含量(12.9%)都高于草甸草原与典型草原，而其 N 含量(2.2%)低于草甸草原与典型草原。在内蒙古草原区，植物化学元素组成呈现了地带性分异的特征。在内蒙古沙地草场，51 种植物根系的 N、P、K、Si、Na、Fe 和灰分的平均含量分别为 1.1%、0.1%、0.7%、0.8%、0.1%、0.3‰和 6.4%，其中相同植物根系的 N、P、K、Na 和灰分的含量低于其地上部分的平均含量，但根系 Si 和 Fe 含量高于其地上部分。可惜这些早期文献多为植物养分现象的罗列，鲜有人总结规律并形成理论。

近年来的相关研究更多，限于篇幅，在此仅列出主要参考文献。张丽霞等(2003)发现，除豆科植物外，中国植物 N∶P 基本保持稳定水平，木本植物与草本植物的 N∶P 差异显著，东部植物的养分含量低于西部，而 N∶P 显著高于西部。草原植物叶片 N 和 P 含量明显比树木高，因此，叶片 C∶N 和 C∶P 较低，草原植物的 C∶N(17.9)低于常绿阔叶林(39.9)、常绿针叶林(48.1)和落叶阔叶林叶片(30.8)，N∶P(15.3)高于常绿针叶林(14.2)和落叶阔叶林叶片(11.1)，但小于常绿阔叶林(17.8)。中国科学院地理科学与资源研究所的张文彦等(2009)发现草原主要物种的 N、P 浓度及 N∶P 的均值分别为 18.2 mg/g、1.3 mg/g 和 16.8。其中，N 和 P 浓度之间存在显著的正相关关系；C_3 植物和 C_4 植物的 N、P 无明显差异；双子叶植物、非禾本科植物、豆科植物、中生型植物的 N、P 分别高于相应的单子叶植物、禾本科植物、非豆科植物、旱生型植物。C_3 植物、双子叶植物、禾本科植物、豆科植物、旱生植物的 N∶P 分别高于相应的 C_4 植物、单子叶植物、非禾本科植物、非豆科植物、中生植物。高寒草地植物的 N、P 含量高于温性草地植物，但其 N∶P 却低于温性草地。在内蒙古草原，我们发现不同生活型植物的养分浓度不同，如草地早熟禾 N 浓度(6.4 mg/g)小于草木樨(21.0 mg/g)，并且不同的物种、生活型和生境之间具有显著差异，如生长于 N 贫瘠生境中的植物其绿叶中的 N 浓度(13.0 mg/g)比生长于富 N

生境中植物绿叶的N浓度要低(16.8 mg/g)。非禾草由于部分生长于土壤N较丰富的生境上,因而绿叶中的N浓度较高,各种生活型绿叶的N浓度排列顺序为禾草＜乔木＜灌木＜非禾草＜豆科。程建中(2008)发现草地植物群落平均C含量为40%～50%,不同植物群落类型C含量以苦豆子、达乌里胡子枝群落最高(44.2%),蛛丝蓬、骆驼蓬群落最低(35.5%)。绝大多数植物群落平均N含量为2%～4%,不同植物群落类型含N量以猪毛菜、星状角果藜群落最高(4.5%),蛛丝蓬群落最低(1.4%)。

内蒙古草地野生植物的养分含量不仅存在物种间的不同,在同一物种的不同器官之间也有差异。北京大学的印婧婧(2009)等以内蒙古东南缘的两种天然的典型树种(白桦和白杆)为研究种,分析了叶片、树干、基部最粗根以及根尖中的总非结构性碳水化合物、N和P浓度,他们发现碳水化合物浓度在叶片中最高,在根尖中最低,两者的浓度差异在53%以内;而N和P浓度在叶片和根尖中最高,树干和基部最粗根中最低,不同器官最大差异达98%。这种分配格局与各器官的生理功能(碳水化合物的生产、养分的吸收和贮藏)密切相关。此外,白杆的C∶N和C∶P均大于白桦,说明树种本身的生理特性决定了这些差异,同时他们发现土壤的养分状况对植物的C、N、P也具有重要影响作用。北京大学的耿燕等(2011)发现,在内蒙古草地,P含量较低但N∶P较高。在种群、样地和物种3个水平上,尽管土壤有效P含量的解释力高于土壤全P,但是叶片的P含量、N∶P与土壤P含量并不存在显著的相关关系。他们发现内蒙古草地土壤有效P含量与全国土壤普查的结果接近,高于美国及澳大利亚的平均值,但低于世界土壤信息库里报道的全球土壤有效P平均值。他们因此指出由于内蒙古草地土壤的全P和有效P含量都不能准确反映叶片P含量,并且土壤的有效P含量也并不明显低于世界其他地区,因此植物叶片P含量低、N∶P高是由于土壤P含量低引起的这一假设在内蒙古草地可能并不成立,并且他们的研究表明叶片P含量与土壤P的可利用性无关。因此,可能是植物的内在一些特性和外界环境(如土壤及气候)共同决定内蒙古草地植物对P的吸收、利用、转移及表现出的P浓度。

在不同的草地类型上,植物的养分浓度变化有所不同。如内蒙古大学的银晓瑞(2010)对内蒙古典型草原、荒漠草原、草原化荒漠和典型荒漠,以及典型草原区不同恢复演替阶段群落的土壤养分动态及空间格局、植物养分及其化学计量比时空动态、植物与土壤养分相关性等进行了测定和分析。其结果表明,草原植物总有机C含量在整个生长季内呈上升趋势,全N和全P则表现为双峰曲线变化。荒漠植物总有机C含量略呈下降趋势,但全N和全P含量的变化并没有发现有什么规律性可循。在恢复演替过程中,植物总有机C含量与恢复演替时间呈正相关,全N和全P与退化程度呈正相关,且全P变幅高于全N变幅。严重退化群落植物N∶P和C∶N明显低于恢复群落,退化对植物N∶P的影响比C∶N更大。与中国和全球平均水平相比,内蒙古草原区植物叶总有机C含量最高,荒漠区的最低。草原区植物叶N高于中国和全球水平,荒漠区接近中国和全球水平。草原与荒漠植物叶P均低于全球水平,但略高于全国水平;四个植被类型区植物元素化学计量比变幅远不及单一元素,N∶P变化范围在12.6～16.5,C∶N的变化范围在20.8～28.6,表明沿水分递减梯度,植物化学计量比具有较高稳定性;沿水分递减梯度,群落总有机C含量与土壤有机质、全N和速效P呈明显的正相关,全N含量与土壤有机质和速效P呈明显的正相关,与土壤全N、速效N和土壤全P的相关性不大。植物全P含量与速效N呈明显正相关;典型草原冷蒿的总有机C含量与退化十分相关,大针茅、米氏冰草和黄囊苔草的全N含量对退化较敏感,糙隐子草的全P含量对退化尤为敏感。

严重退化群落，N 是植物生长的限制性因子，恢复群落 P 或者 N 和 P 同为限制性因子。

气候因素如温度和降水量不仅影响植物地上部分的养分，对植物地下部分的养分也具有重要的影响。我们的未发表资料表明，植物细根（<2 mm）中的 N 含量和 N∶P 随着降水量的增加而增加，但 P 含量呈相反趋势。细根中的 N 和 P 含量具有明显的相关性，二者与植物枯叶中 N 和 P 含量相当，但低于绿叶 N 和 P 含量。细根养分与土壤养分供应量也密切相关。细根 N 含量分别与细根 P 含量和土壤 P 含量分别正相关。但与印婧婧(2009)的叶片研究结果有些不同，细根中的 N∶P 只与土壤 P 含量有关，与土壤 N 含量未表现出显著的相关关系。因此，和地上部分一样，植物细根的养分反映了气候、土壤对其的影响，但在敏感性和趋势上却有所不同。

在内蒙古草原，植物的 C、N、P 会影响植物的内稳性指数（概念详见本书第 9 章）。中国科学院植物研究所的庾强等(2010)在内蒙古草原生态系统定位研究站利用该站羊草样地 27 年的监测数据和一个内蒙古境内东西方向 1 200 km 的样带实验，发现内蒙古草原植物化学计量内稳性有很大的变动范围(1.5～14.5)。N 的内稳性高于 P，而 N∶P 的内稳性高于对应的 N 和 P 的内稳性。物种水平的内稳性指数与 N、P 含量成正比，而与 N∶P 成反比。化学计量内稳性高的物种具有较高的优势度和稳定性，而内稳性高的群落也具有高的生产力和稳定性。内蒙古草原植物物种内生长率主要与其 P 含量呈正相关，符合生长率假说（growth rate hypothesis）。P 限制条件下生长率与 N∶P 呈负相关，也符合生长率假说。但是，N 限制条件下生长率与 N∶P 呈正相关，与生长率假说不符。物种间生长率与 C∶N∶P 没有发现显著的关系。另外，生长率的变异系数与 C∶N∶P 的变异系数成正比。地上部分的生长率、C∶N∶P 以及它们的变异系数的物种顺序与地下部分相反。这些结果表明，在内蒙古草原，植物的生长除了受水分限制外，土壤的养分供应能力（不仅仅是 N，还有 P），也是重要的因素。

植物叶片的 C∶N 和 C∶P 可表示植物吸收营养所能同化 C 的能力，由于它们也分别是 N、P 浓度的倒数，因而在一定程度上反映了植物的 *NUE*。N∶P 则可反映植物养分的限制情况。如上所述，整个中国植被 N∶P 远高于全球水平，但叶片 N 含量与全球水平相差不大，表明中国植被可能受 P 的限制更大。这可能与中国土壤 P 浓度低于全球水平有关，从而导致中国植物叶片 P 含量低，相应的 N∶P 则远高于全球平均值。植物群落与土壤 C∶N 值随纬度呈现不一致的变化规律，二者呈现显著地负相关关系。在内蒙古草原，植物的 N∶P 在 10～20 变动，说明 N、P 共同限制内蒙古草原植物的生长，因此，结合其他研究，可以认为是水分、N 和 P 共同限制内蒙古草原植物的生长。

下面利用我们的未发表资料，以分类回归树的统计分析方法为基础，对内蒙古草原植物绿叶 N、P 与环境因素之间的关系作进一步分析。我们的结果表明，内蒙古草原植物绿叶 N 浓度与年均温和土壤全 N 呈正相关，但与年均降水量呈负相关，而绿叶 P 浓度则较为复杂（图 8.5）。年均温和降水量可分别解释 43%、42%绿叶 N 浓度的相对变化，土壤全 N 也可解释 15%，但土壤全 P 只能解释 2%绿叶 P 浓度的相对变化（图 8.6）。对于绿叶 N 和 P 浓度及 N∶P，这些环境因素可分别解释 30%、27%和 18%的绝对变化。自变量之间对因变量有较明显的交互作用（图 8.7），说明内蒙古草原植物养分是受气候和土壤等多种因素的协同控制而不是单一限制。因此，不要过分单纯强调某种因素（如 N、P）对内蒙古草原植物生长的影响，从影响程度上，首先是内因（植物本身特性），然后是外界环境因素，对于外部环境因素，其影响顺序应该是水分>温度≥氮>磷。

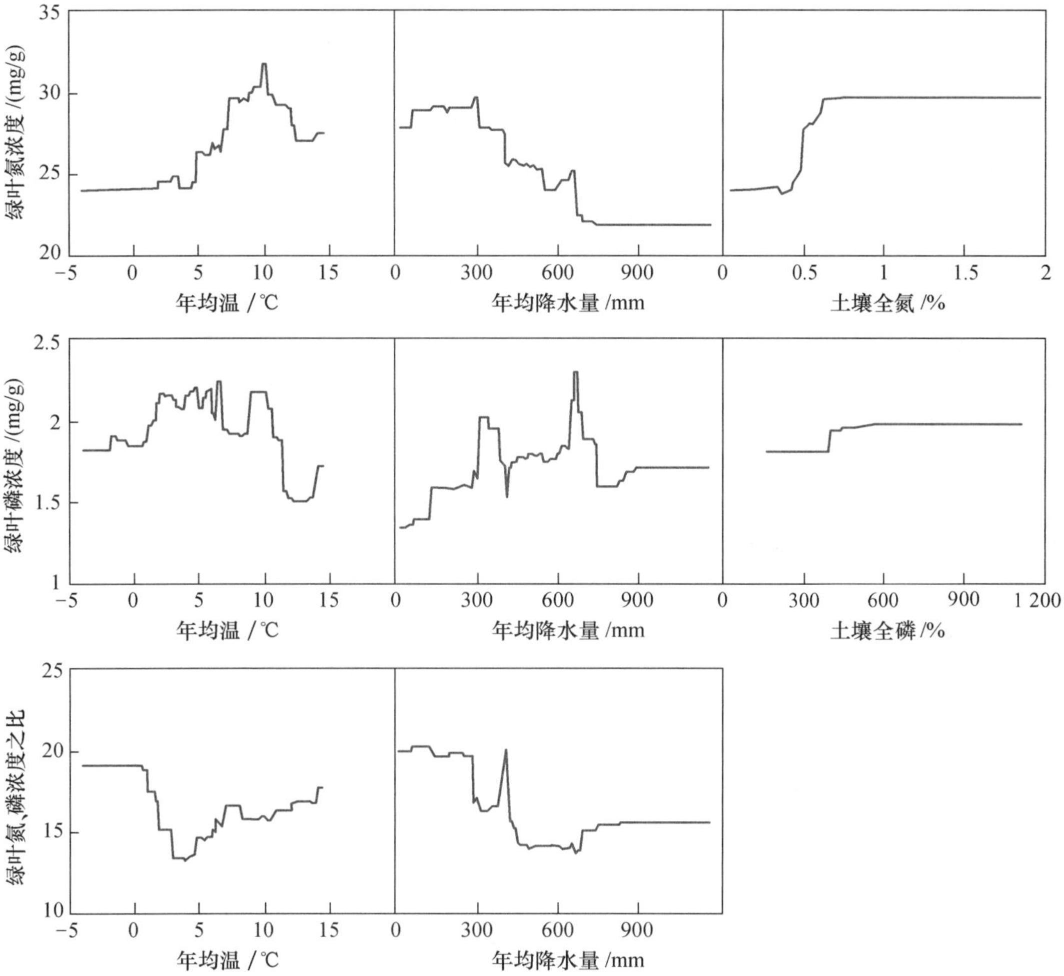

图 8.5 内蒙古草原植物绿叶 N、P 与气候及土壤养分之间的关系

8.3.1.2 自然生境下的植物养分利用效率

在自然生境条件下，内蒙古草原不同生活型植物的养分策略不同。草本植物的 *NUE* 部分 *NP* 高于木本植物，其排列顺序依次为：禾草＞非禾草＞乔木＞灌木＞豆科（袁志友，2004）。与之相比，草本植物的养分 *MRT* 低于木本植物，其中草本植物的 *MRT* 变化范围为 0.9～1.7 年，木本植物的 *MRT* 变化范围为 1.1～5.8 年。与之相应，*NUE* 的变化范围为 69.9～342.6 g/g，其中豆科植物的 *NUE* 明显低于非豆科植物。不同物种、不同生活型之间的 *NP*、*MRT* 及 *NUE* 之间均具有显著差异，但 *NUE* 的显著值(*P* 值)远大于 *NP*、*MRT* 的显著值。根据 Berendse 和 Aerts(1987)提出的 *NUE* 概念，*NUE* 及其组成参数 *NP* 与抗胁迫参数(stress resistance syndrome，包括 *NPP*、养分浓度、养分库等)之间具有显著的相关性，但 *MRT* 只表现出与 N 库正相关。根据 Berendse 和 Aerts(1987)计算出的 *NUE* 与根据 Gerloff (1976)计算出的 *NUE*(即$[N]_g$ 的倒数)以及根据 Vitousek(1982)计算出的 *NUE*(即$[N]_s$ 的倒数)之间均表现出显著的正相关性，并且三种 *NUE* 参数都与 N 素回收效率呈正相关。

在群落水平和生态系统水平上，内蒙古草原植物的养分利用特性不同。我们通过对9个不同群落的研究，发现非禾草群落（如紫花苜蓿和大籽蒿群落）的植物N浓度高于禾草群落（如白赖草和沙鞭群落），统计分析表明，不同群落间各部分N浓度之间均有显著差异，其中群落优势种的N浓度变化大于非优势种的N浓度变化。植物地上部分的N库在0.02～3.86 g/m^2，整个群落的N库主要由优势种的N库决定（特别是单子叶植物占优势的群落）。9个群落的*NP*在138.8～446.4 g/(g·年)变动，不同群落的*NP*之间具有显著差异，*MRT*的变化范围在0.6～1.4年，不同群落的*MRT*之间的差异显著性小于*NUE*之间的差异，*NUE*在142.9～339.6 g/g变化，群落优势种、非优势种和整个群落的*NUE*之间均具有显著差异。不同群落的*NP*变化大于*MRT*的变化，因此不同群落的*NUE*差异主要是由其NP的差异造成的。*NP*与*MRT*存在明显的负相关关系，同时净初级生产力(*NPP*)与N_{loss}之间存在正相关关系，说明*NP*与*MRT*之间的负相关不是由于自相关性造成的。NUE与土壤全N及土壤NH_4^+-N之间并未表现出显著相关性，其他有关*NUE*参数也大多如此。与之相比，优势种和整个群落的*NP*、*NUE*与土壤含水量之间呈负相关，说明在本研究区域，相对于土壤养分来说土壤水分对植物的生长乃至NUE的影响更大。根据植物地上部分一年吸收的N量与土壤的NH_4^+-N和NO_3^--N之和的比值来计算N吸收效率。结果表明，不同生态系统的N吸收效率变化很大，其中生态系统的N吸收效率主要由优势种的N吸收效率决定。不同群落在生态系统水平上的*NUE*变幅高达9倍，其中沙鞭、拂子茅系统的*NUE*最大。生态系统的*NUE*与土壤供N水平呈负相关关系。在其他研究中，热带、温带生态系统的*NUE*也存在类似的现象。由于生态系统的*NUE*是植物群落*NUE*的函数，因此二者的*NUE*变化规律应相似。植物群落水平上的*NUE*排列顺序为拂子茅>白赖草>沙鞭>克氏针茅>双齿葱>羊草>大籽蒿>冷蒿>紫花苜蓿，生态系统水平上的*NUE*排列顺序为沙鞭>拂子茅>紫花苜蓿>大籽蒿>羊草>冷蒿>白赖草>双齿葱>克氏针茅（其中有一部分之间差异不显著），说明生态系统的*NUE*除了受群落*NUE*的影响外，还受另一个组成成分如N吸收效率的影响。群落的*NUE*遵循禾草群落>非禾草群落>豆科群落的规律。生态系统的*NUE*与物种数目之间没有规律可循，说明*NUE*可能不是取决于物种多样性，而是与物种的本身特性关系更密切。*NUE*与植物的养分内循环密切相关，*NUE*越高，植物组织脱落前养分回收效率亦越高，通过枯落物归还到土壤中的N也应越少，含N量较少的枯落物分解较慢，进而影响土壤的供N能力。植物的绿色组织、枯落组织中的N浓度与土壤供N水平之间有

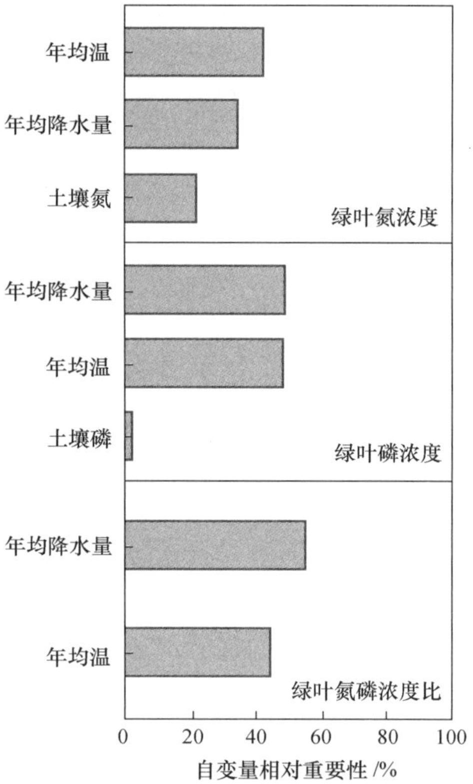

图8.6 气候及土壤养分对内蒙古草原植物绿叶N、P变化影响的相对重要值

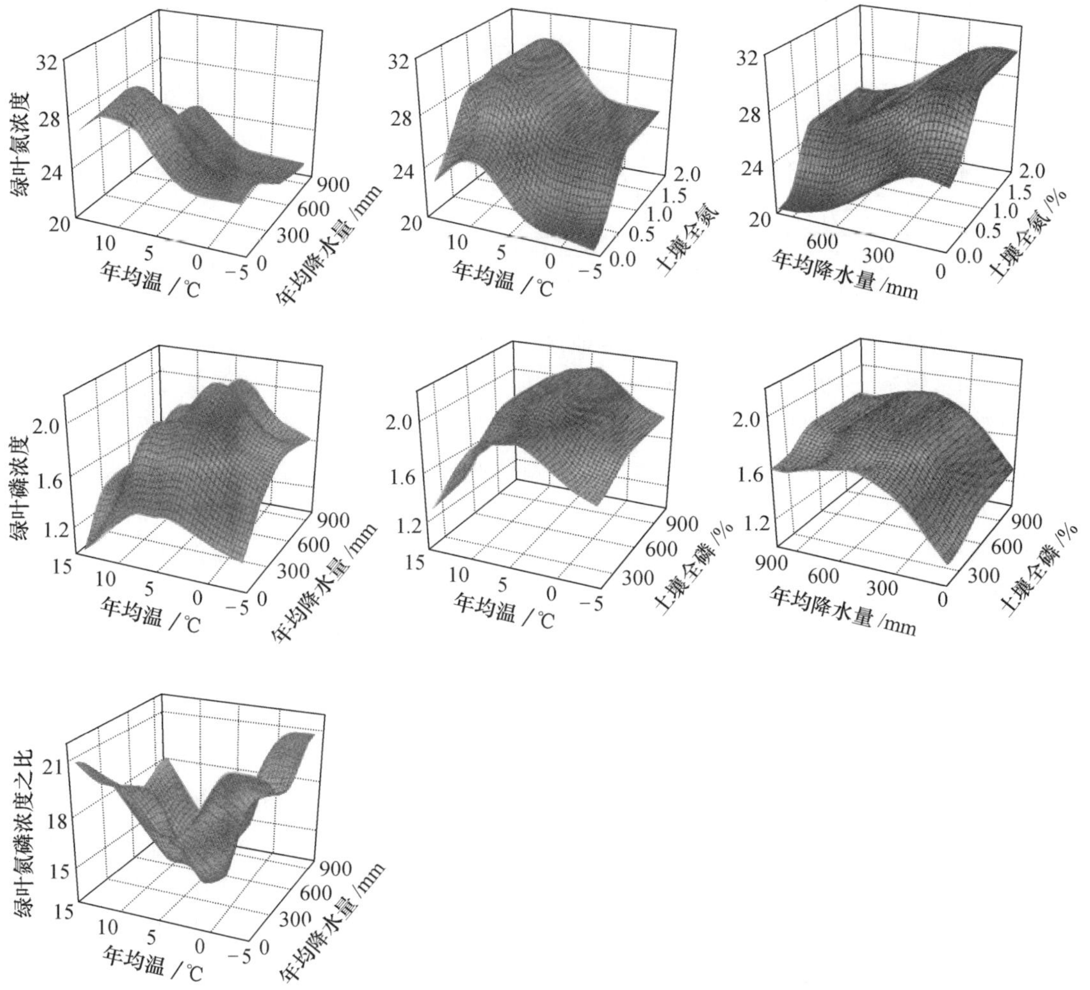

图 8.7 气候及土壤养分对内蒙古草原植物绿叶 N、P 变化影响的交互作用

明显的相关关系，但群落的 *NUE* 与土壤供 N 水平之间却没有显著相关关系。当优势种的 N 库下降时，由于非优势种 N 库的互补作用，整个群落的 N 库仍能保持较高的水平，说明优势种和非优势种对 N 的吸收在时空上存在分异性，这可能是群落在演替过程中保持养分的一种重要机制，与春坝(vernal-dam)作用类似。所以，生态系统的 *NUE* 与群落优势种的 *NUE* 有关，并且随着土壤供 N 能力的下降而上升。植物 *NUE* 的两个组成参数 *NP*、*MRT* 之间在群落水平上也存在协调关系。

同属不同种的内蒙古草原植物具有不同的养分策略。与克氏针茅相比，大针茅具有较高的 *NP*，但 *MRT* 较低，由于大针茅的 *NP* 增幅高于 *MRT* 的降幅，因而其 *NUE* 高于克氏针茅。具有较高 *NUE* 的大针茅主要生长于 N 贫瘠的生境上，而 *NUE* 较低的克氏针茅则主要生长于 N 相对丰富的生境上。两种针茅的 *NUE* 与土壤供 N 能力之间的关系支持 Chapin (1980)、Vitousek(1982)的结论。与克氏针茅相比，大针茅具有较高的 *NP* 和较低的 *MRT*，大针茅的 *NUE* 在 260.7～666.8 g/g 变动，克氏针茅的 *NUE* 在 167.9～431.7 g/g 变动，两种针茅的 *NUE* 之间存在显著差异，克氏针茅的 *NUE* 较低主要是因为其 *NP* 较低。大针茅的

NUE 和克氏针茅的 *NP* 与土壤含水量呈负相关关系，*NUE* 随着土壤含水量的增加而下降，但 *NUE* 及其组成参数 *NP*、*MRT* 与土壤全 N 没有显著相关性。两种针茅的 *NP*、*MRT* 与土壤全 N 及土壤含水量之间均未表现出显著相关关系。两种针茅 *N* 回收效率与土壤全 N 及土壤含水量之间也均未表现出显著相关关系。*NPP* 较高的针茅其 N 损失量也较高，对于同一种针茅也如此，*NUE* 的两个组成参数 *NP*、*MRT* 之间存在负相关关系。在贫瘠生境上的植物一般生长较慢，但生产力较高的大针茅却生长于 N 贫瘠的生境上，这可能与大针茅具有较深的根系从而具有较强的 N 吸收能力有关，或者与其较薄的叶片和较强的光合能力有关。生长于不同 N 素生境上的两种针茅具有不同的 *NP*，说明在半干旱地区，生长在富 N 生境上的植物并不一定具有较高的 *NP*，土壤水分对本地区 *NP* 的影响可能比土壤 N 供应水平更为重要。在叶片水平上，影响植物 *MRT* 变化的因素主要有两种：叶片寿命和 N 回收效率。以前的研究认为叶片寿命是影响种间植物 *MRT* 变化的主要因素，但我们在内蒙古草原的研究中的两种针茅为同属植物，其叶片寿命的差异不会很大，因此两种针茅 *MRT* 的差异应是主要由其不同的 N 回收效率所引起的。由于两种针茅的潜在 N 回收效率之间没有显著差异，而大针茅的实际 N 回收效率低于克氏针茅，因此大针茅较低的 N 回收效率是造成其较低 *MRT* 的主要因素，说明有必要区分植物的两种 N 回收效率参数。两种针茅的 *NUE* 明显高于其他研究，由于提高 *NUE* 是植物适应 N 贫瘠生境的一种策略，因此两种针茅具有较高的 *NUE* 是其对所处低 N 贫瘠生境的一种适应。同时，大针茅的 *NUE* 高于克氏针茅，也符合 Vitousek(1982)的研究结论，并且大针茅的 *NUE* 较高主要是因为其 *NP* 较高。

下面根据数学上的逆推法对 *NP* 与 *MRT* 之间的关系作进一步分析。如果 *NP* 和 *MRT* 之间存在协调关系，则二者之间应呈倒数关系，可写作：$NP = NUE/MRT$（其中 *NP*、*MRT* 为变量，*NUE* 为常量），根据公式，*NUE* 也是生产力 *NPP* 与养分损失量 N_{loss} 的比值，因此如果 *NUE* 为常量，则 *NPP* 与 N_{loss} 的比值也应为常量。对于处于稳定状态的系统，*NPP* 与 N_{loss} 的比值即枯落物 N 浓度的倒数，所以很小的枯落物 N 浓度变化是 *NP*、*MRT* 之间存在协调关系的充分必要条件。而植物 N 浓度与植物的遗传特性及土壤供 N 水平有关，不同生活型植物，尤其是豆科植物的组织 N 浓度较高，提高土壤供 N 能力也会增加植物的组织 N 浓度，共生的物种生长在同一土壤上，其组织 N 浓度相似，因而 *NUE* 的差异也很小，这时 *NP* 与 *MRT* 之间存在协调关系。相反，生长于供 N 能力具有很大差异土壤上的植物，其组织 N 浓度也具有很大的差异，从而造成 *NUE* 变化较大，这时 *NP* 与 *MRT* 之间不存在协调关系。如果实验分高 N 和低 N 处理，难以区分遗传差异和环境差异对植物的影响，同样这也造成种间或种内植物的组织 N 浓度差异较大，因而植物的 *NUE* 差异也很大，所以看不出 *NP* 与 *MRT* 之间存在协调关系。虽然两种针茅在地理位置上差别较大，但土壤供 N 水平差别较小，植物的 N 浓度变幅也不大，因而其 *NUE* 变化也较小，所以 *NP* 与 *MRT* 之间存在协调关系。因此 *NP*、*MRT* 之间是否存在协调关系除了与植物的特性有关外，还与土壤供 N 水平有关。N 库大小是计算 *NP* 和 *MRT* 的关键，植物的 N 库大小是根据两次收获时的 N 库来计算的，因而 N 库、*MRT* 的计算结果可能偏低。此处根据植物地上部分来计算有关 *NUE* 参数的，但由于植物根冠比的不同和地上地下部分 N 浓度的不同，仅根据植物地上部分来计算有关 *NUE* 参数存在一定缺陷。由于生长较慢的植物其根系寿命较短，说明生长较慢、耐贫瘠的植物的根系更新速率慢，反之亦然，因此如果考虑植物的地下部分，整株植物的 *NUE* 上述变化规律不会有太大差别。总之，我们的研究表明，在中国北部半干旱地区农牧交错带上的两种针茅具有不同的 N

素利用策略。大针茅比克氏针茅具有较高的 *NP* 和 *NUE*，但二者之间的 *MRT* 差异较小；大针茅一般生长在土壤供 N 水平较低的生境上，而克氏针茅一般生长在土壤供 N 水平较高的生境上；大针茅具有较高的 *NP* 和较低的 *MRT*，而克氏针茅则相反，因而 *NP* 与 *MRT* 之间存在协调关系，植物组织 N 浓度乃至土壤的供 N 水平可能决定这种协调关系的存在与否。

对于同一种植物，*NUE* 及其组成参数的变化如何？我们利用 Berendse 和 Aerts(1987)提出的 *NUE* 概念研究农牧交错带克氏针茅 *NUE* 在空间上的变化特征。克氏针茅的 NP 显著大于杂类草，但其 *MRT* 却表现为略低于杂类草，因而其 *NUE* 大于杂类草。不论是克氏针茅、杂类草，还是整个群落，其 *NP* 与 *MRT* 之间均存在明显的负相关关系，这说明 *NP*、*MRT* 在种内也存在协调关系。不论是对于克氏针茅、杂类草，还是对于整个群落，各种 *NUE* 有关参数与土壤全 N、铵态 N 之间大都未表现出显著的相关性，而与土壤含水量之间的关系相对更加密切。不论是克氏针茅、杂类草，还是整个群落，其 *NUE* 与回收效率之间均存在明显的正相关关系，说明较高的回收效率有利于提高 *NUE*。我们的结果表明，即使在相似的生境上，克氏针茅的 *NUE* 也具有较大的变化，不论是优势植物克氏针茅还是非优势植物杂类草，*NP* 与 *MRT* 都是朝彼此相反的方向变化，因此 *NP* 与 *MRT* 存在协调关系。

以前的野外实验研究表明，种间植物的 *NUE* 和土壤养分有关，且不同生活型间存在差异。我们利用盆栽实验也表明种内植物的 *NUE* 与土壤供 N 水平有关，但我们发现克氏针茅的 *NP*、*MRT* 与土壤全 N 未表现出显著相关性，植物的 *NUE* 与 *NRE* 呈正相关关系，说明植物增加 *NRE* 有助于提高 *NUE*。从枯叶中回收养分可以减少植物的 N 损失并延长 N 在植物体内的滞留时间，而 *NUE* 为 *NP*、*MRT* 的乘积，所以 *NUE* 与 *NRE* 正相关。*NUE* 与 *NRE* 较高的相关性也说明对同一种植物，*NUE* 的提高主要是通过提高 *NRE* 来实现的。据了解，目前仅有少数研究涉及 *NP* 和 *MRT* 之间的关系，并且结论各异。我们的研究表明在种内水平上，克氏针茅的 *NP* 与 *MRT* 之间也存在负相关关系，不同于以前的控制性实验结果。这说明控制性实验的结果不能简单地外推到野外自然条件下的植物上去。

在内蒙古草原，植物的大小(异速生长)也会影响植物的 *NUE* 变化。根据 Berendse 和 Aerts(1987)提出的 *NUE* 概念，我们在个体水平上对内蒙古草原植物藜不同个体的 *NP*、*MRT* 和 *NUE* 进行了计算。结果表明，在种内竞争条件下植株个体具有不同的养分利用策略。*NP* 随着植株个体的增加呈上升趋势，养分的 *MRT* 与之类似。由于 *NUE* 为 *NP* 与养分 *MRT* 的乘积，因而 *NUE* 也随着植株个体大小的增加而增加，即个体越大，*NUE* 越高，但 *NP* 和养分 *MRT* 之间不存在负相关性，因而其间未表现出协衡关系。不同的植株个体在种内竞争条件下表现出不同的养分利用策略。植株的含 N 浓度与植株个体大小呈幂函数关系，被遮阳的较小植株个体的含 N 浓度较高，说明植物对养分的吸收不仅受土壤可利用养分的影响，还受植株自身养分状况的影响，即植物对养分的吸收受供求关系的双重影响。在植株生长期间，个体较大的植株养分浓度下降得较多，说明较大植株个体的生长受养分的限制较大，而对个体较小的植株来说，它们的养分浓度变化不大，光对其生长的限制比养分对其生长的限制要更大。个体较大的植株对养分的吸收速率和养分损失速率都高于个体较小的植株，但由于个体较大的植株具有较高的养分输入和养分输出，因而养分的净增加量也较高，并且较大的植株个体具有较高的 *NP* 和 *MRT*，既然 *NUE* 为 *NP* 与 *MRT* 的乘积，因而较大的植株个体也具有较高的 *NUE*。如果 *NP* 与 *MRT* 之间存在协衡关系，则植物要提高 *NUE*，有两种途径：或者提高 *NP*，或者提高 *MRT*。个体较小的植株由于 *NP* 较低，因此要提高 *NUE*，就必须提高

其 *MRT*。但个体较小的植株的 *MRT* 却较小，说明在种内，*NP* 与 *MRT* 之间并不存在协衡关系。而在种间，*NP* 与 *MRT* 之间存在协衡关系。*NP* 和 *MRT* 之间在种内和种间表现为不同的关系可能有以下原因：①*NP*、*MRT* 及相关特性在种内的变化比在种间的变化要小，从而造成数据中的干扰“噪声”过高；②*NP* 和 *MRT* 的关系可能还受其他相关因素调控；③由于 N 库的计算是用 *NP* 作分母、*MRT* 作分子来衡量的，因而存在自相关性问题。植物对光照、水分、养分等资源的对称竞争系指竞争能力与植株个体大小成正比，而非对称竞争指植株获取的资源与其个体大小不呈线性关系。一般认为植物对光照的竞争属于非对称竞争。而对养分的竞争属于对称竞争。但植株的养分吸收速率与其个体大小呈非线性关系，说明在种内竞争条件下，高密度种群中的植物个体对养分的吸收属于非对称竞争，这可能与植株个体对光照的非对称竞争有关，因为较小的植株个体处于下层，对养分的需求会较低。

总而言之，*NUE* 是植物利用限制性养分策略研究中的一个重要概念，可应用于从叶片到生态系统等各种尺度。人们对叶片和群落尺度上的 *NUE* 作了大量研究，但依然还有许多问题有待解决，如 *NUE* 在不同尺度之间的异同，水分、光线等资源互作对 *NUE* 的影响，非稳态系统的 *NUE* 计算，以及各种养分之间的吸收和耦合关系等。虽然大多数情况下，*NUE* 高的物种具有更强的竞争优势，但也存在例外的情况。对于生长于肥沃土壤上的杂草和具有贮藏养分功能的植物来说，如果用植物吸收单位养分所产生的生物量来计算 *NUE*，则这些植物的 NUE 都较低，因此应进一步确定合适的参数来准确计算 *NUE*。特别是在叶片、植株和群落等各种尺度上的有关研究有待加强。这些结果可对陆地生态系统生产力中长期动态模型预测和检验提供可靠的参数，并有助于准确理解全球降水变化影响陆地植物和生态系统的机理。

8.3.1.3 自然生境下的植物养分回收转移

养分回收是植物衰老时，养分从衰老组织向活的组织体转移的一种过程。该过程延长了养分在植物体内的滞留时间，是植物适应养分贫瘠生境的策略之一。养分回收度和养分回收效率是评价养分回收能力的两个参数。养分回收在生活型间和生境间存在差异，但两个参数表现不同。一般认为，养分回收度较养分回收效率能更好地描述养分回收能力（Killingbeck，1996；Killingbeck，2002），因而更具有生态学意义。但同时，这两个参数又是相互统一、相互补充的（Wright，2003）。

在内蒙古草原，不同生活型的植物的养分回收策略并不一样。乔木、灌木及草本 3 种不同生活型植物的养分回收效率分别为 43.4%、58.8%和 73.8%，养分回收度分别为 12.4 mg/g、10.7 mg/g 和 8.2 mg/g。其中两种深根系生活型植物（乔木、灌木）的枯叶具有较高的养分浓度（即较低的回收度），并且成熟绿叶与枯叶的养分浓度差异较小（即回收效率低）；与之相比，浅根系的多年生草本植物的枯叶具有较低的养分浓度（即回收度高），并且成熟绿叶与枯叶中的养分浓度差异较大（即回收效率高）。不同生活型植物养分回收能力的差异说明了不同生活型植物对生境具有不同的养分适应策略。枯叶中的 N 浓度（即表征养分回收水平，其倒数也为 Vitousek（1982）所说的 *NUE*）在 2.9 mg/g（草地早熟禾）～12.8 mg/g（小叶锦鸡儿）之间，不同生活型和生境之间具有显著差异，但不同物种之间差异不显著。生长于 N 贫瘠生境中的植物其枯叶中的 N 浓度（6.8 mg/g）比生长于富 N 生境中植物枯叶的 N 浓度要低（8.6 mg/g），说明植物在 N 贫瘠的生境中具有较高的 N 回收度。在 5 种生活型中，禾草枯叶 N 浓度最低（4.9 mg/g），豆科枯叶 N 浓度最高（8.6 mg/g），非禾草由于部分生长于土壤 N 较丰富的生境上，因而枯叶中的N浓度较高，各种生活型枯叶N浓度排列顺序为禾草<乔木<灌木<非禾草<豆科。N回收度(*NRP*)的排列顺序为禾草>乔木>灌木>非禾草>豆科，Killingbeck(1996)认为，如果枯叶中N浓度<0.7%，则植物完全回收养分。根据这一标准，在内蒙古草原除豆科植物较低外，其他三种生活型植物均能从枯叶中完全回收养分。豆科植物的NRE(45.5%)低于非豆科植物的*NRE*(54.0%)。各生活型植物的*NRE*排列顺序为：豆科<禾草<乔木<灌木<非禾草。植物养分回收度可转化为叶片水平上的*NUE*。*NUE*在78.2 g/g(草地早熟禾)～348.4 g/g(小叶锦鸡儿)之间变化，不同物种、生活型、生境植物的*NUE*之间存在显著差异。生长于N贫瘠生境中的植物*NUE*(179.3 g/g)高于生长于富N生境中植物*NUE*(119.2 g/g)。在5种生活型中，豆科植物的*NUE*最低(122.4 g/g)，而禾草的*NUE*最高(217.1 g/g)。对于大针茅和克氏针茅两种针茅，潜在N回收效率之间没有显著差异，但大针茅的实际N回收效率显著低于克氏针茅。绿叶与枯叶的N浓度之间存在正相关，*NRE*与绿叶N浓度之间不存在相关关系，而*NRE*与枯叶N浓度之间呈负相关关系。*NUE*与绿叶N浓度呈负相关关系，而与*NRE*呈正相关关系。

内蒙古草原植物枯叶中N浓度低于绿叶N浓度，说明草原植物具有从枯叶中回收转移养分的能力。但是根据叶片干重计算出的*NRE*值较低，此值低于其他研究中同样根据叶片干重所计算出的*NRE*，但*NRE*平均值(50.1%)与Aerts(1996)综述中所报道的世界各地植物*NRE*平均值(50.3%)相近。如果按生活型比较，5种生活型的*NRE*也在其他报道的范围内，如落叶乔木(0%～79%)，毛乌素沙漠植物(22%～38%)、美国Chihuahuan沙漠植物(23%～63%)、瑞典北部亚北极地区(10%～64%)的落叶灌木/禾草(20%～75%)/非禾草(55%)，内蒙古草原植物的*NRE*处于植物*NRE*范围的下限。一般认为，计算方法的不同会造成*NRE*的不同，利用叶片干重计算由于忽略了叶片中非结构性物质的回收转移，因而计算出的*NRE*会具有较大的差异，所以利用叶片干重计算*NRE*存在重大缺陷。van Heerwaarden等(2003)曾专文探讨这一问题，他们认为利用叶片干重计算出的*NRE*低于利用叶面积计算出的NRE。但是目前仍有大量研究使用这一方法。

不同生活型间植物*NRE*存在显著差异，但不同生境间*NRE*差异不显著，说明*NRE*与土壤供N能力之间的关系不明确，这支持Killingbeck(1996)的结论。不同生境的植物具有相近的*NRE*，说明*NRE*这一参数不能很好地反映不同生境上植物N回收转移特性。不同物种之间*NRE*差别很大，豆科植物的*NRE*最低而非禾草的*NRE*最高。Killingbeck也发现在Chihuahuan沙漠河谷中的一种木本豆科植物*Prosopis glandulosa*的*NRE*(38.0%)低于其他植物(52.4%)，在Sonoran沙漠，这种木本豆科植物的*NUE*几乎为零。在欧洲北部的亚北极地区，6种豆科植物的*NRE*也显著低于其他非豆科植物。

植物的养分回收转移特性会影响枯叶的养分，但各种内外部因素对养分回收的影响趋势和程度还不清楚，因而植物的养分回收与植物的养分状况之间的关系还有许多未知。Aerts(1996)发现对于同一种生活型植物(如落叶乔木)，*NRE*与植物的养分浓度同时存在正负两种相关关系。我们的研究结果表明，枯叶的养分浓度在很大程度上可以反映绿叶的养分浓度，这说明*NRP*与绿叶的养分浓度相关。*NRE*与绿叶的养分浓度正相关，而与枯叶的养分浓度负相关，这意味着叶片中的养分库越高，植物从中回收转移的养分也越多。一般认为，*NRE*的大小取决于土壤提供养分的能力或植物本身的养分状况，因为绿叶中的养分越多，其中存在于光合蛋白中易移动转移的养分也越多。我们的研究发现*NRE*与绿叶的养分浓度呈正相关，这

说明 *NRE* 至少与绿叶中的养分库有关,源库之间的关系在发挥一定的作用。叶片水平上的 *NUE* 与绿叶养分浓度呈负相关,与 *NRE* 呈正相关关系,说明植物增加 *NRE* 有助于提高 *NUE*。从枯叶中回收养分可以减少植物的养分损失并延长养分在植物体内的滞留时间,因而 *NUE* 与 *NRE* 正相关。虽然叶片水平上的 *NUE* 可能不同于全株水平上的 *NUE*,但由于叶片中的养分占植物养分的大部分并且叶片水平上的 *NUE* 是植株水平上的 *NUE* 的一个重要组成部分,所以叶片水平上的 *NUE* 可近似描述整株水平上的 *NUE*。内蒙古草原上不同植物种类和不同生活型植物具有不同的养分回收转移特征,养分回收特性的不同会导致植物 *NUE* 的不同及植物的竞争与适应性,并进一步影响生态系统的养分循环。

除了植物本身内部因素外,内蒙古草原植物的养分回收转移与气候和土壤因素之间也具有密切关系。我们的未发表资料表明,枯叶中的 N 含量与年均温和年均降水量都呈正相关关系,而 P 则呈负相关关系。随着年均温和年均降水量的增加,N∶P 增加而 C∶N 下降,C∶P 与年均降水量正相关,但与年均温没有显著相关性。温度和降水量可解释 10%～20%的植物枯叶 C、N、P 变化,温度和降水量对植物 N、C、N 和 C∶P 有交互影响作用,但对 P 和 N∶P 的交互作用不明显。随着降水量和温度的增加,植物枯叶 N 含量增加而 P 含量则减少,这可能与植物对生境的水热条件及土壤养分状况的适应性有关。由于植物绿叶中的 N 含量与降水量呈正相关,而枯叶 N 含量也增加,说明 N 的回收率不变或者下降。由于植物枯叶中的 C∶N 或 C∶P 可以说明植物的养分回收情况,此结果说明降水量变化影响植物的 N∶P 回收,即降水量增加后植物的 N 利用效率降低而 P 的利用效率则上升,这与土壤中 N∶P 随着降水量和温度的变化的地理趋势相吻合。这些结果说明降水量变化会影响植物的养分状况及利用效率。植物的 N∶P 回收效率不仅与温度和降水量有关,与土壤养分也存在显著性相关关系:一般来说,随着土壤 N 含量的增加,植物 N 回收效率下降,土壤 P 增加也会降低植物 P 的回收效率。但是很多结果表明,二者并无一致的相关性,说明气象、土壤等外部环境因素会影响植物的养分利用策略。

目前,大多数研究关注的是植物从叶片中回收的养分,对于其他营养器官(如茎、根等)中的养分回收状况知之甚少。同时,大尺度上土壤养分状况的变化对叶片中养分回收过程的影响已经基本研究清楚,而在微尺度上土壤养分状况与植物养分回收的关系却是未知的。我们对植物细根中养分进行了研究,发现平均来说细根的 C、N、P 比为 858∶15∶1,随着根直径的增加,C 含量下降但 N∶P 含量上升,C∶N 和 C∶P 也呈下降趋势,但 N∶P 上升,并且活的和死的细根的 C、N、P 浓度不同,随纬度(或温度)及降水量变化的趋势并不相同,反映了植物从死亡细根中回收养分的机理不同于地上部的叶片。中国科学院植物研究所的吕晓涛等(2011)在中国科学院内蒙古草原生态系统定位研究站 1999 年围封羊草样地所进行的实验表明,内蒙古草原植物具有从茎中回收养分的能力,其从茎中回收的养分可占植物地上部分养分回收总量的 17%～36%,保留在枯萎的茎中的养分占地上立枯总养分量的 25%～52%,因此,非叶器官如茎在植物养分策略和生态系统养分循环中也具有重要作用。从理论上讲,植物也能从枯死细根中回收养分,但由于实验方法的限制,细根的养分回收能力还不明确。这也说明仅在叶片水平上探讨养分的回收并不全面,特别是对于多年生草本植物,如果能在整株水平,至少在地上部分水平上,研究植物的养分回收特性会更好些。在小尺度上,土壤资源状况对叶片和茎的养分回收度有强烈影响,植物养分回收的可塑性可以解释其叶片和茎养分回收度在小尺度内变异的 86%和 43%。这说明植物的可塑性在驱动生态系统功能方面有重要作用。吕晓涛等的研究揭示了内蒙古草原植物的养分回收转移受土壤养分有效性的影响，这与我们利用N添加实验所得到的结果大体一致(见后面讨论)。但是与从理论上推测的不同，他们发现生长于养分条件较好的土壤斑块上的植物回收养分的绝对量更多，可能有利于其竞争和繁殖。

8.3.2 野外控制实验条件下的植物养分策略

上述自然条件下的植物养分策略反映的是植物长期的适应性结果。对于短期的生境变化，植物所产生的养分策略则可能不同。在内蒙古草原，开展了大量的人工控制实验主要为养分添加、水分添加、火烧和放牧等。下面就内蒙古草原植物对控制环境条件下相对应的养分策略作一些总结讨论。

8.3.2.1 干扰条件下的植物养分浓度

人为水分添加会影响植物养分浓度等指标，但在内蒙古典型草原所作的水分添加实验还不多。从理论上讲，土壤水分供应增加后，草原植物生长加快，因而会“稀释”植物中的养分浓度，但植物中的养分含量却会增加，C∶N和C∶P也会增加，而水分供应增加对土壤有效N、P的影响不确定性以及植物对N、P吸收幅度的增加的不确定性，植物的N∶P变化也不确定，但是按照“生长速率假说”，植物的N∶P在水分供应增加后应该降低。黄菊莹等(2008)发现在较低的水分供给条件下(＜350 mm/年)，内蒙古草原植物绿叶和枯叶N浓度随水分供给增加呈线性降低。但是当降水量＞350 mm/年时，叶片N浓度降低幅度变缓。绿叶和枯叶N浓度分别从36.6 mg/g降低至17.6 mg/g和从16.8 mg/g降低至4.6 mg/g。同样，降水量的增加会降低枯叶的P浓度，这种降低幅度在降水量＞600 mm/年后变缓，而绿叶P浓度则与水分供给量关系不显著。植物地上地下N库随降水量增加呈现出先增加后降低的变化趋势，这种趋势在地下部分尤其显著。低水分供给水平下，植物的P库与水分供给量正相关；高水分供给水平下，P库变化趋势在月份间存在差异：8月P库持续增加，10月P库略有降低。他们也发现植物C、N、P化学计量比在不同供水量之间存在较大的差异。降水量＜800 mm/年之前，枯叶的C∶N和C∶P沿降水量梯度增加幅度较大：C∶N从27.2增加至85.4，C∶P从725.4增加至2 203.5；降水量＞800 mm/年后，二者增加幅度变缓：仅分别从121.3增加到128.2和从3 196.2增加到3 339.0。平均C∶N和C∶P分别为68.6和2 189.2。降水量增加后，养分添加对植物叶片C∶N和枯萎叶片N∶P无影响，能够降低植物叶片的C∶P和成熟叶片的N∶P，说明物种属性、养分条件以及水分条件会通过直接或者间接途径对植物的成熟和枯萎叶片元素计量化学比值产生影响。

相对于水分添加实验，在内蒙古草原进行的养分添加实验则较多，特别是N、P添加实验。同样，从理论上讲，添加N后会提高植物的N含量及浓度，但相应的P含量增加则较小，因而植物的P浓度会降低，所以，植物的C∶N下降但C∶P上升，N∶P也会相应增加或者变化不显著。与之类似，添加P后会提高植物的P含量及浓度，但相应的N含量增加则较小，因而植物的N浓度会降低，所以，植物的C∶P下降但C∶N上升，N∶P也会相应下降。如内蒙古农业大学的樊维等(2010)通过在天然草地连续两年施N处理，分析了不同施N梯度下群落地上地下生物量分配格局和5个主要物种(克氏针茅、糙隐子草、苔草、冰草、冷蒿)的茎叶分配格局，发现N肥添加不仅改变了克氏针茅群落地上地下生物量分配格局，而且改变了5个物种茎叶分配格局。这种变化必然会对植物的养分策略产生影响。张丽霞等(2003)在内蒙古羊草草原两块永久实验样地(分别为1980年和1999年建立的围封样地)进行了为期两年的N和P添加试验。N素添加梯度分别为0、5、15、30、50、80 g/(m^2·年)。P素添加梯度分别为0、2、4、8、16、32 g/(m^2·年)。结果表明,添加N素和P素可以分别显著提高羊草器官含N量和含P量,N素添加对羊草器官的N∶P没有显著影响;相反,P素添加显著降低了羊草器官中的N∶P。N素添加可以增加四个优势植物(羊草、羽茅、针茅和苔草)地上生物量和N∶P化学计量学比。N与P在植物根、地上器官、物种和功能群水平上均呈显著正相关关系。

其他养分添加实验也发现类似的结果,如黄菊莹(2008)发现外源N添加能显著提高草原植物叶片N浓度及N∶P,但对叶片C∶P浓度无明显影响,而施P后植物P浓度增加、N基本不变,降低了N∶P,说明在小尺度、短时间内,植物的养分变化受所对应养分供应的影响,其他养分的变化可能反映的只是植物生长加快后的一种"稀释"效应。同时,添加N后C∶N和C∶P降低,前者是因为植物吸收N增加后的反映,而后者可能与植物加速生长需要更多的P有关(即生长速率假说)。添加N后植物N∶P增加,是因为添加N后植物吸收的N比P更多的原因。但也有研究表明,添加N提高了叶片N浓度和N∶P,但降低了P浓度,可能是因为稀释效应远大于生长速率假说所说的P吸收增加量。还有研究表明,N和P添加下植物叶片N∶P没有变化,前者可以用两种效应的平衡来解释,但后者则难以解释。在内蒙古典型草原,张丽霞(2003)发现在施肥第1年植物的地上生物量和P含量均不受N添加的影响,在施肥第2年植物的N∶P不受N添加的影响;施肥可以显著提高植物地上器官的N含量,而P含量只在第2年有增大趋势;施肥2年后,植物器官中的N和P含量具有明显的协同关系。说明外加N或P后会显著提高植物对相应养分的吸收总量(肥料效应),而植物在施肥后的生长加速会稀释植物的养分浓度(即养分量除以生物量)(稀释效应),同时施肥后的植物生长加速会提高植物对P的需求量(生长速率效应),这三种效应的综合影响决定了植物的养分浓度在施肥后是上升、降低或不变。

张晓娜(2009)发现,N、P添加显著提高内蒙古草原植物群落生物量,说明N和P限制内蒙古草原植物的生长。不同植物种群对养分添加的响应不同,按照植物种群生物量的变化可以分为三种类型:极其敏感型、敏感型和不敏感型。潘庆民(2002)的研究表明,在土壤添加养分后,内蒙古典型草原羊草群落吸收的养分平均16.4%来源于肥料,83.6%来源于土壤;养分添加不仅显著促进了羊草群落地上器官对肥料N素和土壤养分的吸收量,而且促进了地下器官对肥料养分和土壤养分的吸收量;当生物量达到最大时,羊草群落吸收的养分分配到地下器官中的比例平均为74.9%,分配到地上器官中的比例平均为25.1%;植物吸收的肥料养分在地上和地下器官之间的分配比例约各占50%;他们发现向根系的养分分配比例、根/冠比和*NP*与植物的相对盖度显著正相关,向地上器官的养分分配比例、养分吸收速率与相对盖度呈显著负相关,而植物组织养分含量、和单株生物量与植物相对盖度无关。养分吸收速率与植物的相对多度显著负相关,说明高养分吸收速率并不能代表较高的竞争能力,而是稀少植物能够与优势植物共存的一种生理机制。并且养分的吸收与分配显著地影响牧草的生物产量和品质。万宏伟(2008)比较了羊草草原群落中包括建群种和优势种在内的6种植物(羊草、西伯利亚羽茅、大针茅、冰草、糙隐子草和黄囊苔草)的比叶面积(SLA)、叶片含N量和叶绿素含量等叶片功能特性对养分添加的响应,发现随着养分添加量的增加,物种对光资源的竞争增强,不同物种在光资源的竞争策略和竞争力间存在着显著的差异。

黄菊莹(2008)在多伦恢复生态学试验示范研究站十三里滩基地8个梯度施肥处理(分别为0、1、2、4、8、16、32、64 g/m²)上的研究表明,施N肥处理后,植物组成和土壤化学特性都发生了明显变化。当以叶干重表示叶片含N量时,冷蒿、星毛委陵菜、砂韭、克氏针茅和糙隐子草绿叶中的N浓度均随施N量的增加而显著增加,表明这五个物种从土壤中获取N的能力增强,但保持N的能力降低。但施N量较高时,叶片N浓度增加幅度变缓甚至略有降低。冷蒿和星毛委陵菜绿叶N浓度显著高于砂韭、糙隐子草和克氏针茅,表明前者有较强的获取养分能力。但是,随施N量的增加,五个物种叶片P浓度呈现先降低后增加的趋势,这种变化趋势在砂韭中表现显著。表明五个物种保持P的能力先增强后降低。这可能是由于施N肥提高了N的有效性,进而导致P变得有限。因此,植物必须提高P的保持能力(低的绿叶P浓度),达到高的*PUE*。当以叶面积表示叶片含N量时,冷蒿叶片N含量与施N量无明显关系,但其他四个物种均呈现显著增加的规律,并在高N添加时增加幅度变缓甚至略有下降。在单株水平上,克氏针茅和星毛委陵菜随施N量增加而增加,糙隐子草、冷蒿和砂韭随施N量增加呈现弓形(先增加后降低)。不论是在叶片干重、叶片面积还是在整株水平上,枯叶N及P浓度随施N量增加的变化趋势同绿叶N浓度变化趋势一致,也呈现显著增加的趋势。其利用羊草进行的盆栽控制试验也表现出类似结果。较低的N水平下,五个物种枯叶C∶N比均随施N量的增加而降低。当施N量达到较高水平时,物种枯叶C∶N降低趋势变缓,逐渐变为水平。五个物种C∶N曲线趋势发生转变的临界点约为8 g/(m²·年)(克氏针茅、冷蒿、星毛委陵菜和砂韭)或16 g/(m²·年)(糙隐子草)。物种间,冷蒿枯叶C∶N最低,沿施N梯度的变化范围为10.1～20.2。砂韭枯叶C∶N最高,其值从114.5降低到84.39。平均地,枯叶C∶N在五个物种间的大小依次为砂韭(102.4)>糙隐子草(79.3)>克氏针茅(71.2)>星毛委陵菜(46.4)>冷蒿(13.6)。

张振琦(2006)以内蒙古典型草原的八种植物为研究对象,采取盆栽实验的方法对其进行不同养分水平的培养。培养两个月后定期分批采样,通过对不同养分水平下,不同生活型八种植物的生物量、根冠比、养分浓度、养分累积量、养分吸收速率和养分分配的分析,发现随着施N量的增加,冷蒿、沙蒿、无芒雀麦和大针茅的养分浓度均不断提高;小半灌木、根茎禾草、丛生禾草和灰绿藜(一年生植物)的养分累积量显著提高。在三种养分水平下,两种一年生植物具有最高的地上、地下及整株的养分浓度、养分累积量及养分吸收速率,且两种一年生植物均与其他六种植物分别在养分浓度、养分累积量及养分吸收速率方面差异显著。根茎禾草、丛生禾草及小半灌木的地上养分浓度分别在低N和中N水平下差异不显著;无芒雀麦、米氏冰草及大针茅分别在地上、地下及整株的养分累积量无显著差异。一年生植物与小半灌木的地上养分累积量分别高于其自身的地下养分累积量;中N及高N水平下,沙蒿地上、地下及整株养分累积量均显著地高于根茎禾草和丛生禾草;在中N和高N水平下根茎禾草和丛生禾草的养分吸收速率间无显著差异;在低N和高N水平下,沙蒿的养分吸收速率与其他七种植物差异显著;在生育前期,在低N和高N水平下,八种植物的地上养分分配比例大小顺序依次为灰绿藜>猪毛菜>沙蒿>糙隐子草>冷蒿>米氏冰草>大针茅>无芒雀麦;在生育前期,分别在三种养分水平下,植物的地下养分分配比例与自身的地上养分分配比例成相反的趋势。两种小半灌木间的养分分配比例分别在地上或地下差异显著,两种根茎禾草、两种丛生禾草间的养分分配比例也具有相同的趋势。在生育后期,在低N和中N水平下,灰绿藜与猪毛菜地上养分分配比例显著高于其他六种植物，高 N 水平下，灰绿藜、猪毛菜、糙隐子草地上养分分配比例显著高于其他五种植物。

同样，P 添加也改变土壤及植物的营养状况。如杨阳(2005)通过养分添加实验，调查了羊草草原土壤有效 P 与地上净初级生产力间的关系及其对养分添加的响应。他们的结果表明，1979 年围封样地与 1999 年围封样地土壤有效 P 含量对 N 素添加有相同的响应。N 素添加对土壤中有效 P 含量没有显著影响，但显著提高了羊草草原群落地上生物量。P 素添加显著提高了 0～10 cm 层土壤有效 P 含量，但对 10～20 cm 层土壤有效 P 以及植物地上生物量影响不显著。该研究结果表明内蒙古草原植物主要受 N 供应的限制。

火烧能显著影响植物地上部分(甚至根系)生长和功能，改变植物 C 同化和积累格局；同时，火烧后的灰烬也会改变土壤营养有效性。这些最终会体现在植物 C、N 和 P 含量及养分策略变化上。崔强(2009)发现内蒙古草原 8 种优势植物叶片 N 和 P 浓度在火烧后显著上升，而 C:N 和 C:P 降低，对 C 浓度和 N:P 无明显影响。在短期内，火烧可通过提高土壤有效 N 和 P 浓度从而提高叶片 N 和 P 浓度，但从长期来看，重复火烧会降低土壤养分有效性，引起了养分缺乏，并最终影响植物 C、N 和 P 计量比及养分策略。

放牧也会影响草原群落的生长策略。放牧一方面改变植物地上部分形态和功能，C 同化和积累能力发生变化，另一方面，放牧后的枯落物、动物的粪便等可直接改变土壤营养状况，同时，动物践踏改变土壤物理状况，影响根系对土壤营养的吸收。土壤营养状况、营养吸收能力和同化能力变化都最终体现到植物 C、N 和 P 含量及其计量比和养分策略的差异上。在美国黄石国家公园区，放牧取食增加了 N 浓度而对 P 浓度无明显影响，因而提高了枝条 N:P。张晓娜(2009)的刈割(模拟放牧)研究表明，在牧草快速生长期刈割，群落生物量显著降低，当季能恢复，但影响翌年群落水平的生物量生产；而在牧草生物量最大期刈割，当季难恢复，但对第二年的植物的生长影响较小。刈割对不同植物的影响存在显著差异：C_4＜C_3 植物，一年生＜多年生植物，牧草快速生长期刈割＜牧草生物量最大期刈割。任海彦(2009)以内蒙古锡林河流域沿水分梯度分布的草甸、草甸草原、典型草原和沙地四种植被类型中的灰脉苔草、贝加尔针茅、羊草、大针茅、小叶锦鸡儿、冷蒿、克氏针茅和榆树疏林沙地 8 个草地群落为研究对象，对长期禁牧样地和自由放牧样地中 273 种植物，测定了植物的一些功能性状及 C:N:P 化学计量特征，发现放牧降低了植物叶片的 C:N，但增加了 N:P 和 C:P。并且植物C:N:P化学计量特征对放牧的响应同时受水分条件的制约，沿水分梯度分布的不同植被类型中，植物叶片C:N:P化学计量特征对放牧的响应不同，如在草甸群落中，植物叶片 C 含量显著降低，N 和 P 含量显著增加；在草甸草原群落中，植物叶片 C:P 含量减少，N 含量显著增加；而在典型草原群落中，植物叶片 C:N 和 P 含量均显著降低。在放牧影响下，植物叶片 N 含量和 N:P 显著升高的物种多于显著降低的，而叶片 C 含量、C:N 和 C:P 显著降低的物种占的比例很小，表明植物对放牧适应策略与物种本身的生物学特性有着密切的关系。植物的这些养分变化与放牧后的土壤养分变化应该具有直接关系。

其他干扰实验如模拟增温、CO_2 加富等也可能会影响草原植物的养分策略，虽然在内蒙古草原已经有一些增温实验，但还没有增温对本地区植物养分策略的报道。

8.3.2.2 干扰条件下的植物养分利用效率

我们的研究(袁志友，2004)表明，养分添加后内蒙古草原植物 *NUE* 降低(图 8.8)，并且

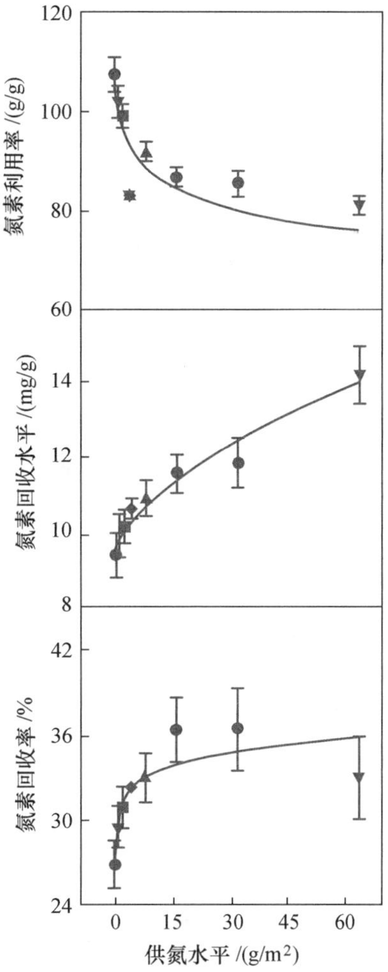

图 8.8 土壤施 N 后克氏针茅的 N 利用及回收率变化

NUE 的两个参数 *NP* 和 *MRT* 在物种、生活型、生境间均有显著差异：小黄柳的 *NP* 最低(每年 95.3 g/g)，而香蒲的 *NP* 最高(每年 227.2 g/g)，生长在河滩湿地上的植物 *NP* 比生长在河岸上的植物要高，禾草的 *NP* 高于灌木。与之相比，小黄柳的 *MRT* 高于其他植物，河滩湿地上的植物 *MRT*(1.79 年)低于河岸植物的 *MRT*(2.76 年)，虽然 *NUE* 的最大值与最小值相差 25%，但不同物种($F=1.549$，$P=0.247$)、生境($F=2.141$，$P=0.163$)或生活型($F=1.745$，$P=0.205$)的 *NUE* 差异不显著，同一属的两种灌木(小黄柳、乌柳)或生长于不同水分生境上的同一种植物(芦苇)的 *NP*、*MRT* 都有显著差异，但 *NUE* 差异不显著。生产力 *NPP* 高的植物其 N 损失量也高，同时 *NP* 与 *MRT* 之间存在负相关关系。养分利用率在叶片、地上部或全株等不同的水平上可能会有所不同。对于小黄柳，地上部 *NUE*(370.5 g/g)略高于叶片的 *NUE*，而乌柳的地上部 *NUE*(320.2 g/g)与其叶片养分利用率几乎接近，二者之间的差异均不显著，这说明对于这两种灌木，地上部的 *NUE* 可用叶片 *NUE* 近似描述。

黄菊莹(2008)的研究表明，沿施 N 梯度，地上部分 *NUE* 从 107.7 g/g 下降至 70.9 g/g，*PUE* 从1 377.8 g/g 提高到 1 892.1 g/g。同时，随着植被 N∶P 逐渐提高，*NUE* 显著降低，而 *PUE* 显著提高，这表明 *NUE* 与植被 N∶P 呈负相关，*PUE* 与植被 N∶P 呈正相关。

张振琦(2005)发现小半灌木冷蒿和沙蒿具有较低的 *NP*、较高的 *MRT* 和中等水平的 *NUE*。无芒雀麦、米氏冰草具有较高的 *NP*、中等水平的 *MRT* 以及较高的 *NUE*。两种一年生植物具有较高的 *NP*，较低的 *MRT* 与 *NUE*；不同生活型 8 种植物高 N 水平的 *NUE* 与低 N 水平相比，具有降低的趋势；在三个养分水平下，无芒雀麦的 *NUE* 均显著地高于其他七个植物种，在中 N 和高 N 水平下，两种小半灌木分别在 *MRT*、*NUE* 方面显著地高于两种一年生植物。

根据 Berendse 和 Aerts(1987)提出的 NUE 概念，我们研究了内蒙古一年生植物向日葵在不同 N 供应水平下的 *NUE* 变化(袁志友，2004)。结果表明，向日葵在不同的供 N 水平下具有不同的养分利用策略：提高土壤供 N 能力会提高 *NP* 但却降低 *MRT*，植物在较高的供 N 水平时具有较低的 *MRT*，说明这时植物体内的 N 周转较快。向日葵的 *NUE* 随着土壤供 N 能力的下降而上升，但在土壤供 N 能力很低时又下降。这与其他研究结果有所不同。如有些研究表明 *NUE* 随着土壤供 N 能力的下降而上升，而有的研究却发现 *NUE* 与土壤供 N 能力无关。造成结果各异的原因可能在于不同的研究所使用的 *NUE* 参数及计算方法不同，并且各研究是在叶片、植株、群落或生态系统等不同层次上研究 *NUE*，因而也难以直接比较各研究的结果。一般认为植物提高 *NUE* 是其对养分贫瘠生境的一种养分适应策略，向日葵的 *NUE*

大于其他研究所报道的值，这与研究区域的 N 贫瘠状况相吻合。在施 N 水平较低时，向日葵具有较低的 *NP* 和较高的 *MRT*，而在施 N 水平较高时则相反。*NUE* 的两个组成参数 *NP*、*MRT* 之间呈负相关关系，说明植物在不同的养分生境中具有不同的养分利用策略：提高 *NP* 并降低 *MRT*，或者提高 *MRT* 并降低 *NP*。在富 N 的生境中，植物能够吸收充足的 N 保证快速生长，而在贫 N 的生境中，植物的生长受 N 供应的限制，因此植物必须有效地保持所吸收的"宝贵"养分，虽然有可能以降低生产力来作代价。*NP*、*MRT* 是植物两种不同养分利用策略的反映，二者不可能同时增加或减少，因而存在协调关系。土壤施 N 可提高植物对 N 的输入速率和输出速率，由于前者远高于后者，植物对 N 的相对增加率也随着施 N 水平的增加而增加。施 N 对 *NUE* 及其两个组成参数 *NP*、*MRT* 均具有显著影响。*NP* 随着施 N 水平的增加而增加，但 *MRT* 却随着施 N 水平的增加而减少。施 N 对 *NUE* 也有显著影响，*NUE* 随着施 N 水平的增加而增加到一定程度后开始下降。绿叶 N 浓度(其倒数为 Gerloff(1976)所定义的 *NUE*)随着施 N 水平的增加而增加，而枯叶的 N 浓度(其倒数为 Vitousek(1982)所定义的 *NUE*)却随着施 N 水平的增加而下降。向日葵的生物量(*NP* 的分子)和 N 损失量(*MRT* 的分母)都随着 N 库的增加而增加，因而 *NUE* 独立于 N 库。

火烧也会影响草原植物的养分回收。吕晓涛(2011)利用中国科学院植物研究所内蒙古草原生态系统定位研究站的"火因子实验平台"，以羊草、大针茅等 5 种优势植物为研究对象，调查了火烧对植物养分回收的影响。其研究结果表明，连续三年火烧降低了 N 和 P 的回收度、降低了植物对 P 的回收效率。火烧和养分添加之间的交互作用对除去成熟叶片 P 素含量以外的其他任何指标都没有影响。植物的养分回收能力在火烧后的变化可能与相应的土壤养分变化有直接关系。

8.3.2.3 干扰条件下的植物养分回收转移

养分添加可以显著降低养分回收度，但对养分回收效率的影响与物种和计算方法等因素有关。黄菊莹(2008)以中国科学院植物研究所多伦恢复生态学实验站长期施 N 肥实验为研究平台，研究了克氏针茅群落中几个植物三种水平上养分回收随 N 素添加梯度的变化。结果表明，N 素回收率对 N 可利用性提高的变化趋势，在物种间差异较小，但在不同方法间差异较大：在叶干重水平上，五个物种 N 素回收度均显著降低，P 素回收度的变化趋势在各物种间差异很大，但低 N 提高了多数物种的 P 素回收度。这表明随着 N 可利用性的提高，物种对 N 的回收能力是逐渐降低的。这一结果与其他施肥实验以及自然 N 梯度上的实验结果一致。物种间，冷蒿养分回收度最低(枯叶 N 和 P 浓度分别为 14.3 mg/g 和 0.68 mg/g)，砂韭([N]=5.2 mg/g，[P]=0.12 mg/g)最高。在叶面积水平上，除砂韭之外的四个物种 N 素回收度均显著降低，星毛委陵菜和糙隐子草 P 素回收度先降低后增加，其他三个物种 P 素回收度无显著性变化。物种间，针茅回收度最低，糙隐子草和砂韭最高。单株水平上，针茅 N 素回收度显著降低而其他物种(除了砂韭)呈现先降低后增加的趋势，两个禾本科物种以及砂韭 P 素回收度的变化趋势同其 N 素回收度变化趋势一致，而冷蒿和星毛委陵菜 P 素回收度无显著变化趋势。物种间，冷蒿和针茅回收度最低，砂韭最高；沿施 N 梯度，N 素回收效率的变化趋势在物种间差异较小但在方法间差异较大，而 P 素回收效率的变化在物种间和方法间差别都较大。多数情况下，在叶干重水平和叶面积水平上，除砂韭外的所有物种 N 素回收效率显著降低，糙隐子草和星毛委陵菜 P 素回收效率也显著降低，而其他三个物种 P 素回收效率则无显著性变化。单株水平上，所有物种 N 素回收效率(除了针茅)和 P 素回收效率均无显著性变化趋势；物种间，砂韭的养分回收效率最高(＞80.0％)，冷蒿和星毛委陵菜最低(＜60.0％)。方法间，叶片水平上的 N 素回收效率(除了砂韭)和 P 素回收效率均高于单株水平。提高的枯叶 N 浓度意味着施 N 肥提高了植物从土壤获取 N 的依赖性，降低了植物经养分回收获取 N 的能力。施 N 肥提高了绿叶 N 浓度，同时降低或者不改变养分回收效率，这可能是 *NRP* 降低的原因之一。长期的施 N 肥实验，可能会导致一个系统由 N 限制转变为 P 限制。因此，施 N 肥期望提高叶片 *PRP*。但其实验中，沿施 N 肥梯度，枯叶 P 浓度表现出先降低后增加的趋势。这意味着，仅在较低 N 水平下，施 N 肥提高了 *PRP*(降低的枯叶 P 浓度)。*PRP* 的这种变化趋势，可能与其绿叶浓度以及 *PRE* 的变化特点有关。随着施 N 量增加，物种绿叶 P 浓度表现出先降低后增加的趋势，物种 *PRE* 降低或无显著变化规律，可能导致 *PRP* 呈先增加后降低的趋势。这表明，叶片养分库的大小决定了养分回收的能力。相似的结果在其他研究中也有报道。

Killingbeck(1996)提出，多年生木本植物枯叶 N 浓度低于 7 mg/g，枯叶 P 浓度低于 0.5 mg/g时，植物具有高的回收度。依据这一论述，两个禾本科物种在低 N 供给水平下表现出较高的 N 回收能力(克氏针茅枯叶 N 浓度＜5.6 mg/g，糙隐子草叶 N 浓度＜6.3 mg/g)；砂韭枯叶 N 浓度始终低于 7 mg/g，表现出高的 N 回收能力；而冷蒿和星毛委陵菜枯叶 N 浓度始终高于 7 mg/g，表现出较低的 N 回收能力。在对 P 的回收能力上，大多数情况下五个物种均表现出较高的回收能力。但当 N 供给水平较高时，糙隐子草、冷蒿以及星毛委陵菜 P 回收能力降低。两个禾本科物种平均枯叶 N 浓度(不施肥时平均 N 浓度为 5.1 mg/g，施肥后平均值为 8.4 mg/g)要低于 22 个禾草类植物的平均枯叶 N 浓度(9.0 mg/g)和 6 个禾本科草本的平均枯叶浓度(10.8 mg/g)；两个禾本科植物平均枯叶 P 浓度为 0.34 mg/g，明显低于 Killingbeck 等(2002)观察到的 22 个禾草类植物的平均值(1.00 mg/g)。

NRE 随 N 添加的变化趋势在物种间差异较小，但在方法间差异较大，*PRE* 随 N 添加的变化趋势无论在物种间还是方法间都差异较大。在所研究的五个物种中，其中两个禾本科物种、冷蒿(仅叶干重水平)以及星毛委陵菜叶片水平上的 *NRE* 随 N 可利用性提高而呈现降低的趋势。这表明提高的土壤 N 可利用性降低了这些物种对从枯叶回收 N 的依赖性。这种相似的负相关性在沙生灌木小黄柳上也被观察到。对砂韭而言，其叶片水平上的 *NRE* 受土壤 N 有效性变化的影响不大。因此，*NRE* 与 N 有效性间的关系并不确定。与两个叶片水平相比，单株水平上的 *NRE* 在除克氏针茅以外的其他四个物种中均与 N 可利用性无显著性关系。就施 N 肥对 *PRE* 的影响上，砂韭和冷蒿的 *PRE*(所有水平上)以及其他几个物种单株水平上的 *PRE* 与无显著变化规律，表明不同物种 *PRE* 对施 N 肥的反应不同。这说明 *PRE* 可能并非完全受 N∶P 的调控。此外，在同一地区，对群落连续 3 年施 P 肥的实验中，我们观察到施 P 肥处理下植被生长与对照差异不大，这说明该地植被生长不受 P 的限制，这也可能是 *PRE* 并不随 N 有效性提高而降低的原因之一。基于叶干重和叶面积两个水平上计算出的养分回收效率值差异也不显著(除糙隐子草)，但均高于单株水平上的相应值。我们发现夏天叶片养分浓度要高于个体水平的养分浓度，但到了冬天，叶片养分浓度显著低于个体水平上的养分。除此之外，在对羊草施 N 肥的研究中，我们观察到冬天地下部分养分浓度要显著高于夏天时。这些结果证实了养分在地上部分和地下部分间的转移。可能由于环境条件恶劣(大风或者低温)，地上部分养分不能完全转移给地下部分，导致较低的养分回收效率。低的养分回收效率意味着该地区物种经由凋落物形式的养分损失非常大。

除了野外实验外，一些针对内蒙古草原植物设置的盆栽养分添加试验也表明适当提高土壤养分有效性，降低了植物养分回收能力。如结合N和P添加的盆栽控制实验(梯度同野外实验)，黄菊莹(2008)研究了内蒙古典型草原优势物种羊草养分回收效率和养分回收度对环境因子改变的响应格局。研究表明，一定范围内施N肥显著降低了N素回收度、N素回收效率和P素回收效率，但对叶片P素回收度无明显影响。平均 *NRE* 和 *PRE* 分别为46.1%和58.1%；一定范围内，施P肥显著降低了N素回收度、P素回收度和P素回收效率，但对N素回收效率无显著影响。平均枯叶N浓度和枯叶P浓度分别为9.9 mg/g和7.4 mg/g，平均N素回收效率和P素回收效率分别为58.2%、56.1%。内蒙古大学的张振琦(2006)通过设置盆栽控制试验，研究了N添加对内蒙古草原八种植物资源分配策略的影响。他发现沙蒿、米氏冰草具有较高的养分回收效率，两种一年生植物具有较低的养分回收效率。在低N和中N水平下，无芒雀麦也具有较高的 *NRE*。由此可见，与野外控制实验结果相比较，说明野外条件下植物养分回收特性受土壤特性、群落结构、物种竞争等多因素控制。

水分添加实验表明水分也会影响内蒙古草原植物的养分回收能力。由于水分与土壤矿化、凋落物分解等过程密切相关，它也必然影响着植物的养分吸收、分配和回收转移。黄菊莹(2008)通过控水实验，研究了内蒙古典型草原优势植物羊草养分回收效率和分回收度以对水分供给改变的响应格局。结果表明，一定范围内供水量增加显著提高了羊草地上地下生物量、N素回收度、P素回收度和P素回收效率，对N素回收效率无显著影响。可见，水分对P素回收效率的影响大于其对N素回收效率的影响。引起如上结果，可能和水分处理引起的土壤养分改变有关：经过连续4个月的水分处理，土壤全N含量随供水量的增加，从2.8 g/kg降低至1.4 g/kg，而全P含量则从408.8 mg/kg降低至212.1 mg/kg。降低的土壤养分有效性促使羊草提高其养分回收的能力，进而降低其对土壤养分的依赖，符合Killingbeck(1996)关于养分回收度与土壤养分有效性关系的观点，以及Aert(1996)关于养分回收效率与土壤养分有效性关系的观点。

火烧会影响草原植物的养分回收。吕晓涛(2011)利用中国科学院内蒙古草原生态系统定位研究站的“火因子实验平台”，以羊草、大针茅等5种优势植物为研究对象，调查了火烧及其与养分添加之间的交互作用对植物养分回收的影响。研究表明在该草原生态系统中，植物叶片的N、P回收效率以及回收度在不同物种和功能群之间存在较大的差异。连续三年火烧提高了植物叶片中N元素含量、降低了N和P的回收度、降低了植物对P的回收效率。养分添加[5.25 g/(m^2·年)]提高了植物叶片N含量，降低了植物对N的回收，但是对P含量和P回收没有影响。火烧和养分添加之间的交互作用对除去成熟叶片P素含量以外的其他任何指标都没有影响。

以上结果说明，对内蒙古草原生态系统而言，养分添加、水分添加、火烧、放牧甚至温度、CO_2 的变化都将会通过改变植物对养分的重新利用过程以及枯落物质量(养分含量)，进而对生态系统层面上的养分循环产生直接影响。通过利用野外不同的自然生境和人为干扰实验，进一步确定影响内蒙古草原植物养分策略的内外部因素及其影响趋势与程度，具有重要的生态学意义。

8.4 结语与展望

现在，离 Chapin 在 1980 年发表的经典文献已 30 多年了，从 Aerts 在 2000 年发表的综述至今也已 10 年有余，在这过去的 10 年中，有关植物养分策略的研究实际上并无大的进展，在概念上没有超越 Chapin(1980)和 Vitousek(1982)提出的概念，许多生态学问题也并未得到实际解决，如决定植物从枯落组织中回收养分的能力的因素等。在过去的 10 年中，人们虽然注意到了植物的功能性状(包括叶片养分)在解释植物分布和对全球变化响应中的作用，但许多数据集成性的文章实际上对生态学的发展并无多大实际意义。Wright 等于 2004 年在Nature 上发表的那篇文章无疑是本领域中的一篇具有里程碑意义的文献，但其中的大多内容也不过是再次验证了 Reich 在 20 世纪 90 年代后期的一些结论。至少可以说，过去的 10 年或者说 30 年，有关植物养分策略的研究是零散的、无序的，或者说是渐进的。不管是 Westoby 提出的 LHS 理论，还是 Grime 提出的 CSR 理论，更多地像是拼字母游戏而很难验证确认，除此以外，在过去的数十年中，一直没有新的理论提出来。叶片经济学谱系(leaf economic spectrum)概念的提出无疑是一大进展，其中比叶面积(SLA)被认为处于诸多性状的中心位置。但是由于近年来对此类集成式研究的过度渲染，利用传统植物生理生态学方法来研究植物策略的重要性却似乎被淹没了，其他研究(如全球变化和系统生态学研究)的热化进一步加剧了这一趋势。以后的植物策略包括养分策略的研究，除非有充分的理由否定某一方面，应该多方法兼顾而不是厚此薄彼。

那么，今后的植物策略研究应该怎么做？在此提出几条供参考：

(1)除了研究绿色叶片的特性外，还要研究更多的植物特性以发现那些(个)能更好地反映代表植物策略的特性。

(2)如前所述，植物系统发生学对研究植物策略的演化固然有用，但植物功能型性状的研究要置于优先位置。

(3)能否找到一种或几种具有代表性的模式植物来研究影响植物性状塑成的各种因素？

(4)盆栽、温室或人工气候室研究能在多大程度上模拟自然生境中的植物？

(5)植物策略研究需要新理论的提出，植物功能型性状的研究不属于此类。

(6)人工模拟气候变化下的植物养分策略能够在多大程度上反映自然的、长期的、缓慢的、波动的变化及适应过程？

(7)植物养分利用率、回收率、化学计量比只不过是植物养分浓度的简单数学函数，以后的研究更应注重于在微观上研究植物对养分的吸收、运输及转移进而理清决定和影响植物养分浓度的内外部因素。

(8)植物的养分策略能在多大程度上决定植物的生长及生殖策略进而影响植物的生存、分布和进化？

本章编写人：袁志友，黄菊莹，李凌浩，韩兴国

参考文献

陈佐忠，黄德华，张鸿芳．1985．内蒙古锡林河流域122种植物的元素化学特征．北京：科学出版社．

程建中．2008．中国北方草地植物群落碳，氮元素组成空间变化及其与土壤地球化学变化的关系．地球化学，7：265-274．

崔强．2009．火烧和氮素添加对内蒙古温带草原常见植物叶片C∶N∶P化学计量特征的影响（硕士学位论文）．北京：中国科学院植物研究所．

樊维．2010．土壤氮素对克氏针茅群落生物量分配格局的影响（硕士学位论文）．内蒙古：内蒙古农业大学．

耿燕，吴漪，贺金生．2011．内蒙古草地叶片磷含量与土壤有效磷的关系．植物生态学报，35：1-8．

侯学煜，林厚萱，章慧麟．1959．中国150种植物化学成分及其分析方法．北京：高等教育出版社．

黄德华，陈佐忠．1989．沙地草场植物根系化学元素含量的特征．植物生态学报，13：372-378．

黄菊莹．2008．典型草原优势植物养分回收特性对养分和水分梯度变化（博士学位论文）．北京：中国科学院植物研究所．

孔令韶，刘一鸣．1964．内蒙古鄂尔多斯东南部沙区各种生态类型植物的化学成分的特点．植物生态学报，1：81-92．

刘昌明．1988．水量转换的若干问题．//刘昌明，任鸿遵．水量转换实验与计算分析．北京：科学出版社，3-21．

吕晓涛．2011．内蒙古典型草原植物C、N、P化学计量特征对火烧和刈割的响应机理（博士学位论文）．北京：中国科学院植物研究所．

潘庆民．2002．羊草草原群落氮素平衡和碳水化合物贮藏对氮素添加的响应（博士后出站报告）．北京：中国科学院植物研究所．

任海彦，郑淑霞，白永飞．2009．放牧对内蒙古锡林河流域草地群落植物茎叶生物量资源分配的影响．植物生态学报，33：1065-1074．

万宏伟，杨阳，白世勤，等．2008．羊草草原群落6种植物叶片功能特性对氮素添加的响应．植物生态学报，32：611-621．

杨阳．2005．内蒙古典型草原生态系统土壤有效磷与地上净初级生产力间的关系及其对养分添加的响应（硕士学位论文）．北京：中国科学院植物研究所．

银晓瑞，梁存柱，王立新，等．2010．内蒙古典型草原不同恢复演替阶段植物养分化学计量学．植物生态学报，34：39-47．

印婧婧，郭大立，何思源，等．2009．内蒙古半干旱区树木非结构性碳、氮、磷的分配格局．北京大学学报（自然科学版），45：519-527．

庾强．2010．内蒙古草原植物化学计量生态学研究（博士学位论文）．北京：中国科学院植物研究所．

袁志友. 2004. 农牧交错区主要植物的氮素利用效率（博士学位论文）. 北京：中国科学院植物研究所.

曾德慧，陈广生. 2005. 生态化学计量学：复杂生命系统奥秘的探索. 植物生态学报，29：1007-1019.

张丽霞. 2003. 植物 N:P 计量化学：中国高等植物的分异规律与野外实验初步验证（博士学位论文）. 北京：中国科学院植物研究所.

张文彦. 2009. 中国草地样带植被碳氮磷营养元素的梯度特征（博士学位论文）. 北京：中国科学院地理科学与资源研究所.

张晓娜. 2009. 内蒙古典型草原群落和主要植物种对氮素添加和刈割干扰的响应（博士学位论文）. 北京：中国科学院植物研究所.

张振琦. 2006. 内蒙古温带典型草原八种植物的资源分配策略及其对氮素水平的响应（硕士学位论文）. 呼和浩特：内蒙古大学.

Aerts R. 1996. Nutrient resorption from senescing leaves of perennials: Are there general patterns? Journal of Ecology, 84: 597-608.

Aerts R, Chapin F S. 2000. The mineral nutrition of wild plants revisited: A re-evaluation of processes and patterns. Advances in Ecological Research, 30: 1-67.

Baez S, Fargione J, Moore D I, et al. 2007. Atmospheric nitrogen deposition in the northern Chihuahuan desert: Temporal trends and potential consequences. Journal of Arid Environments, 68: 640-651.

Berendse F, Aerts R. 1987. Nitrogen use efficiency: A biologically meaningful definition? Functional Ecology, 1: 293-296.

Chapin F S. 1980. The mineral nutrition of wild plants. Annual Review of Ecology and Systematics, 11: 233-260.

Craine J M. 2009. Resource Strategies of Wild Plants. Princeton University Press, Princeton. NJ, USA, 352.

Eckstein R L. 2000. Nitrogen retention by Hylocomium splendens in a subarctic birch woodland. Journal of Ecology, 88: 506-515.

Eckstein R L, Karlsson P S. 1999. Leaf life span and nutrient resorption as determinants of plant nutrient conservation in temperate-arctic regions. New Phytologist, 143: 177-189.

Garnier E, Gobin O, Poorter H. 1995. Nitrogen productivity depends on photosynthetic nitrogen use efficiency and on nitrogen allocation within the plant. Annals of Botany, 76: 667-672.

Gerloff G C. 1976. Plant efficiencies in the use of nitrogen, phosphorus, and potassium. Pages 161-173 in Wright MJ (ed.) Plant Adaptation to Mineral Stress in Problem Soils, Cornell University Agricultural Experiment Station, Ithaca, NY, USA, 454.

Grime J P. 2002. Plant Strategies, Vegetation Processes, and Ecosystem Properties. 2nd edition. John Wiley & Sons Inc. New York, NY, USA, 456.

Harpole W S, Ngai J T, Cleland E E, et al. 2011. Nutrient co-limitation of primary producer communities. Ecology Letters, 14: 852-862.

Hirose T. 1971. Nitrogen turnover and dry-matter production of a Solidago altissima popula-

tion. Japanese Journal of Ecology,21: 18-32.
Hirose T. 1975. Relations between turnover rate, resource utility and structure of some plant populations: A study in the matter budgets. Journal of the Faculty of Science, The University of Tokyo,3: 355-407.
Ingestad T. 1979. Nitrogen stress in birch seedlings. Ⅱ. N, K, P, Ca, and Mg nutrition. Physiologia Plantarum,45: 149-157.
Killingbeck K T. 1996. Nutrients in senesced leaves: Keys to the search for potential resorption and resorption proficiency. Ecology,77: 1716-1727.
Killingbeck K T, Tainsh R. 2002. Does leaf size influence resorption of nutrients from senescing leaves? Northeastern Naturalist,9: 213-220.
Lambers H, Chapin F S, Pons T L. 2008. Plant Physiological Ecology. 4th edition. Springer Verlag, New York, NY, USA,540.
Lambrecht S C, Dawson T E. 2007. Correlated variation of floral and leaf traits along a moisture availability gradient. Oecologia,151: 574-583.
Marschner P. 2012. Marschner's Mineral Nutrition of Higher Plants. 3rd edition. Academic press, London, UK,672.
Reich P B, Bakken P, Carlson D, et al. 2001. Influence of logging, fire, and forest type on biodiversity and productivity in southern boreal forests. Ecology,82: 2731-2748.
Reich P B, Walters M B, Ellsworth D S. 1997. From tropics to tundra: Global convergence in plant functioning. Proceedings of the National Academy of Sciences,94: 13730-13734.
Ricklefs R E, Miller G. 1999. Ecology. 4th edition, New York, NY. USA,822.
Rothstein D E, Zak D R. 2001. Relationships between plant nitrogen economy and life history in three deciduous-forest herbs. Journal of Ecology,89: 385-394.
Siddiqi M Y, Glass A D M. 1981. Utilization index: A modified approach to the estimation and comparison of nutrient utilization efficiency in plants. Journal of Plant Nutrition,4: 289-302.
Sterner R W, Elser J J. 2002. Ecological Stoichiometry: The Biology of Elements from Mole cules to the Biosphere. Princeton University Press, Princeton, NJ, USA,584.
Van Heerwaarden L M, Toet S, Aerts R. 2003. Nitrogen and phosphorus resorption efficiency and proficiency in six sub-arctic bog species after four years of nitrogen fertilization. Journal of Ecology,91: 1060-1070.
Vázquez de Aldana B R V, Berendse F. 1997. Nitrogen-use efficiency in six perennial grasses from contrasting habitats. Functional Ecology,11: 619-626.
Vitousek P. 1982. Nutrient cycling and nutrient use efficiency. American Naturalist,119: 553-572.
Wright I J, Reich P B, Westoby M, et al. 2004. The worldwide leaf economics spectrum. Nature,428: 821-827.
Wright I J, Westoby M. 2003. Nutrient concentration, resorption and lifespan: leaf traits of Australian sclerophyll species. Functional Ecology,17: 10-19.

第9章

草地生态系统化学计量学

达尔文进化论的发表和孟德尔遗传定律的发现在过去150年时间里极大地推动了现代生物学发展，DNA双螺旋结构的揭示和奥德姆《基础生态学》的出版分别从分子和生态系统水平开辟了生物学家探索大自然的新局面。从不同层次水平对生命活动的研究催生了一系列分支学科。然而，彼此割裂的研究局面往往又会阻碍人们对一些贯穿于生命系统各层次的本质特点和普遍规律的认识，如何将各个尺度的研究结合起来一直是困扰科学界的一个问题。所幸近来科学界在整合生物学这一方向的有益探索业已开始(Jones 和 Lawton，1995)。最近问世的化学计量生态学将视线投向了生态相互作用过程中化学元素的平衡和比率问题，分析不同类群和不同营养级生物的化学元素比率和平衡对生命系统各层次结构和功能的影响，在整合生物学研究方面具有良好发展前景(曾德慧和陈广生，2005；Elser 等，2010)。2002年，Robert W. Sterner 和 James J. Elser 合著的《Ecological Stoichiometry：The biology of elements from molecules to the biosphere》一书由普林斯顿大学出版社出版，标志着化学计量生态学作为一门独立学科的诞生。此后，相关研究如雨后春笋般蓬勃发展起来，国际知名生态学专业期刊《Ecology》和《Oikos》分别于2004年和2005年各出版一期化学计量生态学研究特刊，《植物生态学报》于2010年出版专刊一期(贺金生和韩兴国，2010)，对化学计量生态学研究发挥了重要推动作用。

C、N、P三种元素是生物有机体最重要的生源元素，对生物个体和生态系统结构与功能具有重要作用(Daufresne 和 Loreau，2001；Elser 等，2010)。其中，C是一切生物体的物质组成基础，是构成生命物质的主要元素，约占干重的50%。C循环作为生态系统重要功能过程之一，调节和维持着生态系统的生产力与稳定性。N与P是原生质、核质、细胞膜系统、核酸、ATP、ADP和NADP等的重要组成部分，作为重要生命元素调控着许多重要的生态学和生物地球化学过程，二者还是大多数水生和陆地植物生长的限制性元素(Vitousek 和 Howarth，1991；Downing 和 McCauley，1992)。C∶N∶P化学计量分析精确测算三种元素的相对关系，是探索生命系统主要规律、研究物质循环和能量流动的有力工具。同时，元素化学计量研究可作为生态学的不同分支学科和研究方向(如个体适应与生物地球化学循环、生态系统生态学与进化生物学等)相互联系的一个关键性桥梁(Elser 等，2000)。尽管所有生命活动之必需元素皆可列于化学计量生态学之研究范畴内,但已有研究多关注 C:N:P 化学计量生态关系(例外者如 Han 等，2011)。

9.1 草地植物化学计量特征及其养分限制

植物是地球生命系统的基本组成部分,在维持地球的基本环境平衡和生态稳定方面发挥着重要作用。全世界维管植物约有 30 万种,从最初进行糖酵解的藻类植物到进行光合磷酸化的高等植物,植物的发展至今已有 19 亿年历史,其发展遵循着由简单到复杂的进化规律。植物从单细胞绿藻到被子植物是沿着适应光合作用的方向发展的。光合作用的基本过程是植物通过叶绿素和酶活动,利用光能将 CO_2 和水同化为碳水化合物。陆地植物的光合作用方程式为:$830\ CO_2+600\ H_2O+9\ NH_3+H_3PO_4+h\nu \rightarrow C_{830}H_{1230}O_{604}N_9P+830\ O_2$,因此陆地植物可以简约地用 $C_{830}H_{1230}O_{604}N_9P$ 来表示(方精云,2000),此式反映了组成植物的主要化学元素的比例关系。在长期进化过程中,植物为适应环境形成了各自特有的养分利用机制。不同植物,甚至同一物种的不同表型株,对养分资源的竞争力和养分利用效率、内在吸收能力存在差异,造成植物营养元素含量的种间差异。植物的生长发育受元素最小因子定律制约。植物和土壤之间的养分关系是陆地生态系统(包括草原)养分循环研究的重要内容(张丽霞,2003)。

我国草地面积辽阔、经纬度和海拔跨度大、土壤类型多种多样,且各地气候千差万别,故植物区系成分和其中 C、N、P 等元素含量变幅很大(侯学煜,1982)。即使同一生活型的植物甚至同一种植物生长在不同地方时其 C:N:P 化学计量特征也会出现较大变异。考察不同生命层次上植物的养分含量、比例、平衡和动态,是进一步认识生态系统结构和功能的基础。

9.1.1 植物器官水平化学计量生态学研究

尽管多数关于草原植物 C:N:P 化学计量生态学的研究以植物叶片为研究对象,然而真正以考察植物器官水平化学计量特征为主要目标者较少。传统知识告诉我们,植物体 N 素含量幼嫩组织高于老熟组织、植物生长前期高于后期、花和叶高于茎和根(Mattson,1980; Marschner,1995)。徐冰等(2010)对内蒙古锡林河流域 65 种植物叶片与细根氮磷含量、N、P 比及比叶面积(SLA)和比根长(SRL)的比较研究显示:在种间尺度上叶片与细根间的 N、P 和N:P 存在显著相关性,而种内尺度上叶片和细根的 N:P 及 SLA 与 SRL 在不同物种中有不同的趋势。此结果表明在相对一致的生境中,植物叶片与细根性状的关联主要发生在不同物种之间,在种内尺度上这种关联不明显。而在全球尺度的研究发现,全球植被细根的 C:N:P 摩尔比为 1 158 : 24 : 1,与树木叶片的 C:N:P 相近(Jackson 等,1997)。Thompson 等(1997)分析了英格兰中部 83 种植物(其中 77 种为草本)叶片中元素含量,发现 N 和 P 具有相似的种间变异性,最高浓度是最低浓度的 6～9 倍, N 与 P 浓度显著正相关,P 浓度与最大潜在生长速率显著正相关;干旱生境中植物总体 N:P 降低,因为 P 含量高的植物丰富度有增加的趋势。Vitousek(2003)在夏威夷的研究表明,桃金娘(*Metrosideros polymorpha*)花、叶片、叶片凋落物、根系和木质部分的 C:N 在不同生态系统中差异很大,而 N:P 基本相似;各发育阶段的不同树种对应组织的C:N差异也很大，而N:P也基本相似，表现出N:P比较恒定，而C:N变化较大。黄建辉等(1997)研究了东灵山地区五种落叶乔木树种五个不同部位(主干、枝、叶、主根和侧根)营养元素含量，发现由于生长期间叶子中旺盛的生命活动，N和P在树干、树枝和树叶三个部位中的含量基本上是以叶子中的含量最高，以树干中为最低，而在根和侧根中的含量没有显著的规律。N:P在不同器官中的大小依次为：叶>树干>枝>侧根>主根。

9.1.2 物种或种群水平化学计量生态学研究

草地植物的C:N:P化学计量学研究表明，总体而言我国草原植物的C:N为17.9、N:P为15.3(He等，2006，2008)，后者明显高于Reich和Oleksyn(2004)在所谓全球尺度上的研究结果(13.8)，也略高于Han等(2005)的全国尺度分析(14.4)。地区之间比较显示，青藏高原和新疆山区草地植物的C含量略低于内蒙古草原植物，N和P含量基本接近，C:N三个区域无明显差异，而新疆山区草地植物N:P较青藏高原和内蒙古草原植物为低。木本植物C含量总体比草本植物高、N及P含量同禾本科草本接近但高于非禾本科草本植物。同非豆科植物相比，豆科植物不但N含量显著为高(3.58%和2.62%)，而且C含量也较高一些(45.2%和43.5%)，不过二者P含量无明显差别。相应地，豆科植物比非豆科植物C:N较低、N:P明显较高。而不同光合作用类型之间相比，C_3植物比C_4植物的N和P含量高，K含量无差异，N:P也相近(Zheng和Shangguan，2007)。N和P二元素在植物的多尺度多类群分析中均呈现出极显著的正相关关系，而N:P变化则主要系P元素含量变化所引起。进一步分析表明，在物种水平上植物的N:P化学计量特征同气候因子(生长季平均温度、生长季降雨量)相关性不显著(He等，2006，2008)，而群落水平上植物的N:P化学计量特征则同气候因子具有显著相关性(杨阔等，2010)，同时，土壤母质的养分属性对植物C:N:P化学计量特征具有明显影响。此外，群落水平叶片N、P含量和N:P存在显著的年际变化(杨阔等，2010)。

通常认为，植物体养分含量高低可反映其生境土壤养分状况，然而最近耿燕等(2011)对57种内蒙古草地植物的研究却表明，在种群、样地和物种3个水平上，叶片P含量、N:P同土壤P含量之间都没有显著的相关关系。且内蒙古草原土壤P含量并不低于其他地区，甚至高于美国和加拿大的土壤P含量。当植物生长不为P素限制时，植物地上部分P素含量对土壤P变化的敏感度便相应降低。同时在干旱和半干旱的内蒙古地区，植物地下生物量(根系)分配高，也极大地缓冲了土壤养分对地上部分(如叶片，多数研究所重点关注的器官部位)养分含量的影响力(耿燕等，2011)。可见不同地区不同类型草原生态系统植物的N:P化学计量格局形成机制可能存在较大差异。

一方面，叶片中氮磷含量主要是与种的生物学特性差异有关。如大豆不同品种叶片养分浓度存在一定程度的差别；不同基因型牧草 *Phleum pratense* 的含磷量不同(Belanger等，2002)。即使在同一生境下，不同物种对养分的吸收能力也存在差异。另一方面，也有研究表明，气候对叶片形态学特征和生理学特征存在一定的影响，如在干旱、燥热生境中，单位面积的叶片含N量较高(Wright等，2005)。同时，同一植物在不同的群落中其C:N:P化学计量特征也会发生较大变异。

植物对元素的按比例需求以及植物对养分的存储共同控制着植物对元素的需求和供应，而这两种作用的共存也是导致陆地生态系统复杂性的因素之一。从宏观尺度来说，植物叶片

N、P含量及其比值与纬度(年均温度)存在生物地理关系。就全球陆生植物而言,植物N、P含量随着纬度的降低和年平均气温的增加而降低,N:P则呈升高的趋势(Reich和Oleksyn,2004)。对中国境内753种植物养分含量及化学计量关系研究表明,叶片N、P含量随着纬度的增加而增大,而N:P没有表现出一致的规律,但要高于全球平均水平。对中国东部南北样带654种植物的N、P化学计量学特征研究表明,中国区域植被生长更易受到P的限制;随着纬度升高和年均温度降低,叶片N和P含量极显著增大(任书杰等,2007)。

9.1.3 植物功能群水平化学计量生态学研究

功能群是具有相似结构或功能的物种集合,这些物种对生物群落具有相似的作用,其成员相互取代后对生物群落过程具有较小的影响。植物功能群可以依据生活型、形态结构、生理特点、外貌特点、叶片和根系等的水平和垂直分布格局和物候学等特征加以划分。

依据生活型划分功能群时,由于对生活型的划分方法不同,不同的研究得出的生活型间N:P化学计量比存在一定程度的差异(Wright等,2004)。对北美温带沼泽地不同生活型植物的N:P研究表明:苔藓类植物(16)>落叶乔木和灌木(15)>常绿乔木和灌木(11)>维管草本(9),其中苔藓类植物的N:P最高,维管草本的N:P最低,但只有苔藓植物N:P与其他生活型N:P有显著差异;而凋落物的N:P要高于活组织中的N:P(Bedford等,1999)。通过分析常绿植物、落叶植物、非禾本科草本和禾草氮磷含量,发现N:P顺序为:禾草>落叶植物>常绿植物>非禾本科草本(Aerts 1996)。表明木本植物的结论相似,即落叶木本植物的N:P均大于常绿木本植物,而将木本与草本相比时结论又有所差异。

植物叶片N和P含量在不同功能群间差异很大,但草本往往大于木本,表明短命、生长快速的物种大于多年生、生长缓慢的物种(Thompson等,1997;Reich和Oleksyn,2004;He等,2006,2008)。Garten(1976)发现在维管植物、非维管植物以及水生植物间茎叶中N与P以及Ca与Mg含量均具有显著相关关系。对中国127个取样点753种植物的观测数据分析表明,不同功能群间N:P差异不明显,蕨类植物N:P比值最高,质量比达17.6,而C_4草本、针叶树和裸子植物的最低(Han等,2005);黄土高原植物C:N和C:P以乔木最高,灌木次之,草本最小,其中C_3草本的C:N、C:P和N:P高于C_4草本植物,而N:P没有明显区别(Zheng和Shangguan,2007)。

9.1.4 植物群落水平化学计量生态学研究

植物群落是由不同物种组成的系统,植物种类组成的不同导致群落生态化学计量特征存在一定的变异,分析方法是把群落物种作为一个整体来研究C、N、P含量及其比值。已有研究表明,在不同植物占优势的群落中,N:P存在明显的不同(Wassen等,1995)。生物量中的养分浓度不仅取决于土壤中该养分的有效性,还与植被的物种组成有关(Braakhekke和Hooftman,1999)。由于不同物种对养分的最适需求不同,把植被作为一个整体,当养分比例满足最适养分需求时,物种的多样性最大。

对中国草地213种优势植物的C:N:P化学计量特征研究发现,中国草地植物的P含量相对较低,而N:P高于其他地区草地生态系统,并且在草地生物群区之内,N、P及N:P不随温度和降水发生明显变化(He 等,2006, 2008)。群落水平 C:N、C:P 和 N:P 存在显著的年际变化(杨阔等,2010)。

当自然植物群落受人为干扰甚少时,群落水平植物 C:N:P 化学计量特征主要受土壤和气候调控。例如,内蒙古锡林郭勒盟东乌珠穆沁旗和西东乌珠穆沁旗的土壤 N 高 P 低,植被为草甸草原,群落总体 N:P 高,植物营养生长茂盛,生殖生长不足;而苏尼特左旗和苏尼特右旗的土壤 N 较低 P 中等,植被为矮小稀疏的荒漠草原类型,群落总体 N:P 低,植物营养生长不良(锡林郭勒盟土壤肥料工作站,1991)。

当自然植物群落受人为干扰较严重时,群落水平植物 C:N:P 化学计量特征又受到人为因素如放牧、耕种和开矿等行为的显著干扰而发生明显改变。其中影响最广泛的放牧活动会导致植物 N 含量升高(银晓瑞等,2010),而 0~10 cm 土壤全 N 降低(吴田乡和黄建辉,2010)。草食性无脊椎动物(如蝗虫)的选择性啃食可引起草原植物群落总体 N 和 P 含量的升高而 C:N和 C:P 降低(zhang 等,2011)。

在群落水平的 C:N:P 化学计量生态学研究,可以从总体上判定特定区域植被整体的生长状况和并判断其营养价值,为牧业生产服务(李博等,1988; 苏大学,1994)

9.1.5 生态系统水平化学计量生态学研究

已有生态系统水平化学计量生态学研究多集中在水域和湿地生态系统(Sterner 和 Elser,2002)。陆地系统相关工作还很不充分只是最近才逐渐增多(张丽霞,2003; Reich 和 Oleksyn,2004; Stock 和 Verboom,2012)。目前,陆地生态系统中的生态化学计量学研究主要关注 C、N、P 三种元素的比率关系,如以植物 N:P 为切入点研究植物化学计量生态学与生态因子(经度、纬度、降雨量)、环境变化和生态系统稳定性的相互关系(Güsewell,2004; Han 等,2005; He 等,2008),少数工作开始考虑不同营养级生物之间的 C:N:P 化学计量相互作用(Johnson,2010; Zhang 等,2011)。

在生态系统水平上,生产者、消费者、分解者及土壤等环境的 C、N、P 组成决定了生态系统的主要过程,如能量流动和物质循环。例如,群落冠层叶片氮素水平在一定程度上代表其光合能力和生态系统的生产力,凋落物的分解速率也与 C:N 呈负相关关系,土壤及植物的 N 和 P 共同决定着生态系统的生产力(Chapin 等,2002)。因此,在生态系统水平上,C、N、P 的耦合作用制约了生态系统的主要过程(王绍强和于贵瑞,2008)。

McGroddy 等(2004)通过总结世界范围内森林生态系统的研究结果发现,不同的生物群(温带阔叶林、温带针叶林和热带森林)具有不同的 C:N:P,而对于整个全球森林生态系统来说,树木叶片的 C、N、P 摩尔比为 1 212 : 28 : 1 ,森林凋落物的 C、N、P 摩尔比为3 007 : 45 : 1。树木叶片和凋落物的 C:N:P 表明,陆地生态系统植被的 C 含量相对于 N 和 P 要高于淡水自养生物(C:N:P 约为 306 : 30 : 1),但两类生态系统的 N:P 相似。

在生态系统水平开展 C:N:P 化学计量生态学研究特别注重全球变化对系统结构和功能的影响(Wang 等,2009)。Cui 等(2010)研究发现,N 素添加和火烧均显著降低了植物叶片 C:N和 C:P。黄菊莹(2008)通过 N 和 P 施肥实验表明,当施 N 水平低于 16 g/m^2 时,羊草(*L. chinensis*)枯叶 C:N 从 90.5 显著降低为 29.9,而高于此施 N 水平后降低幅度不大;当施 P 水平低于 8 g/m^2 时,羊草枯叶 C:N 从 90.5 显著降低为 51.6,而高于该施 P 水平后降幅变弱。

通过比较长期围封(成熟)和受放牧影响的退化草原生态系统,万宏伟(2006)发现成熟羊草草原表层土壤微生物量C、N、P含量均随氮素添加量的增加而降低;退化羊草群落表层土壤微生物量C、N、P含量沿氮素梯度表现出先增加而后降低的趋势;相关分析的结果显示各群落土壤微生物量C、N、P均与土壤pH呈显著的正相关。而三江源区人工建植的垂穗披碱草(*Elymus nutans*)单播草地中,2年生0~10 cm土壤的N:P要高于4年和6年生草地,土壤养分含量、微生物量P含量和中性磷酸酶活性在土壤剖面中均呈现随土壤深度增加而递减趋势,土壤中性磷酸酶活性与大多数土壤养分呈显著正相关关系,且受土壤有机碳影响最大,同时也与土壤微生物量磷呈极显著正相关关系(冯瑞章等,2007)。青藏高原海北地区的藏嵩草(*K. tibetica*)草甸0~30 cm土壤N:P显著地高于小嵩草(*K. pygmaca*)草甸和矮嵩草(*K. humlis*)草甸,前者初级生产力为后两者的4~5倍,然而物种丰富度却以前者为最低(王长庭等,2008)。把生产者、消费者同环境因素结合起来,从土壤、微生物、植物、动物到大气整体上考察C、N、P化学计量生态学特征,可以更为有效地认识草地生态系统得结构、功能和动态。

9.1.6 限制性元素的判断

生态系统是氮限制还是磷限制一直是生态学家非常关心的问题。判断生态系统是氮限制还是磷限制通常是用添加氮肥和磷肥对某种植物或者整个群落的生物量的影响来确定的,这个方法有一个最大的缺点,那就是需要做一定时间周期的施肥实验。而生态化学计量学为该问题找到了捷径,那就是直接将植物的N:P作为判断限制生产力的养分因子指标。

把N:P作为判断N限制还是P限制的指标开始于浮游植物研究。早期研究结果是,N:P>15表明P是浮游植物生长的限制因子,而N:P<15表明N是限制因子(Redfield,1958)。对40个地点的施肥试验研究表明,在群落水平上按照质量比计算,N:P>16表示是P限制,N:P<14表示是N限制。但是,同一个群落内,可能有的物种是N限制,有的物种则是P限制,也就是说每个物种的N限制还是P限制的标准是不同的,一个固定的N:P不能作为所有物种限制元素的判断依据(Koerselman和Meuleman,1996)。湿地的施肥试验表明,N:P>20时,添加P肥群落有显著的变化,而N:P<20时,添加N肥或者同时添加N和P都没有显著的变化,N:P不能用来揭示生态系统养分限制状况(Güsewell和Bollens,2003)。内蒙古羊草草原的施肥试验表明,按照质量比计算N:P>23时是P限制,而N:P<21时是N限制(Zhang等,2004)。Güsewell综合2004年以前的研究成果基于对N:P质量比考察后提出,在土壤N和P含量皆不太高或太低前提下,N:P<10和N:P>20被用来评价植被水平的N和P限制(Güsewell,2004)。这说明,不同生态系统的N限制或者P限制的标准也是不一样的,但是同一生态系统得到的N:P是可以作为本系统N限制还是P限制的标准的。

我们通过野外施肥实验研究了内蒙古草原常见的13种植物的C:N:P的变化模式。13种植物的C:N、C:P、N:P分别是19.7 ± 1.8(均值 ± 标准差)、307 ± 68、15.5 ± 2.7。自然状态下,群落的平均C、N、P之比为307 : 15.5 : 1(质量比)。其中,C:N与He等(2008)的研究结果相符，而 N:P 值高于 Han 等(2005)关于中国 753 种植物的平均值 14.4(Han 等，2005)，更高于全球的平均值 12.7(Elser 等，2000a)，这说明我国的陆地植物相对于全球更缺 P（Han 等，2005)，我国内蒙古草原相对于全国来说也是更缺 P。而 C:N 与 He 等(2006)的报道相近，但是显著地低于全球的平均水平 31(Elser 等，2000a)，这说明我国植物的 N 素水平高于全球平均水平。从内蒙古野外施肥实验的结果来看，该区域的草原生态系统既受到 N 素限制，又受到 P 素限制，而全球尺度的研究也发现陆地生态系统、淡水生态系统和海洋都有可能受到 N 和 P 限制(Elser 等，2007)。

把 N:P 作为 N 限制和 P 限制的判断标准其依据是李比西最小限制因子定律(Liebig，1842)，该定律认为植物的生长只受到相对含量最小的因子的限制。它就像木桶理论一样，被人们广泛接受(Danger，2008)。虽然也有理论预测植物生长可能同时受到多种因子限制(Chapin 等，1987)，但是一直未得到证实。基于全球水生和陆地生态系统的现有研究综合分析表明氮和磷共同限制的情况达到 28%(Harpole，2011)，Sperfeld 等(2012)首次用实验证明水生浮游动物 *Daphnia magna* 确实存在氮和磷共同限制的情况。

另外，李比西定律描述的对象是单一物种，Danger 等(2008)将该定律扩展到微生物群落研究中，发现微生物群落并不严格遵守李比西定律，存在共同限制的现象，而现有研究大都认为陆地生态系统是受单一元素限制的(Elser et al，2007)。关于陆地群落是单一元素限制还是多元素共同限制有待进一步研究。我们在内蒙古典型草原的施肥实验表明，N 添加 2.8 mol/m^2 时群落生物量达到最高，也就是表明此时氮不再是限制元素，此时 N:P＝19.7 ± 2.2；而 P 添加 0.4 mol/m^2 时群落的生物量达到最高，此时 N:P＝10.6±2.1。也就是说当 N:P 处于 10.6～19.7 时，内蒙古典型草原依然是既受到 N 限制，又受到 P 限制。而自然状况下内蒙古典型草原的 N:P 为 15.5±2.7，则可以推断该系统既受到 N 限制又受到 P 限制。这个临界 N:P 范围正好与 Güsewell(2004)的范围吻合，10 和 20 基本上可以认为是内蒙古草原 N 限制和 P 限制的临界 N:P 质量比，N:P 在两者之间可以认为既是氮限制又是磷限制。

综合现有研究，可以推测不同的生态系统由于物种组成不同，群落的养分需求也存在差异。不同的生态系统由于受到降水、气温、土壤等其他条件的不同影响，其临界 N:P 是不尽相同的，用 N:P 判断某个特定群落或者一类群落的元素限制是可行的，然而如果用同一指标去判断不同类型生态系统的元素限制是不合适的。由于群落内物种多样性的存在，物种之间对 N 和 P 需求的差别和补偿性效应(Bai 等，2004)，N 限制和 P 限制的临界 N:P 的差值应该是一个比较大的数值。同时，由于 N 和 P 的相互作用和储藏性物质的存在，N 限制和 P 限制中间可能有很大的一个空间是 N 和 P 共同限制。

9.2 草地生态系统的化学计量内稳性

9.2.1 化学计量内稳性的概念

化学计量内稳性(stoichiometric homeostasis)是化学计量生态学的核心概念(Sterner 和 Elser，2002)。内稳性是指生物体在变化的环境中保持其自身条件相对恒定的能力(Kooijman,1995)。在化学计量生态学范畴内,环境的某种元素或者两种元素的比率变化,而生物体保持体内这种元素的含量或者元素比率相对不变的能力叫做化学计量内稳性(Reiners,1986;Sterner 和 Elser,2002)。正是这种调节能力的存在,使生物的化学元素组成有别于环境化学元素组成,从而为我们分析生物的化学计量特征在生态系统功能和过程中的作用提供了可能,因此,化学计量内稳性是化学计量生态学存在的前提(Sterner 和 Elser,2002)。

生物的化学计量内稳性可以用以下内稳性模型来表示,$y=cx^{1/H}$,y 是生物体的元素浓度或元素比率,x 是环境或者食物的元素浓度或者比率,c 是常数,H 就是内稳性指数。H 大于 1 表示生物有内稳控制能力,H 越大表示内稳性越强。

9.2.2 不同生物体的化学计量内稳性范围

为了检验环境元素变化对生物体元素含量的影响,科学家们已经进行了大量研究,包括细菌、真菌、浮游动物、藻类和草本植物,但是,只有很小的一部分研究是在化学计量和内稳性层面进行的,对高等植物的内稳性的研究更少(Güsewell,2004;Yu 等,2010,2011)。

化学计量生态学一般认为动物的内稳性很强,接近于无穷大(Sterner 和 Elser,2002)。然而,最新研究表明,生物的内稳性要比原来所想象的复杂得多(Persson 等,2010)。已有研究显示动物的内稳性变化范围非常大,例如不同种类水蚤 P 的内稳性指数为 4～40,同一水蚤物种不同基因型群体的 P:C 内稳性指数为 16～161,这说明动物的内稳性没有原来设想的那么强。基于对单细胞藻类 *Scenedesmus* 研究,生态学家假设植物的内稳性比较弱(Sterner 和 Elser,2002;Güsewell,2004)。内蒙古草原维管植物的内稳性指数也有很大的变化范围(1.93～14.49),比淡水无脊椎动物低,特别是淡水无脊椎动物 N 的内稳性指数达到了 34.1,也比浮游动物 P 和 P:C 的内稳性低(除了 *Daphnia magna* 和 *D. pulex*,H_P 9～40,$H_{P:C}$ 16～162)。不过,有的植物的内稳性指数也非常高($H_P=6.61$),甚至超过了浮游动物,比如 *D. magna* 和 *D. pulex*($H_P=4～6$)。湿地和水生大型植物的内稳性也比较强。Güsewell(2004)计算了草本植物 N:P 的内稳性指数为 1.7～4.6,这些结果低于内蒙古草原植物地上部分的 N:P 的内稳性指数(3.08～14.49)。Makino 等(2003)综述了三个研究案例后指出,细菌的内稳性更接近于动物,而不是植物。其结果显示,细菌的 C:P 和 N:P 的内稳性指数相似,从 1.1 到无穷大。不过值得注意的是,大部分细菌的内稳性指数都小于 6,只有一部分特别大。细菌的内稳性不同物种和研究间变异很大。总起来讲,植物的内稳性比藻类和真菌的高(Sterner 和 Elser,2002),但是比动物的要低(DeMott 和 Pape ,2005;Jeyasingh 等,2009),这可能是由于维管植物比藻类和真菌具有更发达的组织,而比动物要简单一些。不同生物吸收和贮存养分的方式不同也可能造成内稳性的差异(Sterner 和 Elser,2002),也可能因为植物生长的环境变化比较大,动物取食的生物本身就具有较小的元素变化范围(Ågren,2004)。然而,每个生物类群内部内稳性差异也很大,需要更多的研究才能对整个生物的内稳性特点进行全面的评价。

9.2.3 化学计量内稳性的影响因素

关于化学计量内稳性的影响因素的研究还非常少,目前最系统的研究是关于内蒙古草原植物的一项工作(Yu 等,2011)。利用沙培实验和野外实验,通过采用 N、P 元素浓度不同的营养液和施肥来改变草原植物生长环境的N、P元素浓度和N:P,来研究变化环境中植物的化学计量内稳性的影响因素。结果发现,植物的内稳性受到物种、生长发育阶段、器官和元素的等多种因素影响。

内蒙古草原植物内稳性指数随着植物的生长发育都是升高的(羊草的地下部分除外)。也就是说"年龄"较大的植物控制其元素变化的能力更强。这可能是由于年龄大的植物具有更发达的调控系统,或者是因为年龄小的植物含有更多的功能性物质,当环境变化的时候,年龄小的植物变化范围更大(庾强,2009)。

不同的器官内稳性也不同。尤其值得注意的是地上部分和地下部分的内稳性指数高低的物种顺序成相反关系。在羊草、糙隐子草(*C. squarrosa*)和灰绿藜(*C. glaucum*)三个物种中,羊草的地上部分内稳性最高,而地下部分内稳性最低,灰绿藜地上部分内稳性最低,而地下部分内稳性最高。这反映了在内蒙古草原这样相对贫瘠的生态系统中,植物通过地上部分和地下部分投资和分配的相互协调和权衡,增强对环境的适应。例如,羊草作为该生态系统的优势种,在养分条件好的时候会把养分储存到地下茎里面,而并不是用来快速生长,养分条件不好的时候又可以利用根茎里面的养分,这样就保证了地上部分的稳定性,从而能够在变化的环境中占据优势。这和其他生态系统中的优势种类似。因此,地上部分内稳性高的植物通过地下部分的调节能够保持叶片较稳定的元素组成,能够更好地、更稳定地生长,从而适应典型草原的环境。

不同的元素或者元素比率内稳性指数也是不同的。N的内稳性高于P,这主要是因为N在植物体中的含量远远大于P的含量。关于浮游动物的研究也验证了本研究的结果,浮游动物的大量元素的内稳性高于微量元素,微量元素高于非必要元素。本研究中 $H_{N:P}$ 高于对应的 H_N 和 H_P,植物组织中N浓度的增加一般都伴随着P浓度的增加,因此,N:P的变化要比N和P各自的变化小(Sterner和Elser,2002; 庾强,2009)。

植物的内稳性还受到养分的供应状况和光照强度的影响,长期的施肥实验也会改变物种的内稳性。另外,藻类的生长率和内稳性有很好的相关关系(Persson等,2010),藻类要保持较为恒定的N:P才能维持高的生长率,因此,生长率高的藻类具有较高的内稳性。同一个功能群的植物内稳性相似,而不同的功能群间内稳性差异较大,这说明植物的生活型和养分利用策略对内稳性也有显著的影响。综上所述,很多生物因素和非生物因素都可以影响维管植物的化学计量内稳性,科学家还需要更系统和深入地研究内稳性的影响因素和内稳性与其他生态学特性的关系。

9.2.4 化学计量内稳性测定方法的可靠性

虽然有很多因素可以影响化学计量内稳性,内蒙古草原沙培实验和野外氮磷添加实验的结果是一致的(Yu等,2011)。两实验中三种植物的内稳性指数数值差别不大,而且物种顺序一致,都是羊草最大,糙隐子草其次,灰绿藜最低。这说明,不同的实验中得到的内稳性指数是可以合理对比的。沙培实验中计算内稳性指数时,环境中元素的含量用的是溶液浓度,而野外氮磷添加实验中用的是土壤中无机氮和有效磷含量,意味着这两种方法也没有对内稳性指数产生显著影响。另外,虽然2006年和2007年的降雨量有很大差别(分别是304 mm和240 mm),野外氮磷添加实验两年的结果也是一致的($P=0.97$)。尽管降雨对内稳性指数的影响还有待进一步验证，以上这些一致的结果表明，目前测定内稳性指数的方法是可靠的。

9.2.5 化学计量内稳性是草原生态系统维持的重要机制

工业化以来，人类正在以前所未有的速度改变着包括自己在内所有生物赖以生存的自然环境。生物多样性丧失、物种入侵、主要的生物地球化学循环都被改变（Elser 等，2009；Lü 等，2011），生态系统被严重破坏。在这种情况下，研究生态系统的结构、功能和稳定性的维持机制具有更加突出的重要意义。大部分研究证明，生物多样性高的生态系统具有较高的生产力和稳定性（Tilman 和 Downing，1994；Naeem 和 Li，1997；Bai 等，2004），然而，也有一些研究提出了相反的结论（Loreau 等，2001）。植物的养分利用策略把生物的功能与生态优势度、养分供应等联系起来，因而对生态系统结构、功能和稳定性的维持具有重要的意义。

生物的内稳性是在长期的进化过程中，生物自身适应环境变化的结果，也是生理和生化调节的反映（Hessen，2004）。内稳性是化学计量生态学研究养分相互作用的基础（Sterner 和 Elser，2002），可以有效地帮助我们在不同的层次水平上理解生态和进化过程中生物对元素组成的控制和生态过程中这种控制的作用。内稳性还和生物的进化序列具有密切关系，从早期的原核生物到后期的原核生物，再到单细胞真核生物、多细胞真核生物，内稳性可能是逐渐增强的（Williams 和 Silva，1996）。生态化学计量学假设生物的内稳性与其适应性、竞争力等有着密切的关系（Sterner 和 Elser，2002），但是长期以来一直缺乏实验证据。

内蒙古草原化学计量内稳性与生态系统结构、功能和稳定性的关系的研究为上述假说提供了佐证（Yu 等，2010）。该研究用野外氮磷添加实验计算了内蒙古草原 12 个常见物种的内稳性指数，并且发现在该实验中内稳性指数与物种的优势度是显著的正比例关系（图 9.1）。用这些内稳性指数，又成功预测了 27 年的时间尺度和 1 200 km 的空间尺度上的物种优势度。这些正比例关系表明内稳性高的植物在群落中更占优势，说明化学计量内稳性是群落结构维持的重要机理。无论是在野外氮磷添加实验、长期监测实验还是样带实验中，内稳性指数与物种稳定性都呈显著的正比例关系。因此，内稳性指数不仅能够预测养分添加引起的物种短期变异，还能预测由降水、温度等因素引起的长期变异和大尺度空间变异。然而，H_P 只与长期监测实验的物种优势度和稳定性有显著的正比例关系，与野外氮磷添加实验和样带实验中物种的优势度和稳定性都没有显著的关系。这说明氮元素对群落结构的影响要大于磷元素的影响，从而验证了内蒙古草原生产力主要受氮限制的结论（Bai 等，2010）。不过，长期监测实验中 H_P 与物种优势度和稳定性的显著的正比例关系说明如果时间足够长，磷元素也会成为一个重要的影响因素，这验证了很多生态系统同时受到氮和磷限制的观点（Elser 等，2007）。应该指出的是，$H_{N:P}$与物种优势度和稳定性的关系比 H_N、H_P 更紧密，说明氮和磷的相互作用对生态系统过程有重要的影响（Sterner 和 Elser，2002）。

优势植物对生态系统过程有很强的影响，控制着大部分资源（Hooper 等，2005）。这暗示着优势植物可能是因为控制了大部分资源，所以内稳性高，而次优势植物和稀有植物不得不利用优势植物剩下的资源（这种环境的变异远大于优势植物的环境），从而内稳性比较低。然而，沙培试验中的三种植物（羊草、糙隐子草和灰绿藜）的内稳性指数与野外氮磷添加实验中这三种植物的内稳性指数数值相差不大，且顺序相同。这说明物种的相互作用（至少是这三种植

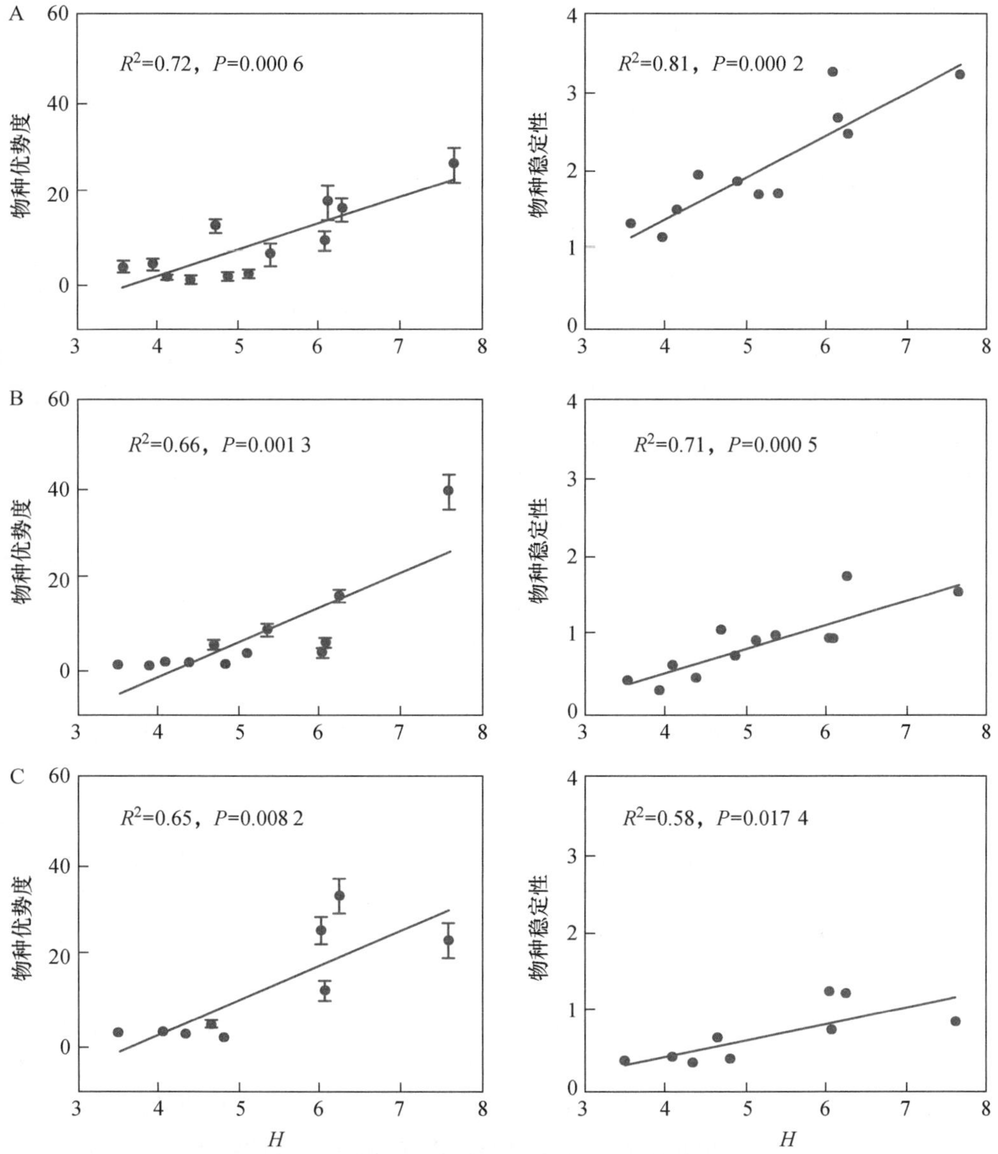

图 9.1 内稳性指数与物种优势度和稳定性的关系

（H 表示 2007 年的 N 素内稳性指数 H_N。A，野外氮磷添加实验，图中去掉了一个异常值；B，长期监测实验；C，1 200 km 样带实验）

物）对内稳性指数没有显著的影响。从而排除了优势植物控制资源而造成其他植物内稳性低的可能（庚强，2009）。

实际上，内稳性高的植物具有更高更稳定的生物量主要和它们的节约的养分利用策略有关。过去研究已提出很多指标来预测物种的优势度和稳定性，例如水分利用效率、养分利用效率、生殖对策。然而，这些指标都会随着环境的变化而变化（Field 等，1983）。内稳性指数由于表征的是生物面对变化的环境控制自身相对不变的能力的大小，它是控制变化的一种能力，不会因为环境（这里主要指营养，如氮、磷）的变化而变化。地上部分内稳性高的植物，N 和 P 的含量较低而 N:P 较高(Yu 等,2011)。这说明内稳性高的植物是较为保守的养分利用策略,而内稳性低的植物是较为奢侈的养分利用策略。高的内稳性和保守的养分利用策略可能是干旱贫瘠的环境中物种生存的关键,因此,在陆地生态系统中,内稳性指数能够更深入地解释生态系统结构和物种稳定性维持的机理。

内稳性与物种优势度的关系是植物长期适应环境以及物种相互作用的结果。虽然内蒙古草原这一研究用充分的证据证明了内稳性高的植物在群落中占优势,这种关系还是有可能被强烈的干扰改变。例如,和该研究相邻的一个 4 年实验中,成熟群落中内稳性低的植物生物量经过 4 年氮添加后显著增加,而内稳性高者生物量显著下降(Bai 等,2010)。不过退化群落中依然是内稳性高的植物占据绝对优势。这说明虽然内稳性低的植物在氮添加的干扰下生物量快速增长,如果去除干扰,内稳性高的植物依然会恢复其统治地位。当然,内稳性指数与物种优势度和稳定性的关系还有待进一步验证,尤其是其他生态系统。

内蒙古野外氮磷添加实验和长期监测实验中,内稳性高的群落具有较高的生产力和稳定性。然而,长期监测实验中的相关性要远远低于野外氮磷添加实验。这说明用内稳性指数来预测长期群落表现的时候要充分考虑环境因子的变化,如降雨和温度(Bai 等, 2004)。样带实验典型草原和荒漠草原中,内稳性指数与群落生产力和稳定性都没有显著关系,只有草甸草原有显著的正比例关系。这可能是由于在大的空间尺度上群落结构和环境因子都有很大的变化(Cheng 等,2009)。而且样带实验中没有排除放牧。从生物量判断,草甸草原的放牧强度要远低于典型草原和荒漠草原。可能是高的放牧强度改变了典型草原和荒漠草原中内稳性指数与生态系统功能和稳定性的关系。不管怎样,这些结果至少说明在局域尺度上化学计量内稳性可以很好地反映生态系统功能和稳定性。

很多生物和非生物因素可以影响植物内稳性、生态系统结构、功能和稳定性,从而影响它们的关系,包括土壤特性、放牧、降水、温度、植物发育阶段、器官、元素、光照、生长率(Persson 等,2010)。而且生长率变异与内稳性指数显著负相关(Yu 等, 2012),这暗示着植物控制生长率变化的能力也许是生态系统特性维持的另一个重要机制。然而,尽管 2006 年和 2007 年的降水差异很大(分别是 304 mm 和 240 mm),野外氮磷添加实验中两年的结果并没有显著性的差异。短期的氮磷添加实验还在 27 年的时间尺度和 1 200 km 的空间尺度上得到了验证。而且盆栽试验也到了与野外氮磷添加实验中相似的内稳性指数和一致的物种内稳性强弱关系,表明不同的实验处理对内稳性并没有显著的影响。所有这些一致的结果充分说明虽然有很多因素可以影响生态系统和化学计量内稳性,内稳性指数是表征生态系统结构、功能和稳定性维持的重要指标。不过,这其中的机理还需要进一步的研究。

生物多样性影响生态系统功能和稳定性主要通过补偿效应(Bai 等, 2004; Naeem 和 Li, 1997; Tilman 和 Downing,1994)。然而,由于很多生物和非生物因子可以影响生产力和稳定性,生物多样性与生态系统结构和功能的关系变化非常大(Loreau 等,2001)。上述研究表明化学计量内稳性是与生态系统结构和功能联系的重要物种特性。内稳性高的植物是那些根冠比较高的多年生草本植物(Bai 等,2004),表明在变化的环境中根通过养分的回收利用和贮存功能能够调节地上部分的生长,从而提高了物种和群落的生产力和稳定性。生态系统的稳定性与根生物量呈正相关(Tilman et al. ,2006)证明了这个解释。而且,很多物种特性是包含在内稳性之内的,包括变化环境中物种的生理适应。因此,化学计量内稳性不仅是理解食物网中植物与食草动物相互影响、协调进化本质的重要概念(Sterner 和 Elser,2002),还是表征物种优势度和稳定性、生态系统功能和稳定性的强有力的指标。

9.3 植物-蝗虫化学计量相互作用与草地养分循环

9.3.1 植物和蝗虫相互作用概况

蝗虫系直翅目(Orthoptera)蝗总科(Acrididae)昆虫总称,全世界共有1万余种(陈永林,2007)。由于一些种类可以导致十分严重的农业灾害,故蝗虫生物学及蝗灾控制研究历来为人们所高度关注(Kang等,2004)。历史上臭名昭著的东亚飞蝗(*Locusta migratoria manilensis*)、沙漠蝗(*Schistocerca gregaria*)和澳洲疫蝗(*Chortoicetes terminifera*)曾经在世界上许多地区形成蝗灾,给人类造成巨大的痛苦和损失,直至今日不时暴发的局域性蝗灾仍然经常地困扰着各国政府和人民(陈永林,2007)。以我国为例,从春秋时代到1949年新中国成立,共发生蝗灾500次以上(郭郛等,1991)。每有蝗灾发生,均引起粮食作物大幅度减产甚至令局部地区颗粒无收。所以,历史上人们把蝗灾同旱灾、水灾一起并称为"三大自然灾害"。事实上,这三大自然灾害往往是彼此相关连锁发生的(朱恩林,1999)。

蝗虫之所以会有巨大的为害势力,一方面如上同其自身生物生态学习性有密切关系,另一方面也和人类活动有重要联系。因为在人类活动频繁密集的地区,农田生态系统往往是植物物种贫乏甚至单一的地段,而且农作物种类往往既是人类喜欢食用的禾本科植物,又是蝗虫特别喜欢选择性利用的植物类群(郭郛等,1991)。同时,蝗虫喜欢取食这些植物的生长发育前期的地上部分营养器官——叶和幼茎,而人类则主要利用这些植物生长发育后期的繁殖器官——种子和果实。蝗虫利用在先,人类利用在后;故一旦蝗虫种群暴发并先行将农作物作为其食物大量消费,人类则难有足够收获来果腹且进行正常活动。这里,我们可以发现三个对蝗灾暴发至关重要的因素:气候在时间维度上的季节性变化和年际变化、人类和蝗虫食物营养生态位的重叠、植物群落的物种多样性。

能够形成蝗灾的蝗虫不仅仅是以上所述飞蝗(飞蝗在全世界只有1个物种,分为10个亚种)等3种蝗虫,仅成灾蝗虫也有较高的多样性(陈永林,2007)。例如,我国近年来除了东亚飞蝗和亚洲飞蝗外,在南方竹林分布区有黄脊竹蝗(*Ceracris kiangsu*),在北方草原区有亚洲小车蝗(*Oedaleus asiaticus*)等多种蝗虫,在水稻种植区有稻蝗属(*Oxya*)若干种[其中主要是中华稻蝗(*Oxya chinensis*)]。

当然,值得注意的事实是世界上除了少数成灾蝗虫外,绝大多数蝗虫并不对人类和生态系统整体构成灾害,而只是生态系统中一类普通成员。从下面我们对我国内蒙古锡林河流域草原生态系统中的蝗虫和植物C:N:P化学计量相互作用分析中也可以说明这一问题。

蝗虫作为草原生态系统中最重要的无脊椎动物类初级消费者,在维持和调节初级生产、养分循环和生物多样性等生态系统功能方面具有重要作用(康乐和陈永林,1992)。蝗虫对草原生态系统功能的影响首先表现为导致植物群落地上生物量大幅度显著降低(卢辉等,2005,2008;张光明,2007;Belovsky和Slade,2000)。蝗虫取食植物可能加速生态系统养分循环(Belovsky和Slade,2000; Zhang等,2011)并显著影响植物群落的物种多样性(张光明,2007)。同时,植物面对蝗虫选择压力会在群落结构方面发生演变,还可能会在繁殖等生活史对策方面作出调节。美国新墨西哥的绿斑蝗(*Hesperotettix viridis*)取食会显著降低北美蛇草(*Gutierrezia microcephala*)幼苗的成活率,而且当幼苗周围缺乏成年植株时蝗虫的毁坏作用愈大。同时,蝗虫取食不仅会降低植物生物量,而且会降低植物的繁殖潜力。关于蝗虫对生物地球化学循环的影响方面,已有研究证明,蝗虫取食在短期内即可引起植物 C 资源的分配,其结果是导致植物(玉米)地上生物量显著降低,使根系、根际分泌、根系和土壤呼吸皆显著提高。另一大头蝗(*Phoetaliotes nebrascensis*)取食西部冰草(western wheatgrass, *Pascopyrum smithii*)的实验表明,重度蝗虫取食降低了植物叶片中碳水化合物、氮元素和水分含量;同时蝗虫自身体重增长率、取食量、食物消化率皆有降低。由此可见,蝗虫和植物的相互作用复杂多样,无论对于植物和蝗虫本身还是对于生态系统整体皆具有重要的生态意义。

同所有其他类型的"植物-昆虫"相互作用系统一样,植物和蝗虫关系中的核心问题是营养问题,而 N 元素在"植物-昆虫"营养关系中具有核心位置(Mattson,1980)。N 元素作为营养元素又往往同能量元素 C 紧密耦合,故应用新近诞生的化学计量生态学原理来考察"植物-昆虫"相互作用可揭示能量和营养平衡在维持生态系统食物网的复杂性和稳定性方面的重要意义。通常情况下,植物 C∶N 化学计量指标的变化幅度较大,而植食者(动物)则由于拥有高效内稳态生理调节机制而变幅相对较小(Elser el al.,2000b),同时,植食者比它们潜在食物(植物)的 C∶N 低得多,这一点在陆地生态系统中尤为突出,例如,在陆地生态系统中,树叶 C∶(N+P) 平均超过昆虫 5～10 倍(Elser 等,2000a)。植物和植食者 C∶N 计量化学特征的差异,使植食者经常处于养分限制状态下而不至于达到种群严重爆炸,从而令生态系统保持相对稳定,同时,这可能是昆虫普遍地取食特化的原因。

在内蒙古典型草原生态系统中,多数禾本科植物作为蝗虫的食物 N 含量在 1.2%～2.4%(陈佐忠等,1985;张光明,2007),而蝗虫虫体 N 含量在 11%～16%,二者 N 含量的大幅差异明显可见。所以蝗虫在其一生的生长发育和繁殖过程中,N 素限制十分突出,这同许多其他种类昆虫的情况一致。同时,P 作为植物和昆虫重要的结构和功能元素,彼此含量差异也很明显(陈佐忠等,1985;Woods 等,2004),蝗虫在其生活史的各个阶段会受其食物 P(和/或 N)元素含量及成分的明显影响。

9.3.2 蝗虫取食对草原植物 C∶N∶P 化学计量特征的影响

在内蒙古锡林河流域的草原生态系统中,已鉴定蝗虫有 4 亚科 24 属 33 种(包括亚种)。对当地牧业造成危害的优势种蝗虫有 10 多种。其中,种群暴发于植物生长季前期的仅毛足棒角蝗(*Dasyhippus barbipus*)1 种;在植物生长季中期种群暴发的优势蝗虫有宽须蚁蝗(*Myrmeleotettix palpalis*)和亚洲小车蝗(*O. asiaticus*),其中后者近 10 年来几乎连年在本地区暴发成灾;在植物生长季后期种群暴发的优势蝗虫有狭翅雏蝗(*Chothippus dubius*),该蝗种和毛足棒角蝗在局域地段可形成灾害。除了这些优势蝗虫物种外,其他蝗虫一般对草原生态系统初级生产和牧业构成的危害比较轻。

亚洲小车蝗是近年来在我国北方中东部草地形成蝗灾的主要蝗种,该蝗种主食禾本科草本兼食莎草科苔草属等植物。亚洲小车蝗成虫在每平方米 30 头的密度下啃食可导致内蒙古锡林河流域典型草原植物群落地上净生产量(产草量)减半甚至更低(卢辉等,2005;张光明,2007),而相同密度 1～4 龄该蝗种的取食不但未使植物地上群落净生产量降低,反而会刺激植物群落表现出明显的超补偿生长(卢辉等,2005, 2008)。草原植物群落之间的差异和蝗虫生活史的复杂性均可导致不同地段不同年份同种蝗虫对植物群落生产的多样化影响。

在内蒙古锡林河流域典型草原,具有典型选择性取食习性的亚洲小车蝗啃食结果首先是令植物群落组成和结构发生明显改变。随着蝗虫密度增大,原本具有显著优势地位的大针茅和羊草在群落地上生物量中所占比例明显下降,冰草、黄囊苔草和洽草三种植物随着蝗虫密度增大所占比例也有所减小;而伴生种西伯利亚羽茅和其他一些双子叶植物所占比例上升(张光明,2007)。亚洲小车蝗对植物的取食不仅对植物种类具有选择性,且对同种植物的不同部位也具有优先选择取食的顺序性。通常,该蝗虫先啃食植物的叶片,到叶片被消费殆尽之时,再取食植物的茎部。由于多数植物叶片 N 和 P 等养分含量比茎显著为高(Matson,1980),故蝗虫的取食通常会导致植物地上生物量总体 N 和 P 等养分含量降低。但是,这种植物地上部分化学元素含量随着蝗虫消费而改变的情况又会因植物种类(受遗传性状、形态特征、物候节律、含水量等调控)和蝗虫取食强度变化而表现复杂化。

通过对羊草-大针茅典型草原上 7 种 1 类(其他植物)植物 C:N:P 化学计量特征对不同密度(强度)亚洲小车蝗啃食反应的实验研究(Zhang 等,2011),我们发现轻度啃食(每平方米低于 10 头蝗虫)导致羊草和西伯利亚羽茅 C 含量上升;当蝗虫密度进一步升高后,羊草 C 含量则开始下降。而大针茅、冰草和黄囊苔草 C 含量随蝗虫密度升高而线性降低。另外 3 种植物的反应无明显规律。相对于 N 和 P 等养分元素而言,植物的 C 含量在种类和部位之间通常差异不大,这里的几种草原植物 C 含量因蝗虫消费者作用而发生的明显变化可能是啃食刺激引起能量物质和储存物质(主要是含 C 化合物)转移所引起。在多数情况下,植物的 N 和 P 元素具有非常紧密的耦合关系,所以,N:P 通常被认为是植物比较稳定的性状之一(Zhang 等,2003)。然而,当出现连续渐变的干扰(如在蝗虫啃食强度梯度上)时,植物种类之间 N 和 P 元素含量的细微差异则可显现出来。羊草、冰草、糙隐子草、西伯利亚羽茅和其他植物的 N 和 P 含量随蝗虫密度变化而出现的变化规律一致,而大针茅、黄囊苔草和洽草中此二元素含量的变化趋势出现分异。其中,N 素含量显著降低,而大针茅 P 素含量有升高趋势,黄囊苔草和洽草 P 素含量变化不明显。相应地,C:N 和 C:P 的变化趋势在不同植物种类之间也具有较大的不同。当亚洲小车蝗密度升高时,羊草、冰草、糙隐子草 3 种植物的 C:N 和 C:P 均随之显著升高。

根据亚洲小车蝗食性,把内蒙古草原植物分成寄主植物和非寄主植物,考察其 C:N:P 化学计量生态特征结果发现,寄主植物的 C 浓度略高于非寄主植物,而寄主植物的 N 和 P 浓度皆显著低于非寄主植物。因此,寄主植物的 C:N 和 C:P 皆高于非寄主植物。然而,这两类植物的 N:P 比非常接近。在亚洲小车蝗密度梯度上,寄主植物和非寄主植物的 C:N:P 化学计量生态特征发生了显著分异,特别是其 N 和 P 元素浓度以及相关的元素比。对于 C 元素浓度,虽然总体上寄主植物和非寄主植物皆存在降低趋势,但变化细节存在不同。蝗虫密度增大后寄主植物的 C 浓度出现单调下降状态;而非寄主植物的 C 浓度在蝗虫密度增大前期(<15 头/m^2)出现增大趋势而后开始明显下降。对于 N 浓度和 P 浓度,两类植物随着蝗虫取食密度增大的反应趋势具有显著差异——寄主植物的 N 和 P 浓度显著下降直到蝗虫密度超过 30 头/m^2 时则略有回升;而非寄主植物的 N 和 P 浓度单调上升。相应地,非寄主植物的 C:N 和 C:P 沿蝗虫密度梯度单调下降,而寄主植物的 C:N 和 C:P 显著上升直到蝗虫密度超过 30 头/m^2 后转而跌落。N:P 的变化趋势同 C 元素浓度比较相似,即当蝗虫密度增大时寄主植物的 N:P

单调下降，而非寄主植物则是先增大后又下降。

在群落水平上，植物 C∶N∶P 特征同亚洲小车蝗密度具有统计极显著的线性关系（除N∶P外），植物 C 浓度随着蝗虫密度的增大而线性降低，这反映了含 C 较低的非寄主植物所占份额越来越大的事实；同样由于非寄主植物的 N 和 P 含量较高，植物总体上 N 和 P 浓度随着蝗虫密度增大而增大。相应地，植物 C∶N 和 C∶P 沿着蝗虫密度梯度而逐渐降低（图 9.2）。然而，植物的 N∶P 似乎受蝗虫密度影响不大，这反映了植物体内 N 和 P 具有较接近的分布格局；当然我们有待于开展更加细致的分析研究，去区别 N 和 P 的不同生理功能和化学计量生态意义。

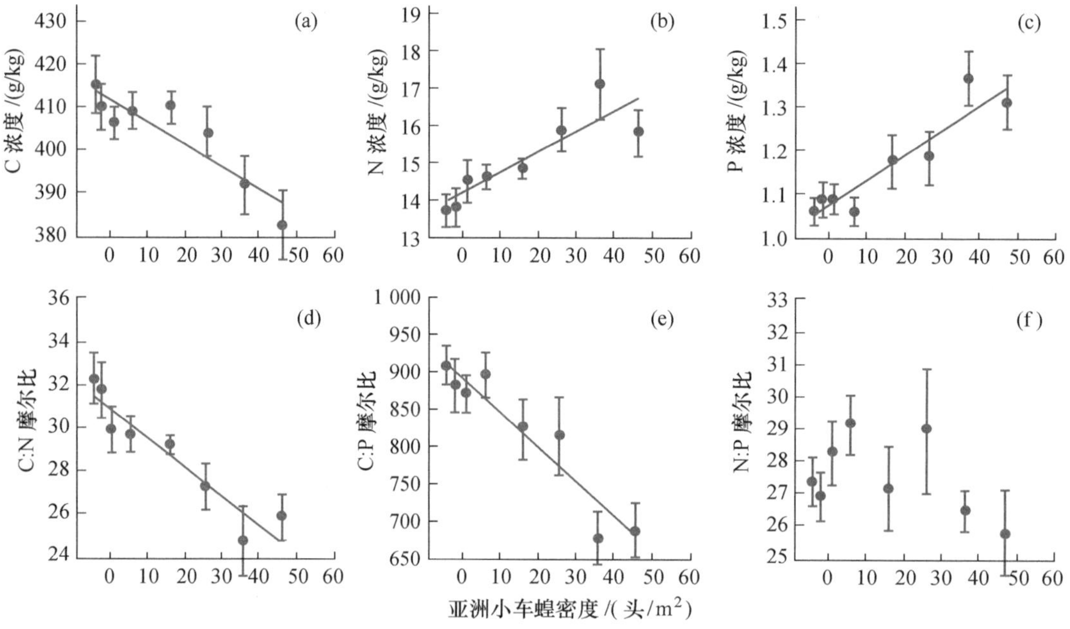

图 9.2　内蒙古典型草原植物群落水平 C∶N∶P 化学计量生态特征同亚洲小车蝗密度的关系

（误差线指标准误）

亚洲小车蝗雌雄个体 N∶P 化学计量生态特征差别明显（张光明，2007），同时，在亚洲小车蝗密度梯度上，雌雄个体的单重均随着密度增大而线性降低，说明种群拥挤会导致昆虫个体水平上生长乃至生殖率的下落并最终引起适合度降低。但是，亚洲小车蝗自身 N∶P 化学计量特征并未随着自身密度变化而出现显著变化，这表明蝗虫的 N∶P 化学计量内稳性很高。不过，蝗虫粪便中 N 和 P 元素浓度随着蝗虫密度升高而显著降低。据此可以推断，在环境压力增大食物营养供应不足时，降低粪便中 P 的含量是蝗虫 P 素和 C∶P 化学计量内稳性维持的一种生理生态机制。进一步分析表明，蝗虫的 N∶P 化学计量特征同食料植物 N∶P 关系多不明显，而蝗虫粪便的 P 浓度同食料植物 P 浓度具有显著正相关关系，表明蝗虫粪便 P 的变化是受食料植物 P 含量驱动的。

对内蒙古草原植物生长季不同时期暴发的 3 种蝗虫，即前期毛足棒角蝗（*D. barbipus*）、中期亚洲小车蝗（*O. asiaticus*）、后期狭翅雏蝗（*C. dubius*），单独以及彼此组合对植物影响（各处理总啃食程度相近）的实验（方案见表 9.1）表明，无论是前期、中期还是后期蝗虫取食，皆显著地降低了植物群落的地上生物量(AGB)。当前期蝗虫啃食30 d后AGB降低了43.1%,当中期蝗虫啃食30 d后AGB降低了54.8%,后期蝗虫单独啃食30 d后AGB降低了47.9%。而前期和中期蝗虫轻度(分别是单独取食强度的1/2)连续取食的结果使AGB降低了27.9%。到植物生长季后期,9月10日,植物群落地上生物量对8种处理的响应表明:植物在前期蝗虫取食停止2月之后AGB具有很好的恢复,而中期蝗虫取食停止1月后AGB恢复不明显,说明中期蝗虫(亚洲小车蝗)种的啃食对植物群落生产的影响是巨大且长期的。在9月10日,在中期和后期蝗虫取食处理样方的AGB值分别为对照的49.5%和49.9%。而2种蝗虫组合轻度连续取食的处理(EM、EL、ML)中,虽然其AGB皆显著低于对照,但以中后期组合(ML)的AGB为最低。3种蝗虫轻度(分别是单种蝗虫取食强度的1/3)连续取食的处理(EML)中AGB为对照的58.6%。由于蝗虫消费植物主要是取食植物的叶片,所以蝗虫取食的结果在导致每种寄主植物地上部分干重降低的同时导致茎叶比增大。每种寄主植物地上部分干重同茎叶比之间一般存在显著的负相关关系。通过对各种处理下植物群落物种多样性比较发现,多个蝗虫种连续轻度取食干扰使植物的物种多样性出现了明显的增高趋势。

表9.1 3种蝗虫按照不同组合取食植物的实验方案

处理代号	6月10日至7月10日		7月11日至8月10日		8月11日至9月10日	
	毛足棒角蝗	7月11日取样制度	亚洲小车蝗	8月11日取样制度	狭翅雏蝗	9月11日取样制度
CK	0	√	0	√	0	√
E	36♂+36♀	√	0		0	√
M	0		12♂+12♀	√	0	√
L	0		0		48♂+48♀	√
EM	18♂+18♀		6♂+6♀	√	0	√
EL	18♂+18♀		0		24♂+24♀	√
ML	0		6♂+6♀		24♂+24♀	√
EML	12♂+12♀		4♂+4♀		16♂+16♀	√

在内蒙古典型草原生态系统中,这3种蝗虫对植物的影响既有共同特点又有不同之处。共同之处有:在本实验设定的取食强度下,当每种蝗虫取食结束时,植物群落地上生物量皆显著降低,并使群落上层优势植物羊草和下层优势植物黄囊苔草的地上部分干重显著降低,标志着这3种蝗虫的取食都会使植物群落结构发生类似的变化。但是情况并不如此简单,对于植物群落上层的另一优势种——大针茅,3种蝗虫在不同季节的消费活动所引起的变化并不一致。其中前期蝗虫和后期蝗虫的取食处理均未引起大针茅地上部分干重发生显著变化,而中期蝗虫(亚洲小车蝗)则极其显著地使之降低。而对于植物C∶N化学计量特征的影响方面,3种蝗虫均未引起植物茎和叶C浓度改变;不同的是,对于优势植物羊草,前期蝗虫的取食使其茎和叶N浓度皆显著升高(其中茎N浓度为边际性显著升高),中期蝗虫取食仅使羊草叶N浓度升高,而后期蝗虫取食却导致茎和叶N浓度皆显著降低。

蝗虫取食的不同反应可能同植物自身生活史物候节律有关。植物在生长季节前期以营养生长占主导，且植物体在生长前期的N浓度也比后期高（Matton，1980），故蝗虫取食可能刺激植物生长和对N素的获取与积累，而且这种效应以作为光合作用主要进行部位的叶反应最为敏感和强烈。这样，到了生长季中期，植物（特别是优势植物羊草）叶N浓度仍表现出受蝗虫取食刺激而升高。到了生长季节后期，植物茎和叶中的养分（N和P）会转移到地下部分而表现为"养分的回收"（Lü等，2010），这时蝗虫的取食则可能因为损伤植物加速其死亡并加速其养分转移回收进程，这样在表观上即表现为蝗虫取食导致植物茎和叶N浓度的显著降低。

另外，由于植物在不同生长季节所含N素浓度不同（Marschner，1995），因此也可能导致不同季节蝗虫取食策略的差异。例如，当前期植物N素含量高是，蝗虫食量可能会相对较低；而到后期植物地上部分（特别是叶）N含量显著降低之后，蝗虫则可能增大其日摄食量以满足其生长和生殖活动的需求（Chapman和Joern，1990）。这也可能是后期蝗虫物种（狭翅雏蝗）危害较大的一个机制。

蝗虫适应于寄主植物N缺乏的方式可能像*Melanoplus sanguinipes*那样增大单次进食量，也可以像*Locusta migratoria*那样通过缩短两次进食之间的时间。而值得注意的是，蝗虫并不会消极地适应低N食物；在可能的条件下蝗虫（如*Ageneotettix deorum*）会积极地寻找营养丰富含N量高的植物或植物部位作为食物进行取食，这样会在个体、种群和群落各水平上对植物形成明显影响。

叶是植物进行光合作用的最主要器官，也是多数蝗虫取食植物的主要部位。因此，植物的叶同其他部位（如茎）对蝗虫活动的响应会有明显差别。例如，植物群落上层优势种羊草和下层植物黄囊苔草由于前期蝗虫取食茎干重无显著变化（其中羊草茎干重边际性显著降低）而叶干重显著降低；关于N浓度，常见植物叶N浓度面对前期蝗虫取食皆有显著变化，而茎N变化不明显。到中期和后期蝗虫取食后，在茎和叶干重、N浓度和C∶N等方面在常见植物中都有不同程度明显的差异。

总体而言，前期蝗虫取食对植物群落水平茎叶比的影响不明显，而中期和后期蝗虫的取食皆使植物群落水平茎叶比显著提高。而在植物物种水平上的效应因种类不同而存在差别。但格局基本一致，即蝗虫的消费使植物叶干重显著降低，而对茎干重影响不明显。同时，在蝗虫取食干扰与刺激下，植物叶C∶N化学计量特征发生明显变化，而茎则变化较弱。但是，不能忽视的是，前期蝗虫取食植物时植物尚处于比较幼嫩阶段，部分茎组织会为蝗虫所选择取食，故蝗虫的消费也会在一定程度上影响到茎的干重和养分含量变化。而中期蝗虫体型大，口器也比较大而坚硬，故其对植物茎秆也有啃食并形成对茎干重（特别是对羊草和大针茅的茎干重）和化学成分的明显影响。

比较同一处理中（处理E）植物在7月10日被前期蝗虫取食30 d刚结束和9月10日前期蝗虫取食结束60 d之后地上生物量情况，可以发现：前期蝗虫取食30 d刚结束时导致植物群落地上生物量显著降低，而经过60 d恢复后，处理E同对照之间地上生物量已无显著差异。这说明前期蝗虫取食后植物在群落水平上具有明显的补偿性生长。中期蝗虫取食后植物虽然也有一定的补偿生长（卢辉等，2008），但不是太突出。

植物养分（N）浓度对蝗虫取食的响应情况比较复杂。内蒙古草原植物在其生长季前期以营养生长为主，同时植物体在生长前期的N浓度要比后期高（Matton，1980），故蝗虫取食可能刺激植物生长和对N素的获取与积累。到了生长季中期，植物叶N浓度仍表现出受蝗虫取食刺激而升高。而到了生长季后期，植物在长期自然选择压力下形成稳定的生活史对策，将茎和叶中的养分(N和P)转移到地下部分而表现为“养分的回收”,这时蝗虫的取食则可能因为损伤植物加速其死亡并加速其养分转移回收进程,在表观上即表现致植物茎和叶N浓度的显著降低。

在草原植物-蝗虫相互作用过程中,蝗虫自身的生物学特征和生态习性对二者作用的形式、规模和方向皆具有重要意义。本实验所涉及的3种暴发在不同季节的蝗虫具有各自独特的生物学特征和生态习性。尽管在我们的研究中设定不同处理具有相同强度的蝗虫生物量存在,但由于蝗虫物种差别可能会导致处理之间的不对等,进而影响实验比较结果。例如,前期蝗虫和后期蝗虫个体体型小,其中尤以后者为甚。体型小者在取食时更长时间抱停在植物冠层叶片上的可能性更大,因为它们花费较少的能量便可实现这一行为。同时小体型蝗虫口器也比较小,其啃食植物组织的大小、硬度方面也相对较小;相反,中期蝗虫亚洲小车蝗属于内蒙古草原蝗虫中个体体型较大的一类,其口器也较大,因此亚洲小车蝗取食植物的部位、组织大小、硬度等也相应较大,同时由于亚洲小车蝗具有较强的飞翔和跳跃能力,故其通过物理损伤对植物地上生物量和凋落物的影响也会比较大(张光明,2007)。动植物相互作用中各营养层上生物个体大小和其生物生态习性和特征对二者关系的意义,在昆虫-植物、哺乳动物-植物等体系中可能是一普遍现象。

关于物种多样性与生态系统功能(如初级生产力,又常用植物群落地上生物量代表)的关系,尽管许多研究结果存在矛盾,但是主要和基本观点是:多样性的提高有利于初级生产力提高(Hooper等,2005)。对于同一营养级上多样性和生产力关系研究已比较充分,而不同营养级之间相互作用对“多样性-生产力”关系的研究比较缺乏。内蒙古草原蝗虫和植物相互作用实验结果表明,尽管蝗虫多样性(物种数)对植物初级生产力影响不显著,但对植物群落的变异度和多样性具有明显影响。特别是,蝗虫在时间维度(季节)上的多样性同植物群落物种多样性之间的逻辑正相关关系(蝗虫物种数越多,植物群落物种多样性越高)增进了我们对草原生态系统生物多样性维持的认识。

进一步的实验表明,N沉降和不同季节蝗虫取食对内蒙古典型草原植物群落的地上生物量(AGB)具有显著影响。在蝗虫取食和添加N素当年(2008年),前期(6月10日至7月10日)蝗虫(毛足棒角蝗)取食2个月后(9月10日)AGB得到恢复,同对照相比统计上差异不显著,但存在一定的降低效应(9.1%)。而中期(亚洲小车蝗)和后期(狭翅雏蝗)蝗虫的取食显著地降低了AGB,在9月10日同对照相比分别减少了25.3%和21.5%。显而易见,N素添加除了对中期蝗虫取食的一对处理(M和M+N)外皆显著提高了植物在群落水平上的地上生物量。比较没有蝗虫取食的一对处理(CK和+N)发现,N素添加使AGB提高了20.2%。不过,N素添加并没有改变不同季节蝗虫对AGB的影响格局。

然而,无论N沉降还是蝗虫取食,对内蒙古典型草原AGB的长期影响格局明显不同于短期。经过2008年蝗虫取食和添加N处理之后并未进行进一步的实验处理。到2009年9月1日植物地上生物量达到最大时,收获取样分析表明:AGB对蝗虫取食出现了复杂的响应。在无N素添加情况下,上一年前期蝗虫取食使AGB上升10.6%,上一年中期蝗虫使AGB下降17.0%,而后期蝗虫的作用在第二年已经不显著了。而在N素添加情况下,上一年中期蝗虫使AGB提高了15.2%,另外2种蝗虫的作用已不显著。比较没有蝗虫取食的2处理发现,N素添加使AGB提高了5.0%。

由此可以看出,从当年短期效应和2年尺度的长期效应来说,N素添加基本上同样地促进植物群落地上生物量的增加(尽管长期效应比较弱),而蝗虫取食在短期内降低AGB,而其长期效应比较复杂，可能同植物群落的初始状以及同蝗虫取食强度有关。N 沉降和蝗虫（特别是中期蝗虫）取食存在交互作用。

9.3.3 蝗虫与草原生态系统养分循环

蝗虫作为初级消费者是草原生态系统食物网的重要组成部分，对养分循环具有重要作用。实验表明，在内蒙古草原生态系统中蝗虫（例如亚洲小车蝗）取食不仅能够改变植物群落的地上生物量，还可以显著影响凋落物的多少。而且随着虫口密度的增大，这种影响益加明显。笔者野外观察发现，蝗虫取食使凋落物增加的原因，首先是因为蝗虫通常咬食禾本科植物条形叶片的中间部位将叶片咬断从而导致上部叶片组织掉落地面，同时，蝗虫消费植物还会引起植物提前死亡而成为凋落物的一部分。然而，随着蝗虫密度增大，数量有限的植物逐渐不能满足蝗虫消费需要，部分掉落地面但尚未枯干植物片段也被蝗虫取食利用，因此凋落物的量反而会减少。

凋落物 C 浓度受蝗虫影响不明显，而凋落物 N 和 P 浓度在蝗虫密度增长的开始阶段（约当亚洲小车蝗密度<30 头/m^2 时）出现显著升高趋势，这说明在此定义域内蝗虫取食导致的含养分元素 N 和 P 丰富的植物幼嫩组织的掉落呈增加态势。相应地，凋落物 C:N 和 C:P 在蝗虫密度增长的开始阶段呈降低趋势。因为凋落物 C:N 和 C:P 越低其分解速度越快（韩兴国等，1999），所以蝗虫消费将加速草原生态系统的养分循环，而且这一效应随着蝗虫密度增大而逐渐加强。

蝗虫对草原生态系统养分循环的影响，除了啃食活体植物组织以外，还包括蝗虫在活动过程中对凋落物的踩踏、翻拱和摩擦粉碎作用。蝗虫是一类运动性非常强的动物，其成虫具有高超的飞翔能力，其幼虫则极其善于跳跃。在寻找食物和栖息场所、求偶、产卵和躲避敌害过程中，蝗虫最主要的凭靠保障就是植物。在二者紧密相依、彼此作用之际，蝗虫往往可以通过物理作用加速凋落物的分解进而深刻地影响草原生态系统的养分循环过程。

在蝗虫的生活史中，产卵和卵孵化是十分关键的环节。产卵活动可改变土壤结构、影响土壤通透性和水热状态，从而间接地作用于生态系统养分循环。蝗虫对产卵地具有较高要求，例如东亚飞蝗通常在高埂坚硬的地段产卵（郭郛等，1991），而亚洲小车蝗也有类似的习性。这一行为特征决定了蝗虫产卵可以进一步加重草原生态系统的土壤异质性，从长远看可以改变植物群落斑块特征并影响其结构和养分循环等生态系统功能。埋藏在土壤里的蝗卵并不是全部都会孵化，适宜的气候条件到来时蝗卵短时间大量孵化便出现种群暴发成为人类闻之色变的蝗灾。而多数情况下气候条件并不适宜，大量的蝗卵保留在土层里死亡腐烂，成为土壤有机质的一部分直接地成为生态系统养分循环的一个地下链接。此外，蝗虫幼虫和成虫死亡后，尸体也会部分地混入土壤之中，构成土壤有机质的一部分。所以，蝗虫产卵和卵孵以及尸体对养分循环的贡献是准确描述、精确模拟草原生态系统结构和动态过程的重要参量，当引起研究者足够重视。

自然环境下，蝗虫是其天敌动物如鸟类、蜘蛛、蚂蚁、黑卵蜂等蜂类、线虫、真菌、原生动物、青蛙、蜥蜴等的食物资源，无论蝗卵、蝗蝻还是成虫，一生中以其大量的种群为天敌动物捕食利用，以其部分贡献维持着多种生物类群的繁衍生存，在形成草原生态系统丰富多彩生物多样性的同时，共同参与和促进了养分循环和能量流动。不同类型系统在不同时间里蝗虫对养分循环的贡献具有较大差别，然而在蝗虫种群较大的系统和地段，其作用可能会相当重要。

9.4 草原生态演替的化学计量驱动机制

草原是一类在周期性水分不足且无地下水供应条件下一些旱生或旱中生草本植物共存一起所组成的植物群落(侯学煜，1982)。由于太阳辐射、大气环流和区域地质地貌共同作用，在地球上经过长期的生态演替和进化，在欧亚大陆、北美和南美以及非洲等地出现了草原这一重要的生态系统类型。较短时间尺度内，草原生态系统有其相对稳定性；而在较长时间尺度上，草原是一系列不断变化着的生态系统。近代由于人类活动影响，草原生态演替正在加速且更为复杂化。

在我国东部草原区分布着许多古火山爆发相关成因的新生代玄武岩，是中新世裂隙式火山活动产生的大陆溢流玄武岩，属于钠质碱性玄武岩系列(刘若新，1992)，这构成了该地区土壤多呈碱性的地质历史基础。在原生演替系列上，C 素循环是驱动草原生态演替的主导化学元素相关过程。绿色植物通过光合作用把大气中的 CO_2 转化为有机 C 然后部分地输送到土壤中，同时携带着含 N 物质一起改变着土壤的化学成分特别是促进土壤养分丰富化因而 C∶N 和 C∶P 提高，使土壤碱性逐渐减弱，并进一步驱动着生其中的微生物和植物种类和丰富度均发生变化，积年累月诱发着生态系统的持续演替。通过火山堆、玄武岩高台地不同地段土壤和植物 C∶N∶P 以及 K、S、Ca、Na、Si、Fe、Al 等化学元素的含量和比率关系的化学计量研究，可以发现地质历史和成土母质对土壤理化性质的决定意义以及土壤对植被性质的制约作用。土壤物理性质和化学计量特征决定了生态系统演替的速率和抗干扰能力。

工业革命以来，人类对自然的影响力剧增(Vitousek 等，1997)。化石燃料的开采和燃烧、化肥的使用、豆科作物的种植等极大地改变了地球生态系统的 N 循环，造成范围渐广、幅度渐增的 N 沉降(Vitousek 等，1997；Elser 等，2009)。已有研究表明，N 沉降可导致土壤酸化、增加土壤 N∶P，深刻作用于系统演变。而随着人口增加、经济驱动下放牧压力增大，过牧和草原退化成为威胁我国北方草原和各类草地生态系统稳定与可持续利用的重大问题。任海彦(2009)通过比较内蒙古草原 20 年前后放牧和禁牧条件下植物的 N∶P 化学计量特征，发现禁牧样地 N 位发生明显变化，P 显著增加，而放牧样地植物 N 含量上升了 8.4%，P 和N∶P无显著变化，且放牧所导致的植物 N 增加在典型草原和草甸草原中均十分显著。同时，水分条件越好，放牧驱动植物吸收的养分(N 和 P)越多。无独有偶，银晓瑞等(2010)在同一地区的独立研究表明，同恢复 24 年(基本接近原生群落)的群落相比，严重退化(重度放牧干扰)土壤有机质和 N、P 养分略低、C∶N 较高、N∶P 较低；而严重退化群落中 10 种常见植物(包括大针茅)的 C 含量低、N 和 P 含量较高，C∶N 和 N∶P 较低。李海英等(2004)比较研究了青藏高原高寒矮蒿草草甸不同退化演替阶段植物地上部氮磷元素，P 含量中度退化样地最高、重度退化样地最低；N 的含量则相反，重度退化样地最高、中度退化样地最低；总体上可以看出，未受放牧干扰的原生群落植物 N 和 P 含量并不比放牧样地高。然而，Cease 等(2012)最近一篇报道指出，重度放牧地段植物(包括大针茅)N 含量下降。这一矛盾的结果可能是后者取样地段较大密度的蝗虫啃食所引起(Cease 等，2012)。尽管诸多研究有一些彼此矛盾的结果，但是共同的结论是过度放牧等人为活动显著降低了草原植物群落的地上生物现存量、改变了小气候和植被景观、引起土壤沙化和其他不良后果(陈佐忠和汪诗平,1990),这一过程属于逆行演替。尽管轻度放牧有时可促进土壤C和N素积累(何念鹏等,2012),但是在过度放牧活动导致的逆行演替过程中,由于牛羊取食和消耗大量草原生态系统初级生产之后被转移到系统以外,故引起系统内部N、P、K、Ca、Fe等养分元素总量趋于减少,特别是土壤C、N、P等含量的降低(高雪峰和韩国栋,2011;何念鹏等,2012)会引起土壤微生物量下降等连锁反应,造成系统生产力降低、保持水土和维持良性生物地球化学循环的功能减弱。

由于人为因素和风蚀、蝗灾等自然因素造成的草原生态系统出现退化以后,在外界干扰减弱或停止(如退耕还草、禁牧等)情况下,在退化系统上则出现次生演替进程(恢复)。通过围栏封育,植物地上和地下生物量增加(Li等,2008)、凋落物量增加而C∶N降低(阚雨晨等,2011)、土壤含盐量和pH值显著下降、土壤有机质、全氮、全磷、速效氮和速效磷等养分含量显著增加、微生物生物量C、N、P和土壤脲酶、磷酸单酯酶、脱氢酶、蛋白酶活性均大幅度提高(曹成有等,2011),养分循环等生态系统功能得以改善。

通过以上分析可知,在原生和次生演替等顺行演替过程中土壤C∶N、C∶P和C∶N等元素化学计量性质可能作为一种约束因子影响着演替的速率,而逆行演替过程中C∶N∶P化学计量变量则属于诱发因素。探索草原生态演替进程中的化学计量驱动细节,有助于增进人们对草原生态系统稳定性和生物多样性维持机制,有益于制定更为科学的草原管理政策。

草地生态系统化学计量生态学研究方兴未艾,本章以近10年来该领域工作为主缀录了在我国北方草地开展的相关研究结果,并结合其他地区部分重要研究案例,描绘出一幅本学科方向草图以启发更加深入和更为系统的研究工作。

9.5 结语与展望

资源比理论、化学计量内稳性、生长率理论、消费者驱动型养分再循环研究是过去半个世纪中化学计量生态学进展最明显的研究领域,陆地生态系统化学计量生态学研究同水生生态系统相比明显滞后(Sterner和Elser,2002;Elser等,2010)。我国学者在农业科学研究过程中积累了十分丰富和弥足珍贵的C∶N∶P∶K化学计量生态学知识,而在草原和森林生态系统开展化学计量生态学研究仅仅是最近10年间的事(张光明,2007)。由于该方向研究既直接触及生命系统的化学元素组成和能量驱动本质,又可整合从基因到生态系统多层次研究,故于短期内已获得诸多学者的热情参与并取得了不少可喜结果。

基于过去工作,我们在此提出关于草原生态系统化学计量学研究的几个方向以作参考:

(1) 同一草原生态系统内植物和动物C∶N∶P以及其他多种必需化学元素的化学计量生态谱(全景图)研究;

(2) 放牧生态系统化学计量生态学研究;

(3) 草原植物—蝗虫相互作用中C∶N∶P以及K∶Na∶Ca∶Si化学计量关系同其他生态因子的互动过程解析;

(4) 在生理生态水平上开展C∶N∶P以及多种必需元素的化学计量生态研究,仍然是本学科理论研究的基础和重点方向;

(5) 以生长、生殖和种群动态理论为基础、以社会经济和文化为背景、以营养为红线研究草原地区人类 C∶N∶P 和 K∶Na∶Ca 等多种必需元素的化学计量关系，将具有特殊意义；

(6) 以不同生态因子为标准在较大地理尺度设立的样带上考察草原植物和动物 C∶N∶P 化学计量特征的空间格局，研究生物体化学元素组成对环境因子的长期适应和进化；

(7) 结合地质学和古生物学研究，运用化石鉴定、孢粉学和同位素技术，探索地质史上草原生物 C∶N∶P 化学计量特征形成和演变动因、轨迹和意义；

(8) 在一个合适的地理单元(如流域)中研究草原植物和动物 C∶N∶P 化学计量关系，对于我们认识特定区域水平上人类活动对自然生态系统的影响程度具有重要实践意义；

(9) 在工业(如煤炭、钢铁生产)主导地区，开展草原生态系统的现代特征和 C∶N∶P 化学计量响应机理研究，探索生物的快速适应与生物多样性演变动态；

(10)草原生态系统恢复和设计中 C∶N∶P 以及其他必需元素化学计量学原理的应用，将直接服务于地方经济建设和国家需求。

草原生态学研究经历了种类收集、植被类型和动植物区系调查、单学科独立研究、以畜牧业为驱动的植被生产和新品种培育试验研究、区域生态系统综合分析、草原生态系统长期定位研究、人类影响和全球气候变化同草原生态系统之间的关系探索、退化草原生态系统的恢复试验、区域生态模型模拟、草原社会经济和生态学综合研究、草原地区可持续发展研究等阶段。过细的学科分割导致我们对草原生态状况的整体框架缺乏清晰的认识和描绘，而且从过于分散的研究中也很难找到比较理想的扼制草原退化、保护草原生态的方略。化学计量生态学通过对组成生命系统的物质(化学元素)和能量的运转循环和比例平衡关系入手(Sterner 和 Elser，2002)，通过整合从分子到生态系统的多层次研究，有望为我们实现整体性认识草原生态系统打开了一扇更为宽敞的大门。

本章编写人：张光明，张丽霞，庚强，韩兴国

参考文献

曹成有，邵建飞，蒋德明，等. 2011. 围栏封育对重度退化草地土壤养分和生物活性的影响。东北大学学报(自然科学版)，32(3)：447-451.

陈永林. 2007. 中国主要蝗虫及蝗灾的生态学治理. 北京：科学出版社.

陈佐忠，黄德华，张鸿芳. 1985. 内蒙古锡林河流域 122 种植物的元素化学特征. // 中国科学院内蒙古草原生态系统定位站. 草原生态系统研究(第 1 集). 北京：科学出版社，112-131.

陈佐忠，汪诗平. 2000. 中国典型草原生态系统. 北京：科学出版社.

方精云. 2000. 全球生态学. 北京-Heidelberg：高教出版社-Springer Verlag 联合出版.

冯瑞章，周万海，龙瑞军，等. 2007. 江河源区不同建植期人工草地土壤养分及微生物量磷和磷酸酶活性研究. 草业学报，16(6)：1-6.

高雪峰，韩国栋. 2011. 放牧对羊草草原土壤氮素循环的影响. 土壤，43(2)：161-166.

耿燕，吴漪，贺金生. 2011. 内蒙古草地叶片磷含量与土壤有效磷的关系. 植物生态学报，35(1)，1-8.

郭郛，陈永林，卢宝廉. 1991. 中国飞蝗生物学. 济南：山东科学技术出版社.

韩兴国，李凌浩，黄建辉. 1999. 生物地球化学概论. 北京-Heidelberg：高等教育出版社-施普林格出版社.
何念鹏，韩兴国，于贵瑞. 2012. 内蒙古放牧草地土壤碳固持速率和潜力. 生态学报，32(3)：844-851.
贺金生，韩兴国. 2010. 生态化学计量学：探索从个体到生态系统的统一化理论. 植物生态学报，34(1)：2-6.
侯学煜. 1982. 中国植被地理及优势植物的化学成分. 北京：科学出版社.
黄建辉，江洪，孔繁志. 1997. 东灵山地区落叶阔叶林乔木层营养元素积累量特征研究. //陈灵芝. 暖温带森林生态系统的结构与功能研究. 北京：科学出版社，265-271.
黄菊莹. 2008. 典型草原优势植物养分回收特性对养分和水分梯度变化的响应(博士学位论文). 北京：中国科学院植物研究所.
阚雨晨，王堃，王宇通，等. 2011. 典型草原封育过程中植物凋落物的变化动态. 草原与草坪，31(4)：25-29.
康乐，陈永林. 1992. 典型草原蝗虫种群数量、生物量和能值的比较研究. //中国科学院内蒙古草原生态系统定位站. 草原生态系统研究(第4集). 北京：科学出版社，141-150.
李博，雍世鹏，李忠厚. 1988. 锡林河流域植被及其利用. //中国科学院内蒙古草原生态系统定位站. 草原生态系统研究(第3集). 北京：科学出版社，84-183.
李海英，彭红春，王启基. 2004. 高寒矮蒿草草甸不同退化演替阶段植物地上部氮磷元素比较. 西北植物学报，24(11)：2069-2074.
刘若新. 1992. 中国新生代火山岩年代学与地球化学. 北京：地震出版社.
卢辉，韩建国，张泽华. 2008. 典型草原亚洲小车蝗危害对植物补偿生长的作用. 草业科学，25(5)：112-116.
卢辉，余鸣，张礼生，等. 2005. 不同龄期及密度亚洲小车蝗取食对牧草产量的影响. 植物保护，31(4)：55-58.
任海彦. 2009. 放牧对内蒙古草原植物 C:N:P 化学计量特征和资源分配的影响(硕士学位论文). 北京：中国科学院植物研究所.
任书杰，于贵瑞，陶波，等. 2007. 中国东部南北样带654种植物叶片氮和磷的化学计量学特征研究. 环境科学，28(12)：2665-2673.
苏大学. 1994. 中国草地资源的区域分布与生产力结构. 草地学报，2(1)：71-77.
万宏伟. 2006. 内蒙古高原成熟和退化羊草草原群落物种功能特性与土壤微生物量 C、N、P 对氮素添加响应(硕士学位论文). 北京：中国科学院植物研究所.
王长庭，龙瑞军，曹广民，等. 2008. 高寒草甸不同类型草地土壤养分与物种多样性-生产力关系. 土壤通报，39(1)：1-8.
王绍强，于贵瑞. 2008. 生态系统碳氮磷元素的生态化学计量学特征. 生态学报，28(8)：3937-3947.
吴田乡，黄建辉. 2010. 放牧对内蒙古典型草原生态系统植物及土壤 N 的影响. 植物生态学报，34(2)：160-169.
锡林郭勒盟土壤肥料工作站. 1991. 锡林郭勒盟土壤. 呼和浩特：内蒙古人民出版社.
徐冰，程雨曦，甘慧洁，等. 2010. 内蒙古锡林河流域典型草原植物叶片与细根性状在种间及种内水平上的关联．植物生态学报，34(1)：29-38.
杨阔，黄建辉，董丹，等．2010．青藏高原草地植物群落冠层叶片氮磷化学计量学分析．植物生态学报，34(1)：17-22.
银晓瑞，梁存柱，王立新，等．2010．内蒙古典型草原不同恢复演替阶段植物养分化学计量学．植物生态学报，34(1)：39-47.
庾强．2009．内蒙古草原植物化学计量生态学研究(博士学位论文)．北京：中国科学院植物研究所.
曾德慧，陈广生．2005．生态化学计量学：复杂生命系统奥秘的探索．植物生态学报，29(6)：1007-1019.
张光明．2007．植物和昆虫相互作用的C:N:P化学计量生态学初步研究：以草原植物-蝗虫系统和榕树-榕小蜂互惠共生体为例(博士学位论文)．北京：中国科学院植物研究所.
张丽霞．2003．植物计量化学：中国高等植物的分异规律与野外实验初步验证(博士学位论文)．北京：中国科学院植物研究所.
Ågren G I. 2004. The C:N:P stoichiometry of autotrophs-theory and observations. Ecology Letters, 7: 185-191.
Aerts R. 1996. Nutrient resorption from senescing leaves of perennials: are there general patterns? Journal of ecology, 84: 597-608.
Bai Y, Han X G, Wu J G, et al. 2004. Ecosystem stability and compensatory effects in the Inner Mongolia grassland. Nature, 431: 181-184.
Bai Y, Wu J G, Clark C M, et al. 2010 . Tradeoffs and thresholds in the effects of nitrogen addition on biodiversity and ecosystem functioning: evidence from inner Mongolia Grasslands. Global Change Biology, 16, 358-372.
Bedford B L, Walbridge M R, Aldous A. 1999. Patterns in nutrient availability and plant diversity of temperate North American wetlands. Ecology, 80: 2151-2169.
Belanger, G, Brégard A, Michaud R. 2002. Phosphorous uptake and concentration of timothy enotypes under varying N applications. Crop Science, 42: 2044-2048.
Belovsky G E, Slade J B. 2000. Insect herbivory accelerates nutrient cycling and increases plant production. Proceedings of the National Academy of Sciences (USA), 97: 14412-14417.
Braakhekke W G, Hooftman D A P. 1999. The resource balance hypothesis of plant species diversity in grassland. Journal of Vegetation Science, 10: 187-200.
Cease A J, Elser J J, Ford C F, et al. 2012. Heavy livestock grazing promotes locust outbreaks by lowering plant nitrogen content. Science, 335: 467-469.
Chapin Ⅲ F S, Mastson P A, Mooney H A. 2002. Principles of Terrestrial Ecosystem Ecology. New York: Springer-Verlag.
Chapin Ⅲ F S, Bloom A J, Field C B, et al. 1987. Plant response to multiple environmental factors. BioScience, 37: 49-57.
Chapman R F, Joern A. 1990. Biology of Grasshoppers. New York: John Wiley and Sons.
Cheng W X, Chen Q S, Xu Y Q, et al. 2009. Climate and ecosystem N natural abundance

along a transect of Inner Mongolian grasslands: Contrasting regional patterns and global patterns. Global Biogeochemical Cycles, 23: GB2005. doi:10.1029/2008GB003315.

Cui Q, Lü X T, Wang Q B, et al. 2010. Nitrogen fertilization and fire act independently on foliar stoichiometry in a temperate steppe. Plant and Soil, 334: 209-219.

Danger M, Dufresne T, Pissard S, et al. 2008. Does Liebig's law of the minimum scale up from species to communities Oikos, 117: 1741-1751.

Daufresne T, Loreau M. 2001. Plant-herbivore interactions and ecological stoichiometry: when do herbivores determine plant nutrient limitation? Ecology Letters, 4: 196-206.

DeMott W R, Pape B J. 2005. Stoichiometry in an ecological context: testing for links between Daphnia P-content, growth rate and habitat preference. Oecologia, 142: 20-27.

Downing J A, McCauley E. 1992. The nitrogen: phosphorus relationship in lakes. Limnology & Oceanograph, 37: 936-945.

Elser J J, Fagan W F, Denno R F, et al. 2000a. Nutritional constraints in terrestrial and freshwater food webs. Nature, 408: 578-580.

Elser J J, Sterner R W, Gorokhova E, et al. 2000b. Biological stoichiometry from genes to ecosystems. Ecology Letters, 3: 540-550.

Elser J J, Bracken M E, Cleland E E, et al. 2007. Global analysis of nitrogen and phosphorus limitation of primary producers in freshwater, marine and terrestrial ecosystems. Ecology letters, 10: 1135-1142.

Elser J J, Andersen T, Baron J S, et al. 2009. Shifts in lake N:P stoichiometry and nutrient limitation driven by atmospheric nitrogen deposition. Science, 326: 835-837.

Elser J J, Fagan W F, Kerkhoff A J, et al. 2010. Biologival stoichiometry of plant production: metabolism, scaling and ecological response to global change. New Phytologist, 186: 593-608.

Field C, Merino J, Mooney H A. 1983. Compromises between water-use efficiency and nitrogen-use efficiency in 5 species of California evergreens. Oecologia, 60: 384-389.

Garten Jr C T. 1976. Correlations between concentrations of elements in plants. Nature, 261: 686-688.

Güsewell S, Bollens U. 2003. Composition of plant species mixtures grown at various N:P ratios and levels of nutrient supply. Basic and Applied Ecology, 4: 453-466.

Güsewell S. 2004. N:P ratios in terrestrial plants: variation and functional significance. New Phytologist, 164: 243-266.

Han W X, Fang J Y, Guo D L, et al. 2005. Leaf nitrogen and phosphorus stoichiometry across 753 terrestrial plant species in China. New Phytologist, 168: 377-385.

Han W X, Fang J Y, Reich P B, et al. 2011. Biogeography and variability of eleven mineral elements in plant leaves across gradients of climate, soil and plant functional type in China. Ecology Letters, 14: 788-796.

Harpole W S, Ngai J T, Cleland E E, et al. 2011. Nutrient co-limitation of primary producer communities. Ecology Letters, 14: 852-862.

He J S, Fang J Y, Wang Z H, et al. 2006. Stoichiometry and large-scale patterns of leaf carbon and nitrogen in the grassland biomes of China. Oecologia, 149: 115-122.

He J S, Wang L, Flynn D F B, et al. 2008. Leaf nitrogen:phosphorus stoichiometry across Chinese grassland biomes. Oecologia, 155: 301-310.

Holland J N, Cheng W X, Jr Crossley D A. 1996. Herbivore-induced changes in plant carbon allocation: assessment of below-ground C fluxes using carbon-14. Oecologia, 107: 87-94.

Hooper D U, Chapin F S, Elser J J, et al. 2005. Effects of biodiversity on ecosystem functioning: A consensus of current knowledge. Ecological Monographs, 75: 3-35.

Jeyasingh P D, Weider L J, Sterner R W. 2009. Genetically-based trade-offs in response to stoichiometric food quality influence competition in a keystone aquatic herbivore. Ecology Letters, 12: 1229-1237.

Johnson N C. 2010. Resource stoichiometry elucidates the structure and function of arbuscular mycorrhizas across scales. New Phytologist, 185: 631-647.

Jones C G, Lawton J H. 1995. Linking Species and Ecosystems. New York: Chapman & Hall.

Kang L, Chen X Y, Zhou Y, et al. 2004. The analysis of large-scale gene expression correlated to the phase changes of the migratory locust. Proceedings of the National Academy of Sciences (USA), 101: 17611-17615.

Koerselman W, Meuleman A F M. 1996. The vegetation N:P ratio: A new tool to detect the nature of nutrient limitation. Journal of Applied Ecology, 33: 1441-1450.

Kooijman S A L M. 1995. The stoichiometry of animal energetics. Journal of Theoretical Biology, 177: 139-149.

Li Y H, Wang W, Liu Z L, et al. 2008. Grazing gradient versus restoration succession of Leymus chinensis (Trin.) Tzvel. grassland in Inner Mongolia. Restoration Ecology, 16: 572-583.

Liebig J. 1842. Animal Chemistry, or Organic Chemistry in its Application to Physiology and Pathology. New York: Johnson Reprint Corporation, USA.

Loreau M, Naeem S, Inchausti P, et al. 2001. Biodiversity and ecosystem functioning: current knowledge and future challenges. Science, 294: 804-808.

Lü X T, and Han X G. 2010. Nutrient resorption responses to water and nitrogen amendment in semi-arid grassland of Inner Mongolia, China. Plant and Soil, 327: 481-491.

Lü F M, Lü X T, Liu W, et al. 2011. Carbon and nitrogen storage in plant and soil as related to nitrogen and water amendment in a temperate steppe of northern China. Biology and Fertility of Soils, 47: 187-196.

Makino W, Cotner J B, Sterner R W, et al. 2003. Are bacteria more like plants or animals? Growth rate and resource dependence of bacterial C:N:P stoichiometry. Functional Ecology, 17: 121-130.

Marschner H. 1995. Mineral nutrition of higher plants (2nd ed). London: Academic Press.

Mattson W J. 1980. Herbivory in relation to plant nitrogen content. Annual Review of Ecology & Systematics, 11: 119-161.

McGroddy M E, Daufresne T, Hedin L O. 2004. Scaling of C:N:P stoichiometry in forests worldwide: implications of terrestrial Redfield-type ratios. Ecology, 85: 2390-2401.

Naeem S, Li S B. 1997. Biodiversity enhances ecosystem reliability. Nature, 390, 507-509.

Persson J, Fink P, Goto A, et al. 2010. To be or not to be what you eat: regulation of stoichiometric homeostasis among autotrophs and heterotrophs. Oikos, 119: 741-751.

Redfield A C. 1958. The biological control of chemical factors in the environment. American Scientist, 46, 205-221.

Reich P B, Oleksyn J. 2004. Global patterns of plant leaf N and P in relation to temperature and latitude. Proceedings of the National Academy of Sciences (USA), 101: 11001-11006.

Reiners W A. 1986. Complementary models for ecosyetems. American Naturalist, 127: 59-73.

Sperfeld E, Martin-Creuzburg D, Wacker A. 2012. Multiple resource limitation theory applied to herbivorous consumers: Liebig′s minimum rule vs. interactive co-limitation. Ecology Letters, 15: 142-150.

Sterner R W, Elser J J. 2002. Ecological Stoichiometry: The Biology of Elements from Moleculaes to the Biosphere. Princeton: Princeton University Press.

Stock W D, Verboom G A. 2012. Phylogenetic ecology of foliar N and P concentrations and N:P ratios across mediterranean-type ecosystems. Global Ecology and Biogeography doi: 10.1111/j.1466-8238.2011.00752.x.

Thompson K E N, Parkinson J A, Band S R, et al. 1997. A comparative study of leaf nutrient concentrations in a regional herbaceous flora. New Phytologist, 136: 679-689.

Tilman D, Downing J A. 1994. Biodiversity and stability in grasslands. Nature, 367: 363-365.

Tilman D, Reich P B, Knops J M H. 2006. Biodiversity and ecosystem stability in a decade-long grassland experiment. Nature, 441: 629-632.

Vitousek P M, Howarth R W. 1991. Nitrogen limitation on land and in the sea: how can it occur? Biogeochemistry, 13: 87-115.

Vitousek P M, Mooney H A, Lubchenco J, et al. 1997. Human domination of earth's ecosystems. Science, 277: 494-499.

Vitousek P M. 2003. Stoichiometry and flexibility in the Hawaiian model system. Pages 117-133. in Melillo J M, Field C B, Moldan B (ed.). Interactions of the Major Biogeochemical Cycles-Global Change and Human Impacts. Washington: Island Press.

Wang Q, Zhang L, Li L, et al. 2009. Changes in carbon and nitrogen of Chernozem soil along a cultivation chronosequence in a semi-arid grassland. European Journal of Soil Science, 60: 916-923.

Wassen M J, Olde Venterink H G M, De Swart EOAM. 1995. Nutrient concentrations in mire vegetation as a measure of nutrient limitation in mire ecosystems. Journal of Vegetation Science, 6: 5-16.

Williams RJP, Silva JJRFd. 1996. The Natural Selection of the Chemical Elements: The Environment and Life's Chemistry. Clarendon: Oxford University Press.

Woods H A, Fagan W F, Elser J J, et al. 2004. Allometric and phylogenetic variation in insect phosphorus content. Functional Ecology, 18: 103-109.

Wright I J, Reich P B, Westoby M, et al. 2004. The worldwide leaf economics spectrum. Nature, 428: 821-827.

Wright I J, Reich P B, Cornelissen J H C, et al. 2005. Assessing the generality of global leaf trait relationships. New Phytologist, 166: 485-496.

Yu Q, Chen Q S, Elser J J, et al. 2010. Linking stoichiometric homeostasis with ecosystem structure, functioning, and stability. Ecology Letters, 13: 1390-1399.

Yu Q, Elser J J, He N P, et al. 2011. Stoichiometric homeostasis of vasular plants in the Inner Mongolia grassland. Oecologia, 166: 1-10.

Yu Q, Wu H H, He N P, et al. 2012. Testing the growth-rate hypothesis in vascular plants with above-and below-ground biomass. PLoS ONE, Doi:10. 1371/journal. pone. 0032162.

Zhang G M, Han X G, Elser J J. 2011. Rapid top-down regulation of plant C:N:P stoichiometry by grasshoppers in an Inner Mongolia grassland ecosystem. Oecologia, 166: 253-264.

Zhang L X, Bai Y F, Han X G. 2003. Application of N:P stoichiometry to ecology studies. Acta Botanica Sinica, 45: 1009-1018.

Zhang L X, Bai Y F, Han X G. 2004. Differential responses of N:P stoichiometry of Leymus chinensis and Carex korshinskyi to N additions in a steppe ecosystem in Nei Mongol. Acta Botanica Sinica, 46: 259-270.

Zheng X S, Shangguan P Z. 2007. Spatial patterns of leaf nutrient traits of the plants in the Loess Plateau of China. Trees, 21: 357-370.

第10章

草原群落根系动态与气候变化

生态学发展到今天，人们对于陆地生态系统的地上部分已经进行了相当深入的研究，但对于其地下过程的了解则是知之甚少，从而使我们对整个生态系统的认识出现严重偏差。特别是在全球气候变化背景下，地下生态系统过程不仅是目前生态学过程研究中的“瓶颈”，也是生态系统功能研究中最不确定的因素(贺金生等，2004)。地下生态学过程涉及根系生态、土壤生态、土壤动物生态、土壤微生物生态等广泛的研究领域。在根系生态学中，细根(fine roots)可能是最不被人们了解的植物器官。细根不仅是植物体重要的有机器官，具有吸收养分和水分的功能，同时根系生长和周转还是影响土壤有机碳库的重要环节(Loya 等，2004；Strand 等，2008)。植物光合作用所固定碳的 35%～80%被分配到地下(Ryan 等，2004；方精云和王娓，2007)。因此，正确认识根系生产和周转的动态过程及其调控机理对于准确理解生态系统碳循环至关重要(Aerts 等，1992；Norby 等，2004)。然而，直到目前根系生产力和周转过程仍然是陆地生态系统碳循环中最不清楚的一部分(贺金生等，2004；Iversen 等，2008)。细根作为提供植物养分和水分的“源”和消耗 C 的“汇”，已成为陆地生态系统生态学及全球变化研究中最受关注的热点(贺金生等，2004)。

10.1 增温增雨对根系动态的影响

全球气候变暖已经是不争的事实，地球表面的平均温度在 21 世纪末将持续上升 1.8～4.0℃(IPCC，2007)。同时，全球变暖还会影响到整个水循环过程，改变区域降水量与分布格局，增加降水极端异常事件的发生(Groisman 等，2005)。全球气候变化最显著的特征是温度、降水等气候要素发生变化。温度和水分是影响植物生长发育的两个关键因子，因此全球气候变化将对地下生态系统结构与功能产生深刻影响，并通过生态系统碳循环反馈于全球气候变化(Fontaine 等，2007；牛书丽等，2007)。

来自生长室和温室的控制实验研究表明：在其他因素(如养分和水分)不受限制的情况下，

土壤温度升高有可能促进新根生长和现有根系死亡(Pregitzer 等, 2000; Majdi 和 Ohrvik, 2004; Wan 等, 2004)。但在野外自然条件下土壤温度改变常常引起土壤水分和土壤养分的改变,所以这样的结论必须要经过深入探讨土壤温度如何影响根系生长的季节模式、根呼吸速率和整个植物的源一库关系,特别是土壤温度、土壤水分、土壤养分有效性与根系生长和死亡的交互作用才能得到证实 (Pregitzer 等, 2000)。温度升高对根系周转的影响可能存有以下几个机制(Wan 等, 2004):①根系呼吸随着温度的增加而增加(Atkin 等, 2000),促进根系死亡(Gill 和 Jackson, 2000);②温度升高可刺激微生物活性,导致土壤净氮矿化及其有效性增加(Rustad 等, 2001),使根系氮浓度增加(Pregitzer 等, 2002),造成其代谢消耗增强,由此加速根系生产和死亡(King 等, 2002; Bai 等, 2008);③土壤温度升高能降低土壤水分有效性,土壤水分减少可能加速根系死亡(Pregitzer 等, 1993);④温度增加使土壤植食动物活动增强,也会加速根系死亡(Eissenstat 和 Yanai, 1997)。

在自然条件下模拟降水改变对根系生长和死亡影响的研究更是鲜见报道。Phillips 等(2006)报道了 Mojave 沙漠植物群落根系生长量对降水增加呈脉冲式变化,Johnson 等(2006)也报道根系生长量在湿润土壤中比在干旱土壤中大。同样,降水减少会抑制根系生产力(Frank, 2007),使土壤微生物活性降低,根系周转减缓,从而导致土壤有机质矿化速率和 CO_2 释放量下降(Bardgett 等, 1998)。而降水影响根系生产和死亡可能主要是通过影响植物叶片气孔导度、光合速率和地上净初级生产力(Knapp 等, 2002; Patirck 等, 2007; Niu 等, 2008)来实现。根系生长和死亡主要取决于光合产物(C)向根系的分配(Farrar 和 Jones, 2000; Pregitzer 等, 2002)。Wan 等(2004)发现提高温度使植物分配到根系的生物量比例减小,而 Hui 和 Jackson(2006)证明随着降雨量的减少,植物分配到地下的生物量增加。因此,需要更多的野外实验来证明这一规律的普适性。

在野外土壤温度的变化常常引起土壤水分的改变,同样土壤水分变化也会引起土壤温度的改变。目前还没有关于温度和降水同时变化对根系生长和死亡影响的研究报道。但一般认为,温度增加的直接作用会刺激生物学过程,然而在水分受限制的生态系统中温度增加往往导致蒸散量增加,减少水分有效性(Harte 等, 1995; Wan 等, 2002),抑制植物生长和生产力(Saleska 等, 2002; Niu 等, 2008),并导致生态系统其他相关过程对增温产生负响应。因此,在水分受限制的生态系统,增温可能会抑制根系的生产和死亡,而降水或水分有效性增加对生态系统过程的直接影响是正效应(Niu 等, 2008; Liu 等, 2009),增加降雨或改善水分有效性可能会减轻增温对根系生产和死亡的负影响。

为了探究实验增温对植物根系动态的影响,我们在中国科学院植物研究所多伦全球变化多因子实验平台,通过模拟气温升高和降水变化,利用改进的微根窗方法,野外原位观测了半干旱典型草原植物根系生长和死亡季节动态及其对温度和水分变化的响应(Bai 等, 2010)。增温是通过在样方上方悬吊红外线加热管实现,为模拟不同季节气温升高的不均匀性,通过调节红外线加热管功率来调节不同季节的增温效果,冷季(11 月 1 日至 3 月 31 日)增温 1.5℃,暖季(4 月 1 日至 10 月 31 日)增温 0.6℃,全年全天候加热。增雨处理通过在样地内设置管道灌溉系统完成,于每年的 7 月和 8 月的每个周六进行喷灌增雨,每次 15 mm,共计 8 次 120 mm。为减少异质性影响,共设置 3 个实验小区,每个小区内设 8 个处理单元(3 m×4 m),其中 4 个为自然降雨处理,另外 4 个为增雨处理单元;自然降水和增雨处理单元中各有一半上方悬吊红外线加热管,另一半悬吊假加热管,用于抵消加热管的遮阴影响。这样，整个实验共计 4 种处理（对照、增温、增雨、即增温又增雨），6 个重复，24 个处理单元。

在每个最小取样单元内各安装一个玻璃根窗。每个玻璃片的面积为 20 cm×35 cm，厚度 0.4 cm。为了便于观察和分析，在玻璃片上标记 10 cm×10 cm 的小方格，标记的面积10 cm×30 cm，并在靠近地面的一端，标记紧靠玻璃片边缘。在取样单元内先用铁板沿土壤垂直方向铲出一个平面，然后将一侧的土取走，去除杂物，使玻璃片与土壤紧密接触后用铁棍卡住，最后将土回填。为防止光线影响根系生长，玻璃片上缘在地表以下 1 cm 左右。2006 年和 2007 年进行了 2 年完整的野外实验观测，利用一架 Canon（型号 G5）数码相机对根系生长情况进行观察，在每次照相时将根窗一侧的土挖开，将玻璃擦干净，照完相后将土填回。在记录过程中，获得的根系照片真实地记录了土壤表层 10 cm×30 cm 的根系图像。将所获得的照片在计算机上用 Mapinfo professional（5.0）软件进行编辑、处理，将每一幅图片的每一条根系生长、死亡的长度和数量描绘和记录下来。通过这种方式可获得从第一次采样开始的一个连续的根系动态图片集，这样每次采样间隔内的根系生长和死亡指标就可以计算出来。根系生产和死亡的计算依据 Burton 等（2000）以及 Majdi 和 Andersson（2005）提出的计算方法：根系生产（mm/cm^2）＝每个取样间隔内全部新根长度（mm/cm^2）＋现有的根系伸展长度（mm/cm^2）；根系死亡（mm/cm^2）＝每个取样间隔内全部死亡的根系长度（mm/cm^2）＋由于土壤植食动物等导致的现有根系长度丢失（mm/cm^2）。

研究发现，在内蒙古克氏针茅草原，不同土层深度内的根系生产对增温和增雨的响应不同（图 10.1）。二因素方差分析结果显示，在 0～10 cm 土层，增温显著地抑制根系生产，根系生产减少了 8.2%；增雨处理刺激根系生产，根系生产增加了 12.1%。增温和增雨处理存在显著的交互作用，增温在自然降水时显著地增加根系生产 28.9%，而在增加降水时却抑制根系生产 17.9%；增雨在自然环境温度下显著地刺激根系生产 53.3%，而在增温的条件下却抑制根系生产 31.9%（图 10.1 a）。在 10～20 cm 土层，增温抑制根系生产，根系生产减少了 12.7%；增雨处理对根系生产没有显著的影响；增温和增雨处理也没有产生显著的交互作用（图 10.1 b）。20～30 cm 土层与 10～20 cm 土层一致，增温显著地抑制根系生产，使根系生产减少了 19.5%；增雨处理对根系生产没有显著的影响；增温和增雨处理也没有显著的交互作用（图 10.13 c）。

与根系生产不同，在 0～10 cm 土层，增温增雨都没有显著地影响根系死亡，但是增温和增雨处理却存在显著的交互作用，即增温在自然降水时显著地增加根系死亡 23.4%，而在增加降水时却减少根系死亡 24.1%；增雨在自然环境温度下显著地刺激根系死亡 32.6%，而在增温的条件下却减少根系死亡 29.0%（图 10.2 a）。而在 10～20 cm 和 20～30 cm 土层，增温和增雨对根系死亡都没有显著的影响，增温和增雨处理也没有显著的交互作用（图 10.2 b，c）。

研究发现，根系生长和死亡的变化主要是由增温和增雨导致的总生态系统生产力和地下 C 分配变化引起的，同时还发现生态系统 C 循环的其他组分（净生态系统生产力、生态系统呼吸、土壤呼吸）对增温和增雨的响应并没有交互作用（Niu 等，2008；Liu 等，2009），说明陆地生态系统对全球气候变化的响应是极其复杂的。因此，迫切需要深入开展这方面的研究工作，这对于认识地下生态学过程对全球气候变化响应机制具有重要的理论意义。

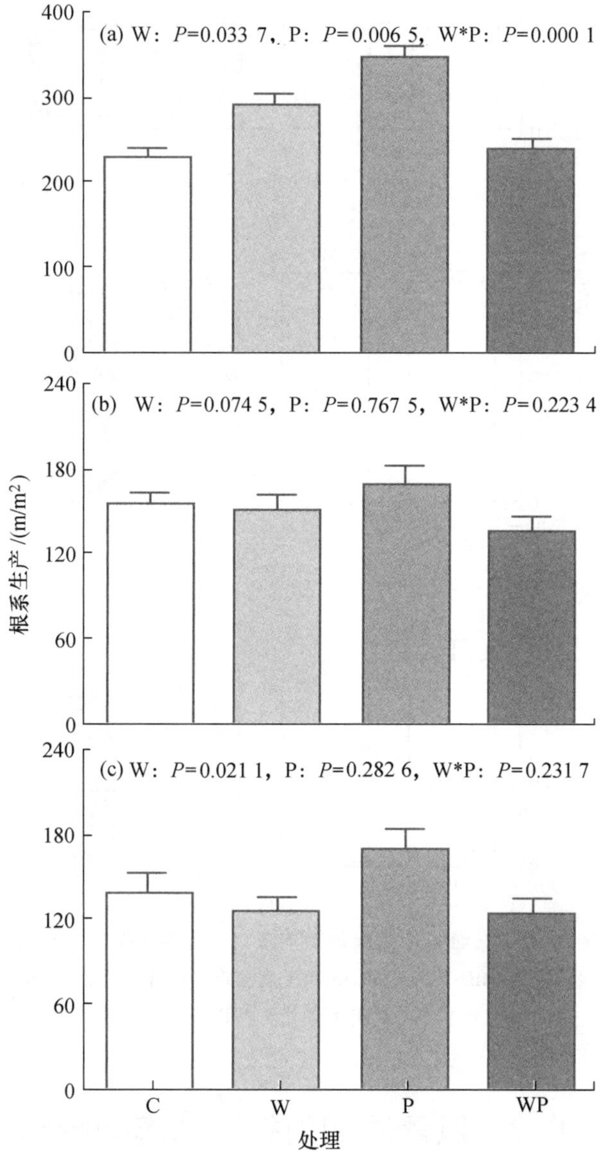

图 10.1 **增温和增雨处理对克氏针茅草原 0～10 cm(a)、10～20 cm(b)、20～30 cm(c)土层深度内根系生产的影响**

(C,对照;W,增温处理;P,增雨处理;
WP,既增温又增雨处理)

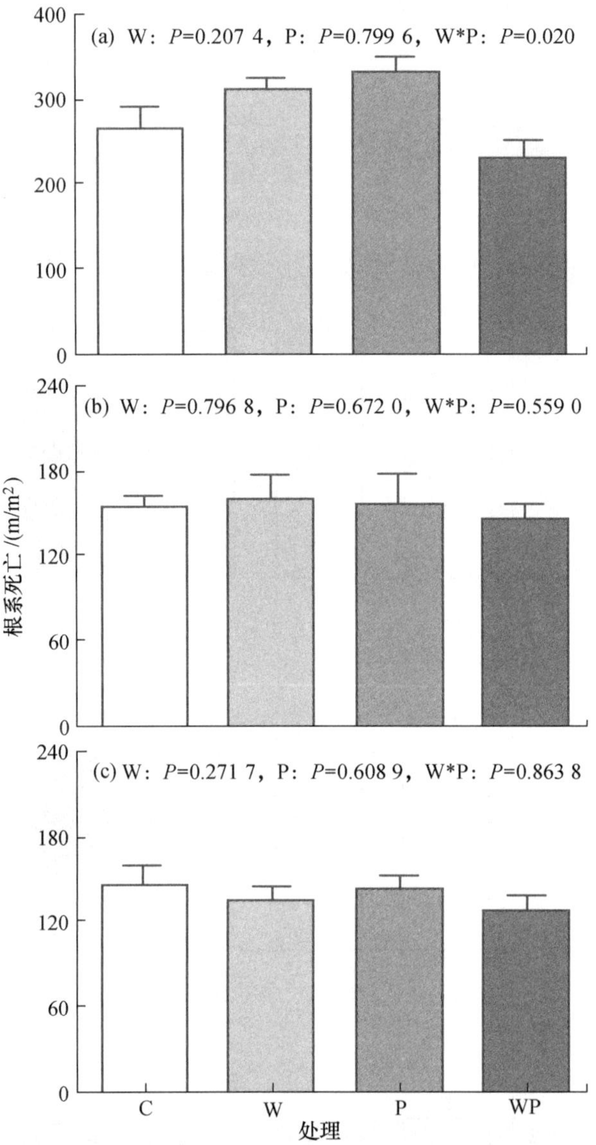

图 10.2 增温和增雨处理对克氏针茅草原 0～10 cm(a)、10～20 cm(b)、20～30 cm(c)土层深度内根系死亡的影响

(C,对照;W,增温处理;P,增雨处理;WP,既增温又增雨处理)

10.2 氮素添加对根系动态的影响

20 世纪 60 年代以来,含氮化肥的使用、固氮豆科植物的栽培以及化石燃料的燃烧等人类活动使得进入陆地生态系统的活性氮含量至少增加了 1 倍(Galloway,1998),并且全球氮沉降水平预计在未来会加倍(Neff 等,2002; Galloway 等,2008)。氮沉降受到空前的关注,人类氮输入的改变已经对全球氮素循环产生了重大影响(Galloway 等,2004;Martinelli 等,2006),并对陆地生态系统的结构和功能(Aerts 和 Chapin,2000;Gilliam,2006)以及陆地生态系统碳循环和储存(Mack

等,2004;Reay 等,2008)产生了影响。近期的研究表明,在全球尺度 N 富集将导致陆地生物圈植物生长和净初级生产力增加(Elser 等, 2007; LeBauer 和 Treseder, 2008; Xia 和 Wan, 2008),减少植物种类丰富度(Bai 等, 2010)。Sullivan 等(2007)报道美国阿拉斯加州酸性生草丛冻原植被,长期氮添加导致植物物种组成发生明显改变:占优势的禾草类 *Eriophorum vaginatum* 已经大部分被灌木 *Betula nana* 取代。进一步研究发现,这两个物种的根系类型截然不同,*B. nana* 的根系拥有高度分枝,形成网状结构分布在地表,对温度的响应敏感,而*E. vaginatum*的根系不分枝,可以扎根到解冻层(Sullivan 和 Welker,2005)。然而,直到目前 N 添加对不同生态系统植物群落根系影响的研究还非常薄弱。

虽然关于土壤氮有效性对根系生物量、生产和寿命影响的研究已有大量报道,然而由于受理论和研究方法的限制,至今仍无法明确二者的关系和反应机理(Eissenstat 和 Yanai, 1997; Burton 等, 2000; Nadelhoffer, 2000)。有研究报道指出,提高氮的有效性可以增加根系的生物量和生产,加快根系周转,缩短根寿命(Keyes 和 Grier 1981; Vogt 等, 1986; Pregitzer 等, 1993; Majdi, 2001);而另外一些研究则表明,随着氮有效性的增加根系生物量和生产减少,根系周转减慢,寿命延长(Aber 等, 1985; Nadelhoffer 等, 1985; Gower 等, 1992; Haynes 和 Gower, 1995; Majdi 和 Nylund, 1996)。这些相互矛盾的研究结果,更加引起生态学家关注土壤 N 有效性变化如何影响细根动态。Nadelhoffer(2000)和郭大立等(2007)都相继提出细根动态响应土壤 N 有效性变化的 4 个代表性假说:①随着土壤 N 有效性的提高,树木细根生产量增加,寿命缩短,即周转率加快。②随土壤 N 有效性提高,树木细根生产量下降,寿命延长,周转率下降。③土壤 N 有效性提高后,细根生产量下降、周转加快,而细根生物量将减少。④随着土壤 N 有效性的提高,细根生产量增加,周转率下降。Nadelhofer(2000)认为,支持周转率加速的数据最多,并且这种格局也与叶对 N 有效性的反应一致。然而,Zak 和 Pregizter (1998) 认为随土壤 N 有效性提高,周转加速和周转率下降均有可能出现。郭大立等(2007)认为由于根系研究方法的不同、细根定义存在的模糊性以及土壤 N 有效性的时空变化等,单独考虑哪种假说正确反而会限制人们对根系动态响应 N 有效性机制的理解。

另一个重要方面,细根动态对 N 有效性的反应应从生态系统水平 C 分配格局方面理解。植物地下部分与地上部分生长具有明显的相关性,它们之间具有广泛的物质和能量交换。同时,土壤养分资源的有效性也控制着碳分配和净初级生产力(Norby 和 Jackson, 2000)。但以前估算养分资源控制植物动态主要集中在地上过程,而对地下过程关注很少,如根的生长和死亡(Norby 和 Jackson, 2000)。深入了解根系动态与地上和地下生产的关系可以更好地估算和预测土壤养分资源调控生态系统结构和功能的程度(Norby 和 Jackson, 2000)。关于土壤养分资源调控碳分配和初级生产力有两个假设(Hendricks 等, 1993)。一是相异分配(differential allocation)假设:其主要观点是随着养分资源有效性增加,总的净初级生产力增加,总净初级生产力分配到叶和茎的比例增加,分配给根系的比例则减少(Albaugh 等, 1998)。二是恒定分配(constant allocation)假设:他们也同样承认随着养分资源有效性增加总的净初级生产力增加,但是总的净初级生产力分配到叶、茎和根的比例保持相对恒定(Aber 等, 1985; Raich 和 Nadelhoffer, 1989)。并且这两个假设都认为随着养分资源有效性增加根系现存量相对减少,但它们的控制机制是不同的。相异分配假设认为随着养分资源有效性增加,根系死亡率保持不变或减少,根系现存量减少是由于碳分配到根系中的比例减少了;而恒定分配假设则认为碳分配到根系中的比例保持不变,根系现存量减少是由于死亡率增加导致的。导致产生这两种分歧的因素有很多，如群落类型、养分和水分的交互作用、气候因素等（Gower 等，1992，1996；Pregitzer 等，1995；Albaugh 等，1998），然而众多研究者猜测主要原因是由于使用不同研究方法估算根系动态引起的（Nadelhoffer，2000；Norby 和 Jackson，2000）。近年来，大多数研究者认为传统的连续土钻法（sequential coring）和 N 平衡法（N-budget）测定细根动态的可靠性不高，而更倾向用微根管（minirhizotron）或根窗法（rhizotron）观测细根动态，认为后者可靠性更高。

2003 年 9 月至 2005 年 9 月，我们在中科院植物所多伦恢复生态学试验示范研究站的天然羊草单优群落实验样地上，利用改进的根窗方法（Bai 等，2008）测定了羊草根系生长和死亡动态对 N 添加的响应。氮素添加量为 32 g/m^2，施氮时间为 2003 年 9 月，试验小区面积 5 m×8 m，五次重复。结果表明，2004 年在 0～10 cm 和 10～20 cm 土层，N 素添加显著增加羊草根系生产，而在 2005 年没有显著影响（图 10.3 a，b），可能因为只 2003 年 9 月施 1 次肥，到 2005 年肥力效应减弱

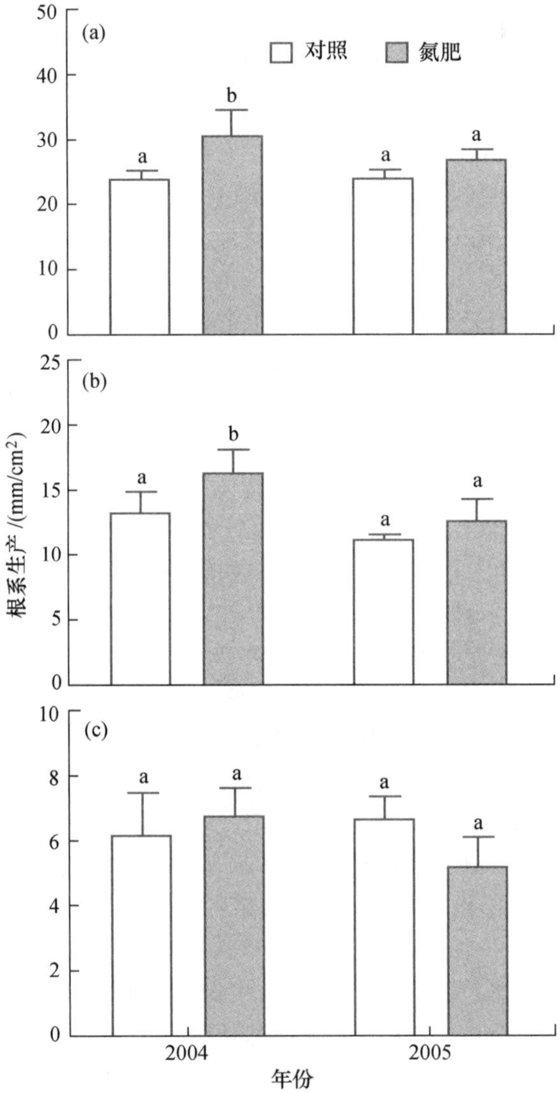

图 10.3　**0～10 cm(a)、10～20 cm(b)、20～30 cm(c)土层内氮素添加对根系生产的影响**

之缘故。在20～30 cm土层，2004年和2005年N素添加均没有显著影响羊草根系生产(图10.3 c)。N素添加对羊草根系死亡的影响规律与对根系生产的影响相同(图10.4)。同时我们还发现N素添加降低羊草根系寿命，并且根系寿命与地上生物量有显著的负相关关系(Bai等，2008)。这些研究结果对于理解羊草的N素利用效率具有重要意义。

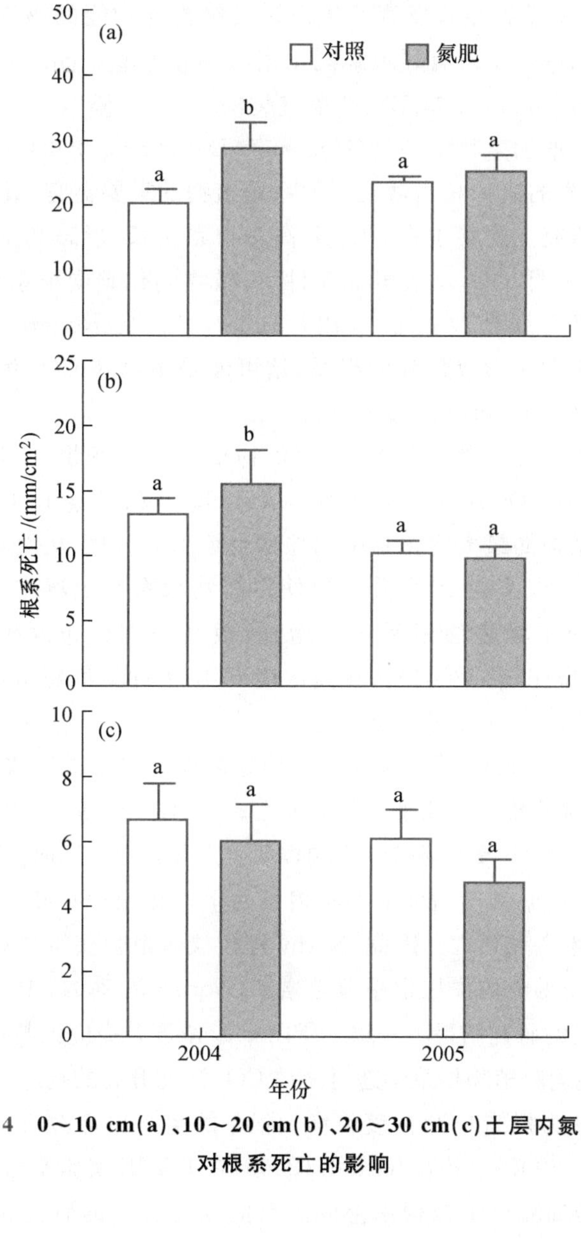

图10.4 0～10 cm(a)、10～20 cm(b)、20～30 cm(c)土层内氮素添加对根系死亡的影响

10.3 CO_2浓度升高对植物根系动态的影响

自工业革命以来，因森林砍伐、煤炭、石油等化石燃料的燃烧以及土地利用的改变等导致大气CO_2浓度逐年升高，从18世纪后半期工业革命时期的280 μmol/mol，上升到2005年的

379 μmol/mol(IPCC, 2007)。CO_2 作为植物进行光合作用的重要原料,其浓度升高势必对植物生长发育和生态系统结构和功能产生深刻影响,进而影响到人类的生存环境。因此,以大气 CO_2 浓度升高及由此引起的气候变暖为主要特征的全球气候变化对人类生存和生态环境的影响引起了各国科学家、政府及公众的极大关注(Lindzen, 1997; Friedlingstein 和 Solomon, 2005)。

研究 CO_2 浓度升高对植物生长发育及生态系统结构与功能的影响基本上都是在控制实验条件下进行的,主要采用的手段有开顶式同化箱(Open-Top Chamber)、自由 CO_2 气体施肥装置(Free-Air-CO_2 Enrichment,FACE)、枝条气袋法、人工气候室等。一般认为大气 CO_2 浓度升高将促进植物生长、增加生物学产量(Rogers 和 Dahlman, 1992)。与地上部分相比,对气候变化条件下根系生态学的研究相当薄弱。根系是植物的重要器官,具有吸收、合成、分泌、感知等多种功能,目前的研究主要集中在 CO_2 升高对根系生长、形态和空间分布等形态特征的影响方面。有限的研究表明,CO_2 浓度升高条件下,植物同化碳向根系分配的比例增加,根系生物量明显增加,从而增加植物的根冠比(Huber, 1992; Rogers 等, 1994; Kimball 等, 2002)。CO_2 浓度升高有利于形成强壮的根系,这可能是植物在 CO_2 浓度升高条件下为吸收更多养分的适应性反应(Norisada 等, 2006)。

大气 CO_2 浓度升高可以改变根系形态,使植物根系直径变粗、中柱鞘变厚、栓皮层变宽(Bentson 和 Bazzaz, 1997; Dilustro 等, 2002)。Pritchard 和 Rogers (2000)报道在大气 CO_2 浓度升高条件下,根系结构的最大变化是中鞘柱分生组织的活化,从而导致大量侧根的激活并产生更多根系的分枝。大气 CO_2 浓度升高也使得植物根系在土壤中的空间分布发生变化。CO_2 浓度升高处理使得土壤表层根系明显增加,根系垂直分布发生变化(Day 等, 1996; Amone 等, 2000; Pritchard 等, 2001)。在高浓度 CO_2 条件下细根分布模式的变化,改变了根系拓殖土壤的能力(Weschsung 等, 1999)。

根系死亡是碳输入到土壤的重要途径,大气 CO_2 浓度增加常常导致 C 向地下分配增加,据此推测 CO_2 浓度升高可能会促进根系的生产和死亡。但 Arnone 等(2000)报道在瑞士低地草地,提高 CO_2 浓度在实验第一年并没有显著地影响根系生产和死亡。Norby 等(2004)也报道在美国橡树岭公园,糖香橡树在 CO_2 浓度增加前两年根系的生长和死亡并没有受到影响,但从第三年开始显著地增加了根系生产和死亡。因此,Norby 等建议微根管获得的短期根系数据要小心使用。CO_2 浓度升高处理使得土壤深层根系显著增加(Norby 等,2004; Pritchard 等, 2008; Iversen, 2010),这与以前报道的研究结果不一致。所以 CO_2 浓度升高应该与土壤水分和温度等因素综合考虑,才能更充分地理解植物根系动态对全球 CO_2 浓度升高的响应。

目前,多数研究者认为提高 CO_2 浓度将增加根系的生产和死亡(Tingey 等,2000; Phillips 等, 2006; Pritchard 等, 2008)。Pritchard 等(2008)在 FACE 实验平台上,利用微根管进行了长达 6 年的 CO_2 浓度增加对火炬松根系空间和时间动态影响的研究。他们发现在 1999 年、2000 年、2001 年、2002 年和 2003 年 CO_2 浓度升高使根系生产分别增加了 52%、16%、30%、26%和 27%,根系生产 6 年平均增加了 25%,根系死亡平均增加了 36%。同时他们也特别强调 CO_2 浓度升高对根系动态的影响随生态系统类型、持续时间和土壤条件等的变化而改变。例如,Johnson 等(2006)利用微根管进行的 3 年野外实验发现,CO_2 浓度增加并没有影响到花旗松根系的生产和死亡。

10.4 结语与展望

根系作为植物的一个重要器官，由于研究手段的限制致使人们对它的了解非常有限，特别是在野外自然状态下。根系研究的神秘感和难点将成为近代生态学研究的一个热点和突破点。本章只是简单概述了温度、水分、N 有效性和 CO_2 浓度升高对根系动态的影响。但由于生态系统的复杂性和不确定性，以及对根系研究资料的有限性，我们还不能得到一个明确的定论，特别是根系对多个环境因子同时变化的响应。由于对根系研究的薄弱，使得根系研究中一些基本问题都未得到解决。如根系周转概念的不清楚和不统一、根系结构和功能的关系以及根系结构、功能与叶片结构和功能之间的相互关系等一直是根系生态学研究中悬而未决的问题。这些问题也将是今后根系生态学研究重点和难点。此外，我们更不清楚究竟是什么在控制根系的生长和死亡？也不清楚根系控制水分和养分的吸收的内在机制和数量。所以，我们更不能预测未来气候变化对根系功能的影响。但是我们相信随着科学技术（分子生物学、同位素技术）水平的不断提高，根系生态学必将改变人们对陆地生态系统的认识。

本章编写人：白文明，张文浩，李凌浩

参考文献

方精云，王娓. 2007. 作为地下过程的土壤呼吸：我们理解了多少. 植物生态学报，31(3)：345-347.

郭大立，范萍萍. 2007. 关于氮有效性影响细根生产量和周转率的四个假说. 应用生态学报，18(10)：2354-2360.

贺金生，王政权，方精云. 2004. 全球变化下的地下生态学：问题与展望. 科学通报，49(13)：1226-1233.

牛书丽，韩兴国，马克平，等. 2007. 全球变暖与陆地生态系统研究中的野外增温装置. 植物生态学报，31(2)：262-271.

Aber J D, Melillo J M, Nadelhoffer K J, et al. 1985. Fine root turnover in forest ecosystems in relation to quantity and form of nitrogen availability: a comparison of two methods. Oecologia, 66:317-321.

Aerts R, Bakker C, de Caluwe H. 1992. Root turnover as determinant of the cycling C, N, and P in dry heathland ecosystem. Biogeochemistry, 15: 175-190.

Aerts R, Chapin F S. 2000. The mineral nutrition of wild plants revisited: a re-evaluation of processes and patterns. Advances in Ecological Research, 30: 1-67.

Albaugh T J, Allen H L, Dougherty P M, et al. 1998. Leaf area and above- and below-ground growth responses of loblolly pine to nutrient and water additions. Forest Science, 44: 317-328.

Amone J A, Zaller J G, Spehn E, et al. 2000. Dynamics of root systems in native grasslands: effects of elevated atmospheric CO_2. New Phytol., 147: 73-85.

Atkin O K, Edwards E J, Loveys B R. 2000. Response of root respiration to changes in temperature and its relevance to global warming. New Phytologist, 147: 141-154.

Bai W M, Wang Z W, Chen Q S, et al. 2008. Spatial and temporal effects of nitrogen addition on root life span of Leymus chinensis in a typical steppe of Inner Mongolia. Functional Ecology, 22: 583-591.

Bai W M, Wan S Q, Niu S L, et al. 2010. Increased temperature and precipitation interact to affect root production, mortality, and turnover in a temperate steppe: Implications for ecosystem C cycling. Global Change Biology, 16: 1306-1316.

Bai Y F, Wu J G, Clark C M, et al. 2010. Tradeoffs and thresholds in the effects of nitrogen addition on biodiversity and ecosystem functioning: evidence from inner Mongolia Grasslands. Global Change Biology, 16: 358-372.

Bardgett R D, Wardle D A, Yeates G W. 1998. Linking above-ground and below-ground interactions: how plant responses to foliar herbivory influence soil organisms. Soil Biology and Biochemistry, 30: 1867-1878.

Bentson G M, Bazzaz F A. 1997. Elevated CO_2 and the magnitude and seasonal dynamics of root production and loss in Betula papyrifera. Plant and Soil, 190: 211-216.

Burton A J, Pregitzer K S, Hendrick R L. 2000. Relationships between fine root dynamics and nitrogen availability in Michigan northern hardwood forests. Oecologia, 125, 389-399.

Day F P, Weber E P, Ross Hinkle C, et al. 1996. Effects of elevated atmospheric CO_2 on fine root length and distribution in an oak-palmetto scrub ecosystem in central Florida. Global Change Biology, 2: 143-148.

Dilustro J J, Day F P, Drake B D, et al. 2002. Abundance production and mortality of fine roots under elevated atmospheric CO_2 in an oak-scrub ecosystem. Environ. Exp. Bot., 48: 149-159.

Eissenstat D M, Yanai R D. 1997. The ecology of root lifespan. Advances in Ecological Research, 27: 1-60.

Elser J J, Bracken M E S, Cleland E E, et al. 2007. Global analysis of nitrogen and phosphoruslimitation of primary producers in freshwater, marine and terrestrial ecosystems. Ecology Letters, 10: 1135-1142.

Farrar J F, Jones D L. 2000. The control of carbon acquisition by roots. New Phytologist, 147: 43-53.

Fontaine S, Barot S, Barre P, et al. 2007. Stability of organic carbon in deep soil layers controlled by fresh carbon supply. Nature, 450: 277-280.

Frank D A. 2007. Drought eVects on above and belowground production of a grazed temperate grassland ecosystem. Oecologia, 152: 131-139.

Friedlingstein P, Solomon S. 2005. Contributions of past and present human generations to committed warming caused by carbon dioxide. The Proceeding of National Academy of Science, 102: 10832-10836.

Galloway J N. 1998. The global nitrogen cycle: changes and consequences. Environmental Pollution, 102: 15-24.

Galloway J N, Dentener F J, Capone D G, et al. 2004. Nitrogen cycles: past, present, and future. Biogeochemistry, 70: 153-226.

Galloway J N, Townsend A R, Erisman J W, et al. 2008. Transformation of the nitrogen cycle: recent trends, questions, and potential solutions. Science, 320:889-892.

Gill R A, Jackson R B. 2000. Global patterns of root turnover for terrestrial ecosystems. New Phytologist, 147: 13-31.

Gilliam F S. 2006. Response of the herbaceous layer of forest ecosystems to excess nitrogen deposition. Journal of Ecology, 94: 1176-1191.

Gower S T, Vogt K A, Grier C C. 1992. Carbon dynamics of Rocky Mountain Douglas-fir: influence of water and nutrient availability. Ecological Monographs, 62: 43-65.

Groisman P Y, Knight R W, Easterling D R, et al. 2005. Trends in intense precipitation in the climate record. Razuvaev VN. Trends in intense precipitation in the climate record. Journal of Climate, 18: 1326-1350.

Harte J, Torn M S, Chang F R, et al. 1995. Global warming and soil microclimate: Results from a meadow-warming experiment. Ecological Applications, 5: 132-150.

Haynes B E, Gower S T. 1995. Belowground carbon allocation in unfertilized and fertilized red pine plantations in northern Wisconsin. Tree Physiol., 15:317-325.

Huber S C, Huber J H. 1992. Role of sucrose-phosphate synthase in sucrose metabolism in leaves. Plant Physiology, 99: 1275-1278.

Hui D F, Jackson R B. 2006. Geographical and interannual variability in biomass partitioning in grassland ecosystems: a synthesis of field data. New Phytologist, 169: 85-93.

IPCC. 2007. IPCC WGI Fourth Assessment Report. Climatic change 2007: the physical science basis. Geneva: Intergovernmental Panel on Climate Change.

Iversen C M. 2010. Digging deeper: fine root responses to rising atmospheric CO_2 concentration in forested ecosystems. New Phytologist, 186: 346-357.

Iversen M C, Ledford J, Norby RJ. 2008. CO_2 enrichment increases carbon and nitrogen input from fine roots in a deciduous forest. New Phytologist, 179: 837-847.

Johnson M G, Rygiewicz P T, Tingey D T, et al. 2006. Elevated CO_2 and elevated temperature have no effect on Douglas-fir fine-root dynamics in nitrogen-poor soil. New Phytologist, 170: 345-356.

Keyes M R, Grier C C. 1981. Above- and belowground net production in 40 year old Douglas-fir stands on low and high productivity sites. Can J For Res 11:599-605.

Kimball B A, Kobayashi K, Bindi M. 2002. Response of agriculture crops to free air CO_2 enrichment. Adv. Agron., 77: 293-368.

King J S, Albaugh T J, Lee Allen H, et al. 2002. Below-ground and carbon input to soil is controlled by nutrient availability and fine-root dynamics in loblolly pine. New Phytologist, 154: 389-398.

Knapp A K, Fay P A, Blair J M, et al. 2002. Rainfall variability, carbon cycling, and plant species diversity in a mesic grassland. Science, 298: 2202-2205.

LeBauer D S, Treseder K K. 2008. Nitrogen limitation of net primary productivity in terrestrial ecosystems is globally distributed. Ecology, 89: 371-379.

Lindzen R S. 1997. Can increasing carbon dioxide cause climate change? The Proceeding of National Academy of Science, 94: 8335-8342.

Liu W X, Zhang Z, Wan S Q. 2009. Predominant role of water in regulating soil and microbial respiration and their responses to climate change in a semiarid grassland. Global Change Biology, 15: 184-195.

Loya W M, Johnson L C, Nadelhoffer K J. 2004. Seasonal dynamics of leaf- and root-derived C in arctic tundra mesocosms. Soil Biology and Biochemistry, 36: 655-666.

Majdi H. 1996. Root sampling methods——applications and limitations of minirhizotron technique. Plant Soil, 185: 225-258.

Majdi H, Andersson P. 2005. Fine root production and turnover in a Norway Spruce stand in Northern Sweden: effects of nitrogen and water manipulation. Ecosystems, 8, 191-199.

Majdi H, Damm E, Nylund J E. 2001. Longevity of mycorrhizal roots in relation to branching order and nutrient availability. New Phytol., 150: 195-202.

Majdi H, Ohrvik J. 2004. Interactive effects of soil warming and fertilization on root production, mortality, and longevity in a Norway spruce stand in Northern Sweden. Global Change Biology, 10: 182-188.

Martinelli L A, Howarth R W, Cuevas E, et al. 2006. Sources of reactive nitrogen affecting ecosystems in Latin America and the Caribbean: current trends and future perspectives. Biogeochemistry, 79: 3-24.

Matson P A, Lohse K A, Hall S J. 2002. The globalization of nitrogen deposition: consequences for terrestrial ecosystems. Ambio, 31: 113-118.

Mack M C, Schuur E A G, Bret-Harte M S, et al. 2004. Ecosystem carbon storage in arctic tundra reduced by long-term nutrient fertilization. Nature, 431: 440-443.

Nadelhoffer K J. 2000. The potential effects of nitrogen deposition on fine-root production in forest ecosystems. New Phytologist, 147: 131-139.

Nadelhoffer K J, Aber J D, Melillo J M. 1985. Fine roots, net primary productivity, and soil nitrogen availability: a new hypothesis. Ecology, 66:1377-1390.

Neff J C, Townsend A R, Gleixner G, et al. 2002. Variable effects of nitrogen additions on the stability and turnover of soil carbon. Nature, 419: 915-917.

Niu S L, Wu M Y, Han Y, et al. 2008. Water-mediated responses of ecosystem carbon fluxes to climatic change in a temperate steppe. New Phytologist, 177: 209-219.

Norby R J, Ledford J, Reilly C D, et al. 2004. Fine-root production dominates response of a deciduous forest to atmospheric CO_2 enrichment. PNAS, 101: 9689-9693.

Norby R J, Jackson R B, 2000. Root dynamics and global change: seeking an ecosystem perspective. New Phytologist, 147: 3- 12.

Norisada M, Motoshige T, Kojima K, et al. 2006. Effects of phosphate supply and elevated CO_2 on root acid phosphatase activity in pinus densiflora seedlings. Journal of Plant Nutrition and Soil Science, 169: 274-279.

Patrick L, Cable J, Potts D, et al. 2007. Effects of an increase in summer precipitation on leaf, soil, and ecosystem fluxes of CO_2 and H_2O in a sotol grassland in Big Bend National Park, Texas. Oecologia, 151: 704-718.

Phillips D L, Johnson M G, Tingey D T, et al. 2006. Effects of elevated CO_2 on fine root dynamics in a Mojave Desert community: a FACE study. Global Change Biology, 12: 61-73.

Pregitzer K S, DeForest J L, Burton A J, et al. 2002. Fine-root architecture of nine North American trees. Ecological Monographs, 72: 293-309.

Pregitzer K S, Hendrick R L, Fogel R. 1993. The demography of fine roots in response to patches of water and nitrogen. New Phytologist, 125: 575-580.

Pregitzer K S, King J S, Burton A J, et al. 2000. Responses of tree fine roots to temperature. New Phytologist, 147: 105-115.

Pregitzer K S, Zak D R, Curtis P S, et al. 1995. Atmospheric CO_2, soil nitrogen and turnover of fine roots. New Phytol., 129:579-585.

Pritchaed S G, Rogers H H. 2000. Spatial and temporal deployment of crop roots in CO_2 enriched environments. New Phytol., 147: 55-71.

Pritchaed S G., Davis M A, Mitchell R J, et al. 2001. Root dynamics in an artificially constructed longleaf pine ecosystem are affected by CO_2 enrichment. Environ. Exp. Bot., 46: 55-69.

Raich J W, Nadelhoffer K J. 1989. Belowground carbon allocation in forest ecosystems: global trends. Ecology, 70:1346-1354.

Reay D S, Dentener F, Smith P, et al. 2008. Global nitrogen deposition and carbon sinks. Nature Geoscience, 1: 430-437.

Rnyan M G, Binkley D, Fownes J H, et al. 2004. An experimental test ofthe causes offorest growth decline with stand age. Ecological Monograph, 74: 393-414.

Rogers H H, Prior SA, ONeill E G. 1992. Cotton root and rhizosphere responses to free air CO_2. Critical Reviews in Pant Sciences, 112: 251-263.

Rogers H H, Runion G B, Krupa S V. 1994. Plant responses to atmospheric CO_2 enrichment with emphasis on roots and rhizospere. Environmental Pollution, 83: 155-189.

Rustad L E, Campbell J L, Marion G M, et al. 2001. A meta-analysis of the response of soil respiration, net nitrogen mineralization, and aboveground plant growth to experimental ecosystem warming. Oecologia, 126: 543-562.

Saleska S R, Shaw M R, Fischer M L, et al. 2002. Plant community composition mediates both large transient decline and predicted long-term recovery of soil carbon under climate warming. Global Biogeochemical Cycles, 16: 1055, doi: 10.1029/2001GB001573.

Strand A E, Pritchard S G, McCormack M L, et al. 2008. Irreconcilable Differences: Fine-root life spans and soil carbon persistence. Science, 310: 456-458.

Sullivan P F, Sommerkorn M, Rueth H M, et al. 2007. Climate and species affect fine root production with long-term fertilization in acidic tussock tundra near Toolik Lake, Alaska. Oecologia, 153:643-652.

Sullivan P F, Welker J M. 2005. Warming chambers stimulate early season growth of an arctic sedge: results of a minirhizotron field study. Oecologia, 142: 616-626.

Vogt K A, Grier C C, Gower S T, et al. 1986. Overestimation of net root production: a real or imaginary problem? Ecology, 67:577-579.

Wan S Q, Luo Y, Wallace L L. 2002. Changes in microclimate induced by experimental warming and clipping in tallgrass prairie. Global Change Biology, 8: 754-768.

Wan S Q, Norby R J, Pregitzer K S, et al. 2004. CO_2 enrichment and warming of the atmosphere enhance both productivity and mortality of maple tree fine roots. New Phytologist, 162: 437-446.

Weschsung G, Weschsung F, Wall GW, et al. 1999. The effects of free air CO_2 enrichment and soil water availability on special and seasonal patterns of wheat root growth. Global Change Biology, 5: 519-529.

Xia J Y, Wan S Q. 2008. Global response patterns of terrestrial plant species to nitrogen enrichment. New Phytologist, 179: 428-439.

Zak D R, Pregizter K S. 1998. Integration of ecophysiological and biogeochemical approaches to ecosystem dynamics// Groffman PM, Pace ML, eds. Successes, Limitations, and Frontiers in Ecosystem Science. New York: Springer: 372-403.

第11章

稳定性同位素技术在草原生态系统研究中的应用

11.1 稳定性同位素与生态学

过去20多年间，稳定性同位素技术逐渐成为进一步研究生物与其生存环境相互关系的强有力的工具，使现代生态学家能够解决用其他方法难以解决的问题（Ehleringer 等，1993；Yakir 和 Sternberg，2000；Dawson 等，2002；Maguas 和 Griffiths，2003）。植物生理生态学方面，稳定同位素用于研究植物光合途径、生源要素吸收、水分来源、水分平衡和资源利用效率等。生态系统生态学家利用稳定同位素技术研究生态系统气体交换、生态系统功能及其对全球变化的响应等。

与现代分子生物学技术对基因、生化和进化生物学领域所产生的重大影响一样，稳定性同位素技术已对现代生态学的发展产生了巨大的影响。稳定性同位素信息使我们能够洞悉不同空间（从细胞、个体到植物群落、生态系统或某一区域）和时间尺度上（从数秒到几个世纪）的生态学过程及其对全球变化的响应。稳定性同位素方法的优点在于其示踪和整合功能。随着同位素研究方法的日趋完善，其在那些需要深入研究的现代生态学领域中的应用前景将更加广阔。

11.1.1 稳定性同位素技术发展历史

稳定性同位素技术并不是一种新技术。早在20世纪五六十年代，一些地球化学家通过大量分析自然物质，特别是与生命有关物质的碳、氮、氢、氧和硫等同位素组成发现，这些元素同位素组成不仅与其生存环境相关，还与本身的生理生化特性相关（Craig，1953，1954；Hoering，1955）。这些发现奠定了稳定同位素技术在生物地球化学循环研究中应用的基础。到70年代，植物间碳同位素组成的普遍差异和碳同位素比值用来区分不同的光合途径类型已被广泛地接受（O'Leary，1981）。进入80年代，澳大利亚植物生理学家 Farquhar 对光合作用过程中碳同位素效应机制的研究，为大气 CO_2 同位素组成以及陆地 C_3 植物光合代谢和水分利用途径的研究奠定了坚实的理论基础(Farquhar 等，1982；Farquhar 和 Richards，1984；Farquhar 等，1989)。

进入 20 世纪 90 年代，研究不同植物材料的稳定同位素差别已成为研究植物生理特性的指标和研究生态系统中种间关系、化合物和能量移动规律的有效手段(Ehleringer 等，2003)。应用稳定同位素技术研究植物生理特性与环境变化之间的关系，已成为植物生理生态学研究的热门课题(Dowson 等，2002)。最近，稳定同位素技术还用于跟踪新固定 CO_2 的去向，确定生态系统碳库中不同碳库的周转时间，追踪 CO_2 浓度升高条件下生态系统 C、N 和水循环之间耦合关系及其变化 (Pataki 等，2003) 以及阐明陆地生态系统重要过程对气候变化的响应(Weltzin 等，2003)等。Brian Fry 的专著《Stable Isotope Ecology》的正式出版，标志着稳定性同位素生态学作为生态学的一门新分支学科正式诞生(Fry,2007)。

近年来，稳定碳同位素技术在我国生态学研究中的应用发展非常迅速，不仅发表了一系列综述文章(林植芳,1990；蒋高明,1996；严昌荣等,1998；冯虎元等,2000；陈世苹等,2002；Wang 等,2004)，还发表了大量的研究论文。这些研究涉及西双版纳热带雨林、华北暖温带落叶阔叶林、内蒙古典型草原、西北荒漠草原、新疆荒漠、青藏高原草甸以及农田等不同生态系统，为今后的研究提供了大量的同位素组成基础数据(林光辉,2010)。本章将以在内蒙古草原生态系统开展的研究工作为基础，就碳、氢和氧同位素在不同尺度生态系统碳水循环中的研究成果进行总结，以期为国内同行提供一些参考和借鉴。

11.1.2 概念和术语

11.1.2.1 同位素定义

地球上所有物质是由各种化学元素组成。元素是以其原子核中的质子数(正电荷数)而定义的。一个元素的原子质量数是原子核中的质子和中子之和。就单个元素而言，其原子核中的中子数可能不同，往往有两个或两个以上的质量数。所以，我们将质量数不同(中子数不同)，但质子数相同，即在元素周期表中位置相同的单个元素的不同形态称之为同位素(isotope)。或简言之，同位素指含有不同中子数的同一元素的所有原子。另外，元素的质子带正电，而中子不带电，因此，中子数的多少并不影响该元素的带电量。因为属于同一元素的不同同位素具有相同的电子数，所以，在化学反应里几乎没有差别。同位素有两种形式。有些同位素是稳定的，虽然它们的含量会受到理化反应的影响，但其形态不随时间而变，所以叫做稳定同位素(stable isotope)。而其他同位素具有放射性，称作不稳定同位素或放射性同位素(radioactive isotope)。放射性同位素通过释放粒子或能量可以衰变(或裂变)为较稳定的同位素形态。生物地球化学循环中的大多数元素，如碳、氢、氧、氮和硫均有两种或以上的稳定同位素(表 11.1)。

同位素以其质量数予以区分，在元素符号的左上角标以质量数来表示，如含有 6 个质子和 6 个中子，即质量数为 12 的碳原子(C)，可以简单地表示为 ^{12}C；同样，含有 6 个质子和 7 个中子，即质量数为 13 的碳原子，则可表示为 ^{13}C。又例如，氢元素有三种同位素形态，将原子核里只含有一个质子的氢元素称为氕(protium)，标记 ^{1}H，将含有一个质子和一个中子的氢同位素称为氘(deuterium)，标记为 ^{2}H 或 D。将含有一个中子和两个中子的氢同位素称为氚(tritium),标记为^{3}H或T。

表 11.1 一些常见稳定同位素的国际参照标准及其丰度比(Clark 和 Fritz,1997)

同位素	测定比值	同位素组成标记	国际参照标准	参照标准的丰度比 /×10^{-3}
^{2}H	$^{2}H/^{1}H$	δD	SMOW 或 V-SMOW	0.155 75
^{13}C	$^{13}C/^{12}C$	$\delta^{13}C$	PDB 或 V-PDB	11.237 2
^{15}N	$^{15}N/^{14}N$	$\delta^{15}N$	大气 N_2	3.677
^{18}O	$^{18}O/^{16}O$	$\delta^{18}O$	SMOW 或 V-SMOW	2.005 2
			PDB 或 V-PDB (碳酸盐)	2.067 2
^{34}S	$^{34}S/^{32}S$	$\delta^{34}S$	CDT	45.005

注:SMOW, Standard Mean Ocean Water, 标准平均海洋水; V-SMOW, Vienna-Standard Mean Ocean Water, 维也纳标准平均海洋水; PDB, Pee Dee Belemnite, 美国南卡罗来那州白垩系皮狄组的海成石灰石化石,即美洲似箭石; V-PDB, Vienna-PDB, 维也纳 PDB; CDT, Canyon Diablo Meteorite, 美国亚利桑那州 Canyon Diablo 铁陨石中的陨铁硫。

11.1.2.2 同位素自然丰度

每个元素的不同同位素形态在自然界存在的丰度(abundance)差异悬殊,尤其是对于原子质量小于 40 的元素,其中有一个同位素(通常为最轻的)最常见且占绝对优势。造成这种差异是由于自然界存在的各种生物和非生物过程中伴随的同位素分馏。同位素的自然丰度定义为元素的某种同位素与该元素所有同位素的摩尔数含量比值,常用百分数表示。表 11.1 列出了生态系统中常见元素碳、氢、氧、氮和硫的稳定同位素及其自然丰度。例如,在自然界,有 98.8%的碳原子以^{12}C形态存在,仅有 1.1%的碳原子以^{13}C形态存在,而其他形态的碳原子(如^{14}C)则更加稀少,不足 0.1%。又例如,在自然界氢同位素^{1}H最常见,丰度达 99.985%以上,而 D 和 T 则含量甚微。绝大多数元素都有不止一个稳定的、非放射起源的同位素。由不同元素的稳定同位素组成的分子,在自然界也以某一种形态最为常见,如最常见的水分子形态是$^{1}H_2{}^{16}O$,但也存在诸如$H_2{}^{18}O$和$HD^{16}O$水分子形态。

11.1.2.3 稳定同位素相对含量

物质中某种同位素的相对含量(R)通常表示为重同位素(^{m}X)与轻同位素(^{n}X)摩尔数含量之比:

$$R = \frac{^{m}X}{^{n}X} \tag{11-1}$$

例如,物质中碳同位素的相对含量可以表示为$^{13}C/^{12}C$。显然,不同物质或同一物质不同形态之间的 R 值的绝对差异非常小,而且重同位素的绝对含量一般很低,所以 R 很难用质谱仪量化。但是,待测物质(样品)的同位素比值与常用标准物质(参照物)的同位素比值之间的相对差异,比较容易测量。因此,通常以样品的 R 值(R_{smpl})与标准物质的 R 值(R_{std})之比,并采用微分记号 δ (Urey, 1947)和如下关系式来表述样品的同位素组成(isotopic composition)(δ_{smpl}):

$$\delta_{smpl} = \left(\frac{R_{smpl}}{R_{std}} - 1\right) \times 1000‰ \tag{11-2}$$

式中：δ_{smpl}的单位是 1/1 000。δ_{smpl}也叫做样品的同位素比值(isotope ratio)。

文献中所有的同位素组成，都是参照国际上通用的标准物质加以表示的。这种表示方法因无需准确测定物质的同位素绝对丰度而被广泛采用，国际参照标准的 δ 值为 0。

11.1.2.4 稳定同位素效应

由于不同的稳定同位素之间质量上的差异，其理化性质和理化反应过程，如在气相中的扩散、液相中的传导、溶解、相变、光解、生化合成与分解等方面的表现也不尽相同，从而导致理化反应前后的反应物和生成物在同位素组成上产生差异，这一现象叫做同位素效应(isotopic effect)。通常用同位素分馏(isotope fractionation)或同位素判别(isotope discrimination) 表述。正是因为同位素效应，才导致自然界各种物质稳定同位素相对含量的变化。

同位素分馏效应常常分为动力学分馏效应和热力学分馏效应两种，其区别在于前者指非平衡态时的效应，后者指平衡态时的情形(Farquhar 等，1989)。当反应是不可逆的单向动态反应，则发生动力学同位素分馏。所以，动力同位素分馏揭示含有不同同位素的分子在反应过程中的速率差异。一般而言，元素的轻同位素比重同位素扩散得快。扩散可以引起显著的动力同位素分馏。平衡同位素分馏发生在相变，即从一种相(如液体)转变为另一种相(如气体)时的同位素交换反应，是双向可逆的平衡反应。

同位素效应以同位素分馏因子或分馏系数(isotope fractionation factor)表征，常定义为反应物的同位素相对含量(R_r)与产物同位素相对含量(R_p)之比，并用 α 表示(Farquhar 等，1989)：

$$\alpha = \frac{R_r}{R_p} \tag{11-3}$$

同位素效应的大小，也可以用同位素判别(discrimination against an isotope)(Δ)来表示，即 α 与 1 之差(Farquhar 和 Richards，1984)：

$$\Delta = \alpha - 1 \tag{11-4}$$

或

$$\Delta = \frac{R_r}{R_p} - 1 \tag{11-5}$$

如果 δ_r 和 δ_p 分别代表反应物(原材料)和产物的同位素组成，并且 Δ 采用千分比单位‰，则由式(11-4)和式(11-5)，很容易导出 Δ 与 δ_r 及 δ_p 的如下关系，即将 δ 换算为 Δ：

$$\Delta = \frac{\delta_r - \delta_p}{1 + \frac{\delta_p}{1\,000}},\ ‰ \tag{11-6}$$

因为在绝大多数情形下，分母的值非常接近 1，于是式(11-6)可以简化为：

$$\Delta \approx \delta_r - \delta_p \tag{11-7}$$

用同位素判别来表示同位素分馏效应，比用同位素组成值更直观地反映同位素分馏引起的反应底物与产物之间同位素组成的变化。例如，空气中 CO_2（底物）的同位素组成约为 −8‰，而 C_3 植物叶片（产物）的同位素组成平均为 −28‰，则依据式（11-7），植物叶片的同位素判别值约为 20‰，也即分馏效果为 20‰。尽管 Δ 和 δ 的单位一样，都是无量纲的千分比（‰），但 Δ 所指的是产物与反应物同位素组成的差值，而不是某一种化合物的同位素判别值。

一般而言，同位素分馏取决于其质量大小。同位素质量差越大，同位素分馏效应也越大，称之为质量相关分馏（mass-dependent fractionation）。如果分馏效应不因同位素之间质量差的大小而异，则谓之非质量相关分馏（mass independent fractionation）。前面提到的动力学和热力学同位素分馏效应属于质量相关分馏。

11.1.2.5 稳定同位素测定

同位素效应的量化需借助于质谱仪。所谓质谱（mass spectrum）是指按照带电原子、分子或分子碎片按质荷比（或质量）的大小顺序排列的图谱。所以，质谱仪就是基于电磁学原理设计而成的获得质谱的分析仪器。根据用途或分析对象的不同，质谱仪分为无机质谱仪、有机质谱仪、同位素质谱仪及气体质谱仪等类型。同位素比例质谱仪（isotope ratio mass spectrometer，IRMS）是质谱仪的一种，主要构件包括进样系统、离子源（电离装置）、质量分析器、离子检测器、电气系统、真空系统和计算机控制系统。此外，根据测定对象和目的的不同，同位素比例质谱仪常常辅以各种外设装置，如元素分析仪（EA）、气相色谱仪（GC）和预浓缩装置（PreCon）等。

11.2 植物光合途径与 C_4 植物的地理分布

11.2.1 稳定碳同位素与植物光合途径判别

植物光合作用是自然界产生碳同位素分馏的最重要过程。在光合过程中，植物叶片更趋向于同化 $^{12}CO_2$ 而排斥 $^{13}CO_2$，在叶片气孔充分张开时这一现象表现得更加明显（Farquhar 等，1989）。目前大气 CO_2 的 $\delta^{13}C$ 值为 8‰ 左右。大气 CO_2 经气孔向叶内的扩散过程、CO_2 在叶水中的溶解过程，以及羧化酶对 CO_2 的同化过程，均存在着明显的碳同位素效应（Farquhar 等，1989）。而且，不同光合途径（C_3、C_4 和 CAM）因光合羧化酶（RuBP 羧化酶和 PEP 羧化酶）和羧化时空上的差异对 ^{13}C 有不同的识别和排斥，导致了不同光合途径的植物具有明显不同的 $\delta^{13}C$ 值。Bender（1968，1971）和 Smith 和 Epstein（1971）最早提出碳同位素组成可用于区分植物的 C_3 和 C_4 光合途径。在陆生植物中，C_3 植物的 $\delta^{13}C$ 值 −35‰～−20‰（平均为 −26 ‰），C_4 植物 −15‰～−7‰（平均为 −12‰），而 CAM 植物 −22‰～−10‰（平均为 −16‰）。因此 $\delta^{13}C$ 值可用来鉴别植物的光合途径（O'Leary，1981；Farquhar 等，1989）。

澳大利亚植物生理学家 Farquhar 及其同事提出，在忽略了其中一些小的分馏过程后，C_3 植物的 $\Delta^{13}C$ 可以用下式表示（Farquhar 等，1989）：

$$\Delta^{13}C = a + (b - a)\frac{c_i}{c_a} \tag{11-8}$$

式中：a 为 CO_2 分子扩散的判别值或分馏因子（约为 4.4‰）；b 为由 Rubisco 羧化酶羧化过程引起的净同位素判别（约为 27‰）；c_i 为细胞内或胞间 CO_2 浓度；c_a 为叶片周围大气中 CO_2 浓度。

由于 C_4 植物与 C_3 植物光合途径的差异，C_4 植物的光合作用同位素判别或同位素分馏效应除了受到以上几个过程的影响之外，还受到叶肉细胞中 PEPc 酶固定 HCO_3^- 的影响和 CO_2 从维管束鞘细胞向叶肉细胞泄露的影响，也可以用模型表述（Farquhar 等，1982，1989）：

$$\Delta^{13}C = a + (b_4 + b_3\phi - a)\frac{c_i}{c_a} \tag{11-9}$$

式(11-9)与式(11-8)相类似，但有一些附加项。其中，b_4 是 PEP 酶羧化过程引起的同位素判别或分馏系数（约为 5.7‰），远小于由 Rubisco 酶羧化过程引起的同位素判别或 b_3（约为 27‰），ϕ 是从维管束鞘细胞泄漏出的 CO_2 所占的分量。

根据定义，$\Delta^{13}C$ 也可表述为：

$$\Delta^{13}C = \frac{\delta^{13}C_a - \delta^{13}C}{1 + \frac{\delta^{13}C}{1\ 000}} \approx \delta^{13}C_a - \delta^{13}C \tag{11-10}$$

式中：$\delta^{13}C_a$ 为大气 CO_2 的同位素组成（约－8‰）；$\delta^{13}C$ 为叶片的同位素组成。C_3 与 C_4 植物 $\delta^{13}C$ 的平均值分别为－27‰和－14‰，则它们的 $\Delta^{13}C$ 平均值分别为 19‰和 6‰。

显而易见，植物的 $\delta^{13}C$ 或 $\Delta^{13}C$ 与 c_i/c_a 直接相关（Farquhar 等，1982；1989），从而携带 c_i/c_a 的信息，而 c_i/c_a 的大小受控于光合速率和气孔开闭程度即气孔导度。所以，植物的 $\delta^{13}C$ 值综合反映了各种环境要素时空变化对 c_i/c_a 的影响。实质上，光合作用过程中的扩散和酶羧化分馏效应是伴随生化反应而发生的，可以认为是一种内在过程，因此它们不仅受到植物自身（遗传）条件（如年龄、性别、生活型、发育阶段、形态属性和矿物营养状况等），也受到环境要素（如辐射、温度、湿度、CO_2 浓度、水分供给、干旱胁迫、土壤盐性、氮素来源和海拔等）的影响（Dawson 等，2002）。通过测定植物组织的稳定碳同位素组成，不仅可以认识植物生理生态过程的机理，也可以揭示它们与环境因素之间的关系。

植物光合途径（C_3、C_4 和 CAM）是划分植物功能型的一个重要标准之一。鉴别植物的光合途径通常采用形态解剖（是否存在 Kranz 花环结构）、生化指标（PEP 和 RuBP 羧化酶的活性比值）和稳定碳同位素比值。相对于前两种方法，稳定碳同位素比值的方法具有操作快捷简便、采样方法简单、样品需要量小及测试精度高等优点。例如，殷立娟和王萍（1997）结合以上三种方法对我国东北地区 233 种草原植物的光合作用途径进行了鉴定，并初步探讨了植物光合途径与其生境之间的关系；唐海萍和刘书润（2001）测定了内蒙古地区 280 余种植物的稳定性碳同位素值，发现其中 82 种是 C_4 植物，198 种是 C_3 植物。并通过分析该地区 C_4 植物的生活型、水分生态型与区系地理成分等特征，对其与环境之间的关系进行了探讨（唐海萍等，1999）。由于 C_3、C_4 和 CAM 植物有着对环境因子的不同需求，所以不同光合类型的植物对气候变化、放牧干扰以及营养机制的改变都有着不同的响应，因此明确不同植物的光合途径在植物生态学研究中是非常必要的。据统计中国的 C_4 植物约有 533 种 40 变种和 3 亚种（殷立娟和李荣美，1997）。但到目前为止，中国究竟拥有多少种 C_4 光合作用植物，仍然是一个未知数，许多植物的光合型尚未确定。

11.2.2 内蒙古草原 C_4 植物的地理分布与生理生态学研究

内蒙古半干旱草原是 C_3 和 C_4 植物混合的草地类型，以 C_3 植物为主导，这与以 C_4 植物为主导的北美草原明显不同。内蒙古草原的典型特征是水热同期，植物的生长期在 5—8 月（Bai 等，2004）。由于对温度和水分的不同需求，C_4 植物通常比 C_3 植物返青晚，主要生长期在 6—8 月。对于 C_4 植物本身而言，大部分 C_4 植物拥有浅的根系，分布在 0～20 cm 土壤层中，更有利于充分利用夏季降雨（Yang，2010）。部分一年生 C_4 植物具有机会性生活史策略，能够在短时间内利用夏季降雨，迅速完成生活史。据观察，猪毛菜（*Salsola* spp.）能够在 7—8 月份雨水充足的时期，在 4 周左右完成萌发到结实的过程。

内蒙古 C_4 植物主要分布在 12 个科：蓼科、藜科、苋科、马齿苋科、大戟科、景天科、蒺藜科、旋花科、菊科、眼子菜科、禾本科和莎草科（唐海萍和刘书润，2001），以禾本科和藜科最为集中。常见的有糙隐子草、猪毛菜、木地肤、虎尾草、狗尾草等。其中，糙隐子草是 C_4 植物中的优势物种。在典型草原区，其生物量能占到所有 C_4 植物的 70%以上（Yang，2010）。C_4 植物由南向北随着纬度的增加和温度的降低而减少。其中，藜科植物和禾本科植物的反应也不相同。藜科植物的分布与干旱度相关性较大，而禾本科植物的分布则主要取决于温度（Pyankov 等，2000）。此外，一般认为放牧、城市化等人为干扰也能够增加 C_4 植物，尤其是一年生 C_4 植物。

CO_2 浓度和温度升高有可能改变 C_3/C_4 构成比例（Collatz 等，1998）。在 1900—2000 年间，内蒙古草原生长季平均温度增加了 2℃；在 20 世纪 80 年代到 2009 年之间，放牧率增加了 1 倍；CO_2 浓度在 20 世纪增加了 50 μmol/mol（Wittmer 等，2010a）。由于在较高温度下 C_4 植物具有较高的光合速率和较高的 CO_2 固定量子产量（Ehleringer 和 Björkman，1977；Sage 和 Kubien，2003）。因此，这些气候变化和人为干扰也引起了 C_3 和 C_4 两种不同光合作用类型植物构成比例的变化。由于 C_3 和 C_4 植物的比例影响了内蒙古草地植物的生物量、碳储量和水分循环，因此，弄清 C_3/C_4 的比例变化是理解生态系统过程的重要前提。

基于 C_3 和 C_4 植物碳稳定性同位素组成的差异（Farquhar 等，1989），植被中 C_3/C_4 构成比例的计算可以利用两尾模型式(11-8)，由 C_3、C_4 植物和混合物的 $\delta^{13}C$ 值计算得到（Murphy 和 Bowman，2007；Auerswald 等，2009；Wittmer 等，2010a）。

$$P_{C_4} = \frac{^{13}\Delta_C - {^{13}\Delta_3}}{^{13}\Delta_3 - {^{13}\Delta_4}} \tag{11-11}$$

式中：$^{13}\Delta_C$ 为混合物的同位素判别，$^{13}\Delta_3$ 为 C_3 植物的同位素判别，$^{13}\Delta_4$ 为 C_4 植物的同位素判别。C_3 和 C_4 植物是两位模型的两个端值，而混合物可以是羊毛（Auerswald 等，2009）、羊粪（Wittmer 等，2010b）、土壤（Wittmer 等，2010a）、*n*-烷烃（Zhang 等，2003）或者其他的物质，它们包含了短期至长期植被 C_3 和 C_4 构成的信息。羊粪是被食用的草本混合物被消化吸收后的残渣，经过 2 周左右的时间被排出体外，包含了最短期的信息。在内蒙古草原，每年剪一次羊毛，因此，羊毛包含了近一年的植被信息，当然也包括冬季饲料的同位素信息。而长期流传下来的羊毛制品，则包含了生产羊毛当年的信息。表层土壤则包含了 50～100 年的信息。利用不同的混合物，我们可以获得不同时间尺度上植被 C_3/C_4 植物构成比例的信息。

近年来，通过分析土壤和羊毛 C 同位素判别值，已有研究报道了内蒙古草原植被 C_3/C_4

的变化。Auerswald 等(2009)利用羊毛和植被的碳同位素判别值计算出,内蒙古典型草原 C_4 植物的生物量比例为 19%(图 11.1a)。在此基础上,通过对内蒙古草地 149 个样点表层 5 cm 土壤和 C_3、C_4 植物的稳定性碳同位素判别值的研究,Wittmer 等(2010a)得出结论,在过去的 50～100 年间,生长季温度的增加使 C_4 植物增加了 10%,主要分布于沿北纬 44°纬度带的东北方向和山地区域(图 11.1b)。通过在蒙古国和我国内蒙古地区收集的羊毛样品的进一步分析,获得了蒙古高原东经 106°～117°和北纬 41°～47°区域的 C_4 植物分布。这一地区 C_4 植物的分布在大的区域上是由生长季温度决定的,而在小的尺度(如牧民点上)上则受到放牧的影响(Wittmer,2010b)。而 C_4 植物传播过程是怎样呢?这可能与不同生活型植物的生活史策略有关。相对于 C_4 多年生植物,C_4 一年生植物具有机会主义特点。当环境条件变得有利于 C_4 植物时,一年生植物传播速度比多年生植物快,首先占据空出的生态位,然后多年生植物再进行延伸进而代替一年生植物。Yang(2010)对内蒙古典型草原过去近 10 年野外调查数据的分析结果证实了这一观点。

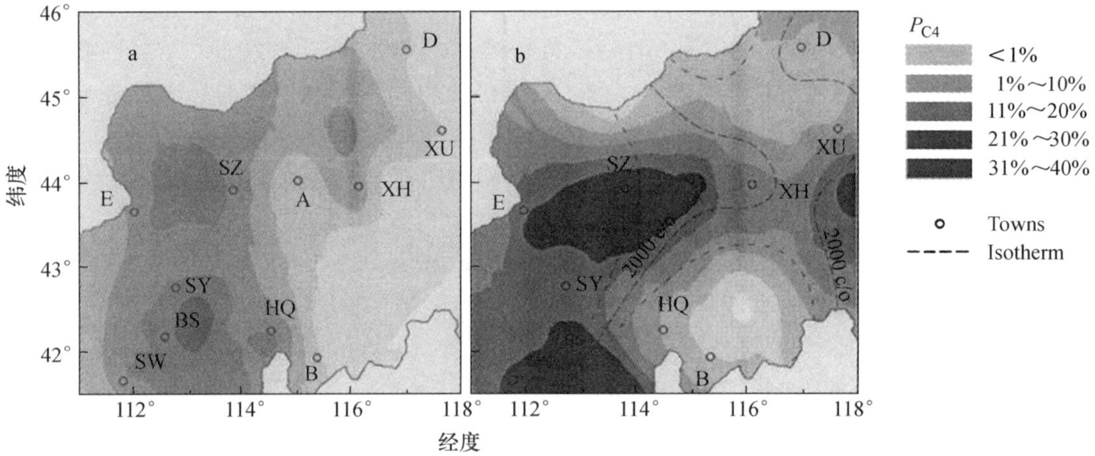

图 11.1 内蒙古典型草原 C_4 植物相对生物量分布图。a 为由土壤获得的值,代表了 50～100 年前 C_4 植物的分布(引自 Wittmer 等, 2010a);b 为由羊毛获得的值,代表 10 年左右的 C_4 植物的分布(引自 Auerswald 等, 2009)

相对于 C_3 植物而言,C_4 植物的 $\delta^{13}C$ 值的变化范围很小(Van de Water 等, 2002; Murphy 和 Bowman,2009)。因此,在很多研究中,C_4 植物的 $\delta^{13}C$ 值被假定为一个简单的平均值(Murphy 和 Bowman,2007; Wittmer 等, 2010a,b)。然而,已有的许多研究也指出,C_4 植物的 $\delta^{13}C$ 值是随着环境变量的变化而变化的,与 C_4 植物的生理生态响应和资源利用效率有关(Henderson 等, 1992; Ghannoum 等, 2002; Wang 等, 2005)。例如,处于高光环境下繁穗苋的叶片 $^{13}\Delta$ 值,比低光环境下的 $^{13}\Delta$ 值高 6‰左右(Tazoe 等, 2006)。当降雨量从每年 350 mm 增加 1 倍时,白羊草的 $^{13}\Delta$ 值增加了 2‰ (Liu 等, 2005)。

大部分关于 C_4 植物 $^{13}\Delta$ 值与环境变量之间关系的研究集中于北美洲、欧洲和澳大利亚或者在控制条件下进行 (Schulze 等,1996; Murphy 和 Bowman,2009; Ghannoum 等, 2011)。而在 C_3 和 C_4 植物混合生长的内蒙古草原进行的研究很少。在内蒙古草原,糙隐子草是 C_4 植物的优势植物,广泛分布于草甸草原、典型草原、荒漠草原和沙丘。已有报道指出,糙隐子草是一种特殊的 C_4 植物,其 ϕ 值大于 0.37 并且变化范围大(变幅为 0.32,处于 0.34～0.66),$^{13}\Delta$

值大于4.4‰。其$^{13}\Delta$值在C_4植物中是相对较高的，并且变化范围较大(Pyankov等，2000；Chen等，2002；Gong等，2008；Yang等，2011)。Yang等(2011)采用巢氏法，研究不同组织和空间尺度上糙隐子草$^{13}\Delta$值的变化及其可能的影响因素。结果表明，在分蘖尺度上，从老叶片到新生叶片，$^{13}\Delta$值从5.1‰增加到8.1‰；在放牧实验平台上，成熟叶片的$^{13}\Delta$值(5.8‰～8.4‰)随放牧强度的降低而增加(图11.2)；在流域尺度上，成熟叶片的$^{13}\Delta$值(6.2‰～8.5‰)随表层土壤粉粒含量的增加而增加；在区域尺度上，成熟叶片的$^{13}\Delta$值(5.5‰～8.9‰)随生长季降雨的增加而增加。综合所有尺度上的数据，$^{13}\Delta$值随叶片氮含量的增加而降低。叶片氮含量与放牧强度和分蘖上叶片的位置正相关，但与降雨量呈负相关。出现在不同环境条件区域尺度上的这些相关关系，暗示氮含量是糙隐子草叶片$^{13}\Delta$值的主要影响因素，这一结果也可

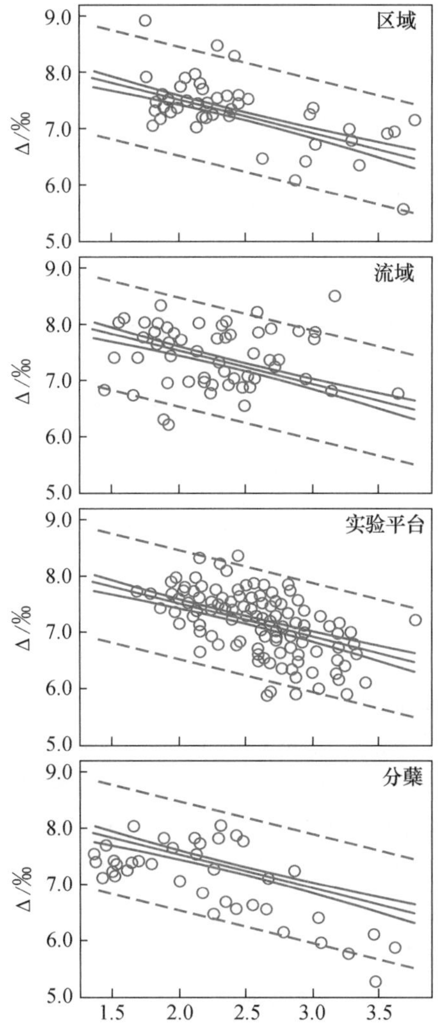

图11.2 不同尺度上糙隐子草叶片氮含量与稳定性碳同位素判别值的回归关系

(每个子图中间的线是回归线，两边的实线是回归线95%的置信区间。
虚线是数据点95%的置信区间)
(引自Yang等，2011)

能同样适用于其他 C_4 物种。尽管糙隐子草叶片 $^{13}\Delta$ 值也受到 $^{13}\Delta$ 的影响，但是其很大程度上受到 c_i/c_a 的影响。因此，对于糙隐子草这个拥有很高 ϕ 的 C_4 植物来说，比其他 C_4 植物，其表现更加偏向于 C_3 植物。

11.3 稳定性同位素技术在草地碳循环研究中的应用

11.3.1 生态系统碳交换组分区分

利用涡度相关技术(eddy covariance technique)，人们已经能够直接测得冠层与大气之间 CO_2 或水交换的净通量(Baldocchi 等，1988)，但却无法确定不同生态学过程对净通量的影响和贡献。如土壤呼吸 CO_2 释放的增加和光合吸收 CO_2 的减少都可能导致冠层 CO_2 净吸收的减少。如果不能对碳通量的组分进行区分，则很难深入对影响生态系统碳源汇关系的不同碳交换过程进行精确估算。稳定同位素技术与冠层尺度通量测量相结合，能够将冠层 CO_2 或水的净通量区分为不同组分通量，其区分的理论基础是 Keeling 曲线法。

Charles Keeling 于 1958 年开始测量北美太平洋沿岸多个生态系统大气稳定性同位素(C 和 O 同位素)与大气 CO_2 摩尔浓度，发现碳同位素变化与大气 CO_2 摩尔浓度倒数之间存在有线性关系，并构建了二者之间的响应方程，即所谓的 Keeling 曲线(Keeling，1958，1961)。Keeling 曲线以生物学过程前后的物质平衡原理为基础，将稳定性同位素含量测定与物质(CO_2 或 H_2O)浓度测定相结合，利用植被不同高度样点之间同位素组成和 CO_2 或水浓度之间的差异，构建同位素组成与 CO_2 或水蒸气浓度倒数之间的线性关系，该直线的截距即为生态系统呼吸释放 CO_2 或水分蒸散的同位素组成(Yakir 和 Sternberg，2000)。Keeling 曲线法与微气象法结合，能够区分光合和呼吸对整个生态系统碳通量的贡献，以及蒸腾和蒸发占生态系统蒸散的比例(Lloyd 等 1996；Yakir 和 Wang，1996；Moreira 等，1997；Bowling 等，1999，2001；Yepez 等，2003；Williams 等，2004)。

到目前为止，这种方法的应用在一定程度上受到取样及分析技术和仪器的限制。CO_2 中 C 和 O 同位素组成测量能够精确到 ±0.3‰(Troiler 等，1996)，观测到的冠层边界层 ^{13}C 和 ^{18}O 同位素组成梯度通常为 0.3‰/m(Yakir 和 Wang，1996；Buchmann 和 Ehleringer，1998；Harwood 等，1998)，只有在高光合速率群落冠层或者在非常理想状态下才能够产生较大的同位素梯度。Yakir 和 Wang(1996)采用这种方法，成功地将农田生态系统 CO_2 净交换区分为光合同化和呼吸释放，并量化了光合吸收减少(56%)和呼吸减少(71%)对生长季晚期麦田生态系统 CO_2 净吸收的减少[44.2～20.6 $\mu mol/(m^2 \cdot s)$]效应。利用梯度-同位素法来区分生态系统净通量至少需要两个假设，首先假设两个通量组分来自同一位置(即忽略了来自土壤和来自冠层的高度差异)，其次假设背景大气(通常取自上风向或冠层边界层之上)同位素组成在浓度-同位素梯度上是均一的(Yakir 和 Sternberg，2000)。

生态系统通量组分之间同位素组成的显著差异是利用 Keeling 曲线结合微气象法区分组分通量的先决条件。如土壤呼吸释放和植物光合吸收 CO_2 之间 ^{13}C 差异较小，还可以利用 ^{18}O 来研究生态系统的气体交换过程。叶片水的大量蒸腾造成其 ^{18}O 的富集，从而导致与叶片水和土壤水进行同位素交换之后的 CO_2 具有不同的 ^{18}O 同位素组成。例如，Bowling 等(2003)

利用 $\delta^{18}O_R$ 区分俄勒冈州森林生态系统夜晚呼吸组分，测得土壤呼吸对生态系统总呼吸通量贡献比例为80%左右。

稳定同位素技术还可用来区分土壤呼吸的不同成分。例如，可以通过在 C_3 土壤上种植 C_4 植物如玉米，利用 C_3 与 C_4 植物之间的 $\delta^{13}C$ 差异来计算 C_4 植物的根际呼吸对整个土壤表层 CO_2 通量的贡献。同样地，如果生态系统不同组成(即根系、土壤、茎、叶等)之间的同位素存有明显差异，我们就可以利用这种方法来区分生态系统不同呼吸成分的碳源。Andrews 等(1999)和 Lin 等(1999) 将植物置于 ^{13}C 贫化的 CO_2 条件下($\delta^{13}C$ 为 −35‰)，依靠根系和微生物之间 $\delta^{13}C$ 值的差异将二者的呼吸量从总土壤呼吸流通量中区分出来。Lin 等(1999) 还成功结合了碳和氧两种同位素，把土壤呼吸的三种成分(根际呼吸、凋落物分解、土壤有机质分解) 区分开来，并研究了这些过程对 CO_2 和温度升高的响应。

张文丽(2006)结合浓度梯度-同位素与微气象方法的研究发现，在生长季中期草地生态系统的呼吸主要来自自养呼吸(占80%以上)。一般草地生态系统由于具有较高根生物量和较高的土壤有机质等使得其土壤呼吸占生态系统呼吸的绝大部分，一般占50%～90%(Hunt 等，2004; Wohlfahrt 等，2005; Bahn 等，2006)。而在夏季(生长季中期)土壤呼吸中的自养呼吸(大部分来自根呼吸)是土壤呼吸的主要贡献者，此时根生物量逐渐增大(Lavigne 等，2003)，而且在土壤水分不受限制时，随着温度的升高根呼吸也逐渐增加。因而生长旺季自养呼吸占很大比例。对雨后第一天进行观测发现，草地生态系统呼吸显著增加[增加到 3.41 $\mu mol/(m^2 \cdot s)$]，异养呼吸所占生态系统呼吸的比例也几乎增加到50%(图 11.3)。8月下旬，草地生态系统异养呼吸的比例开始有所上升，这是由部分植物衰老叶片掉落为微生物提供丰富可降解底物所引起的(Lavigne 等，2003)。

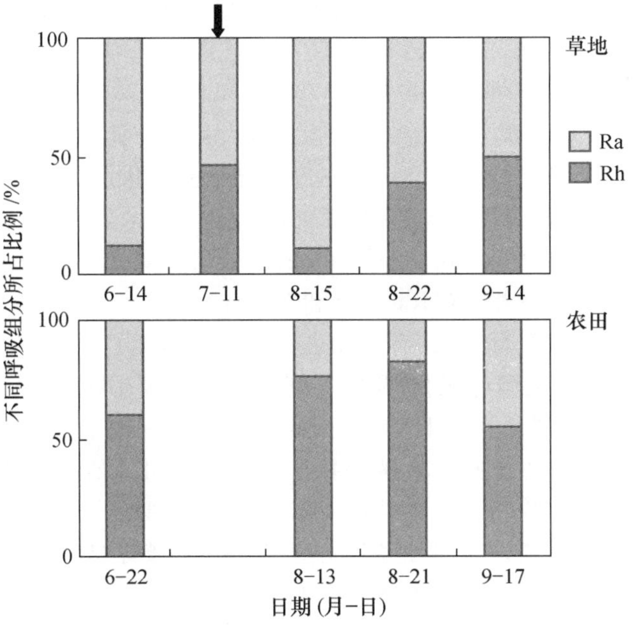

图 11.3 2006年生长季草地和农田生态系统自养呼吸(Ra)和异养呼吸(Rh)分别占生态系统呼吸比例的季节变化

(箭头处表示下雨后第一天采样结果)

与草地生态系统呼吸的 $\delta^{13}C_R$ 值相比，在生长旺季农田生态系统的 $\delta^{13}C_R$ 值要更高一些，这也是由不同呼吸组分的不同贡献量引起。农田生态系统的异养呼吸所占整个生态呼吸的比例一直较大，从生长旺季的 60%至作物成熟时的 80%以上。而且农田生态系统的净碳通量在每个时期都比草地生态系统高，可见农田的耕种促使了生态系统 CO_2 释放。增加的部分不仅是耕种期扰动了土壤物理结构使 CO_2 大量的物理释放（Watts 等，2000），而且还使以前受保护的土壤有机质暴露出来，同时土壤也变得多孔，空气更容易穿透，尤其是在水分不受限制的条件下，为土壤微生物对土壤有机质的分解和利用提供了大量可降解的底物，因此与草地生态系统相比，农田生态系统异养呼吸对整个生态系统呼吸的贡献量增加。

11.3.2 植物光合对土壤呼吸的调控作用

土壤呼吸被广泛定义为来自根系和与之相联系的根际微生物的自养呼吸，以及有机层和矿物层的细菌、真菌的异养呼吸之和（Edwards 等，1970）。与所有化学以及生物化学反应一样，这些过程与温度密切相关。温度被认为是调控土壤呼吸的一个主导因子，应用在很多模拟全球碳循环的模型中（Lloyd 和 Taylor，1994；Reichstein 等，2003；Zhou 等，2009）。然而，也有一些结果表明在欧洲森林生态系统年土壤呼吸变化与年温度变化并不相关（Janssens 等，2001）。Parkin 和 Kaspar（2003）发现在一个农田生态系统中，土壤呼吸的日变化与土壤温度的变化并不同步，类似的现象在其他生态系统也有报道（Wan 和 Luo，2003；Bahn 等，2008）。土壤呼吸与土壤温度之间的这种不一致的关系说明，在一些情况下其他因子在调控土壤呼吸变化上可能比土壤温度更重要（Davidson 等，2006；Riveros-Iregui 等，2007）。

近年来的研究发现土壤呼吸与光合和碳水化合物供应量之间存有密切关系（Gaumont-Guay 等，2008；Kuzyakov 和 Gavrichkova，2010），并且在不同时空尺度上土壤呼吸对土壤温度的依赖性具有很大的不确定性（Tang 等，2005；Irvine 等，2005）。通过一个大尺度的环割实验，Högberg 等（2001）发现新合成的光合产物在很大程度上调控土壤呼吸。Bahn 等（2008）综合欧洲 20 个草原生态系统的土壤呼吸数据，发现光合基质供应在多个时间尺度上对土壤呼吸都具有调控作用。此外，Bahn 等（2009）利用同位素示踪技术发现植物新陈代谢与土壤呼吸过程之间存在紧密关联。从理论上讲，土壤呼吸的自养组分受光合产物地下分配的限制，而光合产物又与冠层光合活性紧密相关（Högberg 和 Read，2006）。土壤异养呼吸组分的绝大部分是来自于凋落物与土壤有机质分解，其有效性也依赖于初级生产力。尽管在很多非水分限制的生态系统中，光合作用对土壤呼吸的调控作用对土壤呼吸-温度关系有显著影响（Liu 等，2006；Vargas 和 Allen，2008）。但在干旱-半干旱生态系统中这个关系是否存在还不是很清楚，因为在这些生态系统中水分被认为是调控土壤呼吸变化的最重要因素。例如，Riveros-Iregui 等（2007）报道在一个半干旱森林生态系统中，土壤呼吸与土壤温度之间的时滞性的大小受土壤水分状况的调控。所谓土壤呼吸与土壤温度的时滞性是指：由于土壤温度的日变化滞后于土壤呼吸，在白天和夜间，相同土壤温度下土壤呼吸之间存在一个差值，前人的研究认为这个差值是由于白天植物的光合输入导致的（Tang 等，2005）。因此，土壤呼吸与土壤温度之间的时滞性越大，植物光合活性对土壤呼吸的调控作用也越大。并且，在受水分限制的多年生禾草和灌木生态系统中，土壤呼吸与温度之间解耦合程度随水分受限程度的加剧而增加（Carbone 等，2008）。

草原生态系统 80%的碳贮存在土壤中，而土壤呼吸是土壤碳释放到大气的主要途径(Raich 和 Schlesinger，1992；Ni，2002)。因此，只有充分理解土壤呼吸对各生物非生物因子的依赖性才能够更准确地评估内蒙古草原碳平衡以及其对未来气候变化的响应。尽管在干旱半干旱地区，土壤温度和水分对土壤呼吸的作用已有许多研究(Chen 等，2009；Liu 等，2009；Xia 等，2009)，但是关于光合基质供应对土壤呼吸调控作用的相关报道尚不多见。在多伦十三里滩实验基地，我们通过一个增雨和遮阳的控制实验证实了光合基质供应对土壤呼吸日变化和季节变化的影响，以及这种影响受土壤水分状况的调节。我们推测是光辐射降低所引起的光合基质供应减少导致了土壤呼吸降低，而这种降低会由于土壤水分状况的改善而得到减缓。该实验包括六个处理：对照(CC)、轻度遮阳(CS_1)、重度遮阳(CS_2)、增雨(WC)、增雨和轻度遮阳(WS_1)以及增雨和重度遮阳(WS_2)。Yan 等(2011) 通过这个实验发现，土壤呼吸日变

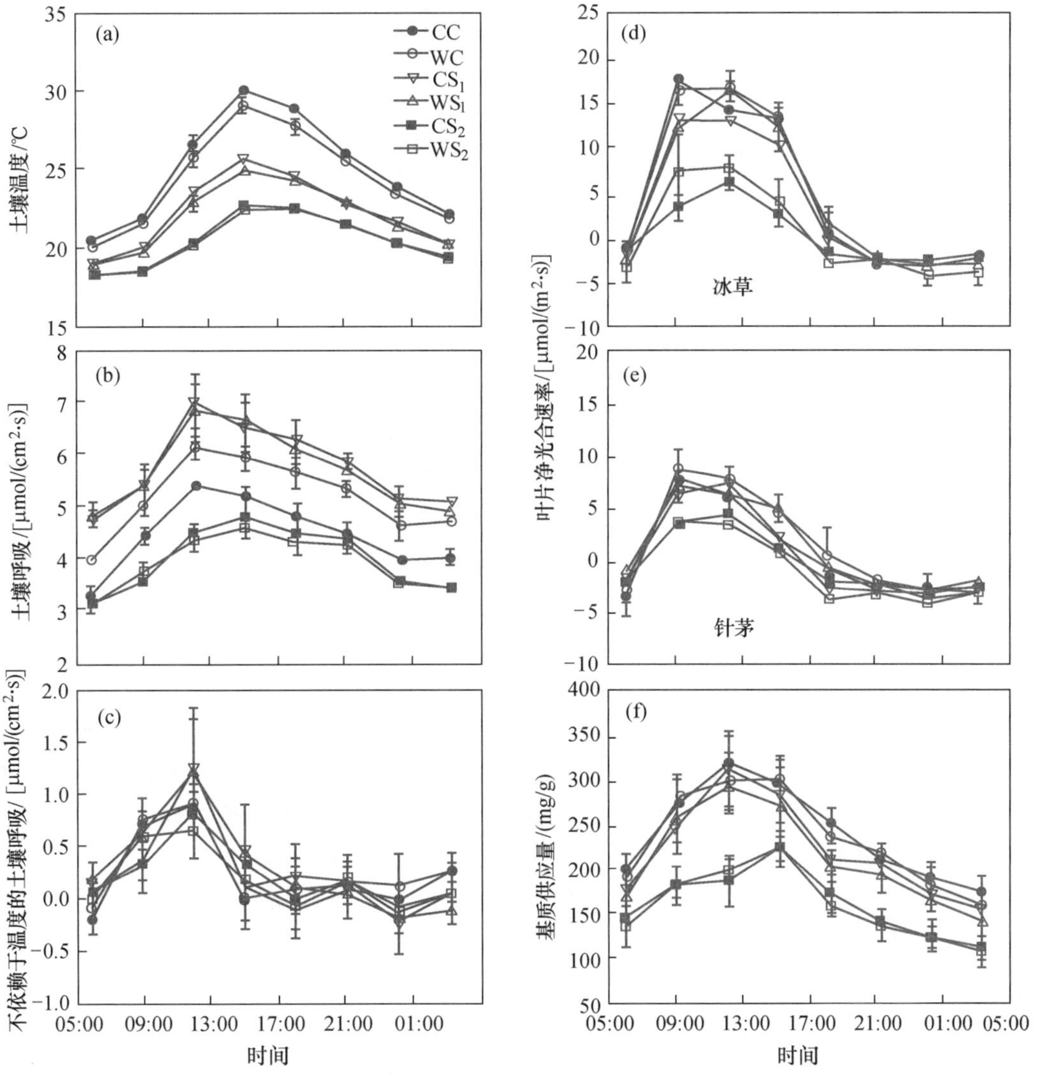

图 11.4 遮阳增雨实验不同处理下土壤温度(a)、土壤呼吸(b)以及不依赖于温度的土壤呼吸(c)、两个优势种冰草和克氏针茅的叶片净光合速率(d 和 e)和生态系统水平基质供应量(f)的日变化

(CK，对照；CSl，轻度遮阳；CS2，重度遮阳；WC，增雨；WS1，增雨+轻度遮阳；WS2，增雨+重度遮阳)

化与土壤温度和优势种光合同化速率的变化是不同步的，但与三个主要优势种冰草(*A. cristatum*)，冷蒿(*A. frigida*)和针茅(*S. krylovii*)的叶片光合基质供应以及生态系统水平光合基质的变化是同步的(图 11.4)。增雨下土壤呼吸日动态变化幅度要比未增雨情况下变化更大。重度遮阳下的土壤呼吸日变化幅度小于未遮阳或轻度遮阳下的变化，且其绝对值是轻度遮阳下的一半左右。

Yan 等(2011) 的研究首次证实了半干旱草原日动态尺度上的光合基质供应对土壤呼吸的调控作用存在 0～3 h 的时滞。同时光合基质供应对土壤呼吸的调控作用还表现在季节尺度上，土壤呼吸平均速率与植物群落地上净初级生产力表现出显著的正相关关系，并且其作用大小依赖于土壤水分状况。但由于研究手段的限制，我们的实验目前尚缺乏光合基质供给与土壤呼吸底物之间关联的直接证据，为了了解这些关系及其调控机理，例如光合与土壤呼吸之间时滞的长短及其机理，未来的研究应该结合先进的研究方法(如同位素标记技术)和设备(如连续高频度测定技术)。

11.4 稳定性同位素技术在草原植物水分利用中的应用

11.4.1 植物水分利用效率

由于植物组织的碳是在一段时间(如整个生长期)内累积起来的，其 $\delta^{13}C$ 值可以指示出这段时间内平均的 c_i/c_a 值及水分利用效率(*WUE*)。很显然，这种方法比常规的叶片光合仪的测定优越得多，因为光合仪测定结果仅表示测定当时短暂时间内植物的 c_i/c_a 和 *WUE* 值(Farquhar 等，1989)。许多研究已证实，植物叶片 $\delta^{13}C$ 值与胞间 CO_2 浓度(c_i)之间存在紧密关系，$\delta^{13}C$ 值随 c_i 值增大而降低。因此，植物叶片胞间 CO_2 浓度成为影响 $\delta^{13}C$ 值最重要的环境因素(Farquhar 等，1982，1989；Evans 等，1986；Ehleringer 等，1991)。又由于植物水分利用效率与 c_i 值显著相关，高的水分利用效率与更正的 $\delta^{13}C$ 值相关。因此，植物的长期水分利用效率可以通过叶片的 $\delta^{13}C$ 值来指示(Ehleringer 和 Cooper，1988；Peterson 和 Fry，1987；Johnson 等，1990；Ehleringer，1993；Ebdon 等，1998；Arslan 等，1999)。

整株植物的碳同位素组成代表着一系列复杂生理生化过程的长期整合过程；另一个极端的时间尺度范围是，在一个气体交换系统中，通过对比经过叶片前后的空气中的 CO_2 同位素组成，可以给出在叶水平上同位素组成的瞬间变化。而淀粉和可溶性糖碳同位素组成的变化则反映了中等时间尺度同位素分馏的整合过程，在多数情况下，这个时间尺度大约是 1 d(Brugnoli 等，1988；Lauteri 等，1993)。在测定可溶性碳水化合物的 $\delta^{13}C$ 时，同时测定结构性碳库的 $\delta^{13}C$ 值就可以估计在各种不同时间尺度上整合的 *WUE* 和光合固碳特征的变化。特别是分析不同植物化合物和碳库的 $\delta^{13}C$ 值，可以对时间跨度从 1 d(叶片可溶性糖)到几周(茎可溶性糖)乃至整个生活史(结构性碳)植物的平均 c_i/c_a 和 *WUE* 进行研究(Brugnoli 等，1998)。此外，树木年轮碳同位素组成的研究为我们了解季节间、年季间或更长时间跨度的变化提供了一个既快捷又准确的方法。

近 10 年来，采用碳同位素组成作为评价 C_3 植物 *WUE* 的指标已经被国内生态学研究者广泛应用(任书杰和于贵瑞，2011)，特别是在干旱-半干旱地区的研究中。这方面的研究国内已有多篇综述文章，在此不一一赘述，下面仅将我们在内蒙古草原进行的相关研究进行简单介绍。陈世苹(2003)从植物种、功能群和群落三个尺度研究了内蒙古锡林河流域主要草原群落中植物对氮、水资源的利用和适应策略及其生理生态学机制。结果表明，随着土壤水分可利用性的下降，羊草(*L. chinensis*)、大针茅(*S. grandis*)和黄囊苔草(*C. korshinskyi*)等优势物种的 $\delta^{13}C$ 值显著增大，水分利用效率明显提高，表现出对干旱生境的生态适应性(Chen 等，2002；陈世苹等，2003)。不同植物生活型表现出显著不同的 Δ 值，表现为多年生禾草(15.86‰)＜多年生杂类草(16.45‰)＜ 一二年生植物(16.41‰)＜小半灌木(17.55‰)(Chen 等，2005)。不同水分生态型的植物同样表现出不同的碳同位素组成，旱生植物的 *WUE* 显著高于中生和湿生植物，同时旱生植物还表现出明显的脯氨酸累积，表明其具有较强的渗透调节能力(Chen 等，2003)。因此，以生活型和水分生态型为基础划分的植物功能群可以用来表征较大空间尺度上草原植物-水分关系，并能够综合反映植物对水分胁迫的适应策略。我们还发现，草原群落水平水分利用效率与放牧和生境干旱程度之间存有密切关系，放牧会显著增加 C_4 植物在群落中的比例，从而显著提高了群落水平的碳同位素组成(Chen 等，2005)。在大尺度上，Wittmer 等(2008) 通过对蒙古高原 C_3 植被的 $^{13}\Delta$ 与长期、短期降雨间的关系进行分析发现，针茅属植物(*Stipa* spp.)的 $^{13}\Delta$ 随多年平均降雨的增加而增加；同样，在短期尺度上也随生长季降雨的增加而增加。利用 C_3 植被 $^{13}\Delta$ 与海拔、降雨间的关系，能够间接估计 C_3 植被的 $^{13}\Delta$ 值。考虑到放牧对 $^{13}\Delta$ 的影响，在物种水平上，我们的数据表明，羊草和大针茅的 $^{13}\Delta$ 随放牧强度的增加而增加(杨浩，未发表数据)。而在生活型功能群水平上，除鳞茎类植物水分利用效率随放牧强度增加而降低外，其他功能型均没有显著变化(杨浩，2007)。Gong 等(2011)的氮、水添加实验表明，水分添加降低了植物的水分利用效率，却增加了植物的氮利用效率；氮添加增加了植物的水分利用效率，却降低了氮素利用效率，在氮和水利用效率间存在一个平衡关系。

11.4.2 植物水分来源

由于氧元素有三种稳定同位素(^{16}O, ^{17}O, ^{18}O)，而氢元素有两种稳定同位素(H 和 D)，所以由它们组成的水分子至少有 9 种形态。按照其自然丰度的多少，在生物地球化学循环中最重要的形态有 4 种，即 $H_2{}^{16}O$, $HD^{16}O$, $H_2{}^{17}O$, 和 $H_2{}^{18}O$。自然丰度的微小差异是由于它们的质量差异造成的反应性差异所致。通常，$H_2{}^{16}O$ 比 $H_2{}^{18}O$ 大约轻 10%，所以其反应性更强。生态系统各个组成部分(土壤、植物和大气)里水分的氧和氢稳定同位素含量随环境因素的变化而变化。迄今为止，测定生态系统各组成部分中水的同位素比值在生态系统植物水分关系和水分循环过程研究中得到了非常广泛的应用(Yakir 和 Sternberg，2000)。例如，我们可以利用土壤、植物和大气连续体(SPAC)中水的 ^{18}O 和 D 同位素信息分析水分在 SPAC 中的运动过程、植物水分利用策略、植物可利用水源和土壤蒸发与植物蒸腾的区分等方面的机理(Dawson 等，2002)。

大量研究表明，植物在根系水分吸收和沿木质部向叶片蒸发部位输送水分的过程中是以液流形式进行的，由于与外界环境不发生水分交换或蒸发，所以不存在同位素分馏现象，也即水分在被根系吸收并从根部向上运输过程中均不发生稳定同位素分馏，植物导管内或茎木质部的水分同位素应与水源水具有相同的同位素组成(Wakler 和 Lance，1991)。只有非常少的例子报道水分吸收过程中发生同位素分馏，例如 Lin 和 Sternberg (1993) 发现一种生长在海边的排盐植物在吸收水分时存在氢同位素分馏现象。因此，根据植物茎部或木质部水与不同水源(土壤水、地下水、河水或降水等)的同位素组成的相似性，我们可以确认被植物利用的水分来源(有效水分吸收区域)或相对比例 (Ehleringer 和 Dawson，1992)。与传统方法(如挖根法)相比，其优点是省时省力，且不破坏植被和土壤。利用同位素混合模型，结合其他生态或生理测定，这种技术就变得特别有力，并能够将植物利用的水源与其他方面的水分关系联系起来(Williams 和 Ehleringer，2000)。

植物在水分利用时空格局上的差异和变动是其适应环境变化以维持生存的一种策略选择。已有不少研究表明，由于根系分布格局的不同，生长在一起的不同植物或不同植物功能型所利用的水源可以在时间和空间上表现出明显不同 (Drake 和 Franks，2003)。即使是同种植物对于季节性可利用水源的响应也有差异 (Zencich 等，2002)。植物水分利用在时空上的变化对于避免不同植物之间的竞争，从而增加在干旱缺水时的生长和成活具有特别的意义(Yang 等，2010)。例如，生长在河岸边的植物，尽管离河流很近，却很少利用河水(Dawson 和 Ehleringer，1991)。Dawson 和 Pate (1996)研究了美国犹他州与亚里桑那州交界处沙漠灌丛群落的水分利用情况，发现一年生肉质植物 *Yucca angustissima* 只利用夏季降水，多年生植物既可以利用夏季降水也可以利用深层土壤水，其中夏季降水在多年生草本植物和多年生木本植物的水分来源中分别占 91%和 57%。在半干旱毛乌素沙地，乡土树种臭柏和引种的旱柳利用比较深层的土壤水分，而生长在一起的油蒿则主要利用浅层土壤水分，表明引种沙柳固沙造林可能引起大量不可逆转的地下水消耗，不利于乡土植物的生长和生存(Ohte 等，2003)。在蒙古东北部，山地落叶松主要利用表层土壤水分，只有在水分出现短缺时，通过深层分布的根系利用较深土层的水分(Li 等，2006)。不同植物种或不同植物功能型利用土壤水或地下水在时间和空间上的差异，可被认为是一种生态位分化。这种水分利用策略上的选择，显然对于避免水分竞争，实现在同一气候条件下的多物种共存起到了积极的作用。所以，一旦供给水源(如降水)发生变化，生长在一起的不同植物就会表现出不同的响应 (Schwinning 等，2002)。此外，水分同位素分析也为认识植物根系从土壤的湿润层(深)向干燥层(浅)进行水分再分配或水分提升过程提供了可能 (Dawson 等，2002)。

确定植物可利用水源的稳定同位素技术是基于简单的线性二源或三源混合模型(Dawson 和 Pate，1996；Yakir 和 Sternberg，2000；Dawson 等，2002)。该模型既得到广泛的理论和实践的支持，也受到一些批评 (Phillips 和 Gregg，2003)。支持者认为，由取样、水分提取和模型假设所引起的误差完全在可接受的范围，因而用基于混合模型的同位素技术确定植物利用的可能水源是可行的。而批评者则认为，混合模型不能给出植物吸收水分的根系活跃区和具体水分吸收深度(或面积)的信息。随后改进的混合模型将这两个缺陷圆满地予以解决(Ogle 等，2004；Romero-Saltos 等，2005)。Ogle 等(2004) 提出了 RAPID (root area profile and isotope deconvolution)模型，用以模拟根系活跃区和水分吸收剖面。目前，也可以用于确定植物吸收水分的平均深度(Romero-Saltos 等，2005)。无论如何，通过稳定同位素技术来揭示植物水分利用来源及其与环境条件的关系还有许多方面值得去探索和思考。当涉及实验设计、野外取样、样品处理、质谱仪分析和结果解释等方面，应当小心谨慎。尤其是在样品采集、运输、贮存和水分提取过程中须避免蒸发和其他水源对样品的污染。

在内蒙古草原，水分是草地生态系统物种丰富度、产量和稳定性维持的最重要限制因子

(Bai 等，2004)。通常，夏季蒸发大于同期降雨，一般降雨只能湿润顶层土壤，而深层土壤水只能通过冬季融雪水进行补充(Schneider 等，2007)。因此，冬季降水能够较好地被深根系植物利用，而浅根系植物水分来源被限制于夏季雨水。当顶层土壤水分受限制时，植物对冬季水源的利用缓解了水分的竞争。基于生态位理论，共存物种间水分来源的分配促进了可利用土壤水分的利用，增加了生态系统对干旱的抗性。

利用氢稳定性同位素技术的研究表明，冬季降雪所形成的融雪水是内蒙古典型草原植物重要的水分来源之一(Yang 等，2010)。干旱时期尤为明显，可占植物利用水分的45%。在物种水平上，C_4 优势植物糙隐子草主要利用夏季降雨。而 C_3 优势植物羊草和大针茅有水源转换的水分利用策略，即在深层土壤水丰富时利用深层土壤水，反之则利用夏季降雨(图 11.5)。这一发现说明，水分来源的不同有利于植物充分利用可利用性土壤水分，减少半干旱典型草原生态系统中植物对水分的竞争。植物水分利用的相互补偿有可能是高物种多样性群落具有高生产力和高干旱弹性的内在机制。其他在同一地区的研究报道也证实了这一观点(青秀玲，2006)。Zhao 等(2009) 通过对自由放牧和围封羊草草原的研究表明，放牧减少了草地凋落物的覆盖，增加了土壤蒸发，使自由放牧样地表层土壤^{18}O 值显著高于围封样地表层土壤。放牧使植物更倾向于利用深层土壤水，但是不同的功能群对放牧的响应不同，还需要更深入的研究(杨浩，2007)。在鄂尔多斯荒漠化草原，Cheng 等(2006) 利用控制实验，模拟不同的降水强度，研究降水强度和植物吸收水分的关系。实验表明小降水(<10 mm)有利于本氏针茅的生长，中等强度的降水(10～20 mm)有利于牛心朴子的生长，而灌木青蒿(>65 mm)则更喜好大强度的降水。在不同气候情景模式下，降雨的频率和强度的变化将可能会通过影响物种的水分来源而改变物种的多度和分布。

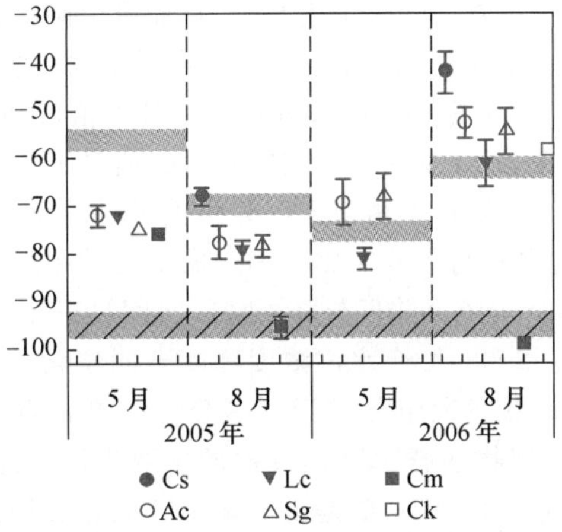

图 11.5　植物非光合组织(根茎结合部)的氢稳定性同位素比率(δD)

(上层的灰色范围为雨水的 δD 值变化范围；下层的灰色范围为 100 cm 深处土壤水的 δD 值变化范围，代表土壤中贮存的冬季融雪水。Cs，糙隐子草；Lc，羊草；Cm，小叶锦鸡儿；Ac，冰草；Sg，大针茅；Ck，黄囊苔草)

11.4.3　生态系统蒸发散组分的区分

生态系统蒸发散的主要组分是植物蒸腾和土壤蒸发，不同组分对生物因子和非生物因子的响应不同，对生态系统碳通量组分的影响作用也不同。因此，蒸发散组分的区分对于研究植物群落水文过程及其与生态系统生产力之间关系的机理十分重要。自然丰度下水中的氢氧稳定同位素是研究植物-水分关系以及陆地生态系统水汽运输的重要示踪剂(Gat,1996；Yakir 和 Sternberg,2000)。土壤蒸发和植物蒸腾的水分为生态系统边界层的水汽提供了独特的同位素信号。由于动力分差和平衡分差效应(Craig 和 Gordon,1965;Allison 等,1983),从土壤中蒸发出来的水分同位素比土壤蒸发层水分同位素在重同位素上更贫化。尽管叶片中的水分同位素在蒸腾过程中由于动力和平衡分差效应会更富集,但是在同位素稳态时,从叶片表面蒸腾出来的水分与植物根系吸收的水分同位素相等(Flanagan 等,1991;Wang 和 Yakir,1995)。因为根系吸水过程不发生同位素分差效应(Dawson 和 Ehleringer,1991；Thornburn 等,1993),因此,土壤蒸发出来的水分同位素与植物蒸腾差异很大,容易区分,构成利用水汽的氢氧稳定同位素进行蒸散组分区分的理论基础。

涡度相关系统是目前唯一可以直接测定生态系统水分蒸发散的技术手段,稳定同位素技术与涡度相关技术的结合,为生态系统尺度的蒸发散组分区分提供了有力的技术途径(Yakir 和 Wang,1996；Wang 和 Yakir,2000)。与生态系统碳通量组分区分相似,通过建立大气水汽浓度倒数与其氢氧同位素组成之间的 Keeling 曲线可以计算出蒸腾和蒸发占蒸发散的比例,结合涡度相关技术测量的蒸发散,就可以计算出蒸腾量和蒸发量的贡献。

Yepez 等(2003)利用稳定同位素技术和涡度相关技术成功地将稀树草原的林上层植物蒸腾、林下层植物蒸腾和土壤蒸发区分开。之后,Yepez 等(2005)用稳定同位素技术与箱式法相结合,测定了人工降雨后植物蒸腾和土壤蒸发的变化,首次证明了草地控制实验中可以结合稳定同位素技术和箱式法区分蒸腾和蒸发。这为研究气候变化对生态系统蒸发散和生产力的影响提供了新的方法。Yepez 等(2007)结合测定的同位素值构建了一个简单的蒸发模型,将蒸腾和蒸发的区分从短期的几天外推到整个生长季,从而可以阐明整个生长季的水分动态变化。Yepez 等(2007)根据模型研究了生长季降雨分布对半干旱豆科灌木林地碳水循环组分耦合的影响,估算出生长季植物蒸腾占蒸发散的 90%,林木、林下植被和土壤蒸发各占雨水的比例分别是 38%、31%和 31%,且各组分对降雨的响应及对碳通量组分的影响存在差异。Ferretti 等(2003)利用一个简单的同位素质量平衡模型区分出美国科罗拉多州东北部半干旱矮草草原的蒸发散,得出的蒸发与蒸腾之和与用波文比法测定的蒸发散相近;整个生长季蒸发占蒸发散的比值为 0～40%(非生长季>90%),并且与降雨持续时间呈正相关的关系。

在内蒙古草原,苗海霞(2008)结合水汽浓度梯度一同位素与微气象技术途径对围封多年的克氏针茅草原生态系统的蒸发散组分进行了区分。结果表明,无论在湿润年份(2006 年),还是在干旱年份(2007 年),植物蒸腾都是蒸发散的主要来源。此外,湿润年份蒸腾占蒸发散的比例(88%)高于干旱年份(73%),主要是由于降雨巨大差异引起的土壤含水量和叶面积指数的差异造成的。在植物生长快速期,2006 年 7 月份的降雨极丰富(215 mm),而 2007 年 7 月份降雨很少(27 mm),使得两年 7 月份土壤含水量和叶面积指数差别很大。这一结果说明,围封恢复良好的草原生态系统中由于植被覆盖度增加,通过土壤蒸发损失水分所占的比例仅占总蒸散量的 20%～30%,植被能够有效地利用降水和保持土壤中的水分。此外,植物蒸腾对降雨的响应比土壤蒸发的响应更快更敏感。降雨后 1～2 d 植物蒸腾达到最高峰,之后逐渐下降;而土壤蒸发在降雨后 1～4 d 内逐渐升高,之后下降;在整个过程中,植物蒸腾均占有主要的比例。这与 Scott 等(2006)对亚利桑那州奇华胡安沙漠灌木生态系统的研究结果不一致。Scott 等的研究表明,雨后 1～2 d 土壤蒸发迅速升高,占主要比例,之后迅速下降;而蒸腾一般在蒸发之后达到高峰，之后逐渐下降，并占蒸发散的主要比例；研究还表明对于较大的降雨事件，土壤蒸发比植物蒸腾优先响应。这可能是因为我们研究的半干旱草原生态系统与奇华胡安沙漠灌木生态系统之间在植被组成、冠层盖度和土壤差异上引起的。沙漠灌木生态系统冠层盖度51%；地表多裸露，草本植物很少；土壤是含高比例岩石碎片的沙质壤土。而我们研究的半干旱草原生态系统盖度比沙漠灌丛高，地表裸露少，且土壤是含岩石碎片很少的沙质壤土，保水性比沙漠土壤好。

应用稳定同位素技术区分蒸发散组分时应注意以下问题：用该法区分蒸发散组分时的一个假设条件是植物叶片处于同位素稳定状态，但关于是否存在同位素稳定状态还有争论；另外同位素稳定状态的时间可能因季节、区域的不同而异，目前尚没有直接、有效的证据证明同位素稳定状态的时间，因此在实际运用该方法时，在时间和空间的选择上一定要慎重；另外一个假设是两个组分的相对贡献在分析取样期间是不变的，这就需要在相对稳定的环境条件下，蒸腾和蒸发相对稳定时取样。用于同位素分析的水分通常在接近涡度相关系统测定通量的高度上取样，但测量水分浓度的面积大于通量测定的面积(Schmid，1994)。因此，把涡度相关技术与稳定同位素技术结合在一起时一定要慎重。此外，如果取样剖面没有浓度梯度差异，该方法就会受到限制。同时，此方法依赖于冷阱以及同位素质谱仪技术。通常包括样品收集和样品分析两个步骤，而且耗时费力。受大气水汽采样以及分析仪器的限制，对大气水汽稳定同位素组成的研究几乎都局限于短暂和离散取样，只有少数观测时间较长，时间分辨率较低(Lee等，2005)。此外，这些研究大多样品收集的效率取决于冷阱装置的自身设计、冷阱温度以及大气湿度。无论是过度冷却还是不完全冷却，都会使收集的样品发生重同位素富集，从而影响测定结果。

Lee等(2005)首次利用激光痕量气体分析技术，实现了大气中水汽 $\delta^{18}O$ 的野外原位连续观测。随着激光痕量气体分析技术的日臻成熟，目前已被成功开发为商业销售的液态/气态水分析仪，可以实现与涡度系统蒸发散观测相同频次的大气水汽氢氧同位素比值的连续测定，并且测试精度也已经可以与同位素质谱仪媲美(Wen等，2008)。与起初的大气水汽冷阱-同位素质谱仪法相比，同位素原位连续测定技术为我们更深入地了解生态系统蒸发散不同组分的季节和年际变化及其对生态系统碳循环过程调控机制的研究提供了可能。

11.5 结语与展望

稳定同位素技术在我国草地生态系统生物地球化学循环方面的研究起步比较晚，研究基础比较薄弱，实验设备和技术条件相对落后，所以与欧美等发达国家相比仍然存有明显差距。20世纪90年代以来，随着国家科研经费的增加和同位素质谱仪的不断引进，国内陆续开展了一些水分利用效率、水分来源区分和同位素标记等基础研究工作。随着观测仪器和研究方法的不断创新，稳定同位素技术与其他领域(如微气象学、分子生物学、遗传学等)的技术和方法相结合，将其应用于草原生态系统研究中，将使稳定性同位素技术的应用前景更加广泛。可能的研究方向有以下几个方面：不同植物后光合作用对干物质同位素分馏的贡献；光合产物在植物体内的分配；氮素和水分对叶片 $^{13}\Delta$ 值的影响机理；放牧对优势植物水分利用效率和水分来源的影响；植物对露水的吸收利用；物种组成对生态系统呼吸的影响等。同时，随着同位素原位连续观测技术的迅速发展，已经有可能实现与涡度相关系统碳水通量测定频次和时间尺度相同（小时一天一季节一年际）的连续大气碳氢氧同位素比值的测量，这就为生态系统水平碳水通量组分区分及其对全球变化响应的机理研究提供了重要的技术保障和途径。

本章编写人：陈世苹，杨浩，白永飞

参考文献

陈世苹，白永飞，韩兴国. 2002. 稳定碳同位素技术在生态学研究中的应用. 植物生态学报，26：549-556.

陈世苹，白永飞，韩兴国. 2004. 黄囊苔草叶片碳同位素组成沿土壤水分梯度的变化植物生态学报. 植物生态学报，28：515-522.

冯虎元，安黎哲，王勋陵. 2000. 环境条件对植物稳定碳同位素组成的影响. 植物学通报，17：312-318.

蒋高明. 1996. 植物生理生态学研究中的稳定碳同位素技术及其应用. 生态学杂志，15：49-54.

林光辉. 2010. 稳定同位素生态学：先进技术推动的生态学新分支. 植物生态学报，34：119-122.

林植芳. 1990. 稳定性碳同位素在植物生理生态研究中的应用. 植物生理学通讯，1-6.

苗海霞. 2008. 开垦和放牧对内蒙古半干旱草原蒸发散的影响（博士学位论文）. 北京：中国科学院植物研究所.

青秀玲. 2006. 针茅属植物锥形繁殖体打钻及其适应意义的研究、羊草草原群落植物水分来源对放牧干扰的响应（博士后出站报告）. 北京：中国科学院植物研究所.

任书杰，于贵瑞. 2011. 中国区域 478 种 C_3 植物叶片碳稳定性同位素组成与水分利用效率. 植物生态学报，35：119-124.

唐海萍，刘书润，张新时. 1999. 内蒙古地区的 C_4 植物及其生态地理特性的研究. 植物学报，41：420-424.

唐海萍，刘书润. 2001. 内蒙古地区的 C_4 植物名录. 内蒙古大学学报（自然科学版），32：431-438.

严昌荣，白涛，蔡绍平，等. 1998. 稳定同位素技术在植物水分研究中的应用. 湖北林业科技，29-33.

杨浩. 2007. 放牧对草原群落主要植物种和功能群水分来源与水分利用效率的影响（硕士学位论文）. 北京：中国科学院植物研究所.

殷立娟，李美荣. 1997. 中国 C_4 植物的地理分布与生态学研究. I. 中国 C_4 植物及其与气候环境的关系. 生态学报，17：350-363.

殷立娟，王萍. 1997. 中国东北草原中的 C_3 和 C_4 光合作用途径. 生态学报，17：112-123.

张文丽. 2007. 内蒙古农牧交错区典型草地和农田生态系统碳通量的研究（博士学位论文）. 北京：中国科学院植物研究所.

Allison G B, Barnes C J, Hughes M W. 1983. The distribution of deuterium and ^{18}O in dry soils Ⅱ. Experimental. Journal of Hydrology, 64: 377-379.

Andrews J A, Harrison K G, Matamala R, et al. 1999. Separation of respiration from Taltal soil respiration using carbon-13 labeling druing free-air carbon dioxide enrichment (FACE). Soil Science Society of America Journal, 63: 1429-1435.

Arslan A, Zapata F, Kumarasinghe K S. 1999. Carbon isotope discrimination as indicator of water-use efficiency of spring wheat as affected by salinity and gypsum addition. Communications in Soil Science and Plant Analysis, 30: 2681-2693.

Auerswald K, Wittmer MHOM, Männel T T, et al. 2009. Large regional-scale variation in C_3/C_4 distribution pattern in Inner Mongolia steppe is revealed by grazer wool carbon isotope composition. Biogeosciences, 6: 795-805.

Bahn M, Knapp M, Garajova Z, et al. 2006. Root respiration in temperate mountain grasslands differing in land use. Glob. Change Biolo., 12: 995-1006.

Bahn M, Rodeghiero M, Anderson-Dunn M, et al. 2008. Soil respiration in European grasslands in relation to climate and assimilate supply. Ecosystems, 11: 1352-1367.

Bai Y F, Han X G, Wu J G, et al. 2004. Ecosystem stability and compensatory effects in the Inner Mongolia grassland. Nature, 431: 181-184.

Baldocchi D D, Hicks B B, Meyers T P. 1988. Measuring biosphere-atmosphere exchange of biological related gases with micrometeorological methods. Ecology, 69: 1331-1340.

Bender M M. 1968. Mass spectrometric studies of carbon-13 variations in corn and other grasses. Radiocarbon, 10: 468-472.

Bender M M. 1971. Variation in the $^{13}C/^{12}C$ ratios of plants to the pathway of carbon dioxide fixation. Phytochemistry, 10: 1239-1244.

Bowling D R, Baldocchi D D, Monson R K. 1999. Dynamics of isotopic exchange of carbon dioxide in a Tennessee deciduous forest. Global Biogeochemical Cycles, 13: 903-922.

Bowling D R, McDowell N G, Welker J M, et al. 2003. Oxygen isotope content of CO_2 in nocturnal ecosystem respiration: 1. Observations in forests along a precipitation transect in Oregon, USA. Global Biogeochemical Cycles, 17, 1120, doi:10.1029/2003GB002081.

Bowling D R, Tans P P, Monson R K. 2001. Partitioning net ecosystem carbon exchange with isotopic fluxes of CO_2. Global Change Biology, 7: 127-145.

Brugnoli E, Hubick K T, Caemmerer S, et al. 1988. Correlation between the carbon isotope discrimination in leaf starch and sugars of C_3 plants and the ratio of intercellular and atmospheric partial pressures of carbon dioxide. Plant Physiology, 88: 1418-1424.

Brugnoli E, Scartazza A, Lauteri M, et al. 1998. Carbon isotope discrimination in structural and non-structural carbohydrates in relation to productivity and adaptation to unfavourable conditions. In: Griffiths H. (eds.) Stable Isotopes: Integration of Biological, Ecological and Geochemical Processes. BIOS Scientific Publishers Ltd, Oxford, 133-146.

Buchmann N, Brooks J R, Rapp K D, et al. 1996. Carbon isotope composition of C_4 grasses is influenced by light and water supply. Plant, Cell & Environment, 19: 392-402.

Buchmann N, Ehleringer J R. 1998. CO_2 concentration profiles and carbon and oxygen isotopes in C_3 and C_4 crop canopies. Agricultural and Forest Meteorology, 89: 49-58.

Carbone M S, Winston G C, Trumbore S E. 2008. Soil respiration in perennial grass and shrub ecosystems: Linking environmental controls with plant and microbial sources on seasonal and diel timescales. Biogeosciences, 113, G02022.

Chen S P, Bai Y F, Han X G. 2002. Variation of water-use efficiency of *Leymus chinensis* and *Cleistogenes squarrosa* in different plant communities in Xilin River Basin, Nei Mongol. Acta Botanica Sinica, 44: 1484-1490.

Chen S P, Lin G H, Huang J H, et al. 2009. Dependence of carbon sequestration on the differential responses of ecosystem photosynthesis and respiration to rain pulses in a semiarid steppe. Global Change Biology, 15: 2450-2461.

Cheng X L, An S Q, Li B, et al. 2006. Summer rain pulse size and rainwater uptake by three dominant desert plants in a desertified grassland ecosystem in northwestern China. Plant Ecology, 184: 1-12.

Clark I, Fritz P. 1997. Environmental Isotopes in Hydrogeology. Lewis Publishers, Boca Raton New York.

Collatz G J, Berry J A, Clark J S. 1998. Effects of climate and atmospheric CO_2 partial pressure on the global distribution of C_4 grasses: present, past and future. Oecologia, 114: 441-454.

Craig H, Gordon L I. 1965. Deuterium and oxygen-18 variations in the ocean and the marine atmosphere. In: Tongiori, E. (Ed.), Proceedings of the Conference on Stable Isotopes in Oceanographic Studies and Paleotemperatures. Laboratory of Geology and Nuclear Science, Pisa, pp. 9-130.

Craig H. 1953. The geochemistry of stable carbon isotopes. Geochimica et Cosmochemica Acta 3: 53-92.

Craig H. 1954. Carbon-13 variations in plants and the relationship between Carbon-13 and Carbon-14 variations in nature. Journal of Geology, 62: 115-149.

Davidson E A, Janssens I A, Luo Y Q. 2006. On the variability of respiration in terrestrial ecosystems: Moving beyond Q10. Global Change Biology, 12: 154-164.

Dawson T E, Ehleringer J R. 1991. Streamside trees that do not use stream water. Nature, 350: 335-337.

Dawson T E, Mambellil S, Plamboeck A H, et al. 2002. Stable isotopes in plant ecology. Annual Review of Ecology and Systematics, 33: 507-509.

Dawson T E, Pate J S. 1996. Seasonal water uptake and movement in root systems of Australian phraeatophytic plants of dimorphic root morphology: a stable isotope investigation. Oecologia, 107: 13-20.

Dawson T E. 1993. Hydraulic lift and water use by plants: implications for water balance, performance and plant-plant interactions. Oecologia, 95: 565-574.

Drake P L, Franks P J. 2003. Water resource partitioning, stem xylem hydraulic properties, and plant water use strategies in a seasonally dry riparian tropical rainforest. Oecologia, 137: 321-329.

Ebdon J S, Petrovic A M, Dawson T E. 1998. Relationship between carbon isotope discrimination, water use efficiency and evapotranspiration in Kentucky bluegrass. Crop Science, 38:157-162.

Edwards C A, Reichle D E, Crossley D A. 1970. The role of soil invertebrates in turnover of organic matter and nutrients. In: Analysis of Temperate Forest Ecosystem(ed. Reichle DE), pp. 12-172. Springer-Verlag, New York.

Ehleringer J R, Cooper T A. 1988. Correlations between carbon isotope ratio and microhabitat in desert plants. Oecologia, 76: 562-566.

Ehleringer J R, Dawson T E. 1992. Water uptake by plants: perspectives from stable isotope composition. Plant, Cell & Environment, 15: 1073-1082.

Ehleringer J R, Klassen S, Clayton C, et al. 1991. Carbon isotope discrimination and transpiration efficiency in common bean. Crop Science, 31: 1611-1615.

Ehleringer J R. 1993a. Carbon and water relations in desert plants: An isotopic perspective. In: Ehleringer J R, Hall A E, Farquhar G D (eds.). Stable Isotopes and Plant Carbon-Water Relations. Academic Press, San Diego, pp 155-172.

Ehleringer J R, Hall A E, Farquhar G D. 1993b. Stable isotopes and plant carbon-water relations. Academic Press, San Diego.

Ehleringer J R, Björkman O. 1977. Quantum yields for CO_2 uptake in C_3 and C_4 plants-dependence on temperature, CO_2, and O_2 concentration. Plant Physiology, 59: 86-90.

Evans J R, Sharkey T D, Berry J A, et al. 1986. Carbon isotope discrimination measured concurrently with gas exchange to investigate CO_2 diffusion in leaves of higher plants. Australian Journal of Plant Physiology, 13:281-292.

Farquhar G D, Ehleringer J R, Hubick K T. 1989. Carbon isotope discrimination and photosynthesis. Annual Review of Plant Physiology and Plant Molecular Biology, 40: 503-537.

Farquhar G D, O'Leary M H, Berry J A. 1982. On the relationship between carbon isotope discrimination and the intercellular carbon dioxide concentration in leaves. Australian Journal of Plant Physiology, 9: 121-137.

Farquhar G D, Richards R A. 1984. Isotopic composition of plant carbon correlates with water-use efficiency of wheat genotypes. Australian J Plant Physiology, 11: 539-552.

Ferretti D, Pendall E, Morgan J, et al. 2003. Partitioning evapotranspiration fluxes from a Colorado grassland using stable isotopes: seasonal variations and ecosystem implications of elevated atmospheric CO_2. Plant and Soil, 254: 291-303.

Flanagan L B, Comstock J P, Ehleringer J R. 1991. Composition of modeled and observed environmental influences on the stable oxygen and hydrogen isotope composition of leaf water in *Phaseolus vulgaris* L. Plant Physiology, 96: 588-596.

Fry B. 2007. Stable Isotope Ecology. Springer, New York.

Gat J R. 1996. Oxygen and hydrogen isotopes in the hydrologic cycle. Annual Review of

Earth and Planetary Sciences, 24: 225-262.

Gaumont-Guay D, Black TA, Barr AG, et al. 2008. Biophysical controls on rhizospheric and heterotrophic components of soil respiration in a boreal black spruce stand. Tree Physiology, 28: 161-171.

Ghannoum O, Evans J R, et al. 2011. Nitrogen and water use efficiency of C_4 plants. C_4 Photosynthesis and Related CO_2 Concentration Mechanisms. Raghavendra AS & Sage RF. Dordrecht, The Netherlands: Springer,129-143.

Gong X, Chen Q, Lin S,et al. 2011. Tradeoffs between nitrogen- and water-use efficiency in dominant species of the semiarid steppe of Inner Mongolia. Plant and soil,340: 227-238.

Gong X Y, Brueck H, Giese M, et al. 2008. Slope aspect has effects on productivity and species composition of hilly grassland in the Xilin River Basin, Inner Mongolia, China. Journal of Arid Environments,72: 483-493.

Harwood K G, Gillon J S, Griffiths H,et al. 1998. Diurnal variation of $\delta^{13}CO_2$, $\delta C^{18}O^{16}O$ and evaporative site enrichment of $\delta H_2{}^{18}O$ in *Piper aduncum* under field conditions in Trinidad. Plant, Cell and Environment,21: 269-283.

Henderson S A, Von Caemmerer S, Farquhar. 1992. Short-term measurements of carbon isotope discrimination in several C_4 species. Australian Journal of Plant Physiology,19: 263-285.

Hoering T. 1955. Variation of nitrogen-15 abundance in naturally occurring materials. Science,122: 1233-1234.

Högberg P, Nordgren A, Buchmann N, et al. 2001. Large-scale forest girdling shows that current photosynthesis drives soil respiration. Nature,411: 789-792.

Högberg P, Read D J. 2006. Towards a more plant physiological perspective on soil ecology. Trends in Ecology and Evolution,21: 548-554.

Hunt J E, Kelliher F M, McSeveny T M,et al. 2004. Long-term carbon exchange in a sparse, seasonally dry tussock grassland. Global Change Biology,10: 1785-1800.

Irvine J, Law B, Kurpiusm R. 2005. Coupling of canopy gas exchange with root and rhizosphere respiration in a semi-arid forest. Biogeochemistry,73: 271-282.

Janssens I A, Lankreijer H, Matteucci G,et al. 2001. Productivity overshadows temperature in determining soil and ecosystem respiration across European forests. Global Change Biology,7: 269-278.

Johnson H B, Jr. Meyeux H S. 1990. *Prosopis glandulosa* and the nitrogen balance of rangeland: extent and occurrence of nodulation. Oecologia,84: 176-185.

Keeling C D. 1958. The concentration and isotopic abundances of atmospheric carbon dioxide in rural areas. Geochimica et Cosmochimica Acta,13: 322-334.

Keeling C D. 1961. The concentration and isotopic of carbon dioxide in rural marine air. Geochimica et Cosmochimica Acta,24: 277-298.

Kuzyakov Y, Gavrichkova O. 2010. Time lag between photosynthesis and carbon dioxide efflux from soil: A review. Global Change Biology,16: 3386-3406.

Lauteri M, Brugnoli E, Spaccino L. 1993. Carbon isotope discrimination in leaf soluble sugars and in whole-plant dry matter in *Helianthus annuus* L. grown under different water conditions. In: Ehleringer, J R, Hall A E, Farquhar G D (eds.). Stable Isotopes and Plant Carbon-Water Relations. Academic Press, San Diego:93-108.

Lavigne M B, Boutin R, Foster R J, et al. 2003. Soil respiration responses to temperature are controlled more by roots than by decomposition in balsam fir ecosystems. Canadian Journal of Forest Research, 33: 1744-1753.

Lee X H, Steve S, Smith R, et al. 2005. In situ measurement of the water vapor $^{18}O/^{16}O$ isotope ratio for atmosphere and ecological applications. Journal of Atmospheric and Oceanic Technology, 22: 555-565.

Li S G, Tsujimura M, Sugimoto A, et al. 2006. Seasonal variation in oxygen isotope composition of waters for a montane larch forest in Mongolia. Trees-Structure and Function, 20: 122-130.

Lin G, Ehleringer J R, Rygiewicz P T, et al. 1999. Elevated CO_2 and temperature impacts on different components of soil CO_2 efflux in Douglas-fir terracosms. Global Change Biology, 5: 157-168.

Lin G, Sternberg LDSL. 1993. Hydrogen isotopic fractionation during water uptake in coastal wetland plants. In: Stable Isotopes and Plant Carbon-Water Relations. San Diego, Academic Press: 497-510.

Liu Q, Edwards N T, Post W M, et al. 2006. Temperature-independent diel variation in soil respiration observed from a temperate deciduous forest. Global Change Biology, 12: 2136-2145.

Liu W, Zhang Z, Wan S. 2009. Predominant role of water in regulating soil and microbial respiration and their responses to climate change in a semiarid grassland. Global Change Biology, 15: 184-195.

Liu, W G, Feng X H, Ning Y F, et al. 2005. $\delta^{13}C$ variation of C_3 and C_4 plants across an Asian monsoon rainfall gradient in northwestern China. Global Change Biology, 11: 1094-1100.

Lloyd J, Krujit B, Hollinger D Y, et al. 1996. Vegetation effects on the isotopic composition of atmospheric CO_2 at local and regional scales: Theoretical aspects and a comparison between a rain forest in Amazonia and a boreal forest in Siberia. Australian Journal of Plant Physiology, 23: 371-399.

Lloyd J, Taylor J A. 1994. On the temperature dependence of soil respiration. Functional Ecology, 8: 315-323.

Máguas C, Griffiths H. 2003. Applications of stable isotopes in plant ecology. Progress in Botany, 64: 472-505.

Moreira M, Sternberg L, Martinelli L, et al. 1997. Contribution of transpiration to forest ambient vapour based on isotopic measurement. Global Change Biology, 3: 439-450.

Murphy B P, Bowman D M J S. 2007. Seasonal water availability predicts the relative abundance of C_3 and C_4 grasses in Australia. Global Ecology and Biogeography, 16: 160-169.

Ni J. 2002. Carbon storage in grasslands of China. Journal of Arid Environments, 50: 205-218.

O'Leary M H. 1981. Carbon isotope fractionation in plants. Phytochemistry, 20: 553-567.

Ogle K, Wolpert R L, Reynolds J F. 2004. Reconstructing plant root area and water uptake profiles. Ecology, 85: 1967-1978.

Ohte N, Koba K, Yoshikawa K, et al. 2003. Water utilization of natural and planted trees in the semiarid desert of Inner Mongolia, China. Ecological Applications, 13: 337-351.

Parkin T B, Kaspar T C. 2003. Temperature controls on diurnal carbon dioxide flux: Implications for estimating soil carbon loss. Soil Science Society of America Journal, 67: 1763-1772.

Pataki D E, Ehleringer J R, Flanagan L B, et al. 2003. The application and interpretation of Keeling plots in terrestrial carbon cycle research. Global Biogeochemistry Cycles, 17:1022.

Peterson B J, Fry B. 1987. Stable isotopes in ecosystem studies. Annual Review of Ecology and Systematics, 18: 293-320.

Phillips D L, Gregg J W. 2003. Source partitioning using stable isotopes: coping with too many sources. Oecologia, 136: 261-269.

Pyankov V I, Gunin P D, Tsoog S, et al. 2000. C_4 plants in the vegetation of Mongolia: their natural occurrence and geographical distribution in relation to climate. Oecologia, 123: 15-31.

Raich J W, Schlesinger W H. 1992. The global carbon-dioxide flux in soil respiration and its relationship to vegetation and climate. Chemical and Physical Meteorology 44: 81-99.

Reichstein M, Rey A, Freibauer A, et al. 2003. Modeling temporal and large-scale spatial variability of soil respiration from soil water availability, temperature and vegetation productivity indices. Global Biogeochemical Cycles 17, 1104.

Riveros-Iregui D A, Emanuel R E, Muth D J, et al. 2007. Diurnal hysteresis between soil CO_2 and soil temperature is controlled by soil water content. Geophysical Research Letters 34, GL030938.

Romero-Saltos H, Sternberg L D S L, Moreira M Z, et al. 2005. Rainfall exclusion in an eastern Amazonian forest alters soil water movement and depth of water uptake. American Journal of Botany, 92: 443-455.

Sage R F, Kubien D S. 2003. Quo vadis C_4?* An ecophysiological perspective on global change and the future of C_4 plants. Photosynthesis Research, 77: 209-225.

Schmid H P. 1994. Source areas for scalars and scalar fluxes. Boundary-Layer Meteorology 67: 293-318.

Schneider K, Ketzer B, Breuer L, et al. 2007. Evaluation of evapotranspiration methods for model validation in a semi-arid watershed in northern China. Advances in Geosciences, 11: 37-42.

Schulze E D, Ellis R, Schulze W, et al. 1996. Diversity, metabolic types and $\delta^{13}C$ carbon isotope ratios in the grass flora of Namibia in relation to growth form, precipitation and habitat conditions. Oecologia,106: 352-369.

Schwinning S, Davis K, Richardson L,et al. 2002. Deuterium enriched irrigation indicates different forms of rain use in shrub/grass species of the Colorado Plateau. Oecologia,130: 345-355.

Scott R L, Huxman T E, Cable W L, et al. 2006. Partitioning of evapotranspiration and its relation to carbon dioxide exchange in a Chihuahuan Desert shrubland. Hydrological Processes,20: 3227-3243.

Smith B N, Epstein S. 1971. Two categories of $^{13}C/^{12}C$ ratios for higher plants. Plant Physiology,47: 380-384.

Tang J, Baldocchi D, Xu L. 2005. Tree photosynthesis modulates soil respiration on a diurnal time scale. Global Change Biology,11: 1298-1304.

Tazoe Y, Noguchi K, Tershima I. 2006. Effects of growth light and nitrogen nutrition on the organization of the photosynthetic apparatus in leaves of a C_4 plant, *Amaranthus cruentus*. Plant, Cell & Environment,29: 691-700.

Thornburn P J, Walker G R, Brunel J P. 1993. Extraction of water from eucalyptus trees for analysis of deuterium and oxygen-18: laboratory and field techniques. Plant Cell & Environment,16: 269-277.

Troiler M, White J W C, Tans P P,et al. 1996. Monitoring the isotopic composition of atmospheric CO_2: measurements from the NOAA Global Air Sampling Network. Journal of Geophysical Research,101: 25897-25916.

Urey H C. 1947. The thermodynamic properties of isotopic substances. Journal of Chemistry Society,562-581.

Van de Water P, Leavitt S W, Betancourt J L. 2002. Leaf $\delta^{13}C$ variability with elevation, slope aspect, and precipitation in the southwest United States. Oecologia,132: 332-343.

Vargas R, Allen M F. 2008. Environmental controls and the influence of vegetation type, fine roots and rhizomorphs on diel and seasonal variation in soil respiration. New Phytologist,179: 460-471.

Walker C, Lance R. 1991. The fractionation of ^2H and ^{18}O in leaf water of barley. Functional Plant Biology,18: 411-425.

Wan S, Luo Y. 2003. Substrate regulation of soil respiration in a tallgrass prairie: Results of a clipping and shading experiment. Global Biogeochemical Cycles,17: 1054.

Wang G A, Han J M, Zhou L P,et al. 2005. Carbon isotope ratios of plants and occurrences of C_4 species under different soil moisture regimes in arid region of Northwest China. Physiologia Plantarum,125: 74-81.

Wang J Z, Lin G H, Huang J H,et al. 2004. Applications of stable isotopes to study plant-animal relationships in terrestrial ecosystems. Chinese Science Bulletin,49: 2339-2347.

Wang X F, Yakir D. 1995. Temporal and spatial variations in oxygen-18 content of leaf water in different plant species. Plant Cell & Environment, 18: 1377-1385.

Wang X F, Yakir D. 2000. Using stable isotopes of water in evaporation studies. Hydrological Processes, 14: 1407-1421.

Watts C W, Eich S, Dexter A R. 2000. Effects of mechanical energy inputs on soil respiration at the aggregate and field scales. Soil Tillage Research, 53: 231-243.

Weltzin J F, Michael E I, Susanne S, et al. 2003. Assessing the response of terrestrial ecosystems to potential changes in precipitation. Bioscience, 53: 941-952.

Wen X F, Sun X M, Zhang S C, Yu G R, et al. 2008. Continuous measurement of water vapor D/H and $^{18}O/^{16}O$ isotope ratios in the atmosphere. Journal of Hydrology, 349: 489-500.

Williams D G, Cable W, Hultine K, et al. 2004. Evapotranspiration components determined by stable isotope, sap flow and eddy covariance technique. Agricultural and Forest Meteorology 125: 241-258.

Williams D G, Ehleringer J R. 2000. Intra-and interspecific variation for summer precipitation use in Pinyon-Juniper woodlands. Ecological Monographs, 70: 517-537.

Wittmer M H O M, Auerswald K, et al. 2010. Do grazer hair and faeces reflect the carbon isotope composition of semi-arid C_3/C_4 grassland. Basic and Applied Ecology, 11: 83-92.

Wittmer M H O M, Auerswaldn K, Bai Y F, et al. 2010. Changes in the abundance of C_3/C_4 species of Inner Mongolia grassland: evidence from isotopic composition of soil and vegetation. Global Change Biology, 16: 605-616.

Wohlfahrt G, Anfang C, Bahn M, et al. 2005. Quantifying ecosystem respiration of a mountain meadow using eddy covariance, chambers and modelling. Agricultural and Forest Meteorology, 128: 141-16.

Xia J, Niu S, Wan S. 2009. Response of ecosystem carbon exchange to warming and nitrogen addition during two hydrologically contrasting growing seasons in a temperate steppe. Global Change Biology, 15: 1544-1556.

Yakir D, Sternberg L D S L. 2000. The Use of Stable Isotopes to Study Ecosystem Gas Exchange. Oecologia, 123: 297-311.

Yakir D, Wang X F. 1996. Fluxes of CO_2 and water between terrestrial vegetation and the atmosphere estimated from isotope measurement. Nature, 380: 515-517.

Yang H, Auerswald K, Bai Y F, et al. 2011. Variation in carbon isotope discrimination in *Cleistogenes squarrosa* (Trin.) Keng: patterns and drivers at tiller, local, catchment, and regional scales. Journal of Experimental Botany, 62: 4143-4152.

Yang H. 2010. Water Use, Discrimination, and Temporal Change of Life Forms among C_4 Plants of Inner Mongolia Grassland. Chair of Grassland Science. Munich, Technical University of Munich. Doctor.

Yepez E A, Huxman T E, Ignace D D, et al. 2005. Dynamics of transpiration and evapotranspiration following a moisture pulse in semiarid grassland: a chamber-based isotope method for partitioning flux components. Agricultural and Forest Meteorology, 132:

359-376.

Yepez E A, Scott R L, Cable W L, et al. 2007. Intraseasonal variation in water and carbon dioxide flux components in a semiarid riparian woodland. Ecosystems,10: 1100-1115.

Yepez E A, Williams D G, Scott R L,et al. 2003. Partitioning overstory and understory evapotraspiration in a semiarid savanna woodland from the isotopic composition of water vapor. Agricultural and Forest Meteorology,119: 53-68.

Zencich S, Froend R, Turner J, et al. 2002. Influence of groundwater depth on the seasonal sources of water accessed by Banksia tree species on a shallow, sandy coastal aquifer. Oecologia,131: 8-19.

Zhang Z H, Zhao M X, Lu H Y, et al. 2003. Lower temperature as the main cause of C_4 plant declines during the glacial periods on the Chinese Loess Plateau. Earth and Planetary Science Letters,214: 467-481.

Zhao W, Chen S, Han X, et al. 2009. Effects of long-term grazing on the morphological and functional traits of Leymus chinensis in the semiarid grassland of Inner Mongolia, China. Ecological Research,24: 99-108.

Zhou T, Shi P J, Hui D F,et al. 2009. Global pattern of temperature sensitivity of soil heterotrophic respiration Q_{10} and its implications for carbon-climate feedback. Biogeosciences, 114, G02016.